零点起飞学51单片机

赵杰　王丽　韩龙◎编著

清華大學出版社
北京

内 容 简 介

本书以51系列单片机原理和应用为主线，介绍单片机的工作原理、内部各功能部件的结构、汇编指令系统、C51语言编程，并以此为基础，采用汇编语言和C语言相对照的编写方式，重点讲解51系列单片机内部资源及应用编程、51 单片机的接口技术，并精心设计大量例题和多种解题思路。精选具有代表性的真实项目，包括温度传感器、红外遥控、直流电动机控制等内容。

本书既可作为普通高等院校通信工程、电子信息、自动化、电气工程、计算机、机电一体化、测控技术和仪器仪表等专业的教材，也可作为广大单片机应用开发技术人员的参考资料和培训教材。

图书在版编目（CIP）数据

零点起飞学51单片机 / 赵杰，王丽，韩龙编著.—北京：清华大学出版社，2020.1
（零点起飞）
ISBN 978-7-302-53206-4

Ⅰ. ①零…　Ⅱ. ①赵…　②王…　③韩…　Ⅲ. ①单片微型计算机　Ⅳ. ①TP368.1

中国版本图书馆CIP数据核字（2019）第129398号

责任编辑：袁金敏
封面设计：刘新新
责任校对：梁　毅
责任印制：宋　林

出版发行：清华大学出版社
网　址：http://www.tup.com.cn, http://www.wqbook.com
地　址：北京清华大学学研大厦A座　邮　编：100084
社 总 机：010-62770175　邮　购：010-62786544
投稿与读者服务：010-62776969，c-service@tup.tsinghua.edu.cn
质量反馈：010-62772015，zhiliang@tup.tsinghua.edu.cn
印 装 者：北京嘉实印刷有限公司
经　销：全国新华书店
开　本：185mm×260mm　印　张：25.25　字　数：612千字
版　次：2020年1月第1版　印　次：2020年1月第1次印刷
定　价：79.80元

产品编号：079809-01

前　　言

随着电子技术和微型计算机的迅速发展，单片机的应用领域也在不断扩大，涵盖了日常生活、交通、通信、军事、航空航天电子系统等众多领域，因此，掌握单片机电路的设计技术已成为电子技术工程师必备的技能之一。单片机种类和型号繁多，各种高性能的单片机不断问世，但8位单片机仍以其突出的性价比、成熟的开发和应用技术，在单片机应用领域占有非常重要的地位。

本书采用汇编语言和C语言对照的编程方法。汇编语言的代码效率高，实时性强，从中可以理解单片机的工作机理，而且目前很多资料使用的是汇编语言。但是对于复杂的运算或大型程序，用汇编语言编程所花费的时间远比用C语言多，大大降低了开发效率；而C语言编程无须考虑具体的寄存器或存储器的分配等细节，由C51编译系统安排，从而可以提高开发者的编程速度，缩短开发周期。为了方便初学者学习，本书对汇编语言和C语言都在专门的章节进行了介绍，这样，即使是无C语言编程基础的人，也可通过本书掌握单片机的编程技术。对于两种编程语言的教学，教学时可根据情况进行取舍。

本书内容系统全面、结构合理，教学重点突出，叙述准确精练，可以满足教师课堂教学和学生课程学习之需要，也可以满足学生课外设计和实践活动需求。

本书包含的大量可供参考的实例，是在实际教学和应用经验中反复提炼出来的，涉及面广、实用性强。

全书由赵杰统稿，并编写第2～7章和第10章；第9、11～13章由王丽编写；第1章及第14章由韩龙编写。参加本书编写的还有管殿柱、宋一兵、王献红、李文秋。

前言

目　　录

第 1 章　单片机系统概述

微型计算机简称微机，是以微处理器为核心，再配上存储器、I/O 接口和中断系统等构成的整体，它们可集成在一块或数块印刷电路板上，用总线连接起来，一般不包括外设和软件。其中，微处理器（Micro Processing Unit，MPU）是微型计算机的中央处理单元（Central Processing Unit，CPU），包含计算机体系结构中的运算器和控制器，是构成微型计算机的核心部件。微处理器采用超大规模集成电路技术，将中央处理器中的各功能部件集成在同一块芯片上，这也是与其他计算机的主要区别。随着超大规模集成电路技术的发展和应用，微处理器中所集成的部件越来越多，除运算器、控制器外，还有协处理器、高速缓冲存储器、接口和控制部件等。

把中央处理单元、存储器和 I/O 接口电路集成在一块或多块电路板上的微型机叫做单板机或多板微型计算机，如果集成在单个芯片上，则叫做单片微型计算机，简称单片机。单片机是微型计算机发展的一个分支，是一种专门面向控制的微处理器件，故又称之为微控制器（Micro Controller Unit，MCU）。

单板机如 Zilog 公司的 Z80，多板机如通用 PC，单片机机型种类繁多，如 51 单片机、ARM 等，不同型号的单片机芯片内部集成的各部件不尽相同。

1.1　微型计算机概述

微型计算机俗称电脑，是近代最重大科学成就之一，是人类制造的用于信息处理的机器。

1946 年 2 月 14 日，在美国宾夕法尼亚大学，众所周知的世界上第一台电子管数字计算机 ENIAC 诞生。这标志着计算机时代的到来，开创了计算机科学技术的新纪元，对人类的生产和生活方式产生了巨大的影响。

自 1946 年第一台电子计算机问世以来，计算机技术突飞猛进，电子数字计算机经历了电子管、晶体管、集成电路、大规模/超大规模集成电路几个发展阶段，出现了各种档次、各种类型及各种用途的计算机。人们通常按照计算机的体积、性能和应用范围等条件，将计算机分为巨型机、大型机、中型机、小型机和微型机等。一方面，计算机向着高速、智能化的巨型超级机方向发展，运算速度已达到万亿次每秒；另一方面，计算机则向着微型化的方向发展。

个人计算机简称 PC（Personal Computer），是微型计算机中应用最为广泛的一种，也是近年来计算机领域中发展最快的一个分支。由于 PC 的性能和价格适合个人用户购买和使用，目前，它已经广泛用于家庭和社会各个领域。随着社会的发展、科技的进步，微型计算机不断更新换代，新产品层出不穷，一个纯单片的微型计算机的体积比人的指甲还小。

随着微电子技术的发展和应用需要，在单片机芯片内集成的外围电路及外设接口主要有定时器/计数器、串行通信控制器、A/D、D/A 转换器以及 PWM 等功能电路。单片机扩展适当的外部设备，并与软件结合，可以构成单片机控制系统。

单片机系统和常见的 PC 系统都属于计算机系统，具有相似的硬件结构和软件工作原理，能存放并且自动执行控制计算机的机器指令。

1.2 单片机的发展历史

单片机出现的历史并不长，但发展十分迅猛。它的产生与发展和微处理器的产生与发展大体同步。

1. 单片机探索阶段

探索阶段始于 1971 年，为单片机发展的初级阶段。

1971 年 1 月，Intel 公司的特德·霍夫在与日本商业通信公司合作研制台式计算机时，将原始方案的十几个芯片压缩成了 3 个集成电路芯片。其中的 2 个芯片分别用于存储程序和数据，另一个芯片集成了运算器和控制器及一些寄存器。这就是微处理器，即 Intel 4004，标志着第一代微处理器问世，微处理器和微机时代从此开始。

1971 年 11 月，Intel 推出的 MCS-4 微型计算机系统包括 4001 ROM 芯片、4002 RAM 芯片、4003 移位寄存器芯片和 4004 微处理器，其中 4004 包含 2300 个晶体管，尺寸规格为 3mm×4mm，计算性能远远超过当年的 ENIAC。1972 年 4 月，Intel 公司的霍夫等人开发出第一个 8 位微处理器 Intel 8008。由于 8008 采用的是 P 沟道 MOS 微处理器，因此仍属第一代微处理器。1973 年 8 月，霍夫等人研制出 8 位微处理器 Intel 8080，以 N 沟道 MOS 电路取代了 P 沟道，第二代微处理器就此诞生。8080 芯片主频为 2MHz，运算速度比 8008 快 10 倍，可存取 64KB 存储器，使用了基于 6μm 技术的 6000 个晶体管，处理速度为 0.64MIPS（Million Instructions Per Second）。1974 年，美国仙童（Fairchild）公司推出了世界上第一台 8 位单片机 F8（包含 8 位 CPU、64KB RAM 和 2 个并行口），外加一块 3851 芯片（由 1KB ROM、定时器/计数器和 2 个并行 I/O 构成）。由 2 块集成电路芯片才能构成完整的单片机，因此，严格地说，这些产品只是单片机的雏形，但拉开了研制单片机的序幕。

1975 年，美国德州仪器公司（Texas Instrument，TI）首次推出了 4 位单片机 TMS-1000，标志着单片机正式诞生。随后，各个计算机生产公司竞相推出了自己的 4 位单片机，如美国国家半导体公司（National Semiconductor，NS）的 COP4XX 系列、日本电气公司（NEC）的μPD75XX 系列、美国洛克威尔公司（Rockwell）的 PPS/1 系列、日本东芝公司（Toshiba）的 TMP47XXX 系列以及日本松下公司（Panasonic）的 MN1400 系列等。4 位单片机主要用于家用电器、电子玩具的控制。

2. 单片机形成阶段

1976 年 9 月，美国 Intel 公司研制出了 MCS-48 系列 8 位单片机，是这个阶段的代表，是现代单片机的雏形。它采用单片结构，将 8 位 CPU、8 位并行 I/O 接口、8 位定时器/计数器、多个并行 I/O 接口、小容量的 RAM 和 ROM 等集成于一块半导体芯片上。其寻址范围有限（不大于 4KB），由于受集成度（几千只晶体管/片）的限制，也没有串行 I/O 接口，并且 RAM、ROM 容量小，中断系统也较简单，具体有体积小、功能全、价格低等特点，功能可满足一般工业控制和智能化仪器、仪表等领域的需要。

MCS-48 系列单片机属于低档 8 位单片机，是单片机发展进程中的一个重要阶段，通常称为第一代单片机。其中，8048 和 8748 是最早期的产品。MCS-48 系列单片机还有几个产品，如 8021 和 8022 单片机，8021 是该系列中的低价型单片机，而 8022 则包含了单片机所有功能，并集成了 A/D 转换器。

从此，单片机开始迅速发展，8 位单片机应运而生，应用领域也不断扩大，成为微型计算机的重要分支，单片机的发展进入了一个新阶段。

20 世纪 70 年代后期，许多半导体公司看到单片机的巨大市场前景，纷纷加入到这一领域的开发研制中，推出了多个品种的系列。

1978 年下半年，Motorola 公司推出 M6800 系列单片机，Zilog 公司推出 Z80 系列单片机。1979 年，NEC 公司推出 μPD78XX 系列。而这一阶段的典型产品是 1980 年 Intel 公司在 MCS-48 系列单片机基础上推出的高性能 MCS-51 系列单片机。MCS-51 系列单片机是完全按照嵌入式应用而设计的单片机，比 MCS-48 系列单片机的性能有明显提高，在片内增加了串行 I/O 接口、16 位定时器/计数器、片内 ROM 和 RAM 的存储容量都相应增大，寻址范围可达 64KB，片内 ROM 容量达 4～8KB，并且有多级中断处理功能。

20 世纪 80 年代中期以后，Intel 公司集中精力在 CPU 芯片的研制开发上，并逐渐放弃了单片机芯片的生产，故以专利或技术交换的形式把 80C51 内核技术转让给全世界许多著名 IC 制造厂商，如 Philips、NEC、Atmel、Dallas、Anoalog Devices、AMD、华邦等。这些公司都在保持与 80C51 单片机兼容的基础上，又进行了一些扩充，改善了 80C51 的许多特性，称为增强型、扩展型，如 52 子系列单片机。这样，80C51 就变成有众多制造厂商支持的、发展出上百个品种的大家族，习惯把兼容机等衍生产品统称为 80C51 系列。

世界上许多半导体厂家以 MCS-51 中的 80C51 为核，派生出许多新一代的 51 系列兼容单片机，具有旺盛的生命力，成为单片机应用的主流产品，功能和市场竞争力更强，而基于此的单片机系统直到现在仍在广泛使用。

世界上许多公司生产 51 系列兼容单片机，比如 Philip 公司的 8xC552 系列、华邦的 W78C51 系列、达拉斯的 DS87 系列、LG 公司（现代）的 GMS90/97 系列等。目前在我国比较流行的是美国 Atmel 公司的 AT89C5x、AT89S5x 系列。

随着工业控制领域要求的提高，开始出现了 16 位单片机，但因为性价比不理想并未得到广泛的应用。

3. 单片机完善阶段

这是当前的单片机时代，其显著特点是百花齐放、技术创新，推出了适合不同领域要求的各种单片机系列，如集成度更高的 16 位和 32 位单片机。20 世纪 90 年代之后，集成电路技术高速发展，32 位单片机应运而生，嵌入式系统因此得到大力推广。随着 Intel i960 系列特别是后来的 ARM 系列的广泛应用，32 位单片机迅速取代了 16 位单片机的高端地位，并且进入主流市场地位的 16 位单片机的性能也得到了飞速提高，处理能力比 20 世纪 80 年代提高了数百倍。代表产品有 Motorola 公司的 M68300 系列、Hitachi（日立）公司的

SH 系列等。目前，高端的 32 位单片机主频已经超过 300MHz。由于控制领域对 32 位单片机需求并不十分迫切，因此 32 位单片机应用并不是很多。

另外，专用型单片机得到了大力发展。专业单片机具有成本低、资源有效利用、系统外围电路少、可靠性高等特点，是未来单片机发展的一个重要方向。

当前的单片机系统已不再是裸机环境下的开发和使用，大量专用的嵌入式操作系统广泛应用在单片机上。作为掌上电脑和手机核心处理的高端单片机，甚至可以直接使用专用的 Windows 和 Linux 操作。

1.3 单片机的分类

单片机作为微型计算机发展的一个重要分支，其产品已超过 50 个系列、上千个品种。根据目前的发展情况，单片机可以从下面几个角度进行分类。

根据适用范围不同，单片机可以分为通用型和专用型两大类。早期的单片机大多是通用型单片机，通过不同的外围扩展来满足不同的应用对象要求。如 80C51 是通用型单片机，它不是为某种专门用途设计的。专用型单片机是针对一类产品甚至某一个产品设计生产的。在一些大批量应用的领域中，专用型单片机可以降低成本、简化系统结构、提高性能，如为了满足电子体温计的要求，在片内集成包含 ADC 接口等功能的温度测量控制电路的单片机。

根据总线结构不同，可以分为总线型和非总线型单片机。总线型单片机设置有并行地址总线、数据总线、控制总线，通过引脚可以扩展并行外围器件。例如，80C51 单片机为并行总线。另外，许多单片机已把所需要的外围器件及外设接口集成在芯片内，因此可以省去并行扩展总线，外部封装引脚较少，大大节省了封装成本和芯片体积，这类单片机为非总线型单片机，无法扩展外部并行接口器件，扩展外围器件时应选择串行扩展方式。

根据应用领域不同，单片机可以分为家电类、工控类、通信类、个人信息终端（PDA）、军工类等。一般而言，工控类单片机寻址范围大、运算能力强；用于家电类的单片机多为专用型，通常程序容量小、封装小、价格低、外围器件和外设接口集成度高。PDA 类则要求大存储容量、大屏幕 LCD 显示、极低功耗等。

根据运行位数不同，单片机可以分为 4 位、8 位、16 位和 32 位单片机等。32 位以上多称为 32 位微处理器。单片机的位数是指单片机一次能处理的数据宽度。

显然，上述分类并不是唯一的和严格的。例如，80C51 类单片机既是通用型，又是总线型，还可以用于工控。

1.4 单片机的发展趋势

当前单片机的几个重要特点已展示了单片机的发展方向。从半导体集成技术以及微电子技术的发展，也可以预见到未来单片机技术的发展趋势。

1. 大容量和高性能化

以往单片机内的 ROM 为 1～4KB，RAM 为 128～256B。但在需要复杂控制的场合，该存储容量是不够的，必须进行外接扩展。为了适应这种领域的要求，片内存储器要大容量化。目前，单片机片内 ROM 可达 64KB，片内 RAM 可达 4KB。

为了进一步改进 CPU 的性能，加快指令运算的速度和提高系统控制的可靠性，采用了精简指令集（RISC）体系结构和并行流水线技术，可以大幅度提高数据处理和运行速度。还可以采用双 CPU 结构，增加数据总线宽度。现指令速度最高者已达 100MIPS，并加强了位处理功能、中断和定时控制功能。这类单片机的运算速度比标准的单片机高出 10 倍以上。由于这类单片机有极高的指令速度，可以用软件模拟其 I/O 功能，由此引入了虚拟外设的新概念。

2．微型化和高速化

集成工艺的发展和芯片集成度的提高为微型化提供了可能。随着贴片工艺的出现，单片机也大量采用了各种符合贴片工艺的封装，大大缩小了芯片的体积，为嵌入式系统提供了空间，使得由单片机构成的系统正朝微型化方向发展。

随着单片机技术的发展，单片机的工作速度越来越快。早期的 AT89S51 典型时钟为 12MHz，目前已有超过 100MHz 的 32 位单片机出现。例如，西门子公司的 C500 系列（与 MCS-51 兼容）的时钟为 36MHz，EMC 公司的 EM78 系列的时钟频率高达 40MHz。

3．低功耗化

与 CHMOS 工艺相比，CMOS 工艺具有工作电压范围宽、功耗低的优点。光刻工艺提高了集成度，从而使单片机更小、成本更低、工作电压更低、功耗更小。在单片机领域，CMOS 正在逐渐取代 TTL 电路。采用双极型半导体工艺的 TTL 电路速度快，但功耗和芯片面积较大。随着技术和工艺水平的提高，出现了 HMOS（高密度、高速度 MOS）和 CHMOS 工艺。目前生产的 CHMOS 电路已达到 LSTTL 的速度，传输延迟时间小于 2ns。近年来，由于 CHMOS 技术的进步，大大地促进了单片机的 CMOS 化。这也是今后以 80C51 取代 8051 为标准 MCU 芯片的原因。现在的单片机芯片多数是采用 CMOS（金属栅氧化物）半导体工艺生产，CMOS 电路的特点是低功耗、高密度、低速度、低价格。CMOS 芯片除了具有低功耗特性之外，还具有功耗的可控性，使单片机工作在精细管理状态，即低功耗运行方式，有休闲方式（Idle）、掉电方式（Power Down）、等待状态、睡眠状态等。

CMOS 电路的功耗与电源有关，降低供电电压能大幅度减少器件功耗。扩大电源电压范围以及在较低电压下仍然能工作是当今单片机发展的目标之一。单片机的低电压技术除了不断降低单片机电源电压外，有些单片机内部还有不同的电压供给，在可以使用低电压的局部电路中采用低压供电。目前，一般单片机都可以在 3.3～5.5V 下工作，甚至有的单片机可以在 2～2.6V 下工作。MCS-51 系列的 8031 推出时的功耗达 630mW，而现在的单片机功耗普遍在 100mW 左右，有的只有几十甚至几毫瓦。

4．RISC体系结构的发展

早期的单片机大多是复杂指令集（Complex Instruction Set Computer，CISC）结构体系，即所谓的冯·诺依曼结构。采用 CISC 结构的单片机数据线和指令线分时复用，其指令丰富，功能较强，但取指令和取数据不能同时进行，速度受限，价格亦高。由于指令复杂，指令代码、周期数不统一，指令运行很难实现流水线操作，大大阻碍了运行速度的提高。

例如，MCS-51系列单片机时钟频率为12MHz，单周期指令速度仅为1MIPS。

采用精简指令（Reduced Instruction Set Computer，RISC）体系结构的单片机，数据线和指令线分离，即哈佛结构。这使得取指令和取数据可以同时进行，由于一般指令线宽于数据线，使其指令较同类CISC单片机指令包含更多的处理信息，执行效率更高，速度更快。

Intel的8051系列、Motorola的M68HC系列、Atmel的AT89系列、荷兰NXP（原Philips）公司的PCF80C51系列等单片机多采用CISC结构；Microchip公司的PIC系列、Zilog公司的Z86系列、Atmel的AT90S系列、韩国三星公司的KS57C系列的4位单片机等多采用RISC结构。

5. ISP及基于ISP的开发环境

程序存储器主要有片内掩膜ROM、片内EPROM以及ROM Less几种形式。掩膜ROM用户不能更改存储内容；EPROM型芯片成本高；ROM Less型单片机片中无ROM，需片外有EPROM，系统电路结构复杂。

现在，很多单片机的存储器采用Flash ROM和Flash RAM，可以在线电擦写，断电后数据不丢失，并且程序保密化。

Flash ROM的发展和片内E^2PROM单片机的出现，推动了在系统可编程（In System Program，ISP）技术的发展。在ISP技术基础上，首先实现了目标程序的串行下载，促使模拟仿真开发方式的兴起；在单时钟、单指令周期运行的RISC结构单片机中，可实现PC通过串行电缆对目标系统的仿真调试。基于上述仿真技术，使远程调试以及对原有系统方便地更新软件、修改软件和对软件进行远程诊断成为现实。

6. 软件嵌入

目前，大多数单片机只提供了程序空间，没有任何驻机软件。目标系统中的所有软件都是系统开发人员开发的应用系统。随着单片机程序空间的扩大，会有许多空余空间，可在这些空间上嵌入一些工具软件，提高产品开发效率和单片机性能。单片机中嵌入软件的类型主要有：实时多任务操作系统（Real Time Operating System，RTOS），在RTOS支持下，可实现按任务分配，规范化设计应用程序；平台软件，可将通用子程序及函数库嵌入，以供应用程序调用；虚拟外设软件包，用于构成软件模拟外围电路的软件包，可用来设定虚拟外围功能电路；用于系统诊断、管理的软件等。

7. 串行扩展技术

在很长一段时间里，通用型单片机通过三总线结构扩展外围器件成为单片机应用的主流结构。目前，外围器件接口技术发展的一个重要方面是串行接口的发展。推行串行扩展总线可以显著减少引脚数量，简化系统结构。在采用Flash ROM时无须扩展外部并行EPROM，使得单片机的并行接口技术日渐衰弱。随着外围器件串行接口的发展，单片机串行扩展接口（如移位寄存器接口、SPI、I^2C、Microwire、1-Wire等）设置普遍化、高速化。Philip公司开发的新型总线结构-I^2C（Inter-ICbus）总线用3条数据线代替并行数据总线，从而大大减少了单片机引脚，降低了成本。目前，许多原来带有并行总线的单片机系列，推出了许多删除并行总线的非总线单片机。

8. 集成化

单片机内部集成的部件越来越多，即外围电路内装化。随着集成度的不断提高，有可能把众多外围部件集成在单片机内部。除了一般必须具有的 CPU、ROM、RAM、定时器/计数器等以外，片内集成的部件还有 ADC、DAC、DMA 控制器、声音发生器、电压比较器、看门狗、电源电压监控电路、LCD 控制器以及多种类型的串行通信接口等。如 NS 公司把语音、图像部件集成到单片机中，Infineon 公司的 C167CS-32FM 单片机内集成有 2 个局部网络控制模块 CAN。有的单片机为了构成网络或形成局部网，内部还集成有局部网络控制器模块，甚至将网络协议固化在其内部。目前，将单片机嵌入式系统和 Internet 连接是一种明显的发展趋势。

9. I/O接口功能增强

增强并行口的驱动能力，以减少外部驱动电路，有的单片机可以直接输出大电流和高电压，以便能直接驱动发光二极管（Light Emitting Diode，LED）和荧光显示器（Vacuum Fluorescent Display，VFD）。增加 I/O 接口的逻辑控制功能，大部分单片机的 I/O 都能进行逻辑操作，中、高档单片机的位处理系统能够对 I/O 接口进行位寻址和位操作，大大地加强了 I/O 口线控制的灵活性。有些单片机设置了一些特殊的串行接口功能，为构成分布式、网络化系统提供了便利条件。

10. 电磁兼容性

为提高单片机的抗电磁干扰能力，使产品能适应恶劣的工作环境，满足电磁兼容性高标准的要求，各厂家在单片机内部采用了新的技术措施，在输入引脚增加了施密特触发器和噪声滤波电路。适当增大输出信号边沿过渡时间，减少芯片本身的电磁辐射量，如 P89LPC932、P87LPC76X、P89C6XX2 系列的电磁辐射很小。

1.5 单片机的应用

单片机是世界上数量最多的计算机，具有体积小、控制功能强、功耗低、环境适应能力强、扩展灵活、使用方便、技术成熟、易于产品化等特点，已渗透到我们生活的各个领域，几乎很难找到没有单片机踪迹的领域。从导弹的导航装置、飞机上各种仪表的控制、自动控制领域的机器人、计算机的网络通信与数据传输、工业自动化过程的实时控制和数据处理到广泛使用的各种智能 IC 卡、民用豪华轿车的安全保障系统等，这些都离不开单片机。

1. 仪器仪表

单片机构成的智能仪器仪表集测量、处理、控制功能于一体，具有各种智能化功能，如存储、数据处理、查找、判断、联网和语音等功能。通过单片机软件编程技术，使长期以来测量仪表中的误差修正、线性化处理等难题迎刃而解。结合不同类型的传感器，可实现诸如电压、电流、功率、频率、湿度、温度、流量、速度、厚度、角度、长度、硬度、压力等物理量的测量。单片机控制的仪器仪表具有数字化、智能化、微型化等优点，且功能比采用电子或数字电路更强大，包括各种智能传感器、变送器、精密功率计、电压表、示波器、各种分析仪等。

2．工业控制

单片机广泛用于各种工业自动化过程实时控制系统中，进行数据处理和控制，使系统保持最佳工作状态，具有工作稳定、可靠、抗干扰能力强等优点。

用单片机可以构成形式多样的控制系统、数据采集系统、通信系统、信号检测系统、无线感知系统、测控系统、机器人等应用控制系统，如工业机器人、数控机床、工厂流水线的智能化管理、锅炉燃烧控制系统、供水系统、电镀生产自动控制系统、电梯智能化控制、各种报警系统、与计算机联网构成二级控制系统等。

3．消费电子

现在的各种家用电器普遍采用单片机代替传统的控制电路，从而提高了自动化程度，增强了功能，如电饭煲、洗衣机、录像机、摄像机、电冰箱、空调机、微波炉、电视机、音响视频器材、电子秤量设备和许多高级电子玩具、电子宠物等。当前家用电器的主要发展趋势是模糊控制，模糊单片机的出现使传统的家用电器走向智能化，如能识别衣物种类、脏污程度，并且自动选择洗涤时间、强度的洗衣机；能识别食物种类，选择加热温度、时间的微波炉；能识别食物种类、保鲜程度而自动选择冷藏温度、时间的冰箱；根据对象的周围环境，选择光圈和速度的照相机、摄像机等。

4．网络和通信

单片机普遍具有通信接口，可以很方便地与计算机进行数据通信，为计算机网络和通信设备间的应用提供了极好的条件，从调制解调器、小型程控交换机、集群移动通信、楼宇自动通信呼叫系统、列车无线通信、无线电对讲机到日常生活中随处可见的手机、电话机、无线遥控等都使用单片机。

5．办公自动化

现代的办公自动化设备多数嵌入了单片机，如打印机、传真机、复印机、绘图仪、考勤机等。此外，各种计算机外围设备及智能接口也使用单片机，如键盘、CRT、硬盘驱动器、磁带机、UPS、各种智能终端等。

6．医用设备

单片机在医用设备中的用途亦相当广泛，如医用呼吸机、各种分析仪、监护仪、超声诊断设备及病床呼叫系统等。

7．汽车电子

单片机在汽车电子中的应用非常广泛，如汽车发动机控制器、GPS导航系统、ABS防抱死系统、制动系统、安全控制系统、安全保障系统和胎压检测等。

8．交通

在交通领域，汽车、火车、飞机、航天器等均使用单片机，如汽车的点火装置、变速器控制、集中显示系统、动力监测控制系统、自动驾驶系统、航天测控系统、黑匣子等。

9．军工

在航空航天系统和国防军事、尖端武器等领域，单片机的应用更是广泛，如飞机、军舰、坦克、导弹控制、鱼雷制导、智能武器、航天导航等。

10．模块化系统

某些专用单片机设计用于实现特定功能，从而在各种电路中进行模块化应用，而不要求使用人员了解其内部结构。如音乐集成单片机，看似简单的功能，微缩在纯电子芯片中（有别于磁带机的原理），就需要复杂的类似于计算机的原理。音乐信号以数字的形式存于存储器中（类似于 ROM），由微控制器读出，转化为模拟音乐电信号（类似于声卡）。在大型电路中，这种模块化应用极大地缩小了体积，简化了电路，降低了损坏、错误率，也便于更换。

11．多机分布式控制

在较复杂的工业系统中，经常采用分布式测控系统，单片机可以很方便地实现分布式系统的前端采集，进行多机和分布式控制。

1.6　主流单片机产品

从开始的 1 位机到现在的 32 位，单片机以惊人的速度向前发展。目前，各公司已经开发出上千种型号几百种品牌的单片机产品，这些单片机性能各异，应用领域也有所不同。目前，国内市场主流的单片机类型有 51 内核的系列单片机、Microchip 公司的 PIC 系列单片机、Motorola 公司的 68 系列、Texas Instrument 公司的 MSP16bit 系列单片机、Zilog 公司的 Z8 系列、Rockwell 公司的 6501 和 6502、ARM 内核的 32 位系列单片机等。从应用和普及情况来看，Intel 公司的 MCS-51 系列和 Atmel 公司的 AT89 系列 8 位单片机都是最为常用的产品。

1.6.1　Intel 公司的 MCS-51 系列单片机

Intel 公司已经开发了 8 位、16 位和 32 位等系列的单片机，MCS 是 Intel 公司专用的单片机系列符号。

MCS-51 系列产品是一种高性能的 8 位单片机，共有二十几种芯片，分为 51 子系列和 52 子系列。这些产品结构基本相同，主要差别是存储器配置不同。其中 51 子系列是基本型，51 子系列中的 8X51 子系列包括 8031、8051、8751 和 8951，8XC51 子系列包括 80C31、80C51、87C51 和 89C51。而 52 子系列属于增强型，增加了一些内部资源，8X52 子系列包括 8032、8052、8752 和 8952，8XC51 子系列包括 80C32、80C52、87C52 和 89C52。芯片型号中带有字母 C 的为 CHMOS 芯片，其余均为 HMOS 芯片。CHMOS 是 CMOS 和 HMOS 的结合，除了保持 HMOS 高速度和高密度的特点，还具有 CMOS 低功耗的特点。而且，CHMOS 器件比 HMOS 器件多了 2 种节电的工作方式（掉电方式和待机方式），常用于构成低功耗的应用系统。例如，8051 芯片的功耗为 630mW，而 80C51 的功耗只有 120mW；在便携式、手提式或野外作业仪器设备上，低功耗是非常有意义的。

MCS-51 的基本型是以 8051 为内核的各种型号单片机的基础，也是各种增强型、扩展型等衍生产品的核心。MCS-51 系列单片机采用典型的通用总线型单片机体系结构：完善的外部总线，MCS-51 设置了经典的 8 位单片机的总线结构，包括 8 位数据总线、16 位地址总线、控制总线及具有多机通信功能的串行通信接口；CPU 外围功能单元的集中管理模式；面向对象、突出控制功能的位地址空间及位操作方式；指令系统趋于丰富和完善，并且增加了许多突出控制功能的指令。MCS-51 系列单片机因其性能可靠、简单实用、性价比高深受欢迎，被誉为“最经典的单片机”。常用的还有 80C54、80C58 等产品。

1.6.2 Atmel 公司的 AVR 单片机

Atmel 公司有 3 个系列的单片机 AT89、AT90、AT91。

AT89 系列单片机是以 80C31 为内核，采用闪存（Flash Memory）技术开发的 8 位高性能单片机，目前在嵌入式控制领域广泛应用。

Atmel 89 系列单片机是以 8031 为核心构成的，内部含 Flash 存储器，与 80C51 引脚兼容，采用静态时钟方式，错误编程无废品产生。片内程序存储器为电擦写 ROM，整体擦除时间仅为 10ms 左右，可写入/擦除 1000 次以上，数据保存 10 年以上。常用的 AT89 中，标准型 AT89 系列单片机主要有 AT89C51、AT89C52、AT89S51、AT89S52 等型号；高档型 AT89 系列单片机在标准型基础上，升级了一些资源，芯片内 Flash 程序存储器增加到 32KB，数据存储器增加到 512KB，数据指针增加到 2 个，主要有 AT89C51RC、AT89C55WD、AT89S53、AT89S8252、AT89S8253 等型号；比标准型资源少的低档型 AT89 系列单片机主要有 AT89C1051、AT89C2051、AT89C4051 等型号。AT89LV5X 和 AT89LS5X 为对应的低电压产品，最低电压可以低至 2.7V。只要芯片上带有 s 字样的单片机都支持 ISP（在线烧录）。

低档型 AT89 系列单片机是精简型 51 单片机，采用 20 引脚封装。AT89C2051 在原有 51 系列单片机 AT89C51 的基础上省略了 P0 口和 P2 口，内部程序 Flash 存储器减小到 2KB，然后改进了一些功能，如具有 LED 驱动电路和精密模拟电压比较器等。结构最简单的是 AT89C1051，在 2051 的基础上，再次精简了串口功能等，AT89C1051 的 Flash 程序存储器容量最小，只有 1KB，当然价格也更低。AT89C2051/AT89C1051 是低档型低电压产品，最低电压也为 2.7V，因功耗低、体积小、良好的性价比备受青睐，在家电产品、智能玩具、工业控制、计算机产品、医疗机械、汽车工业等方面成为用户降低成本的首选器件。AT89C55 的 Flash 存储器容量最大，有 20KB。最复杂的是 AT89S8252，内部不但含标准的串行接口，还含有外围串行接口 SPI、Watchdog 定时器、双数据指针、电源下降的中断恢复等功能和部件。

20 世纪 90 年代初，Atmel 公司把 EEPROM 及 Flash 技术巧妙地用于特殊的集成电路，推出了 AT90 系列 AVR 单片机。AVR 单片机是增强型内置 Flash 的精简指令集（RISC）高速 8 位单片机，而 51 单片机是集中指令集（CISC）单片机。AVR 单片机系列齐全，有 3 个档次，可用于各种不同场合。低档 AVR 单片机是 Tiny 系列，主要有 Tiny 11/12/13/15/26/28 等；中档是 AT90S 系列，主要有 AT90S 1200/2313/8515/8535 等，这一系列单片机逐渐被淘汰或转型给 ATmega 系列；高档是 ATmega 系列单片机，主要有 ATmega 8/16/32/64/128，以及 ATmega 8515/8535 等。

AT91 系列单片机主要对应的是高端的 32 位 ARM 单片机。一般采用 ARM7 内核，有 16 位的，也有 32 位的，ARM 是现在嵌入式系统 32 位主流单片机。

1.6.3　Microchip 公司的 PIC 单片机

美国 Microchip 公司推出的 PIC 单片机系列，是较早采用 RISC 结构的嵌入式微控制器。PIC 单片机突破了传统单片机对 PC 在结构上的依赖性，并具备哈佛总线的存储器结构、两级流水线指令结构、单周期指令等技术，从而在单片机硬件结构上独辟蹊径，大大提高了系统的运行效率。此外，PIC 单片机还包括高速度、低电压、低功耗、大电流 LCD 驱动能力和低价位 OTP 技术，自带看门狗定时器，具有睡眠和低功耗模式。PIC 单片机产品的性能与价格比较高，有多种型号可以满足不同层次的应用要求。

PIC 系列单片机分为 8 位、16 位和 32 位单片机。PIC 的 8 位单片机是目前应用最广泛的单片机之一，按指令的位数，可分为基本级、中级和高级产品 3 个种类，主要产品有 PIC16C 系列、PIC17C 系列和 PIC18 系列。PIC 的 16 位单片机包括 PIC24F 系列、PIC24H 系列、dsPIC30 系列和 dsPIC33 系列等。除了通用单片机产品外，Microchip 还结合 DSP 强大的运算能力，针对电机控制应用推出 16 位数字信号控制器 dsPIC33F 系列，该系列产品内核集成了 1 个 DSP 引擎和 2 个累加器，带有 PWM 和正交编码接口，可实现对电机（如步进电机）的精确控制。PIC 的 32 位单片机系列产品能够在最高 80MHz 频率下运行，提高了代码及数据存储能力，包含一应俱全的集成外设以及多种通信外设，如 PIC32MX764、PIC32MX695 等。

第2章　单片机的硬件结构

熟悉并掌握硬件结构对于应用设计十分重要，是单片机应用系统设计的基础。通过本章的学习，可以使读者对51系列单片机的硬件结构有较为全面的了解。单片机的中央处理器（CPU）和通用微处理器基本相同，只是增设了“面向控制”的处理功能，例如，位处理、查表、多种跳转、乘除法运算、状态检测、中断处理功能等，增强了控制的实用性和灵活性。

2.1　单片机的内部结构

目前，在我国比较流行的单片机是美国Atmel公司的AT89S51。下面以AT89S51为例，介绍芯片内部结构。

1. AT89S51单片机主要特性

AT89S51是2003年美国Atmel推出的低功耗、高性能的CMOS 8位单片机，以8031CPU为内核，与标准8051指令系统及引脚完全兼容，片内有4KB Flash程序存储器，允许在线系统编程或用常规的非易失性存储器编程器来编程，允许反复擦/写1000次。器件采用CMOS工艺和Atmel公司的高密度、非易失性存储器（NURAM）技术生产。AT89S51芯片集成了通用8位CPU和ISP Flash，功能强、灵活性高，且价格合理，可用于许多嵌入式控制系统中。

AT89S51的特点是采用4KB Flash闪速程序存储器、三级程序存储器保密锁定、128B随机存取数据存储器（RAM）、32个输入/输出（I/O）口、看门狗定时器（WDT）、两个数据指针、5个两级的中断向量、2个16位可编程定时器/计数器、1个全双工串行通信口、片内振荡器和时钟电路。此外，AT89S51是用静态逻辑设计的，其振荡频率可下降至0Hz，并提供两种节电工作方式，即空闲方式（Idle Mode）和掉电方式（Power Down Mode），可以通过软件设置进行选择。在空闲方式下，CPU暂停工作，而RAM、定时器/计数器、串行口以及中断系统可继续工作，此时的电流可降到大约为正常工作方式的15%；在掉电方式下，片内振荡器停止工作，由于时钟被“冻结”，芯片内一切功能都暂停，只保存片内RAM中的数据，直到有外部中断或硬件复位激活，这种方式下的电流可降到15μA以下，最小可降到0.6μA。

2. 单片机内部结构

AT89S51单片机系统基本组成结构如图2-1所示。芯片内部集成了中央处理器（CPU）、片内数据存储器（RAM）、片内闪速程序存储器（Flash ROM）、特殊功能寄存器（SFR）、

4 个并行 I/O 接口（P0、P1、P2、P3）、1 个可编程串行口、2 个定时器/计数器、中断控制系统以及 64KB 的总线扩展控制器，各个部分通过内部 8 位数据总线（DBUS）相连。

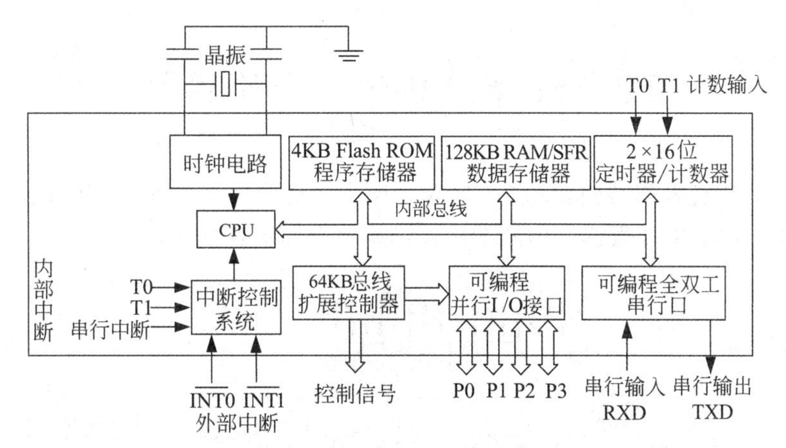

图 2-1　AT89S51 单片机系统基本组成结构

（1）中央处理器 CPU：一个 8 位的 80C51 微处理器 CPU，是单片机的核心部件，由运算器和控制器组成，完成各种运算和控制操作。

（2）数据存储器 RAM：共有 256B 的 RAM 单元，其中低 128B 单元是用户可以使用的真正的片内数据存储器 RAM 区，用以存放可以随时读/写的数据，如运算的中间结果、最终结果以及欲显示的数据等。另外，内部高 128B 单元由专用寄存器 SFR 占用 26 个单元，用以配置单片机内部各个功能模块或存放一些控制指令数据。

（3）程序存储器 Flash ROM：共有 4KB 的 Flash ROM（52 子系列为 8KB），主要用于存放程序代码、一些原始数据和表格，断电后存储内容不会丢失。

（4）定时器/计数器：芯片内有 2 个 16 位可编程定时器/计数器，即 T0 和 T1，可以设置成定时或计数方式，用以进行定时控制或对外部事件进行计数。对于 52 子系列，有 3 个 16 位定时器/计数器。

（5）并行 I/O 端口：芯片内有 4 个 8 位并行 I/O 接口 P0～P3，用于实现数据的并行输入/输出。每一个 I/O 接口都能够独立使用，共 32 个双向可独立寻址的 I/O 接口，每个端口既可以用作输入，也可以用作输出。

（6）串行口：1 个全双工的可编程异步串行通信口，通常称为通用异步接收发送器（Universal Asynchronous Receiver/Transmitter，UART），用于实现单片机之间或单片机与其他设备之间的串行数据传输。该串口既可作为全双工异步通信收发器，也可作为同步移位寄存器。

（7）中断控制系统：芯片内部有 5 个中断源，两级中断优先级，包括 2 个外部中断源（INT0 和 INT1）和 3 个内部中断源（T0、T1 及串口中断），每个中断源均可设置高或低优先级。对于 52 子系列有 6 个中断源，比 51 子系列多了一个定时器/计数器溢出中断。

（8）片内振荡器和时钟电路：芯片内部有振荡电路和时钟发生器，但需外接石英晶体和微调电容，组成定时控制电路，产生单片机运行所需要的稳定而持续的时序脉冲序列。一般单片机系统的晶振频率在 6～12MHz，典型晶振频率有 6MHz、11.0592MHz 和 12MHz。最高允许振荡频率为 24 MHz。

（9）总线结构：单片机内部各个部分通过系统的数据总线、地址总线和控制总线连接起来。总线结构减少了单片机的连线和引脚，提高了集成度和可靠性。

2.2 51 单片机的中央处理器

AT89S51 单片机内部结构如图 2-2 所示，图中主要绘出了 CPU 的内部结构，串行口、并行 I/O 接口、定时器/计数器、中断的内部结构将在后面详细介绍。

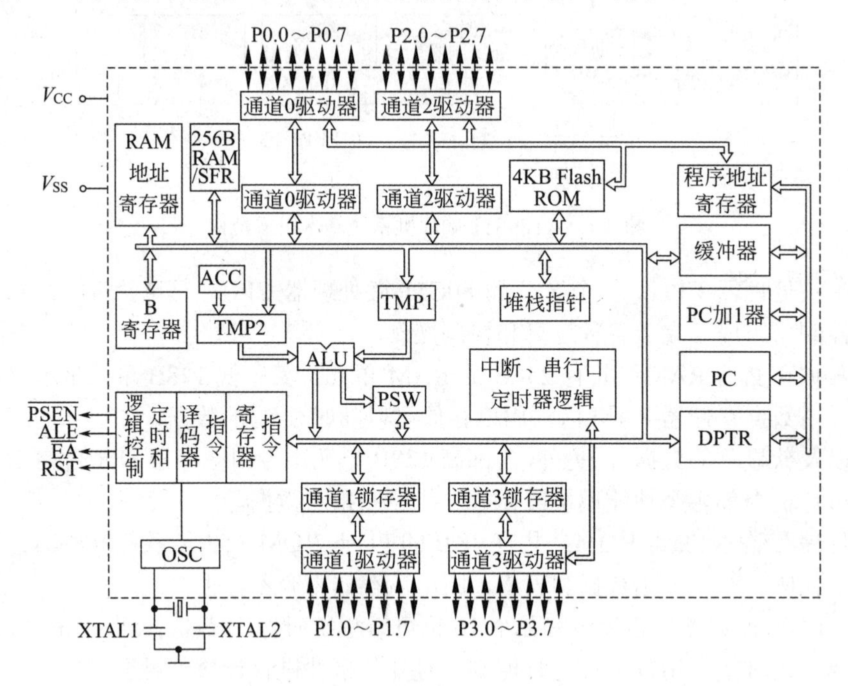

图 2-2　AT89S51 单片机内部结构图

单片机的核心部件是 8 位的高性能中央处理器（CPU）。CPU 是单片机的大脑和心脏，从功能上可分为控制器和运算器两部分。

1. 控制器

控制器由程序计数器 PC、指令寄存器 IR、指令译码器 ID、定时和控制逻辑、地址寄存器、地址缓冲器、数据指针寄存器 DPTR 和堆栈指针 SP 等组成。

控制器是 CPU 的大脑中枢，统一指挥和控制单片机各部件协调工作。从程序存储器中取指令，送到指令寄存器，由指令译码器逐条进行译码，然后通过定时和控制电路在规定的时刻发出各种操作所需的内部和外部控制信号，使各部分协调工作，完成指令规定的各种功能。

1）程序计数器 PC

PC（Program Counter）是一个 16 位的字节地址计数器，由两个 8 位的计数器 PCH 及 PCL 组成，用来存放下一条要执行指令的地址。PC 具有自动加 1 功能，当 CPU 要取指令时，PC 的内容首先送至地址总线上，然后从选中地址单元的存储器中取出指令，PC 内容则自动加 1，指向下一条指令的地址，以保证程序按顺序执行。

当执行转移、子程序调用或中断响应时，根据程序转移地址或中断响应过程自动给 PC 置入新的地址。单片机复位时，PC 自动清零，即装入 0000H，从而保证了复位后程序从地址 0000H 开始执行。PC 的寻址范围为 64KB，即地址空间为 0000～0FFFFH。

程序计数器 PC 在物理上是独立的，不占用内部 RAM 单元，没有地址，因此不可寻址，用户无法读写 PC，但是可以通过转移、调用、返回等指令修改 PC 内容，控制程序流向。

2）指令寄存器 IR 和指令译码器 ID

从 PC 指定的程序存储器 Flash ROM 的地址单元中读取的待执行的指令代码存放在指令寄存器 IR（Instruction Register）中，由指令译码器 ID 对该指令进行译码，产生一序列的控制信号，控制逻辑电路完成指令的功能。

3）数据指针寄存器 DPTR

DPTR（Data Pointer）是一个 16 位的专用地址指针寄存器，具体内容在专用寄存器中介绍。

4）堆栈指针 SP

堆栈指针 SP（Stack Pointer）是一个 8 位寄存器，用于指示堆栈栈顶单元地址，具体内容在专用寄存器中介绍。

5）定时与控制逻辑电路

定时与控制逻辑电路是处理器的核心部件，产生各种控制信号，协调各功能部件的工作。AT89S51 单片机片内有振荡电路，只需外接石英晶体和 2 个 30pF 左右的微调电容就可以产生内部时钟，其频率为 0～24MHz。

该脉冲信号是单片机工作的基本节拍，即时间的最小单位。AT89S51 同其他计算机一样，在基本节拍的控制下协调地工作，就像一个乐队按着指挥的节拍演奏一样。

2. 运算器

运算器主要由算术逻辑运算单元 ALU、累加器 ACC、暂存器 TMP1、暂存器 TMP2、程序状态寄存器 PSW、BCD 码运算调整电路等组成。为了提高数据处理和位操作能力，片内增加了一个通用寄存器 B 和一些专用寄存器，以及位处理逻辑电路（布尔处理机）。运算器主要用来实现数据的传送、数据的算术运算、逻辑运算和位变量处理等。

1）算术逻辑运算单元 ALU

ALU 是运算器的核心部件，由加法器和其他逻辑电路组成，在控制信号的作用下，完成数据的算术和逻辑运算。

2）累加器 ACC

累加器（Accumulator，ACC）是一个 8 位寄存器，也是 CPU 中工作最忙碌的寄存器。ALU 运算的两个操作数，一个来自 ACC 经暂存器 2 进入 ALU，另一个来自暂存器 1，运算结果也常送回 ACC 中保存，运算结果的状态送入 PSW。

在指令系统中，对累加器直接寻址时使用助记符 ACC（位操作和堆栈操作），除此以外全部用助记符 A 表示。

3）寄存器 B

寄存器 B 是一个 8 位寄存器，主要用于 ALU 进行乘、除运算。在进行乘法和除法运算时，寄存器 B 用来存放一个操作数，运算完成后，一部分运算结果也送回 B 中保存。乘法指令的两个操作数分别来自累加器 A 和寄存器 B，其中 B 为乘数，乘法结果的高 8 位存放在 B 中，低 8 位存放在 A 中；除法指令中，被除数来自 A，除数来自 B，除法的结果商数存放在 A 中，余数存放在 B 中。其他指令中，寄存器 B 可以作为内部 RAM 中通用寄存器使用。

4）程序状态字寄存器 PSW

PSW（Program Status Word）是一个 8 位寄存器，用于存放程序运行中的各种状态信息。其中，有些位是根据程序执行结果由硬件自动设置的，而有些位可通过指令设定。具体内容在专用寄存器中介绍。

5）布尔处理器

除了字节处理器外，单片机 CPU 中还设置了一个结构完整、功能极强的布尔处理器，具有位处理逻辑功能，专门用于位操作。这是 51 系列单片机的突出优点之一，是一般微机不具备的，适合面向控制的应用。布尔处理器以 PSW 中的进位标志 Cy 作为位操作的累加器，利用存储器中的位地址空间专门处理位操作。

2.3　单片机的工作过程

单片机程序固化在程序存储器中，单片机的工作过程实际上是执行程序语句，即执行一系列指令的过程。执行指令包括取指令、分析指令和执行指令 3 个过程，反复进行。

下面以 MOV A,#0FH 指令的执行过程为例来说明单片机的工作过程。此指令的机器代码为 74H 0FH，存放在 0000H 开始的单元中。

单片机开机时，PC=0000H，从 0000H 地址单元开始执行程序。取指令过程如下：

（1）PC 中的 0000H 送到片内地址寄存器，PC 的内容自动加 1 变为 0001H，指向下一条指令字节地址。

（2）地址寄存器中的内容 0000H 通过地址总线送到片内存储器，经存储器中的地址译码器选中 0000H 单元。

（3）CPU 通过控制总线发出读命令。

（4）将选中单元 0000H 中的内容 74H 送内部数据总线上，因为是取指令周期，该内容通过内部数据总线送到指令寄存器。

到此，取指令过程结束，进入执行指令过程。单片机执行指令的过程如下：

（1）指令寄存器中的内容经指令译码后，分析这条指令的功能是取数，即把一个立即数送入累加器 ACC 中。

（2）PC 的内容为 0001H，送地址寄存器，译码后选中 0001H 单元，同时 PC 内容自动加 1 后变为 0002H。

（3）CPU 同样通过控制总线发出读命令。

（4）将选中单元 0001H 单元的内容 0FH 读出经内部数据总线送到累加器 ACC 中。

至此，本指令执行结束。PC=0002H，单片机进入下一条指令的取指令过程。重复上述过程直到程序中所有指令执行完毕。

2.4　51 系列单片机的引脚及功能

51 系列单片机通常有 3 种封装形式，HMOS 型典型芯片一般采用 40 个引脚的双列直插式封装 PDIP-40，其引脚分配如图 2-3 所示。CHMOS 型典型芯片多数采用 44 个引脚的方形封装 PLCC-44 或四侧引脚扁平封装 TQFP44。这两种封装形式中有 4 个名称为 NC 的引脚为空引脚，分别位于四侧的中间位置，其他引脚的定义及功能与 40 个引脚 PDIP 完全相同。

📖 说明：IC 芯片表面有小圆坑、半圆缺口或者用颜色标识的Δ、O 或 U 等标记，标记所对应的引脚就是这个芯片的第 1 引脚，然后按逆时针方向依次增加得到每个引脚的序号。

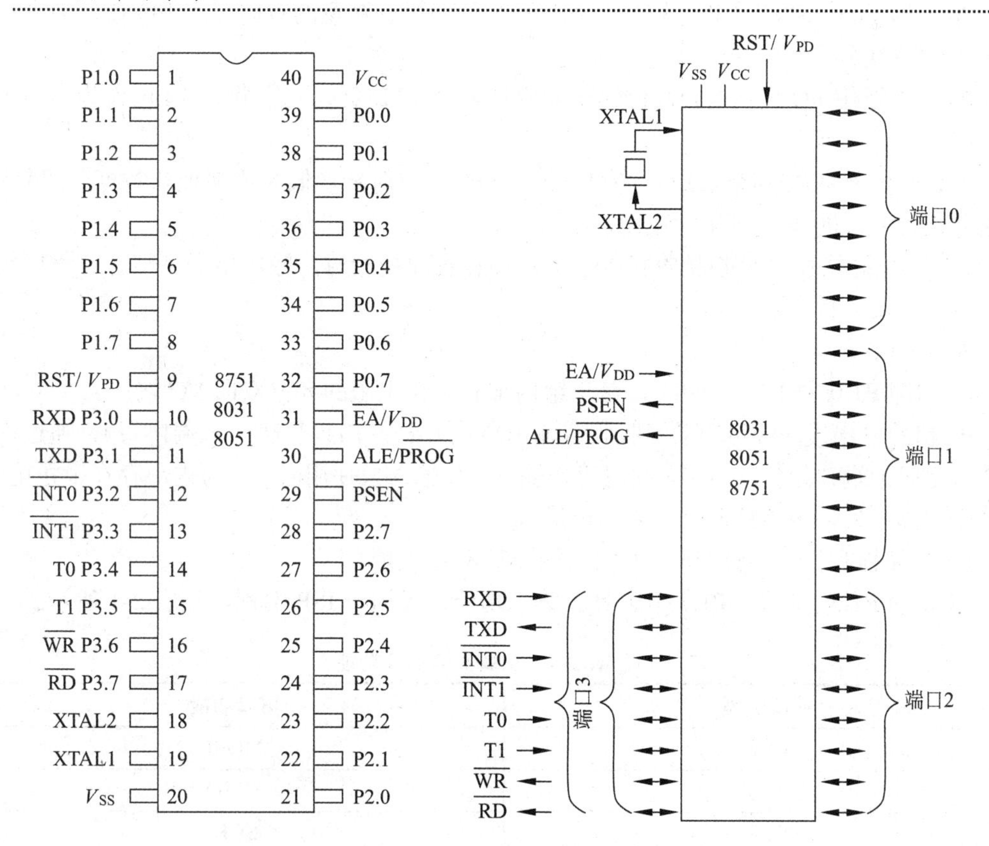

图 2-3　DIP 封装引脚分布及逻辑图

单片机 40 个引脚按功能可分为 4 类，分别是电源引脚、时钟信号引脚、I/O 端口引脚和控制功能引脚。下面介绍各引脚的功能。

1．电源引脚

（1）V_{CC}（40）：电源输入端，正常工作时接+5V 电源。

（2）V_{SS}（20）：接地端。

2．时钟振荡电路引脚

（1）XTAL1（19）：反相振荡器放大器及内部时钟发生器的输入端。
（2）XTAL2（18）：反相振荡器放大器的输出端。

提示：若要检查单片机的振荡电路是否工作，可以使用示波器查看 XTAL2 引脚是否有脉冲输出。

3．输入/输出引脚

51 系列单片机有 4 个 8 位并行 I/O 端口，即 P0、P1、P2 和 P3。

1）P0 端口

P0 口即 P0.0～P0.7（39～32），是 1 组 8 位漏极开路型的双向三态 I/O 口，或者用作地址/数据总线复用端口。

P0 口作通用 I/O 使用时，每位输出能驱动 8 个 TTL 负载，对端口写 1 可作为高阻抗输入端用。

在访问外部数据存储器或程序存储器时，P0 口分时转换低 8 位地址和数据总线复用，在这种模式下，P0 有内部上拉电阻。

在 Flash 编程时，P0 口接收指令字节，而在程序校验时，输出指令字节。在程序校验时，要求外接上拉电阻。

2）P1 端口

P1 口即 P1.0～P1.7（1～8），是 1 组内部有上拉电阻的 8 位双向 I/O 端口。

P1 口的输出缓冲级可驱动（吸收或输出电流）4 个 TTL 负载。对端口写 1，通过内部的上拉电阻把端口拉到高电平，此时可作输入。作输入口使用时，因为内部存在上拉电阻，当某个引脚被外部电路拉低时会输出电流 I_{IL}。

Flash 编程和程序校验期间，P1 口接收低 8 位地址。

P1 口的 P1.5、P1.6、P1.7 引脚具有第二功能，可用于 ISP 编程，如表 2-1 所示。

表 2-1　引脚具有第二功能

端口引脚	第二功能
P1.5	MOSI
P1.6	MISO
P1.7	SCK

补充：对于 52 子系列，P1.0 和 P1.1 引脚也具有第二功能。P1.0 的第二功能是定时器/计数器 2 的外部计数脉冲输入端，引脚名称为 T2。P1.1 的第二功能是定时器/计数器 2 的捕获、重装触发控制输入端，引脚名称为 T2EX。

3）P2 端口

P2 口即 P2.0～P2.7（21～28），是一组内部有上拉电阻的 8 位双向 I/O 端口或用作高 8 位地址。

P2 口的输出缓冲级可驱动（吸收或输出电流）4 个 TTL 负载。对端口写 1，通过内部的上拉电阻把端口拉到高电平，此时可作输入。作输入口使用时，因为内部存在上拉电阻，当某个引脚被外部电路拉低时会输出电流 I_{IL}。

从外部程序存储器取指令或访问外部 16 位地址的数据存储器（如执行 MOVX@DPTR 指令）时，P2 口送出高 8 位地址。当访问 8 位地址的外部数据存储器（如执行 MOVX@Ri 指令）时，P2 口输出其特殊功能寄存器 P2 中的内容。

Flash 编程或程序校验时，P2 口接收高 8 位地址和其他控制信号。

4）P3 端口

P3 口即 P3.0～P3.7（10～17），是一组内部有上拉电阻的 8 位双向 I/O 端口或用作第二功能。

P3 口的输出缓冲级可驱动（吸收或输出电流）4 个 TTL 负载。对端口写 1，通过内部的上拉电阻把端口拉到高电平，此时可作输入。作输入口使用时，因为内部存在上拉电阻，当某个引脚被外部电路拉低时会输出电流 I_{IL}。

P3 口更重要的是具有第二功能。

Flash 编程或程序校验时，P3 口接收控制信号。

4．控制信号引脚

1）RST（9）

复位输入端，高电平有效。当该引脚上出现持续 2 个机器周期（24 个时钟周期）以上的高电平时，单片机系统复位。看门狗定时器（WDT）溢出后，驱动此引脚维持 98 个时钟周期的高电平。特殊功能寄存器 AUXR（寄存器单元地址 8EH）的 DISRT0 位可以用来使能或禁止此功能。DISRT0 位默认设置使能 RESET 高电平输出。

📖 在上电时，由于振荡器需要一定的起振时间，该引脚上的高电平必须保持 10ms 以上才能保证有效复位。

2）ALE/$\overline{\text{PROG}}$（30）

地址锁存允许/编程信号。ALE 地址锁存允许信号，高电平有效。当访问外部存储器时，ALE 引脚输出一个高电平脉冲，其下降沿用于将 P0 口输出的低 8 位地址送入锁存器锁存，从而实现 P0 口地址和数据的分时复用。Flash 存储器编程期间，该引脚用于输入编程脉冲 $\overline{\text{PROG}}$。

ALE 引脚每个机器周期输出两个正脉冲。单片机工作时（不访问外部存储器时），ALE 引脚以固定的频率输出正脉冲信号，频率为时钟振荡频率的 1/6。因此可以用作对外输出的时钟或定时脉冲信号。例如，将 ALE 经一定分频后可以用作模数转换器 ADC0809 的时钟信号。当访问外部数据存储器时，将跳过一个 ALE 脉冲，ALE 输出正脉冲信号的频率是时钟振荡频率的 1/12。如有需要，可通过对特殊功能寄存器 AUXR 的 DISALE 位置位禁止 ALE 输出。这样，只有在执行 MOVX 和 MOVC 指令时 ALE 才起作用。反之，该引脚会被略微拉高。单片机执行外部程序时，设置 ALE 禁止位无效。

📖 提示：若要检查单片机是否工作，可以使用示波器查看该引脚是否有脉冲信号输出。

3）$\overline{\mathrm{EA}}$ /V_{PP}（31）

访问外部程序存储器允许信号/编程电源输入。

当$\overline{\mathrm{EA}}$为低电平时（接地），CPU 只能访问外部程序存储器，地址范围为 0000H～FFFFH。当$\overline{\mathrm{EA}}$端为高电平（接 V_{CC}）时，CPU 则执行内部程序存储器中的指令。如果加密位 LB1 被编程，复位时内部会锁存$\overline{\mathrm{EA}}$端状态。

Flash 存储器编程时，该引脚提供+12V 的编程电压 V_{PP}。

4）$\overline{\mathrm{PSEN}}$（29）

外部程序存储器读选通信号引脚，低电平有效。当 AT89S51 由外部程序存储器取指令（数据）期间，$\overline{\mathrm{PSEN}}$每个机器周期有效两次，即输出两个负脉冲。当访问外部数据存储器时，两个$\overline{\mathrm{PSEN}}$信号被略过，即两次有效的$\overline{\mathrm{PSEN}}$信号不会出现。

2.5 存储器结构

微机通常只有一个逻辑空间，程序存储器和数据存储器共用存储空间，ROM 和 RAM 可以随意安排在地址范围内不同的空间，即 ROM 和 RAM 的地址同在一个队列里分配不同的地址空间。CPU 访问存储器时，一个地址对应唯一的存储器单元，可以是 ROM 或 RAM，并用同一类访问指令。这种存储器结构称为普林斯顿结构。

与一般微机的存储器配置方式不同，在物理结构上，AT89S51 单片机与 MCS-51 系列单片机的存储器的程序存储器空间和数据存储器空间是相互独立的。这种程序存储器和数据存储器空间分开的结构形式称为哈佛结构。

2.5.1 存储器地址分配

程序存储器 ROM（Random Access Memory）通常用于存放程序、常数和表格，数据存储器 RAM（Read Only Memory）通常用来存放程序运行所需要的暂存数据、中间结果等。

存储器有片内和片外之分，集成在芯片内部的为片内存储器，采用专用的存储器芯片通过总线与单片机连接的为扩展的外部存储器，程序存储器和数据存储器都可以采用专用芯片进行外部扩展。故在物理结构上，51 系列单片机分为 4 个相互独立的存储空间：片内程序存储器、片外程序存储器、片内数据存储器、片外数据存储器。

从用户访问这些存储器的角度来看，由于内部程序存储器和外部程序存储器统一编址，因此寻址空间分布可划分为 3 个逻辑存储器：片内和片外统一编址的程序存储器、内部数据存储器、外部数据存储器，如图 2-4 所示。单片机地址总线宽度是 16 位，因此具有 64KB 外部程序和数据寻址空间。

这 3 个存储空间地址是重叠的，如何区别这 3 个不同的逻辑空间呢? 51 指令系统用不同的传送指令助记符区分这 3 个不同的逻辑存储空间，产生相应的存储空间的选通信号。访问片内、片外 ROM 用 MOVC 指令，访问片外 RAM 用 MOVX 指令，访问片内 RAM 用 MOV 指令。

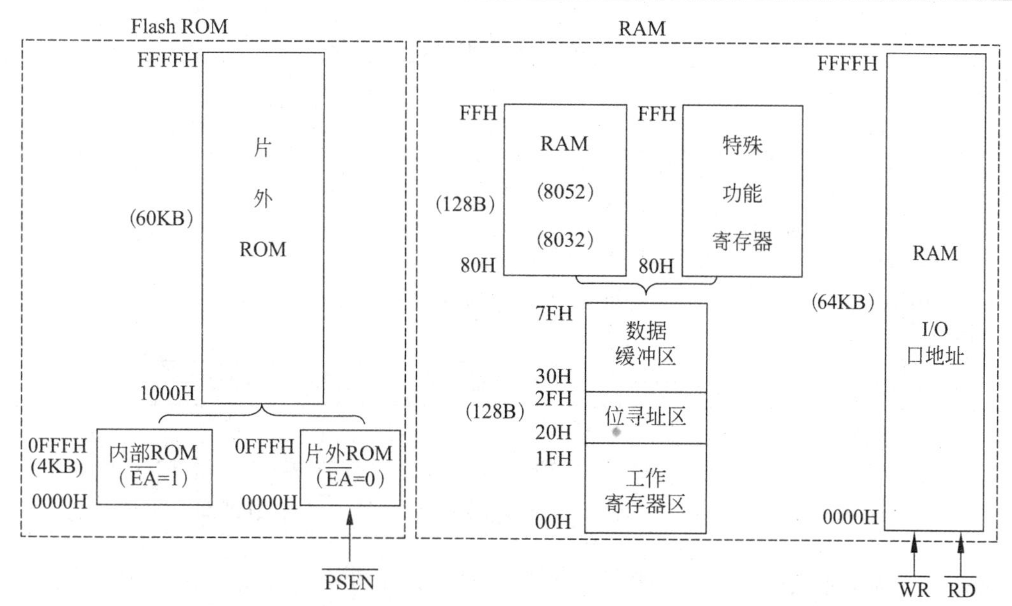

值超过内部程序存储器容量地址 0FFH 时，自动转到片外程序存储器中执行程序。8031 片内无序存储器，使用时 $\overline{EA}$ 必须接低电平。

图 2-4　51 单片机存储器地址分配

2.5.2　程序存储器

片内和片外程序存储器统一编址，程序计数器 PC 为 16 位寄存器，可寻址 64KB 程序存储空间为 0000H～FFFFH。

1．片内程序存储器

不同型号的单片机，片内程序存储器结构和空间略有不同。51 子系列单片机内部有 4KB 的片内程序存储器，地址为 0000H～0FFFH，如 8051 片内有 4KB 的掩膜 ROM，8751 片内有 4KB 的 EPROM，8951 片内有 4KB 的 Flash E^2PROM，8031 片内无程序存储器。

2．片外程序存储器

51 系列单片机可扩展 64KB 的外部 ROM，其地址为 0000H～FFFFH。

对于低地址重叠区，可以通过引脚信号 $\overline{EA}$ 加以区分。当 $\overline{EA}$ 引脚接地 GND 时，强制 CPU 从片外程序存储器 0000H 开始读程序。当 $\overline{EA}$ 接 V_{CC} 时，程序计数器 PC 首先指向片内程序存储器 0000H～FFFFH，即从片内程序存储器 0000H 开始执行程序，当 PC 值超过内部程序存储器容量地址 0FFFH 时，自动转到片外程序存储器中执行程序。8031 片内无程序存储器，使用时 $\overline{EA}$ 必须接低电平。

3．保留地址单元

程序存储器中有些单元被保留作为特定的程序入口地址，具有特殊功能。

主程序执行的起始地址和中断服务程序的入口地址如表 2-2 所示。

表 2-2　ROM 中保留的特殊功能存储单元

单元地址	功　能
0000H	复位后，PC=0000H，即 CPU 从 0000H 单元开始执行程序
0003H	外部中断 0（INT0）入口地址
000BH	定时器/计数器 0（T0）中断入口地址
0013H	外部中断 1（INT1）入口地址
001BH	定时器/计数器 1（T1）中断入口地址
0023H	串行口中断入口地址
002BH	定时器/计数器 2（T2）中断入口地址（52 子系列才有）

补充：51 子系列有 5 个中断源，52 子系列增加了定时器/计数器 T2 中断，当定时器 2 溢出或 T2EX（P1.1）引脚负跳变时产生中断，其中断入口地址为 002BH。

系统复位后，程序计数器 PC 总是指向 0000H 地址单元。复位结束后，CPU 从起始入口地址 0000H 开始执行程序，一般在 0000H～0002H 地址单元存放一条无条件转移指令（AJMP 或 LJMP），以便跳转到用户程序的入口地址处执行用户程序。类似地，一般在中断服务程序的入口地址也存放无条件转移指令，响应中断后自动跳转到中断服务程序执行。因此，以上地址单元一般不用于存放其他程序。

读取程序存储器中的常数，可用 MOVC 指令实现。

如果用 C 语言编程，则不需要考虑上述问题，这些问题均由编译系统解决，只要按照格式编写 main（）函数和中断处理函数即可。

2.5.3　片内数据存储器

51 子系列单片机数据存储器在物理上和逻辑上都分为两个地址空间：128B 的片内数据存储器（地址为 00H~07FH）和可扩展的 64KB 的片外数据存储器（地址为 0000H~0FFFFH）。此外，单片机内部特殊功能寄存器 SFR 离散分布在内部 RAM 地址 80H～0FFH 中，其中的空闲单元为保留区，无定义，用户不能使用。

补充：52 子系列单片机有 256 B（00H～0FFH）的内部数据存储器和特殊功能寄存器区。数据存储器的低 128 B（00H～7FH）采用直接寻址或寄存器间接寻址，而高 128 B（80H~0FFH）与特殊功能寄存器区重叠，故只能采用寄存器间接寻址。

用 C 语言编程时，数据存储器的低 128 B 用关键字 data 定义变量，高 128 B（52 系列）用关键字 idata 定义变量。

片内 RAM 的 128 B 单元按用途可分为工作寄存器区、位寻址区和用户 RAM 区。

1. 工作寄存器区

内部 RAM 的 00H～1FH 共 32 B 单元为工作寄存器区，分为 4 组，每组 8 B，为 8 个工作寄存器提供了 4 组地址。工作寄存器又称通用寄存器，51 系列单片机有 8 个工作寄存器 R0～R7，编程时用于存放操作数和中间结果等。

每组工作寄存器与 RAM 地址之间的对应关系如表 2-3 所示。在任何时刻，CPU 只能使用其中的一组工作寄存器，正在使用的这组工作寄存器称为当前工作寄存器组。在程序状态寄存器 PSW 中，RS1 和 RS0 两位的状态组合用来选择当前工作寄存器组。利用这一特点，可以实现快速保护现场，提高了程序执行的效率和响应中断的速度。此外，使用通用寄存器还能提高程序编制的灵活性。

表 2-3　工作寄存器与 RAM 地址对应关系表

RS1	RS0	寄存器组	R0	R1	R2	R3	R4	R5	R6	R7
0	0	第 0 组	00H	01H	02H	03H	04H	05H	06H	07H
0	1	第 1 组	08H	09H	0AH	0BH	0CH	0DH	0EH	0FH
1	0	第 2 组	10H	11H	12H	13H	14H	15H	16H	17H
1	1	第 3 组	18H	19H	1AH	1BH	1CH	1DH	1EH	1FH

单片机上电或复位后，RS1=0，RS0=0，默认使用第 0 组工作寄存器。当调用子程序时，若在子程序中通过指令 SETB RS0 将 RS1 RS0 置为 01，则子程序中使用第 1 组 08~0FH 的 8 个单元作为当前工作寄存器 R0～R7，第 0 组 R0～R7 保持不变。若程序中不需要使用 4 组寄存器，其余没有使用的单元可作为一般的数据存储器使用。

用 C 语言编程定义函数时，使用关键字 using 选择工作寄存器组。

2．位寻址区

内部 RAM 的 20H～2FH 字节单元为位寻址区，共 16B，包括 128 位，对应位地址范围为 00H～7FH，如表 2-4 所示。位寻址区的 16B 单元既可以作为普通的 RAM 单元使用，对其进行字节操作，也可以对字节单元的每一位进行位操作，因此称位寻址区。位寻址区构成布尔处理机的存储器空间，这种位寻址能力是 51 系列单片机的一个重要特点。

表 2-4　位寻址区位地址表

字节地址	位　地　址							
	D7	D6	D5	D4	D3	D2	D1	D0
2FH	7FH	7EH	7DH	7CH	7BH	7AH	79H	78H
2EH	77H	76H	75H	74H	73H	72H	71H	70H
2DH	6FH	6EH	6DH	6CH	6BH	6AH	69H	68H
2CH	67H	66H	65H	64H	63H	62H	61H	60H
2BH	5FH	5EH	5DH	5CH	5BH	5AH	59H	58H
2AH	57H	56H	55H	54H	53H	52H	51H	50H
29H	4FH	4EH	4DH	4CH	4BH	4AH	49H	48H
28H	47H	46H	45H	44H	43H	42H	41H	40H
27H	3FH	3EH	3DH	3CH	3BH	3AH	39H	38H
26H	37H	36H	35H	34H	33H	32H	31H	30H
25H	2FH	2EH	2DH	2CH	2BH	2AH	29H	28H
24H	27H	26H	25H	24H	23H	22H	21H	20H
23H	1FH	1EH	1DH	1CH	1BH	1AH	19H	18H
22H	17H	16H	15H	14H	13H	12H	11H	10H
21H	0FH	0EH	0DH	0CH	0BH	0AH	09H	08H
20H	07H	06H	05H	04H	03H	02H	01H	00H

用C语言编程时，用关键字bit定义该区域的位变量，用关键字bdata定义该区域的字节变量，并且定义的变量可以进行位寻址。

3．用户RAM区

内部RAM的数据缓冲区地址为30H～7FH，即其余的80B单元为用户RAM区。这些单元可以作为数据缓冲器使用，存放程序运行时的数据和中间结果；也可以作为堆栈使用，用于子程序调用或响应中断时保存断点和现场。

工作寄存器区和位寻址区中没有使用的单元也可作为一般的用户RAM单元使用。

4．特殊功能寄存器区

特殊功能寄存器（Special Function Register，SFR）又称专用寄存器，用来控制和管理单片机各个部件的工作、反映各个部件的运行状态、存放数据或者地址等。

特殊功能寄存器在片内存储器地址范围80H～FFH中的映射如表2-5所示，称为特殊功能寄存器区。SFR占用了部分地址单元，离散地分布在内部RAM特殊功能寄存器区，没有占用的地址为保留区，无定义，用户不能使用，读这些地址通常返回不确定的随机数，而写这些地址单元将不能得到预期的结果。

表2-5　AT89S51 SFR映射与复位值

RAM地址	SFR及复位值								RAM地址
0FFH									0F8H
0F7H								B 00000000	0F0H
0EFH									0E8H
0E7H								ACC 00000000	0E0H
0DFH									0D8H
0D7H								PSW 00000000	0D0H
0CFH									0C8H
0C7H									0C0H
0BFH								IP XX000000	0B8H
0B7H								P3 11111111	0B0H
0AFH								IE 0X000000	0A8H
0A7H		WDTRST XXXXXXXX				AUXR1 XXXXXXX0		P2 11111111	0A0H
9FH							SBUF XXXXXXXX	SCON 00000000	98H

续表

RAM 地址	SFR 及复位值								RAM 地址
97H								P1 11111111	90H
8FH		AUXR XXX00XX0	TH1 00000000	TH0 00000000	TL1 00000000	TL0 00000000	TMOD 00000000	TCON 00000000	88H
87H	PCON 0XXX0000		DP1H 00000000	DP1L 00000000	DP0H 00000000	DP0L 00000000	SP 00000111	P0 11111111	80H

AT89S51 单片机有 26 个特殊功能寄存器（PC 除外），如表 2-6 所示，其中字节地址能被 8 整除的 11 个特殊功能寄存器可以位寻址。

说明：CPU 中的程序计数器 PC 不占有 RAM 单元，没有地址，它在物理结构上是独立的，因此是不可寻址的寄存器，不属于 SFR。用户无法对 PC 进行读写，但可以通过转移、调用、返回等指令改变其内容，以实现程序的转移。

表 2-6　特殊功能寄存器地址对应表

寄存器符号	字节地址	寄存器名称
*ACC	E0H	累加器
*B	F0H	B 寄存器
*PSW	D0H	程序状态字
SP	81H	堆栈指针
DP0L	82H	数据指针寄存器 0 低 8 位
DP0H	83H	数据指针寄存器 0 高 8 位
*IE	A8H	中断允许控制寄存器
*IP	B8H	中断优先级控制寄存器
*P0	80H	P0 口锁存器
*P1	90H	P1 口锁存器
*P2	A0H	P2 口锁存器
*P3	B0H	P3 口锁存器
PCON	87H	电源控制及波特率选择寄存器
*SCON	98H	串行口控制寄存器
SBUF	99H	串行口数据缓冲寄存器
*TCON	88H	定时器控制寄存器
TMOD	89H	定时器方式选择寄存器
TL0	8AH	T0 低 8 位寄存器
TL1	8BH	T1 低 8 位寄存器
TH0	8CH	T0 高 8 位寄存器
TH1	8DH	T1 高 8 位寄存器
DP1L	84H	数据指针寄存器 1 低 8 位
DP1H	85H	数据指针寄存器 1 高 8 位

续表

寄存器符号	字节地址	寄存器名称
AUXR	8EH	辅助寄存器
AUXR1	A2H	辅助寄存器 1
WDTRST	A6H	

注：标星号（*）的特殊功能寄存器既可以字节寻址，又可以位寻址。

可以位寻址的 SFR 的每一位具有位地址和位名称，其位地址和位名称如表 2-7 所示。

表 2-7　SFR 位地址

字节地址	位　地　址								SFR	
	（MSB）							（LSB）		
	B.7	B.6	B.5	B.4	B.3	B2	B.1	B.0	B	可位寻址特殊功能寄存器
F0H	F7H	F6H	F5H	F4H	F3H	F2H	F1H	F0H		
	ACC.7	ACC.6	ACC.5	ACC.4	ACC.3	ACC.2	ACC.1	ACC.0	ACC	
E0H	E7H	E6H	E5H	E4H	E3H	E2H	E1H	E0H		
	Cy	AC	F0	RS1	RS0	OV		P	PSW	
D0H	D7H	D6H	D5H	D4H	D3H	D2H	D1H	D0H		
				PS	PT1	PX1	PT0	PX0	IP	
B8H	BFH	BEH	BDH	BCH	BBH	BAH	B9H	B8H		
	P3.7	P3.6	P3.5	P3.4	P3.3	P3.2	P3.1	P3.0	P3	
B0H	B7H	B6H	B5H	B4H	B3H	B2H	B1H	B0H		
	EA			ES	ET1	EX1	ET0	EX0	IE	
A8H	AFH	AEH	ADH	ACH	ABH	AAH	A9H	A8H		
	P2.7	P2.6	P2.5	P2.4	P2.3	P2.2	P2.1	P2.0	P2	
A0H	A7H	A6H	A5H	A4H	A3H	A2H	A1H	A0H		
	SM0	SM1	SM2	REN	TB8	RB8	TI	RI	SCON	
98H	9FH	9EH	9DH	9CH	9BH	9AH	99H	98H		
	P1.7	P1.6	P1.5	P1.4	P1.3	P1.2	P1.1	P1.0	P1	
90H	97H	96H	95H	94H	93H	92H	91H	90H		
	TF1	TR1	TF0	TR0	IE1	IT1	IE0	IT0	TCON	
88H	8FH	8EH	8DH	8CH	8BH	8AH	89H	88H		
	P0.7	P0.6	P0.5	P0.4	P0.3	P0.2	P0.1	P0.0	P0	
80H	87H	86H	85H	84H	83H	82H	81H	80H		

下面介绍部分 SFR。

1）数据指针寄存器 DPTR

为了更方便地访问内部和外部数据存储器，提供了 2 个 16 位数据指针寄存器：DP0 和 DP1。DP0 占用 SFR 区地址 82H~83H，DP1 占用地址 84H~85H。通过特殊功能寄存器

AUXR1 中的 DPS 位进行选择，DPS=0 时选择 DP0，而 DPS=1 时选择 DP1。用户应在访问相应的数据指针寄存器前初始化 DPS 位。

DPTR（Data Pointer）是一个 16 位的专用地址指针寄存器，也是 51 系列单片机中唯一可寻址的 16 位寄存器。编程时 DPTR 既可以作为 16 位寄存器使用，也可以作为两个独立的 8 位寄存器 DPH（高 8 位）和 DPL（低 8 位）使用。

在访问外部数据存储器时，DPTR 作为地址指针，用于存放 16 位地址，可以通过 DPTR 寄存器间接寻址方式访问 64KB 的外部数据存储器空间 0000H～FFFFH。在访问程序存储器时，DPTR 作为基址寄存器使用。

2）堆栈指针 SP

堆栈区（也称堆栈）是在片内 RAM 空间中专门开辟出的一个特殊用途的存储区，是为子程序调用和中断操作而设立的，按着“先进后出、后进先出”的原则暂时存储数据（现场）和地址（断点）。堆栈有两种操作：进栈和出栈。

堆栈区是动态变化的，51 系列单片机的堆栈是向上生长的，如图 2-5 所示。新开辟的堆栈区是空的，无存储数据，此时栈顶地址和栈底地址是重合的。第一个进栈的数据所占的存储单元称为栈底，堆栈区栈底地址固定不变，然后数据逐次进栈，最后进栈的数据所在的存储单元称为栈顶。从堆栈中取数，总是先取栈顶的数据，即最后进栈的数据先取出。随着存放数据的增减，栈顶是变化的，数据进栈（数据写入堆栈）和出栈（从堆栈读出数据）都是在栈顶进行的。为了知道栈顶的位置，设置了堆栈指针 SP。

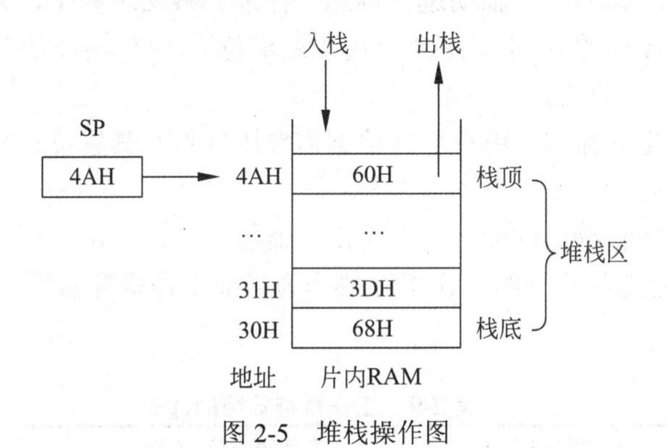

图 2-5　堆栈操作图

堆栈指针 SP（Stack Pointer）是一个 8 位寄存器，用于指示堆栈栈顶单元地址，即 SP 始终指向栈顶。SP 内容是栈顶存储单元的地址。51 系列单片机的堆栈是向上生成的，每存入 1 个字节数据，即进栈时，SP 自动加 1，将数据存入 SP 指示栈顶地址单元；反之，每读出 1 个字节数据，即出栈时，先将 SP 指示栈顶地址单元中的数据取出，SP 自动减 1。随着进栈数据增多，栈顶向地址增大方向生长，数据出栈，栈顶降低。当堆栈内所有数据全部取出后，栈顶地址与栈底地址重合，堆栈区为空，堆栈被释放。

单片机复位后，SP 初始化为 07H，即堆栈栈底为 08H，这样占用 08H～1FH 单元的工作寄存器就无法使用了。通常在程序初始化时，修改 SP 设置堆栈区的初始位置。51 系列单片机的堆栈通常设置在内部 RAM 的 30H～7FH 之间。例如，指令“MOV SP,#30H”将堆栈设置在内部 RAM 31H 以上单元。由于堆栈位于用户 RAM 区，其最高地址单元是 7FH，如 SP 初始化为 70H，则该堆栈区只能保存 15 字节的数据，称该堆栈区的容量或深度为 15 字节。如果程序中有多重子程序或中断服务程序嵌套，需要保存的数据较多，那么堆栈的容量就不够了，会造成堆栈溢出，丢失应备份的数据，造成运算和执行结果错误，严重时整个程序紊乱。

堆栈操作有两种方式。一种是自动方式，在调用子程序或中断服务程序时，自动操作堆栈；另一种是指令方式，使用进栈指令 PUSH 或出栈指令 POP 操作堆栈。

3）程序状态字寄存器 PSW

PSW（Program Status Word）是一个 8 位寄存器，用于存放程序运行中的各种状态信息。其中有些位是根据程序执行结果由硬件自动设置的，而有些位可通过指令设定。PSW 的字节地址是 D0H，位地址为 D0H～D7H，PSW 中各标志位名称及位地址如表 2-8 所示。

表 2-8　程序状态字 PSW 格式

位　序	PSW.7	PSW.6	PSW.5	PSW.4	PSW.3	PSW.2	PSW.1	PSW.0
位地址	0D7H	0D6H	0D5H	0D4H	0D3H	0D2H	0D1H	0D0H
位标志	Cy	AC	F0	RS1	RS0	OV	—	P

（1）Cy（carry）：进位标志。无符号数加、减法运算中，若运算结果的最高位（D7 位）有进位或借位，Cy 由硬件自动置 1，若无进位或借位，则 Cy 清零。此外，带进位循环移位指令和 CJNE 指令操作也会影响 Cy 标志。在位操作中，Cy 作为位处理器的位累加器使用，用 C 表示。

（2）AC（auxiliary carry）：辅助进位标志。在加、减法运算中，若低 4 位向高 4 位有进位或借位（累加器 A 中的 A3 位向 A4 位进位或借位），AC 由硬件自动置 1，否则清零。主要用于程序中 BCD 码调整。

（3）F0：用户自定义标志。用户可以根据需要用软件对其置位、复位，或者测试此标志位，控制程序的流向。

（4）RS1、RS0（register status）：工作寄存器组选择位。用户可以通过软件修改这两位实现 4 种组合，决定选择哪一组工作寄存器作为当前工作寄存器组，其对应关系如表 2-9 所示。

表 2-9　工作寄存器组的选择

RS1	RS0	工作寄存器组	工作寄存器名称	片内 RAM 地址
0	0	组 0	R0～R7	00～07H
0	1	组 1	R0～R7	08～0FH
1	0	组 2	R0～R7	10～17H
1	1	组 3	R0～R7	18～1FH

（5）OV（overflow）：溢出标志。在有符号数（补码）加、减法运算中，运算结果超出了累加器 A 所能表示的有符号数的表示范围–128～+127，则 OV 由硬件自动置 1，表示产生溢出，反映运算结果是错误的。否则，OV 清零，表示运算结果无溢出，结果正确。在乘法运算中，若乘积超过 255，则 OV 置 1，否则清零。在除法运算中，若除数为 0，则运算不能执行，OV 置 1，若除数不为 0，除法可以进行，OV 清零。

OV 的判断方法有两种。一种是根据有符号数的性质判断，溢出只能发生在同号数相加或异号数相减的情况下。另一种方法叫双高位法，根据第 6 位的进位 C_6 和第 7 位的进位

C_7 的异或结果判断。若 $C_6 \oplus C_7$=1（D7 或 D6 位中有且只有一位产生进位或借位），由硬件对 OV 自动置 1；若 $C_6 \oplus C_7$=0（D7 和 D6 位同时产生进位或借位，或者都没有进位或借位），由硬件对 OV 自动清零。

（6）PSW.1：未定义。

（7）P（parity）：奇偶标志。在每个指令周期由硬件对 P 自动置位或清零，表示累加器 A 中 1 的个数的奇偶性。如果 A 中有奇数个 1，则 P 置 1，有偶数个 1，则 P 清零。通常用于串行通信中校验数据传送是否出错。

例：分析执行 0A8H+94H 后 PSW 中各位的状态。

解：

```
        10101000B（A8H）
+       10010100B（94H）
------------------------
        100111100B
```

故执行后，（Cy）=1，（AC）=0，（OV）=1，（P）=0。

分析：由于第 7 位有进位 C_7=1，则（Cy）=1；第 3 位无进位 C_3=0，则（AC）=0；运算结果中有偶数个 1（不包括进位），则（P）=0；第 6 位无进位 C_6=0，第 7 位有进位 C_7=1，$C_6 \oplus C_7$=1，则（OV）=1，表明有符号数运算结果出错。另一种方法：加数都是负数，但运算结果是正数，结果出错，则（OV）=1。

使用汇编语言编程时，PSW 非常重要。用 C51 语言编程时，编译器会自动控制 PSW。

4）辅助寄存器 AUXR

AUXR（Auxiliary Register）是一个 8 位寄存器，用于控制看门狗定时器和 ALE 的操作模式。AUXR 的字节地址是 8EH，各标志位名称如表 2-10 所示。

表 2-10　辅助寄存器 AUXR

位标志	—	—	—	WDIDLE	DISRTO	OV	—	DISALE

- DISALE：ALE 禁止/使能位。DISALE 为 0 时，ALE 以固定的 1/6 时钟频率输出脉冲。DISALE 为 1 时，ALE 仅在执行 MOVX 或 MOVC 指令时输出脉冲。
- DISRTO：复位输出禁止/使能位。DISRTO 为 0 时，看门狗定时器 WDT 溢出，RST 引脚被拉高。DISRTO 为 1 时，RST 引脚仅为输入。
- WDIDLE：IDLE 模式下禁止/使能看门狗 WDT。WDIDLE 为 0 时，在 IDLE 模式下，看门狗定时器 WDT 继续计数；WDIDLE 为 1 时，IDLE 模式下，看门狗定时器 WDT 暂停计数。

5）辅助寄存器 AUXR 1

AUXR1（auxiliary register）是一个 8 位寄存器，用于选择数据指针。AUXR 的字节地址是 A2H，各标志位名称如表 2-11 所示。

表 2-11　辅助寄存器 AUXR1

位标志	—	—	—	—	—	—	—	DPS

DPS：数据指针选择位。DPS 为 0 时，选择 DP0L、DP0H 为 DPTR 寄存器；DPS 为 1 时，选择 DP1L、DP1H 为 DPTR 寄存器。

其余特殊功能寄存器将在后面陆续介绍。

访问 SFR 只能使用直接寻址方式。在指令中，可以使用 SFR 的符号，也可以使用 SFR 的字节单元地址。

C 语言不能识别位名称，在使用前必须先定义，多数已经在 reg51.h、reg52.h 等头文件中作了定义，还有一些未作定义，如 4 个并行 I/O 口（P0～P3）各位、累加器 A 各位、寄存器 B 各位等，在使用前需要用户定义。

2.5.4 片外数据存储器

51 系列单片机可以扩展 64KB 外部 RAM，地址是 0000H～FFFFH。16 位数据指针寄存器 DPTR 可以对 64KB 的外部 RAM 和 I/O 寻址。片外 RAM 一般使用静态 RAM 芯片，扩展存储器容量的大小由用户根据需要决定。

对于 0000H～00FFH 的低 256 字节，与片内数据存储器重叠。为了进行区分，使用不同的访问指令，访问片内数据存储器使用 MOV 指令，访问外部数据存储器使用 MOVX 指令，采用间接寻址方式，R0、R1 和 DPTR 作为间址寄存器。使用 MOVX 指令读/写片外 RAM 时，会自动产生读/写控制信号 $\overline{RD}$ / $\overline{WR}$，作用于片外 RAM 实现读/写操作。

使用 C 语言编程时，使用关键字 xdata 或 pdata 定义外部 RAM 区变量、数组、堆栈。

2.6 时钟电路和 CPU 时序

单片机实质上是一个复杂的同步时序电路，各功能部件在时钟信号的作用下产生一系列时序信号（在时间上有一定次序的信号），进而控制相关逻辑电路严格按时序协调工作，完成指令规定的功能。这些控制信号在时间上的相互关系就是 CPU 时序。

时钟电路用于产生单片机工作所需要的时钟信号，时钟信号是单片机内部各种微操作的时间基准。

2.6.1 时钟电路

MCS-51 系列单片机内部有一个高增益反相放大器，用于构成振荡器，但要形成时钟脉冲，需要附加外部电路。MCS-51 时钟可以由两种方式产生：内部时钟方式和外部时钟方式。

1. 内部时钟方式

51 系列单片机内部有一个用于构成内部振荡器的高增益反相放大器，引脚 XTAL1 和 XTAL2 分别是放大器的输入端和输出端。一般在 XTAL1 和 XTAL2 引脚之间外接石英晶体振荡器（或陶瓷谐振器）和微调电容 C1、C2，作为放大器的反馈回路构成并联振荡电路，从而构成一个稳定的自激振荡器，如图 2-6 所示，单片机单机工作系统中大多采用这种方式。振荡器发出的脉冲由 XTAL1 送给单片机内部时钟电路，这就是振荡脉冲，振荡脉冲经单片机内部触发器进行二分频，就是单片机的时钟脉冲。

振荡脉冲的频率就是晶振的固有频率，常用 f_{osc} 表示。晶体振荡器简称晶振。晶振的

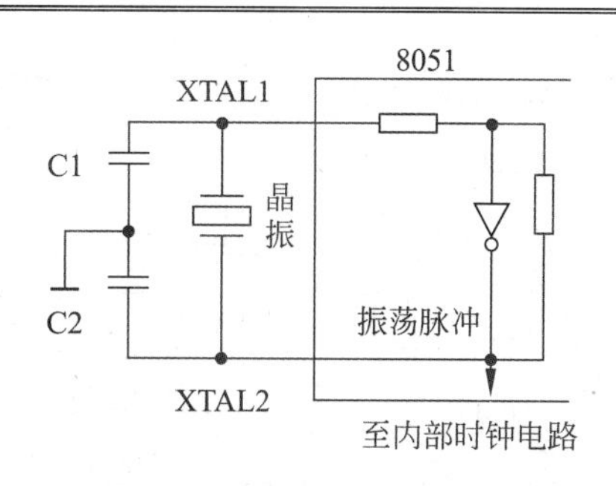

图 2-6　单片机内部时钟方式

振荡频率越高，单片机的运行速度越快。晶振或陶瓷谐振器的频率范围为 0～33MHz，常用 6MHz、11.0592MHz、12MHz、24MHz 等。电容 C1 和 C2 为微调电容，一般取值在 5～30pF。对外接电容 Cl、C2 虽然没有十分严格的要求，但电容容量的大小会轻微影响振荡频率的高低、振荡器工作的稳定性、起振的难易程序及温度稳定性。如果使用石英晶体，推荐电容使用 30pF±10pF，而陶瓷谐振器建议选择 40pF±10pF。为了减少寄生电容，保证振荡器稳定可靠地工作，设计硬件时振荡器和电容应尽可能靠近单片机的 XTAL1 和 XTAL2 引脚。

说明：单片机如果使用了串行口功能，一般使用 11.0592MHz 的晶振，这样可以实现波特率无误差通信。

振荡频率为石英晶体的振荡频率，也就是单片机的工作主频，为单片机提供工作节拍。这就是单片机的内部时钟方式。

2．外部时钟方式

外部时钟方式常用于多单片机组成的系统中，以便各个单片机具有统一的时钟信号，保持各单片机之间的同步，此时将唯一的公用外部脉冲作为各单片机的振荡脉冲。外部时钟方式如图 2-7 所示，外部时钟源信号接到 XTAL1 引脚，即内部时钟发生器的输入端，而 XTAL2 引脚悬空。外部时钟信号是通过一个 2 分频触发器后作为内部时钟信号的，所以对外部时钟信号的占空比没有特殊要求，但最小高电平持续时间和最大的低电平持续时间应符合产品技术条件的要求。

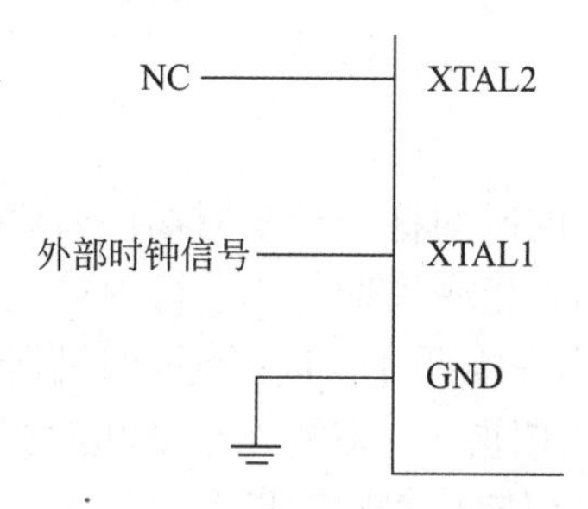

图 2-7　单片机外部时钟方式

2.6.2　时序单位

振荡电路产生的振荡时钟信号经单片机内部时钟发生器后，产生单片机工作所需要的各种时钟信号，如图 2-8 所示。

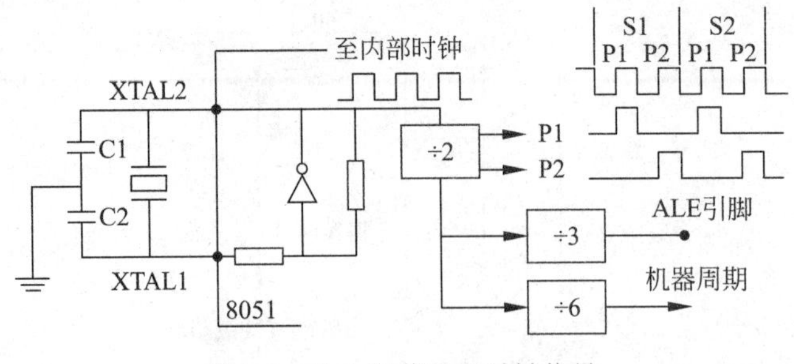

图 2-8　片内振荡器和时钟信号

1．振荡周期

晶体振荡器或外部时钟发出的振荡脉冲的周期称为振荡周期，又称为节拍（Pulse），用 P 表示。振荡周期是单片机最基本的、最小的时序单位，为时钟振荡频率 f_{osc} 的倒数。

2．时钟周期

振荡脉冲经过二分频后得到的是单片机的时钟脉冲，其周期称为时钟周期或状态，用 S（State）表示。在 1 个时钟周期内，CPU 仅完成 1 个最基本的动作。1 个状态包含 2 个节拍，前半周期对应的节拍称为节拍 1（P1），后半周期对应的节拍称为节拍 2（P2）。

3．机器周期

单片机执行一条指令的过程可以划分为若干个阶段，每个阶段完成一项基本操作，完成一项基本操作所需要的时间称为机器周期。如取指令、存储器读、存储器写等都是基本操作。单片机采用定时控制方式，有固定的机器周期，一个机器周期由 6 个状态组成，分别表示为 S1～S6，而一个状态又包含两个节拍，那么一个机器周期共有 12 个节拍，依次表示为 S1P1，S1P2，S2P1，S2P2，…，S6P1，S6P2。即 1 个机器周期=6 个时钟周期=12 个时钟周期。

当振荡脉冲频率 f_{osc}=12MHz 时，机器周期为 1μs；当振荡脉冲频率为 6MHz 时，机器周期为 2μs。

4．指令周期

执行一条汇编语言指令所需的时间称为指令周期，一般由若干个机器周期组成。指令不同，所需要的机器周期也不同。指令周期是单片机中最大的时序单位。

51 系列单片机执行不同的指令需要 1～4 个不等的机器周期。根据机器周期的不同，51 系列单片机指令系统包括单周期指令、双周期指令和四周期指令。只有乘法和除法两条指令为 4 周期指令，其余均为单周期和双周期指令。

双周期指令各时序单位之间的关系如图 2-9 所示。

2.6.3　典型指令时序

每一条指令的执行都可以分为取指令和执行指令两个阶段。在取指令阶段，CPU 从程序存储器中取出操作码和操作数，送入指令寄存器，由指令译码器译码。在指令执行阶段，

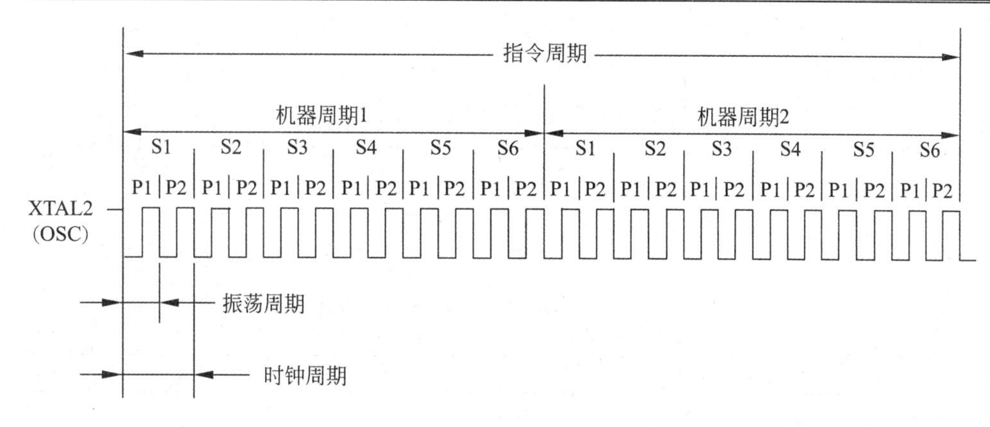

图 2-9　51 单片机时序单位的关系

指令经指令译码器译码，产生一系列的控制信号，完成本指令规定的操作。

51 指令系统共有 111 条指令，按汇编语言指令翻译成机器语言后所占字节的长度，可分为单字节指令、双字节指令和三字节指令。执行这些指令所用的时间也不相同，根据执行这些指令所需的机器周期数，可分为单字节单机器周期指令、单字节双机器周期指令、双字节单机器周期指令、双字节双机器周期指令、三字节双机器周期指令以及单字节四机器周期（仅乘、除法）指令。

如图 2-10 所示的是几种典型的单机器周期和双机器周期指令的取指时序。

ALE 是地址锁存信号。通常，每个机器周期地址锁存信号 ALE 有效两次，第一次在 S1P2 和 S2P1 期间，第二次在 S4P2 和 S5P1 期间，ALE 信号的有效宽度为一个 S 状态，频率为振荡脉冲频率的 1/6。

ALE 信号每有效一次，CPU 就执行一次取指令操作，但并不是每次 ALE 信号有效时，都能读取有效的指令。

单字节单周期指令（如 INC　A）只进行一次有效的读指令操作。在机器周期的 S1P2～S2P1 期间，ALE 第一次有效时，读取有效的指令操作码；在同一机器周期的 S4P2～S5P1 期间，ALE 第二次有效时，仍执行读操作，但由于程序计数器 PC 没有加 1，读出来的还是原指令，属于一次无效操作，所读的这个字节操作码被忽略，在 S6P2 结束时完成本次指令操作。

双字节单周期指令（如 ADD　A,#data）在一个机器周期内 ALE 信号有效两次，对应的两次读指令操作都是有效的，第一次读指令的第一个字节，一般是操作码，第二次读指令的第 2 个字节，一般是操作数。

单字节双周期指令（如 INC DPTR）在 2 个机器周期内执行 4 次读指令操作，但只有第 1 次读操作有效，后 3 次读操作无效。

MOVX 类单字节双周期指令的执行情况有所不同。当 CPU 读写外部数据存储器 RAM 时，ALE 不是周期信号。执行这类指令时，先从程序存储器中读取指令，然后对外部 RAM 进行读或写操作。与其他指令类似，第一个机器周期是取指阶段，从外部 ROM 中读取指令的机器代码，第一个机器周期的第 1 次读指令有效，第 2 次读指令是无效操作。在 S4P2 结束后，将指令中指定的外部 RAM 单元地址送到总线上，P0 口为低 8 位地址 A7～A0，由第 2 个 ALE 信号进行锁存，P2 口为高 8 位地址 A15～A8。在第一个机器周期 S5 状态开始送出外部 RAM 地址，并在第二个机器周期访问外部 RAM，进行读/写数据。第二个机器周期访问外部被寻址和选通的 RAM。第二个机器周期中第 1 个 ALE 信号不再出现（丢

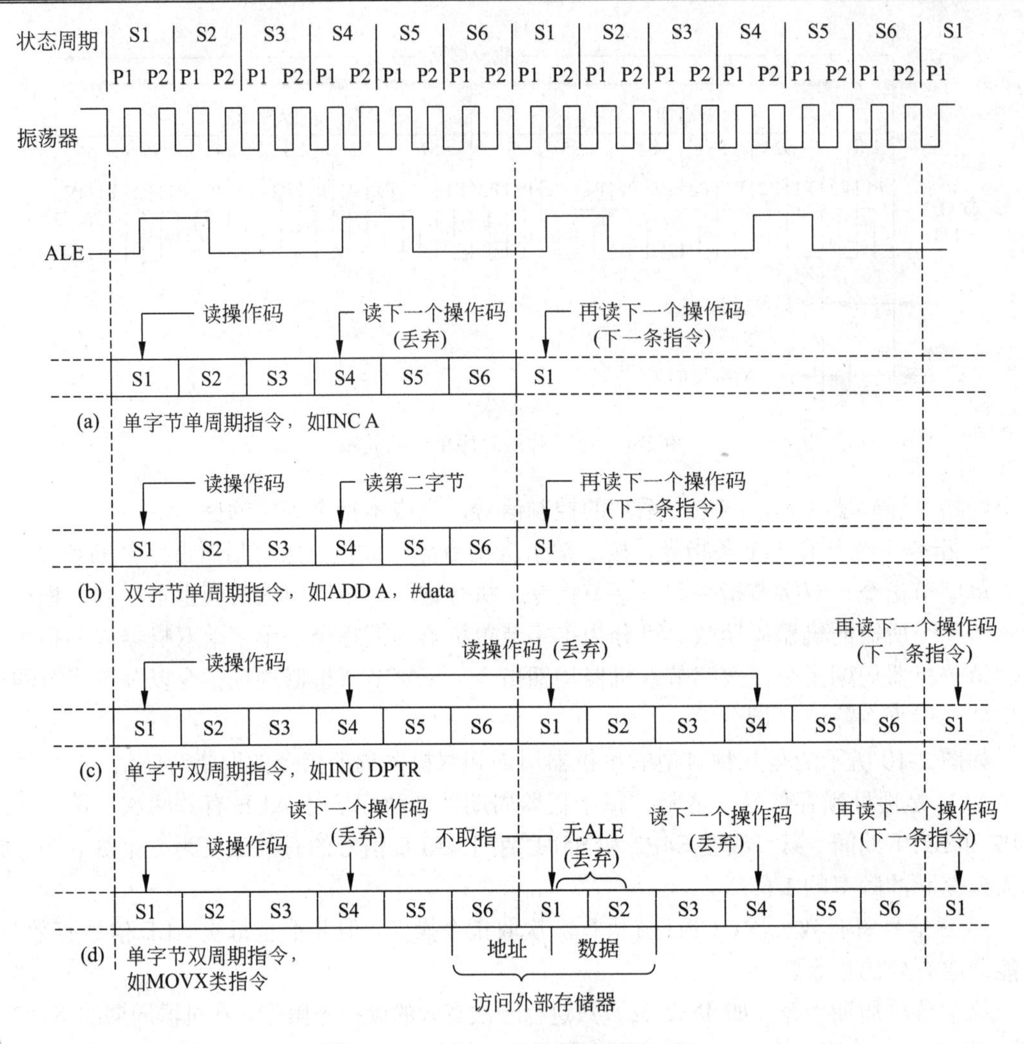

图 2-10　MCS-51 单片机的取指时序

弃），而读信号 $\overline{RD}$ 或写信号 $\overline{WR}$ 有效，将数据送到 P0 口数据总线上，读入 CPU 或写入外部 RAM 单元。在此期间，无 ALE 信号输出（丢弃一个 ALE 信号），不产生取指令操作。第 2 个 ALE 信号仍然出现，执行一次访问 ROM 的读指令操作，但属于无效操作。

📖 注意：在访问外部 RAM 时，ALE 信号丢弃一个周期，因此不能用 ALE 作为精确的时钟信号。

在图 2-10 所示的时序图中，只体现了取指令操作的相关时序，而没有表现执行指令的时序。每条指令的操作数类型不同，具体的执行时序也不同，如数据的算术运算和逻辑运算在拍 1 进行，而片内寄存器之间的数据传送在拍 2 进行。

2.7　单片机的工作方式

单片机有以下几种常用的工作方式：复位方式、程序执行方式和低功耗工作方式。

2.7.1　复位方式

复位是单片机的初始化操作。单片机在上电启动和死机状态下重新启动时都需要先复位，使 CPU 及系统各部件都处于确定的初始状态，并从这个初始状态开始工作。MCS-51 单片机的复位是靠外部复位电路实现的。

1. 复位状态

复位后单片机内各寄存器的状态如表 2-12 所示。

表 2-12　复位后内部寄存器状态

寄存器	复位状态	寄存器	复位状态
PC	0000H	TMOD	00H
ACC	00H	TL0	00H
B	00H	TH0	00H
PSW	00H	TL1	00H
SP	07H	TH1	00H
DPTR	0000H	TCON	00H
P0～P3	FFH	SCON	00H
IP	xx000000B	PCON	0xxx0000B
IE	0x000000B	SBUF	xxxxxxxxB

注：x 表示其值不确定。

复位后，P0～P3 口内部锁存器置 1，输出高电平且处于输入状态，堆栈指针 SP 为 07H，PC 和其他特殊功能寄存器清零。程序计数器 PC 指向 0000H，复位结束后，RST 引脚从高电平变为低电平，CPU 立刻从程序存储器的起始地址 0000H 开始执行程序。

此外，复位操作还对单片机的个别引脚有影响，在复位期间，ALE 和 $\overline{\text{PSEN}}$ 引脚为高电平。内部 RAM 以及工作寄存器 R0～R7 的状态不受复位的影响，在系统上电时，RAM 的内容是不确定的。

2. 复位电路

51 单片机的 RST 引脚是复位信号的输入端，复位信号高电平有效。在时钟电路工作后，只要在 RST 引脚上输入持续两个机器周期（24 个时钟周期）以上的高电平，单片机系统内部复位。例如，单片机使用 6MHz 的晶振，则复位脉冲宽度应在 4μs 以上。在上电时，由于振荡器需要一定的起振时间，该引脚上的高电平必须保持 10ms 以上才能保证有效复位。

51 单片机通常采用上电自动复位和按键手动复位两种复位电路。

上电自动复位电路如图 2-11 所示。

上电自动复位是通过对电容充电实现的。上电瞬间，电流流过 R、C 回路，对电容充电，RST 引脚的电平为电阻 R 两端的压降，即高电平。RST 引脚高电平持续的时间取决于

RC 充电电路的时间常数。充电过程结束，RST 引脚为低电平。对于 CMOS 型单片机，在 RST 引脚内部有一个下拉电阻，故可将外部电阻去掉。由于下拉电阻较大，因此外接电容 C 可取 1μF。

按键手动复位电路如图 2-12 所示，具有上电自动复位和手动复位功能。

未按下按键 S 时，电容 *C* 和电阻 *R*2 构成上电自动复位电路。当按下按键 S 后，电容迅速放电，RST 引脚为高电平；当按键 S 弹起后，V_{CC} 电源通过电阻 *R*2 对电容 *C* 重新充电，充电过程结束后，RST 引脚恢复低电平，手动复位过程结束。

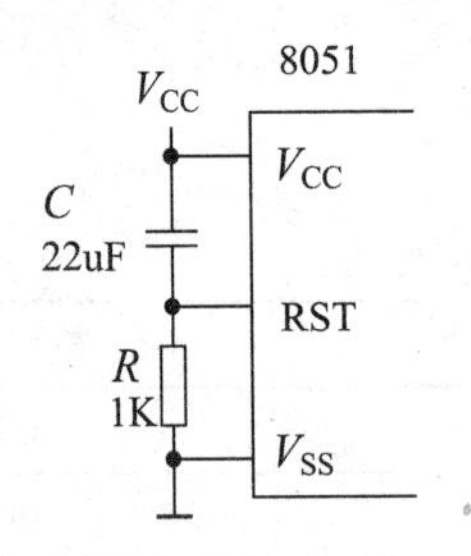

图 2-11　上电自动复位电路

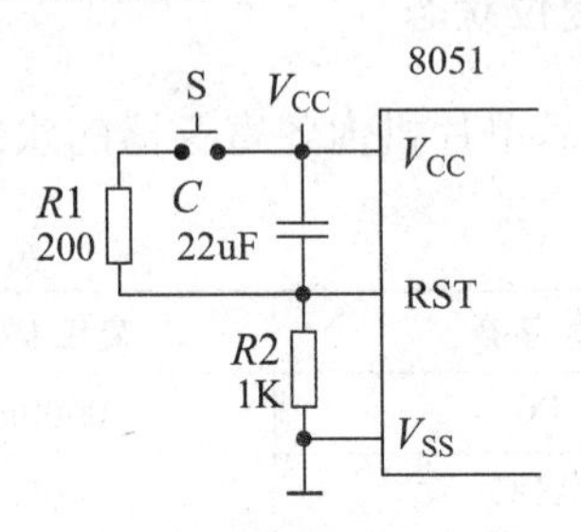

图 2-12　按键手动复位电路

3．看门狗定时器WDT

看门狗 WDT 是为了解决 CPU 程序运行时可能进入混乱或死循环而设置的，由 1 个 14 位计数器和看门狗复位特殊功能寄存器 WDTRST 构成。外部复位后，WDT 默认为关闭状态，用户依次将 01EH 和 0E1H 写到 WDTRST 寄存器（特殊功能寄存器地址为 0A6H）可以起动 WDT。WDT 起动后，随着晶体的振荡，WDT 每个机器周期自加 1 计数，当 14 位 WDT 计数器计数达到 16383（3FFFH）时溢出，将在 RST 引脚输出一个高电平的复位脉冲，单片机复位，复位脉冲持续时间为 98 个振荡周期 T_{osc}， $T_{osc}=1/f_{osc}$， f_{osc} 为晶振频率。

WDT 计数器既不可读，也不可写。当 WDT 打开后，用户必须在小于每个 16383 机器周期内，往 WDTRST 寄存器写 01EH 和 0E1H，复位 WDT，以避免 WDT 计数溢出。WDTRST 为只写寄存器。为使 WDT 工作最优化，合适的程序代码段必须在要求的时间内周期地执行，防止 WDT 溢出。WDT 计数溢出周期取决于外部时钟频率。硬件复位或 WDT 溢出复位可以关闭 WDT。

2.7.2　程序执行方式

程序执行方式是单片机的基本工作方式，又分为连续执行工作方式和单步执行工作方式。

1．连续执行工作方式

连续执行工作方式是所有单片机都需要的一种方式，这是程序执行的最基本方式。上电或按键手动复位结束后，CPU 从起始入口地址 0000H 开始执行程序，程序计数器 PC 具有自加 1 功能，CPU 根据 PC 指针指向的程序地址，自动连续执行程序，直到遇到结束或暂停标志。

2. 单步执行工作方式

这是用户调试程序的一种工作方式，一次执行一条指令。单步执行工作方式是利用单片机的外部中断功能实现的。MCS-51 单片机的中断规定，从中断服务程序返回之后，至少要再执行一条指令，才能再次相应中断。

在单片机开发系统上可设置一专用的单步执行按键，作为单片机外部中断的中断源。从程序的某地址开始，启动一次只执行一条程序指令。按下单步执行按键，产生一个负脉冲，向单片机的 $\overline{\text{INT0}}$ 或 $\overline{\text{INT1}}$ 引脚发出中断请求信号。编程设置使用电平触发方式，利用下面的 $\overline{\text{INT0}}$ 中断服务程序，就会出现一个脉冲产生一次中断。

汇编语言程序如下：

```
JNB P3.2,$
JB  P3.2,$
RETI
```

C 语言程序如下，使用前程序中的 P3_2 必须先定义。

```
void int_ex0(void)interrupt 0
{
     while(P3_2==0);
     while(P3_2==1);
}
```

中断脉冲为低电平时响应中断，程序停留在第一行，脉冲变为高电平时，执行并停留在第二行。按下单步执行按键，脉冲再次变为低电平时退出中断服务程序，返回主程序，并且执行一条指令，然后再次响应中断进入中断服务程序。这样，单步执行按键动作一次，产生一个中断脉冲，启动一次中断处理过程，CPU 执行一条主程序指令，一步一步地实现单步操作。

2.7.3　低功耗工作模式

单片机低功耗工作方式通常可分为待机（空闲）模式和休眠（掉电）模式，是针对 CHMOS 型芯片设计的。HMOS 型单片机由于本身功耗大，不能工作在低功耗模式，但具有掉电保护功能。

待机（空闲）模式和休眠（掉电）模式都是由特殊功能寄存器 PCON（电源控制寄存器）控制的，其字节地址是 87H，不能位寻址，各位的定义及功能如表 2-13 所示。

表 2-13　电源控制寄存器 PCON 各位的定义及功能

PCON	D7	D6	D5	D4	D3	D2	D1	D0	位序号
87H	SMOD	（SMOD0）	（LVDF）	（POF）	GF1	GF0	PD	IDL	位符号

📖　注：HMOS 型单片机只有 SMOD 位。

（1）SMOD：串行通信波特率的倍增位。

（2）（SMOD0）、（LVDF）、（POF）：保留未用。上电时 POF 置 1，可以通过软件置位或复位，并且不受复位影响。

（3）GF1 和 GF0：通用标志位。由用户通过软件置位、复位，自由使用。

（4）PD：休眠模式控制位。此位为 0 时，单片机处于正常工作状态。此位为 1 时，单片机进入休眠工作模式，外部晶振信号被封锁，CPU、定时器、串行口全部停止工作，只有外部中断继续工作。可由外部中断或硬件复位唤醒此模式。

（5）IDL：待机模式（空闲模式）控制位。此位为 0 时，单片机处于正常工作状态。此位为 1 时，进入空闲工作模式，CPU 不工作，其余部件继续工作。可由任一个中断或硬件复位唤醒此模式。

2.8 思考与练习

1. 通常单片机上电复位时 PC = ________H，SP =________H；而工作寄存器则默认采用第_______组，这组寄存器的地址范围是从_______至_______H。

2. 51 单片机访问片外存储器时利用________信号锁存来自________口的低 8 位地址信号。

3. 51 单片机的复位信号是（　　）有效。

A. 高电平　　B. 低电平　　C. 脉冲　　D. 下降沿

4. 若 MCS-51 单片机使用晶振频率为 6MHz 时，其复位持续时间应该超过（　　）。

A. 2μs　　B. 4μs　　C. 8μs　　D. 1ms

5. 内部 RAM 中，哪些单元可作为工作寄存器区，哪些单元可以进行位寻址，写出它们的字节地址。

6. 如果手中仅有一台示波器，可通过观察哪个引脚的状态，来大致判断 MCS-51 单片机正在工作？

7. 当 MCS-51 单片机运行出错或程序陷入死循环时，如何来摆脱困境？

第3章　指 令 系 统

只有硬件的系统称为裸机，是不能工作的。在硬件基础上配备各种功能的软件，才能发挥其运算、测控等功能，而软件中最基本的就是指令系统。在CPU内部需要一整套特定功能的操作指令，一个单片机所能执行的全部指令的集合即为CPU的指令系统。指令系统是单片机程序设计的基础，不同类型的CPU有不同的指令系统。本章介绍C51系列单片机汇编语言及其指令系统。

在实际应用中，大多数采用C语言设计程序，但对某些要求较高的系统，还是需要用汇编语言编写程序。AT89S51单片机使用MCS-51指令系统。

3.1　单片机开发语言概述

要使计算机按照人的思维完成一项工作，就必须让CPU按顺序执行各种操作，即一步步地执行一条条的指令。这种按人的要求编排的指令操作序列称为程序，编写程序的过程就叫作程序设计。程序设计语言可以分为机器语言、汇编语言和高级语言。

机器语言用一组二进制编码表示每条指令，是计算机能唯一直接识别和执行的语言。用机器语言编写的程序称为机器语言程序或指令程序（机器码程序）。因为CPU只能直接识别和执行这种机器码程序，所以又称它为目标程序。51单片机是8位机，其机器语言以8位二进制码（1个字节）为单位。89C51指令有单字节、双字节或三字节三种。

例如，实现“10 + 20”的加法。

在89C51 中可用机器码指令编程：

```
0 1 1 1 0 1 0 0    0 0 0 0 1 0 1 0    ;将10存放到累加器A中
0 0 1 0 0 1 0 0    0 0 0 1 0 1 0 0    ;A加20,得到结果仍放在A中
```

为了便于书写和记忆，可采用十六进制表示指令码。以上两条指令可写成:

```
74  0AH
24  14H
```

显然，用机器语言编写的程序运行效率高，但0和1的指令代码直观性差，不便于阅读、书写和调试，容易出错，编程效率低，程序可维护性差。

一般进行单片机程序设计时，常用的开发语言可选择单片机汇编语言和单片机C51语言2种。这2种语言各有优势，目前以单片机C51语言使用得最多。

1. 单片机汇编语言

为了弥补机器语言难读、难编、难记和易出错的缺点，用与代码指令实际含义相近的

英文缩写词、字母和数字等符号来取代指令代码，于是就产生了汇编语言。汇编语言指令与机器语言指令是一一对应的。

汇编语言（assembly language）由助记符、保留字和伪指令等组成，仍然是面向机器的语言，也称为符号语言。用汇编语言编写的程序称为汇编语言源程序，把汇编语言源程序翻译成机器语言的过程称为汇编，汇编可以分为机器汇编或人工汇编，汇编后的机器语言才能被识别和执行。

例如，实现“10 + 20”的加法。

汇编语言程序如下：

```
MOV  A, # 0A H            ;将 10 存放到累加器 A 中
ADD  A, # 14H             ;A 加 20,得到结果仍放在 A 中
```

机器语言程序如下：

```
74  0AH
24  14H
```

采用汇编语言可以获得最简练的目标程序，执行速度快，占用较少的内存单元和 CPU 资源，和硬件结构密切相关，可直接调用单片机的全部资源，从而有效地利用单片机的专有特性，可以准确地计算出指令的执行时间，特别适用于实时控制系统或者对时间有严格要求的情况。

汇编语言是一种面向机器的低级语言，也有其明显的缺点：一般只针对某种单片机，缺乏通用性，程序不易移植，要用汇编语言进行程序设计必须了解所使用的 CPU 硬件的结构与性能，对程序设计人员有较高的要求。汇编语言格式比较晦涩，代码难懂，不便于阅读和后期修改，汇编程序结构结构不清晰，给代码阅读和交流带来困难。

2. 单片机C51语言

高级语言是一种面向算法、过程和对象且独立于机器的程序设计语言，是一种接近自然语言和人们习惯的数学表达式、直接命令的计算机语言，如 BASIC、C、FORTRAN、COBOL 等。高级语言直观、易学、通用性强、编程效率高，便于推广和交流。高级语言程序必须编译成目标代码才能执行，编译后产生的目标程序大、占用内存多、运行速度慢、程序运行效率低。

C 语言是一种使用非常方便的高级语言。单片机 C 语言是在标准 C 语言的基础上，根据 8051 系列单片机的特点特殊扩展而来的，习惯上称为 C51，其语法规则绝大部分与标准 C 语言相同。

目前，单片机 C 语言已成为最流行的单片机开发语言，在对执行速度有严格要求的情况下，在单片机 C 语言中嵌入汇编代码来实现。

3.2 指令格式和寻址方式

所谓指令，就是规定计算机进行某种操作的命令。一台计算机所能执行的指令集合称为该机器的指令系统。计算机的主要功能通过指令系统体现。指令系统是由生产厂商确定

的，不同系列的机器其指令系统是不同的。

3.2.1　汇编语言指令格式

汇编语言语句是构成汇编语言源程序的基本单元。80C51 系列单片机汇编语言指令一般由标号、操作码、操作数和注释 4 个字段组成，每个字段之间要用空格分隔，其格式如下：

```
[标号:]  助记符 [操作数 1] [,操作数 2] [,操作数 3]  [;注释]
```

例如，

```
LOOP: MOV  A,@R1       ;
```

标号是用户定义的符号地址，一条指令的标号是该条指令的符号名字。标号可以由赋值伪指令赋值。如果标号没有赋值，则汇编程序就把存放该指令目标代码第 1 个字节的存储单元的地址赋给该标号。标号由 1～8 个 ASCII 码字符组成，第 1 个字符必须是字母，其余可以是字母、数字或其他特定字符，以分界符"："结束。需要注意的是，标号不能使用汇编语言中的关键字，如指令助记符、伪指令即寄存器符号名称等。

助记符规定了指令的具体操作功能，是指令语句的核心，常用指令操作功能的英文缩写表示。每条指令必须有助记符，不能省略，助记符与第 1 个操作数之间至少要有 1 个空格。

操作数字段指出指令的操作对象，可以是具体的数据，也可以是存放数据的地址。在一条指令中，可以没有操作数，也可以有 1 个或者多个操作数，多个操作数之间以逗号分隔。通常，双操作数中逗号前面的操作数称为源操作数，逗号后面的操作数称为目的操作数。指令中的操作数是二进制数，以 B 标识，如 10001100B；八进制数以 Q 标识，如 123Q；十进制数以 D 标识或省略，如 45D 或 45；十六进制以 H 标识，如 1000H，0A2H。

📖 注意：当十六进制数以字母开头（大于 9）时，前面需加 0。

注释是为了方便阅读程序而为指令或程序添加的解释说明，不是汇编语言的功能部分，用于改善程序的可读性。注释以分号（；）开头，长度不限，需要换行时，在新一行开头使用分号（；）。

3.2.2　寻址方式

操作数是指令的一个重要组成部分，计算机执行程序就是不断寻找操作数并进行运算的过程，指出操作数或者操作数所在地址的方式称为指令的寻址方式。寻址方式越多，计算机功能越强，操作越灵活，指令系统也越复杂。寻址方式不仅影响指令的长度，还影响指令的执行速度。

80C51 系列单片机的指令系统共有 7 种寻址方式。

1. 立即寻址

在指令代码中直接给出操作数，这种寻址方式称为立即寻址，该操作数就是立即数。

在操作数前面加“#”表示立即数，通常使用#data8 或#data16，用以与直接寻址方式中的直接地址 direct 或 bit 相区别。

📖 立即寻址方式操作数存储空间：程序存储器。

例如，

```
MOV R0,#45H   ;R0←45H
```

指令中 45H 为立即数，该指令的功能是将 45H 送入工作寄存器 R0 中。指令执行后，(R0)=45H。立即寻址方式示意图如图 3-1 所示。

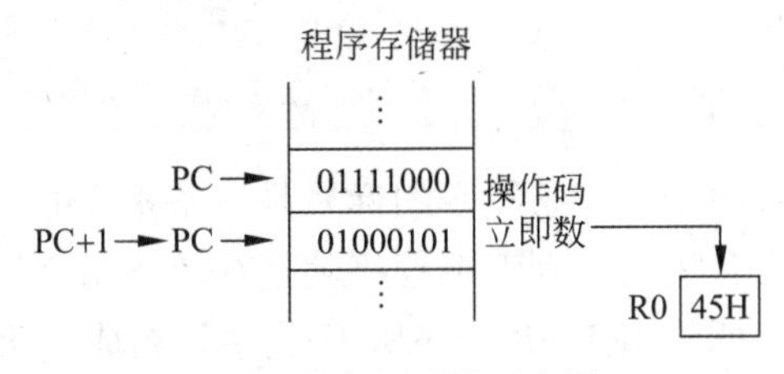

图 3-1 立即寻址示意图

2. 直接寻址

在指令中直接给出操作数的地址为直接寻址方式。

📖 注意：直接寻址方式操作数存储空间：片内 RAM 低 128 个字节单元；特殊功能寄存器 SFR；位寻址区（位操作指令中，位寻址区 20H～2FH 地址单元中的 00H～FFH 位地址）。

直接寻址是访问特殊功能寄存器的唯一方法，特殊功能寄存器可以采用单元地址表示，也可以采用寄存器符号名称来表示。

例如，

```
MOV R0,45H    ;R0←(45H)
```

该指令的功能是将片内 RAM 的 45H 单元中的内容送入工作寄存器 R0 中。45H 是操作数所在的地址，如果执行指令前 45H 地址单元中存储的内容数据为 71H，即(45H)=71H，该内容就是操作数，则执行指令后工作寄存器 R0 中的内容为 71H，即(R0)=71H，45H 地址单元中的内容保持不变，即(45H)=71H。直接寻址方式示意图如图 3-2 所示。

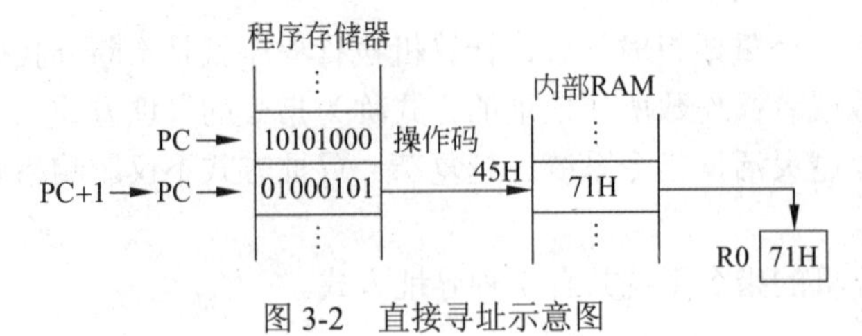

图 3-2 直接寻址示意图

3. 寄存器寻址

指令中含有寄存器，寄存器中的内容就是操作数，这种寻址方式称为寄存器寻址方式。

能够实现寄存器寻址的寄存器有通用寄存器 R0～R7 和专用寄存器 A、B、DPTR、Cy。

📖 寄存器寻址方式操作数存储空间：4 组工作寄存器 R0～R7，通过 PSW 中的 RS1 和 RS0 选择当前工作寄存器组；累加器 A、寄存器 B 和数据指针 DPTR。

例如，

```
MOV A,R0        ;A←(R0)
```

该指令的功能是将工作寄存器 R0 中的内容送入累加器 A 中。如果执行指令前工作寄存器 R0 中存储的内容为 55H，即(R0)＝55H，该内容就是操作数。执行指令后，累加器 A 中的内容为 55H，即(A)=55H，R0 中的内容保持不变，即(R0)=55H。寄存器寻址方式示意图如图 3-3 所示。

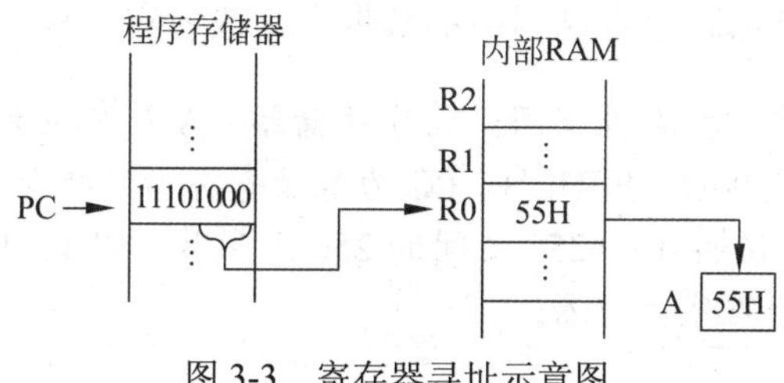

图 3-3 寄存器寻址示意图

4. 寄存器间接寻址

指令中含有寄存器，寄存器中的内容作为单元地址，该单元地址中的内容为操作数，这种寻址方式称为寄存器间接寻址方式。在寄存器间接寻址方式中，寄存器名称前必须加符号@。能够实现寄存器间接寻址的寄存器有通用寄存器 R0、R1 和数据指针 DPTR。

📖 寄存器间接寻址方式操作数存储空间：内部 RAM 低 128 个字节单元，使用 R0 或者 R1 作为间址寄存器；访问外部 RAM 单元地址有两种形式，即使用 R0 或者 R1 作为间址寄存器可以访问外部低 256B 单元地址，使用 16 位的数据指针 DPTR 作为间址寄存器可以访问整个外部 RAM 的 64KB（0000H～FFFFH）的地址空间；使用堆栈操作指令 PUSH 或 POP，以堆栈指针 SP 作为间址寄存器访问片内 RAM 堆栈区。

例如，

```
MOV A,@R0       ;A←((R0))
```

该指令中工作寄存器 R0 中的内容是操作数所在的地址，这个地址中的存储内容为操作数。如果执行指令前工作寄存器 R0 的内容为 66H，即(R0)=66H，在存储器 66H 地址单元中存储的内容为操作数。如果 66H 地址单元中存储的数据为 2AH，即(66H)＝2AH，则 2AH 就是操作数。执行指令后，累加器 A 中的内容为 2AH，即(A)=2AH，存储单元 66H 和 R0 中的内容均保持不变，即(66H)=2AH，(R0)=66H。寄存器间接寻址方式示意图如图 3-4 所示。

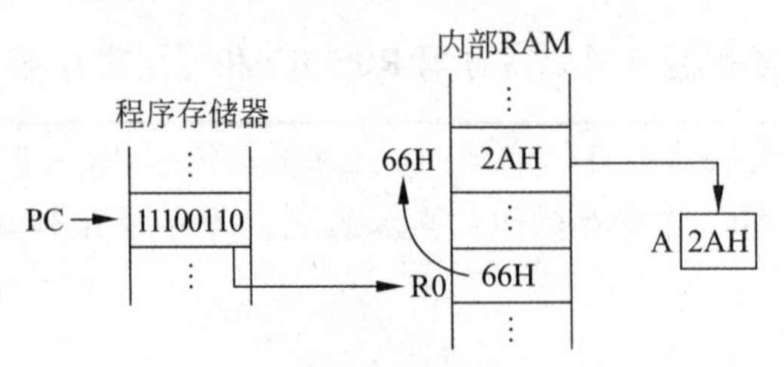

图 3-4 寄存器间接寻址示意图

5. 变址寻址

以程序计数器 PC 或数据指针 DPTR 作为基址寄存器，以累加器 A 作为变址寄存器，基址寄存器和变址寄存器的内容相加形成 16 位的单元地址，该单元地址中的内容为操作数。这种寻址方式称为基址加变址寄存器间接寻址方式，简称变址寻址。

这种寻址方式用于读取程序存储器中的数据表格或者实现程序的跳转。

> 📖 变址寻址方式操作数存储空间：程序存储器。A 是 8 位无符号偏移量，可以表示的偏移量范围是 00H～FFH。以 PC 为基址寄存器的指令寻址范围是程序存储器相对于 PC 当前值的 0～+255 之间的 256 个字节，以 DPTR 为基址寄存器的指令寻址范围是整个程序存储器。

例如，

```
MOVC A,@A+DPTR   ;A←((A)+(DPTR))
```

执行指令前，累加器的内容为 32H，即(A)=32H，数据指针 DPTR 的内容为 1000H，即(DPTR)=1000H，程序存储器 1032H 中的内容为 9BH，即(1032H)=9BH。该指令的功能是将 DPTR 的内容和 A 的内容相加，得到 16 位地址 1032H，该地址程序存储器中的内容 9BH 就是操作数。执行指令后，累加器 A 中的内容为 9BH，即(A)=9BH，数据指针 DPTR 的内容保持不变，即(DPTR)=1000H。变址寻址方式示意图如图 3-5 所示。

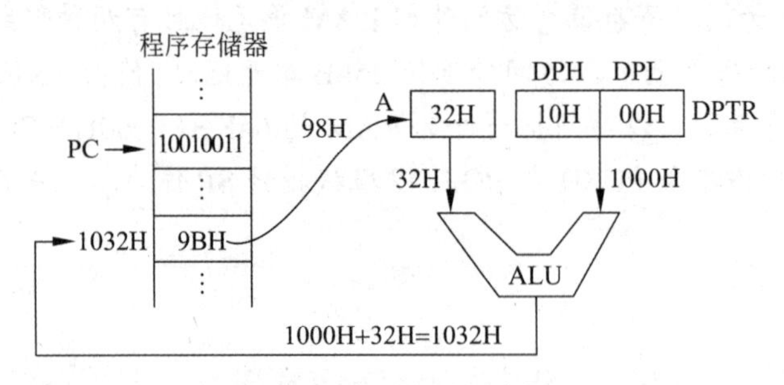

图 3-5 变址寻址示意图

6. 相对寻址

指令中含有相对地址偏移量 rel，将程序计数器 PC 的当前值（PC 当前值是正在执行指令的下一条指令的首地址）作为基地址，与指令中的相对地址偏移量 rel 相加，和作为程序的转移目标地址送入 PC 中。这种寻址方式称为相对寻址方式。相对转移指令的目标地址可以表示为：

```
目标地址=相对转移指令地址+相对转移指令字节数+偏移量 rel
```

相对寻址方式只用于相对转移指令中，对程序存储器ROM进行寻址，通过修改PC指针实现程序的分支转移。

📖 相对寻址方式操作数存储空间：相对地址偏移量rel是一个带符号的8位二进制补码，指令的寻址范围是程序存储器相对于PC当前值的–128～+127之间的256个字节空间。

例如，

```
SJMP 43H   ;PC←(PC)+2, PC←(PC)+rel
```

这是一条无条件相对转移指令，是双字节指令，指令代码为8021H，假设存储在程序存储器ROM的2300H和2301H这两个地址单元中。读取该指令后，PC指向下一条指令的首地址2302H，执行该指令得到目标地址2302H+43H=2345H送入PC中。执行指令后，PC的值为2345H，程序将跳转到2345H处继续执行，实现了程序的跳转。相对寻址方式示意图如图3-6所示。

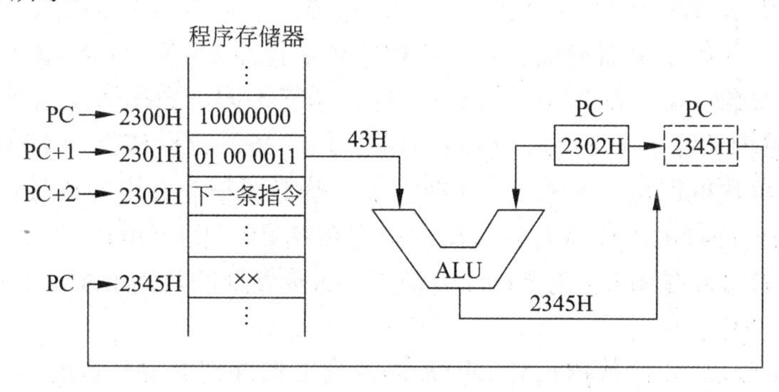

图3-6 相对寻址示意图

7. 位寻址

指令中含有位地址，位地址单元中的二进制位就是操作数，这种寻址方式元地址称为位寻址方式。

📖 位寻址方式操作数存储空间：内部RAM 20H～2FH这16个字节单元对应的128个位单元；特殊功能寄存器中字节地址能被8整除的单元中相应的83个位单元。

例如，

```
MOV C,2EH  ;Cy ←(2EH)
```

这是一条位操作指令，指令中2EH是位地址，位地址单元中的内容是操作数0或者1。如果执行指令前位地址2EH（内部RAM 25H字节单元地址的次高位）中的内容为1，即(2EH)=1，执行指令后，位累加器Cy中的内容为1，即(Cy)=1。位寻址方式示意图如图3-7所示。

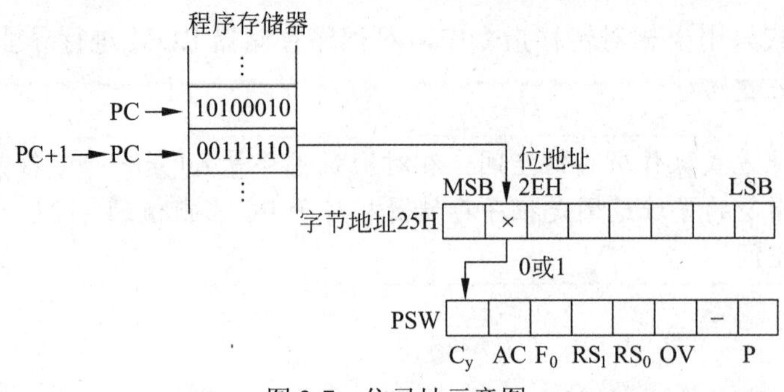

图 3-7　位寻址示意图

3.3　80C51 单片机的指令系统

MCS-51 系列单片机的指令系统共有 111 条指令。这些指令在程序存储器中占有的字节数不同，其中单字节指令 49 条，双字节指令 46 条，三字节指令 16 条。执行一条指令需要的时间也不同，一般用机器周期表示，单机器周期指令 65 条，双机器周期指令 44 条，四机器周期指令 2 条（乘、除指令）。指令的操作功能不同，数据传送指令 29 条，算术运算指令 24 条，逻辑运算指令 24 条，控制转移指令 17 条，位操作指令 17 条。

在 MCS-51 单片机汇编指令系统中，约定了一些描述指令常用的符号，下面进行说明。

（1）Rn：当前选择的工作寄存器组的通用寄存器 R0～R7（n=0～7）。

（2）@Ri：通用寄存器 R0 或 R1（i=0 或 1）间接寻址的片内 RAM 单元。@为间接寻址标志。

（3）@DPTR：以 16 位数据指针 DPTR 间接寻址的外部 RAM 单元。

（4）direct：8 位直接地址，可以是内部 RAM 单元地址（00H～7FH）或特殊功能寄存器 SFR 的地址。

（5）＃data：8 位二进制立即数。＃为立即数标志。

（6）＃data16：16 位二进制立即数。

（7）addr16：16 位直接地址。LJMP 和 LCALL 指令中作为转移目标地址，转移地址范围为 64KB，指令中常用标号代替。

（8）addr11：11 位直接地址。AJMP 和 ACALL 指令中作为转移目标地址，转移地址范围为 2KB，指令中常用标号代替。

（9）rel：相对地址偏移量，8 位二进制有符号数 –128～+127，以补码表示，指令中常用标号代替。

（10）bit：位地址。

（11）/：位操作数的取反标志。/bit 表示位地址 bit 的内容取反后作为操作数，位地址 bit 中的原内容不变。

（12）(×)：表示×地址单元中的内容。

（13）((×))：表示以×地址单元中的内容作为寻址的地址。

（14）$：当前指令的首地址。

（15）←：操作数传送方向，将箭头右边的操作数送入箭头左边的地址单元。

3.3.1　数据传送指令

数据传送是一种最大量、最基本、最主要的操作。MCS-51 单片机提供了极其丰富的数据传送指令，共有 29 条，其一般功能是把源操作数传送到目的操作数。指令执行后，源操作数不变，目的操作数修改成与源操作数相同。数据传送指令主要用于数据的传送、保存和交换等情况下，不影响除奇偶标志位 P 外的其他标志位（如 Cy、AC、OV 等）。

1．内部RAM数据传送指令（16条）

内部数据传送指令的源操作数和目的操作数是片内 RAM 或者特殊功能寄存器的地址，其传送速度快，寻址方式灵活多样。

1）以累加器 A 为目的操作数的数据传送指令

```
MOV  A,Rn         ;A←(Rn)
MOV  A,direct     ;A←(direct)
MOV  A,@Ri        ;A←((Ri))
MOV  A,#data      ;A← data
```

该指令的功能是将源操作数送入累加器 A 中，累加器 A 为目的操作数。该指令只影响 PSW 中的奇偶校验标志位 P，不影响其他标志位，指令如表 3-1 所示。

表 3-1　以累加器 A 为目的操作数的数据传送指令

汇编指令	十六进制指令代码	目的操作数寻址方式	源操作数寻址方式	代码长度（字节）	指令周期	
					T_{osc}（振荡周期）	T_M（机器周期）
MOV A,Rn	E8～EF	寄存器寻址	寄存器寻址	1	12	1
MOV A,direct	E5 direct	寄存器寻址	直接寻址	2	12	1
MOV A,@Ri	E6 E7	寄存器寻址	寄存器间址	1	12	1
MOV A,#data	74 data	寄存器寻址	立即寻址	2	12	1

注意：n 的范围为 0～7，Rn 对应 R0～R7，对应指令代码 0～7；i 的范围为 0～1，Ri 对应 R0～R1，对应指令代码 0～1。

【例 3-1】 说明下列指令的功能。

```
MOV  A,R3         ;A←(R3)
MOV  A,49H        ;A←(49H)
MOV  A,@R1        ;A←((R1))
MOV  A,#5EH       ;A← 5EH
```

【例 3-2】 将片内 RAM78H 单元中的数据传送到累加器 A 中。

程序 1：

```
MOV A,78H   ;A← (78H)
```

程序 2：

```
MOV R1,#78H ;R1←78H
```

```
MOV A,@R1   ;A←((R1))或A←(78H)
```

2）以寄存器Rn为目的操作数的数据传送指令

```
MOV Rn,A          ;Rn←(A)
MOV Rn,direct     ;Rn←(direct)
MOV Rn,#data      ;Rn←data
```

指令的功能是将源操作数送入当前工作寄存器区R0～R7中的某一个寄存器中。该指令不影响PSW中的各个标志位，指令如表3-2所示。

表3-2　以累加器Rn为目的操作数的数据传送指令

汇编指令	十六进制指令代码	目的操作数寻址方式	源操作数寻址方式	代码长度（字节）	指令周期	
					T_{osc}	T_M
MOV Rn,A	F8～FF	寄存器寻址	寄存器寻址	1	12	1
MOV Rn,direct	A8～AF direct	寄存器寻址	直接寻址	2	24	2
MOV Rn,#data	78～7F data	寄存器寻址	立即寻址	2	12	1

【例3-3】 说明下列指令的功能。

```
MOV R7,A              ;R7←(A)
MOV R0,53H            ;R0←(53H)
MOV R2,#0AH           ;R2←0AH
```

【例3-4】 已知(A)=30H，(R1)=4DH，(R7)=35H，(R3)=23H，(23H)=70H，执行指令：

```
MOV R1,A              ;R7←(A)
MOV R7,#10H           ;R2←0AH
MOV R4,23H            ;R0←(53H)
```

执行指令后，(R1)=30H，(R7)=10H，(R4)=70H。

3）以直接地址为目的操作数的数据传送指令

```
MOV direct,A          ;direct←(A)
MOV direct,Rn         ;direct←(Rn)
MOV direct1,direct2   ;direct1←(direct2)
MOV direct,@Ri        ;direct←((Ri))
MOV direct,#data      ;direct←data
```

指令的功能是将源操作数送入direct直接地址单元中，直接地址direct为目的操作数。该指令不影响PSW中的各个标志位，指令如表3-3所示。

表3-3　以直接地址为目的操作数的数据传送指令

汇编指令	十六进制指令代码	目的操作数寻址方式	源操作数寻址方式	代码长度（字节）	指令周期	
					T_{osc}	T_M
MOV direct,A	F5 direct	直接寻址	寄存器寻址	2	12	1
MOV direct,Rn	88～8F direct	直接寻址	寄存器寻址	2	24	2
MOV direct1,direct2	85 direct2 direct1	直接寻址	直接寻址	3	24	2
MOV direct,@Ri	86～87 direct	直接寻址	寄存器间址	2	24	2
MOV direct,#data	75 direct data	直接寻址	立即寻址	3	24	2

【例 3-5】 说明下列指令的功能。

```
MOV P1,A          ;P1←(A)
MOV 40H,R4        ;(40H)←(R4)
MOV 43H,53H       ;(43H)←(53H)
MOV 66H,@R0       ;(66H)←((R0))
MOV 10H,#0AH      ;(10H)← 0AH
```

【例 3-6】 将片内 RAM 70H 单元中的数据传送到 80H 单元中。

程序 1：

```
MOV 80H,70H       ;(80H)←(70H)
```

程序 2：

```
MOV A,70H         ;A← (70H)
MOV 80H,A         ;(80H) ← (A)
```

程序 3：

```
MOV R0,#70H       ;R0← 70H
MOV 80H, @R0      ;(80H) ←((R0))或者(80H)←(70H)
```

4）以寄存器间接地址为目的操作数的数据传送指令

```
MOV @Ri,A         ;(Ri)←(A)
MOV @Ri,direct    ;(Ri)←(direct)
MOV @Ri,#data     ;(Ri)← data
```

指令的功能是将源操作数送入以 R0 或者 R1 寄存器间接寻址的片内 RAM 单元中。该指令不影响 PSW 中的各个标志位，指令如表 3-4 所示。

表 3-4 以寄存器间接地址为目的操作数的数据传送指令

汇编指令	十六进制指令代码	目的操作数寻址方式	源操作数寻址方式	代码长度（字节）	指令周期	
					T_{osc}	T_M
MOV @Ri,A	F6～F7	寄存器间址	寄存器寻址	1	12	1
MOV @Ri,direct	A6～A7 direct	寄存器间址	直接寻址	2	24	2
MOV @Ri,#data	76～77 data	寄存器间址	立即寻址	2	12	1

【例 3-7】 说明下列指令的功能。

```
MOV @R0,A         ;(R0)←(A)
MOV @R0,53H       ;(R0)←(53H)
MOV @R1,#0AH      ;(R1)← 0AH
```

【例 3-8】 已知(R0)=30H，(40H)=4DH，执行指令：

```
MOV @R0,40H       ;(R0)←(40H)
```

执行指令后，(30H)=4DH。

5）以 DPTR 为目的操作数的数据传送指令

```
MOV DPTR, #data16        ;DPTR← data16
```

指令的功能是将 16 位立即数送入 DPTR 中，立即数高 8 位送入 DPH，低 8 位送入 DPL。该指令不影响 PSW 中的各个标志位，指令如表 3-5 所示。

表 3-5　以 DPTR 为目的操作数的数据传送指令

汇编指令	十六进制指令代码	目的操作数寻址方式	源操作数寻址方式	代码长度（字节）	指令周期	
					T_{osc}	T_M
MOV DPTR, #data16	90 data15～8 data7～0	寄存器寻址	立即寻址	3	24	2

该条指令是 MCS-51 系统单片机指令系统中唯一的 16 位数据传送指令，通常用来设置地址指针，将外部 RAM 或 ROM 的某单元地址作为立即数送入 DPTR 中。

内部 RAM 数据传送指令共 16 条，用于寻址内部 RAM 和 SFR，传送关系如图 3-8 所示，图中箭头表明数据传送的方向。

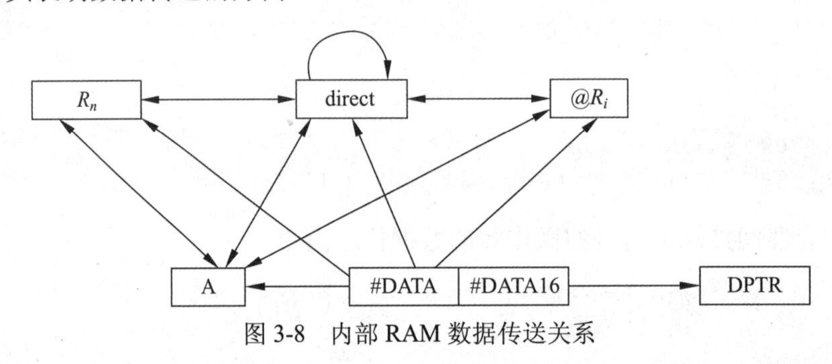

图 3-8　内部 RAM 数据传送关系

在使用上述指令时，应注意以下几点。

- 区分各种寻址方式。
- 以累加器 A 为目的操作数的内部数据传送指令只影响 PSW 的奇偶标志，不影响其他标志位，其余指令对所有标志位均无影响。
- 指令的字节数。一般，指令中既含有直接地址，又含有立即数时，占用 3 个字节；指令中只含有直接地址或者只含有立即数时，占用 2 个字节；指令中两者都没有，则占用 1 个字节。
- 程序注释。对某条指令或某个程序段进行注释，方便编写程序和阅读程序。

2. 片外RAM数据传送指令（4条）

访问外部扩展的数据存储器或 I/O 端口使用片外数据传送指令，指令助记符为 MOVX。

```
MOVX  A,@DPTR    ;A←((DPTR))
MOVX  @DPTR,A    ;(DPTR)←(A)
MOVX  A,@Ri      ;A←((Ri))
MOVX  @Ri,A      ;(Ri)←(A)
```

片外数据存储器为读写存储器，与累加器 A 可实现双向操作。MCS-51 系列单片机扩展 I/O 接口的端口地址占用片外 RAM 的地址空间。

前两条指令的功能是实现 DPTR 间接寻址的外部地址单元与累加器 A 之间的数据传送。DPTR 是 16 位数据指针，由 P0 口送出低 8 位地址，由 P2 口送出高 8 位地址，因此这两条指令的寻址范围可达外部 RAM 的全部 64KB 的空间。

后两条指令的功能是实现 R0 或 R1 间接寻址的外部地址单元与累加器 A 之间的数据传送。R0 或 R1 是 8 位寄存器，由 P0 口送出，为低 8 位地址，P2 口的状态不变，此时这两条指令的寻址范围只能是片外 RAM 的 256B 空间。

片外 RAM 数据传送指令如表 3-6 所示。

表 3-6 片外 RAM 数据传送指令

汇编指令	十六进制指令代码	目的操作数寻址方式	源操作数寻址方式	代码长度（字节）	指令周期	
					T_{osc}	T_M
MOVX A,@DPTR	E0	寄存器寻址	寄存器间址	1	24	2
MOVX @DPTR,A	F0	寄存器间址	寄存器寻址	1	24	2
MOVX A,@Ri	E2～E3	寄存器寻址	寄存器间址	1	24	2
MOVX @Ri,A	F2～F3	寄存器间址	寄存器寻址	1	24	2

【例 3-9】 将片外 RAM 的 1000H 单元中的内容送入片外 RAM 的 0100H 单元中。

```
MOV   DPTR,#1000H     ;DPTR←1000H 数据原地址送 DPTR
MOVX  A,@DPTR         ;A←((DPTR))外部 RAM 的 1000H 单元中的内容送 A
MOV   DPTR,#0100H     ;DPTR←1000H 数据目标地址送 DPTR
MOVX  @DPTR,A         ;(DPTR)←(A)  A 中的内容数据送外部 RAM 的 0100H 单元中
```

3. 程序存储器数据传送指令（2条）

程序存储器为只读存储器，当访问程序存储器中的常数或者表格时，采用程序存储器数据传送指令，又称为查表指令，指令助记符为 MOVC。

```
MOVC A,@A+DPTR        ;A←((A)+(DPTR))
MOVC A,@A+PC          ;A←((A)+(PC))
```

前一条指令采用 16 位数据指针 DPTR 作为基址寄存器，一般用来存储数据表格的首地址（16 位），累加器 A 中的内容为 8 位无符号数 00H～FFH，用作变址寄存器。该指令可以实现在整个 64KB ROM 空间寻址，故又称为远程查表指令。

后一条指令采用 PC 作为基址寄存器。这是一条单字节指令，执行指令时先取指令，PC←PC+1；然后执行指令，此时 PC 的当前值为下一条指令的首地址，累加器 A 中的内容为 8 位无符号数 00H～FFH，用作变址寄存器。该指令的寻址范围是查表指令后的 256 个字节空间之内，故又称为近程查表指令。需要注意的是，采用该查表指令，如果 MOVC 指令与表格之间相距 n 个字节，需要调整累加器 A 的内容，一般用一条加法指令加上相应的立即数 n，使寻址地址与所读 ROM 单元地址保持一致。

程序存储器数据传送指令如表 3-7 所示。

表 3-7 程序存储器数据传送指令

汇编指令	十六进制指令代码	目的操作数寻址方式	源操作数寻址方式	代码长度（字节）	指令周期	
					T_{osc}	T_M
MOVC A,@A+DPTR	93	寄存器寻址	变址寻址	1	24	2
MOVC A,@A+PC	83	寄存器寻址	变址寻址	1	24	2

【例3-10】 已知(A)＝50H，程序存储器(1050H)=12H，(1051H)=34H，执行指令

```
1000H: MOVC A,@A+PC
```

该指令为单字节指令。先取指，PC内容加1后，PC的当前值为1001H；然后执行指令，PC作为基址，累加器A中8位无符号整数50H为变址，两者相加得到一个16位地址1051H，将该地址对应的程序存储器单元的内容送给累加器 A。故这条指令的功能是将程序存储器1051H单元的内容送给累加器A，(A)=34H。

【例3-11】 已知(A)＝50H，(DPTR)＝1000H，程序存储器(1050H)=12H，(1051H)=34H，执行指令

```
MOVC  A,@A+DPTR
```

该指令以DPTR的内容1000H为基址，累加器A中8位无符号整数50H为变址，故这条指令的功能是将程序存储器1050H单元的内容送给累加器A，(A)=12H。

4. 数据交换指令（5条）

采用数据交换指令可以同时保留源操作数和目的操作数。

1）字节交换指令

```
XCH A,Rn          ;(A)⟷(Rn)
XCH A,direct      ;(A)⟷(direct)
XCH A,@Ri         ;(A)⟷((Ri))
```

字节交换指令的功能是将累加器A中的内容和源操作数地址中的内容相交换，指令如表3-8所示。

表3-8 字节交换指令

汇编指令	十六进制指令代码	目的操作数寻址方式	源操作数寻址方式	代码长度（字节）	指令周期	
					T_{osc}	T_M
XCH A,Rn	C8～CF	寄存器寻址	寄存器寻址	1	12	1
XCH A,direct	C5 direct	寄存器寻址	直接寻址	2	12	1
XCH A,@Ri	C6～C7	寄存器寻址	寄存器间址	1	12	1

【例3-12】 已知(A)=70H，(R3)=07H，(20H)=E0H，(R1)=50H，(50H)=0EH，执行指令

```
XCH A,R3    ; (A)⟷(R3)
XCH A,20H   ; (A)⟷(20H)
XCH A,@R1   ; (A)⟷((R1))
```

执行第1条指令后，(A)=07H，(R3)=70H；执行第2条指令后，(A)=E0H，(20H)=07H；执行第 3 条指令后，(A)=0EH，(R3)=E0H；故执行上述指令后，(A)=0EH，(R3)=70H，(20H)=07H，(50H)=E0H。

2）半字节交换指令

```
XCHD A,@Ri        ;(A)3~0⟷((Ri))3~0
SWAP A            ;(A)7~4⟷(A)3~0
```

前一条指令的功能是将累加器 A 的低 4 位与 Ri 间接寻址的地址单元中的低 4 位相交换，而各自的高 4 位保持不变。

后一条指令的功能是将累加器 A 中的高 4 位和低 4 位交换。

半字节交换指令如表 3-9 所示。

表 3-9　半字节交换指令

汇编指令	十六进制指令代码	目的操作数寻址方式	源操作数寻址方式	代码长度（字节）	指令周期	
					T_{osc}	T_M
XCHD A,@Ri	D6～D7	寄存器寻址	寄存器间址	1	12	1
SWAP A	C4	寄存器寻址(仅一个操作数)		1	12	1

【例 3-13】 已知(R1)＝20H，(A)＝12H，(20H)＝34H，执行指令

```
XCHD A,@R1        ; (A)3~0←→((R1))3~0
```

执行指令后，(A)＝14H，(20H)＝32H。

5. 堆栈操作指令（2条）

在内部 RAM 单元中，保留一段存储空间作为堆栈，堆栈操作遵循先进后出的原则，堆栈指针 SP 指向堆栈栈顶地址。堆栈操作指令以堆栈指针 SP 为间址寄存器，将数据存入栈顶或者从栈顶取出数据。堆栈操作常用于子程序或者中断服务程序中保护现场、参数传递等。

```
PUSH direct      ;SP←(SP)+1,(SP)←(direct)
POP direct       ;direct←((SP)), SP←(SP)-1
```

前一条指令是进栈指令，其功能是将栈顶指针 SP 的内容加 1，然后将直接地址单元 direct 中的内容存入栈指针 SP 指向的栈顶地址单元。

后一条指令是出栈指令，其功能是将栈指针 SP 指向的栈顶地址单元中的内容存入 direct 直接地址单元中，然后释放该栈顶单元，即将栈顶指针 SP 的内容减 1，指出新的栈顶地址。

堆栈操作指令如表 3-10 所示。

表 3-10　堆栈操作指令

汇编指令	十六进制指令代码	操作数寻址方式	代码长度（字节）	指令周期	
				T_{osc}	T_M
PUSH direct	C0 direct	直接寻址	2	24	2
POP direct	D0 direct	直接寻址	2	24	2

注意：进栈与出栈指令必须成对使用。系统复位后，SP 的初始值为 07H，为了避免堆栈区与工作寄存器区、数据区重叠，一般要重新设置 SP 初值。

【例 3-14】 已知(SP)＝42H，（30H）＝55H，执行指令

```
PUSH 30H      ;SP←(SP)+1,(SP)←(direct)
```

指令执行后，(SP)=43H，(43H)=55H。该指令的执行过程如图 3-9 所示。

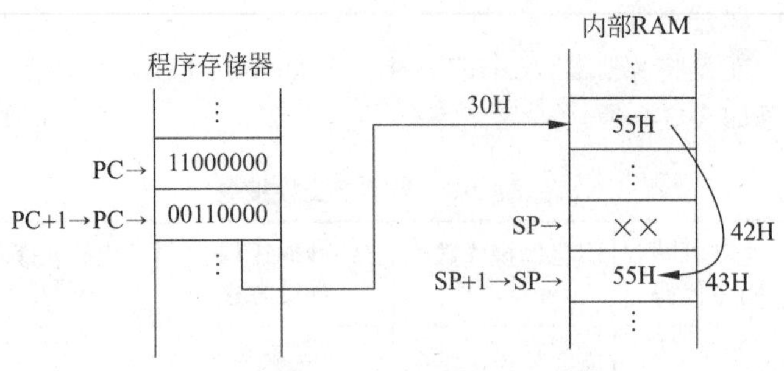

图 3-9　PUSH 30H 压栈操作示意图

3.3.2　算术运算类指令

MCS-51 的算术运算类指令共有 24 条，主要完成加、减、乘、除四则运算。算术运算类指令的执行结果影响程序状态字 PSW 的标志位，如表 3-11 所示。

表 3-11　算术运算指令对 PSW 中标志位的影响

指令	PSW 中的标志位			
	Cy	OV	AC	P
ADD	√	√	√	√
ADC	√	√	√	√
INC A	—	—	—	√
SUBB	√	√	√	√
DEC A	—	—	—	√
MUL	0	√	—	√
DIV	0	√	—	√
DA	√	√	√	√

注：✓表示影响该标志位，—表示不影响该标志位，0 表示该标志位清零。

1．加法指令（13条）

1）不带进位的加法指令（4 条）

```
ADD A,Rn          ;A←(A)+(Rn)
ADD A,direct      ;A←(A)+(direct)
ADD A,@Ri         ;A←(A)+((Ri))
ADD A,#data       ;A←(A)+data
```

指令的功能是将源操作数与累加器 A 的内容相加，结果送入累加器 A 中，指令如表 3-12 所示。

加法指令的运算结果影响程序状态字 PSW 中的 Cy、Ac、OV 和 P。

（1）进位标志 Cy：在加法运算中，如果字节的最高位 D7 位相加时产生进位，则 Cy=1，否则 Cy=0。

表 3-12　不带进位的加法指令

汇编指令	十六进制指令代码	目的操作数寻址方式	源操作数寻址方式	代码长度（字节）	指令周期	
					T_{osc}	T_M
ADD A,Rn	28～2F	寄存器寻址	寄存器寻址	1	12	1
ADD A,direct	25 direct		直接寻址	2	12	1
ADD A,@Ri	26～27		寄存器间址	1	12	1
ADD A,#data	24 data		立即寻址	2	12	1

（2）半进位标志 Ac：在加法运算中，如果字节低 4 位的高位 D3 位相加时产生进位，则 Ac=1，否则 Ac=0。

（3）溢出标志 OV：在加法运算中，如果字节的 D7 位相加时产生进位而 D6 位无进位，或者 D7 位相加时不产生进位而 D6 位有进位，则 OV=1，否则 OV=0。

（4）奇偶标志位 P：加法运算结果存入 A 中，如果 A 中 1 的个数为奇数，则 P=1，为偶数则 P=0。

【例 3-15】 执行指令

```
MOV A,#0C2H
ADD A,#8DH
```

执行过程如下：

		十进制无符号数	十进制有符号数
(A) =	11000010B (C2H)	194	(–62)
+ data =	10001101B (8DH)	+ 141	+ (–115)
	1 01001111B	335	(+79)

执行指令后，(A)=4FH，Cy=1，Ac=0，OV=1，P=1。

无符号数(0～255)加法运算时，结果 Cy=1，产生进位，表示无符号数运算结果超出了 8 位所能表示的范围，发生了溢出。此时，可以把 Cy 加到高字节，和累加器 A 中的内容一同表示正确结果。

有符号数(–128～+127) 加法运算时，结果 OV=1，表示有符号数相加运算结果超出了一个字节所能表示的范围，发生了溢出，结果错误。

【例 3-16】 设 A=48H，(R2)=3AH，执行指令

```
ADD A,R2        ; A←(A)+(R2)
```

执行过程如下：

		十进制无符号数	十进制有符号数
(A) =	01001000B (48H)	72	(+72)
+ (R2) =	00111010B (3AH)	+ 58	+ (+58)
	10000010B	130	(–126)

执行指令后，(A)=82H，Cy=0，Ac=1，OV=1，P=0。

如果 48H 和 3AH 表示两个无符号数相加，结果 Cy=0，无溢出，即十进制 72+58=130。

如果 48H 和 3AH 表示两个有符号数（补码）相加，结果 OV=1，溢出，即十进制（+72）+（+58）=（–126），结果错误。

【例3-17】 设(A)=57H，(30H)=B5H，执行指令

```
ADD A,30H    ;A←(A)+(30H)
```

执行过程如下：

			十进制无符号数	十进制有符号数
(A)	=	01010111B (57H)	87	(+87)
+ (30H)	=	10110101B (B5H)	+ 181	+ (–75)
		1 00001100B	12	(+12)

执行指令后，(A)=0CH，Cy=1，AC=0，OV=0，P=0。

如果57H和B5H表示两个无符号数相加，结果Cy=1，溢出，即十进制87+181=12，结果错误。如果高字节和累加器A中的内容一同表示，则十进制87+181=268（100001100）结果正确。

如果48H和3AH表示两个有符号数（补码）相加，结果OV=0，无溢出，即十进制（+87）+（–75）=（+12），结果正确。

2）带进位的加法指令（4条）

```
ADDC A,Rn       ;A←(A)+(Rn)+(Cy)
ADDC A,direct   ;A←(A)+(direct)+(Cy)
ADDC A,@Ri      ;A←(A)+((Ri))+(Cy)
ADDC A,#data    ;A←(A)+data+(Cy)
```

指令的功能是将源操作数与累加器A的内容相加，再加上进位标志Cy的内容，结果送入累加器A中。进位标志Cy的内容是指在该指令执行前Cy的值，指令如表3-13所示。

表3-13 带进位的加法指令

汇编指令	十六进制指令代码	目的操作数寻址方式	源操作数寻址方式	代码长度（字节）	指令周期	
					T_{osc}	T_M
ADDC A,Rn	38～3F	寄存器寻址	寄存器寻址	1	12	1
ADDC A,direct	35 direct		直接寻址	2	12	1
ADDC A,@Ri	36～37		寄存器间址	1	12	1
ADDC A,#data	34 data		立即寻址	2	12	1

带进位的加法指令常用于多字节的加法运算。带进位的加法指令对程序状态字PSW的影响与不带进位的加法指令相同。

【例3-18】 设(A)=8CH，(R1)=37H，Cy=1，执行指令

```
ADDC A,R1   ;A←(A)+(R1)+(Cy)
```

执行过程如下：

(A)	=	10001100B (8CH)
(R1)	=	00110111B (37H)
+ (Cy)	=	1B (1)
		11000100B

结果(A)=C4H，(R1)=37H，Cy=0，Ac=1，OV=0，P=1。

3）加 1 指令（5 条）

```
INC A         ;A←(A)+1
INC Rn        ;Rn←(Rn)+1
INC direct    ;direct←(direct)+1
INC @Ri       ;(Ri)←((Ri))+1
INC DPTR      ;DPTR←(DPTR)+1
```

指令的功能是操作数加 1，该指令的源操作数和目的操作数相同，指令如表 3-14 所示。

表 3-14 加 1 指令

汇编指令	十六进制指令代码	操作数寻址方式	代码长度（字节）	指令周期	
				T_{osc}	T_M
INC A	04	寄存器寻址	1	12	1
INC Rn	08～0F	寄存器寻址	1	12	1
INC direct	05 direct	直接寻址	2	12	1
INC @Ri	06～07	寄存器间址	1	12	1
INC DPTR	A3	寄存器寻址	1	24	2

加 1 指令主要用于修改地址指针和计数次数。INC A 指令影响程序状态字 PSW 中的 P 标志，不影响 PSW 中的其他标志。

【例 3-19】 设（A）=75H，（R5）=4AH，DPTR=1009H，执行指令

```
MOV R1,#33H       ;(R1)=33H
MOV 33H,#0FFH     ;(33H)=0FFH
INC A             ;(A)=76H
INC @R1           ;(33H)=00H
INC DPTR          ;(DPTR)=100AH
```

执行指令后，(A)=76H，(R5)=4BH，(DPTR)=100AH。

当 INC direct 指令中的 direct 为端口地址 P0～P3 时，具有“读—修改—写”的功能。执行指令时，CPU 发出“读锁存器”信号，通过内部数据总线读入端口锁存器 Q 端的数据（而不是读入引脚的数据），将数据加 1，然后输出到端口锁存器中。

2. 减法指令（8条）

1）带借位减法指令（4 条）

```
SUBB A,Rn         ;A←(A)-(Rn)-(Cy)
SUBB A,direct     ;A←(A)-(direct)-(Cy)
SUBB A,@Ri        ;A←(A)-((Ri))-(Cy)
SUBB A,#data      ;A←(A)-data-(Cy)
```

指令的功能是将累加器 A 的内容减去源操作数，再减去借位位 Cy 的内容，结果送入累加器 A 中，进位标志 Cy 的内容是指在该指令执行前 Cy 的值，指令如表 3-15 所示。

这组指令的运算结果影响程序状态字 PSW 中的 Cy、Ac、OV 和 P 标志位。

（1）进位标志 Cy：在减法运算中，如果字节的最高位 D7 位相减时需要向上进位，则 Cy=1，否则 Cy=0。

表 3-15　带借位减法指令

汇编指令	十六进制指令代码	目的操作数寻址方式	源操作数寻址方式	代码长度（字节）	指令周期	
					T_{osc}	T_M
SUBB A,Rn	98～9F	寄存器寻址	寄存器寻址	1	12	1
SUBB A,direct	95 direct		直接寻址	2	12	1
SUBB A,@Ri	96～97		寄存器间址	1	12	1
SUBB A,#data	94 data		立即寻址	2	12	1

（2）半进位标志 Ac：在减法运算中，如果字节低 4 位的高位 D3 位相减时需要向上进位，则 Ac=1，否则 Ac=0。

（3）溢出标志 OV：在减法运算中，如果字节的 D7 位、D6 位只有一个需要向上借位，则 OV=1；如果字节的 D7 位、D6 位同时需要向上借位或者同时无借位，则 OV=0。

（4）奇偶标志位 P：减法运算结果存入 A 中，如果 A 中 1 的个数为奇数，则 P=1；为偶数则 P=0。

MCS-51 指令系统中没有不带借位的减法指令，若要实现不带借位的减法运算，可预先将 Cy 清零，然后执行 SUBB 指令实现。

减法运算在计算机中变成补码做加法计算，即被减数+(–减数)=差。

【例 3-20】 设（A）=0C9H，R2=55H，Cy=1，执行指令

```
SUBB A,R2
```

执行过程如下：

```
      (A)  =  11001001B (C9H)          11001001B  (C9H)
  –  (R2)  =  01010101B (55H)          10101011B  (–55H 的补码)
  –  (Cy)  =          1B  (1)       +  11111111B  (–1 的补码)
  ----------------------------      -----------------------
              01110011B              10 01110011B
          常规运算                         补码运算
```

结果(A)=73H，R2=55H，Cy=0，AC=0，OV=1，P=1。

在此例中，若 C9H 和 55H 是两个无符号数，Cy=0，则结果 73H 是正确的。若是两个有符号数，OV=1，则结果由于产生了溢出，结果错误。从题中可以看出，负数–正数=正数，这是错误的。

2）减 1 指令（4 条）

```
DEC A         ;A←(A)-1
DEC Rn        ;Rn←(Rn)-1
DEC direct    ;direct←(direct)-1
DEC @Ri       ;(Ri)←((Ri))-1
```

这组指令的功能是操作数减 1，该指令的源操作数和目的操作数相同，指令如表 3-16 所示。

DEC A 指令影响程序状态字 PSW 中的 P 标志，不影响 PSW 中的其他标志。其余指令均不影响 PSW 中的标志位。

当 DEC direct 指令中的 direct 为端口地址 P0～P3 时，与 INC direct 类似，具有“读—修改—写”的功能。

表 3-16 减 1 指令

汇编指令	十六进制指令代码	操作数寻址方式	代码长度（字节）	指令周期	
				T_{osc}	T_M
DEC A	14	寄存器寻址	1	12	1
DEC Rn	18～1F	寄存器寻址	1	12	1
DEC direct	15 direct	直接寻址	2	12	1
DEC @Ri	16～17	寄存器间址	1	12	1

3. 乘、除指令（2条）

1）乘法指令

```
MUL AB   ;B←(A)×(B)积的高 8 位， A←(A)×(B)积的低 8 位
```

指令的功能是将累加器 A 和寄存器 B 中的两个 8 位无符号数相乘，所得 16 位乘积的高 8 位放在 B 中，低 8 位放在 A 中。

乘法指令的运算结果影响程序状态字 PSW 中的 Cy、OV 和 P 标志。

（1）进位标志 Cy：Cy 总是 0。

（2）溢出标志 OV：若乘积大于 FFH 时，OV=1，否则 OV=0。

（3）奇偶标志位 P：如果 A 中 1 的个数为奇数，则 P=1；为偶数则 P=0。

【例 3-21】 设（A）=5AH，（B）=24H，执行指令

```
MUL AB  ; BA←(A)×(B)
```

执行过程如下：

```
     (A) =  01011010B (3AH)              90
×    (B) =  00100100B (24H)          ×   36
----------------------------        ----------
          01011010                      3240
+      01011010
----------------------------
       0110010101000B
```

结果（B）=0CH，（A）=A8H，Cy=0，OV=1，P=1。

2）除法指令

```
DIV AB     ;A←(A)÷(B)的商,B←(A)÷(B)的余数
```

指令的功能是两个 8 位无符号数相除。被除数放在累加器 A 中，除数放在寄存器 B 中，指令执行后，得到的商放在 A 中，余数放在 B 中。

除法指令的运算结果影响程序状态字 PSW 中的 Cy、OV 和 P 标志。

（1）进位标志 Cy：Cy 总是 0。

（2）溢出标志 OV：若除数为零（B=0）FFH 时，则 OV=1，表示除法无意义；若除数不为零，则 OV=0。

（3）奇偶标志位 P：如果 A 中 1 的个数为奇数，则 P=1；为偶数则 P=0。

【例 3-22】 设（A）=38H，（B）=0AH，执行指令

```
DIV AB  ; A…B←(A)÷(B)
```

结果（B）=06H，（A）=05H，Cy=0，OV=0，P=1。

乘、除指令如表 3-17 所示。

表 3-17　乘、除指令

汇编指令	十六进制指令代码	操作数寻址方式	代码长度（字节）	指令周期	
				T_{osc}	T_M
MUL AB	A4	寄存器寻址	1	48	4
DIV AB	84	寄存器寻址	1	48	4

4．十进制调整指令（1条）

```
DA  A      ;若(AC)=1 或 A3~0>9,A←(A)+06H
           ;若(Cy)=1 或 A7~4>9,A←(A)+60H
```

该指令的功能是对 A 中的操作数进行进行修正，将其调整为压缩 BCD 码，指令如表 3-18 所示。

表 3-18　十进制调整指令

汇编指令	十六进制指令代码	操作数寻址方式	代码长度（字节）	指令周期	
				T_{osc}	T_M
DA A	D4	寄存器寻址	1	12	1

📖 BCD（Binary Coded Decimal）码是一种具有十进制权值的二进制编码。BCD 码种类很多，常用的有 8421 BCD 码。4 位二进制编码共有 16 种组合，用其中的编码 0000B～1001B 代表十进制数字符号 0～9，那么 8 位二进制数可以表示两个十进制数，称为压缩 BCD 码，而用 8 位二进制数表示 1 个十进制数，称为非压缩 BCD 码。

在执行加法指令时，单片机是按二进制规则进行的，对应 4 位二进制数逢 16 进 1。执行二进制加法指令后，结果是用二进制编码表示的（0000～1111），而 BCD 码代表十进制数（0000～1001），BCD 码加法运算应该逢 10 进 1，故当 4 位二进制数的加法运算结果大于 10 时，需要将二进制编码调整为 BCD 码。

在进行压缩（非压缩）BCD 码加法运算时，在加法指令后使用十进制调整指令，对累加器 A 中的二进制数运算结果进行修正，才能得到正确的压缩（非压缩）BCD 码。

十进制调整指令的运算结果影响程序状态字 PSW 中的 Cy、Ac 和 P，不影响 OV 标志。

（1）进位标志 Cy：执行十进制调整指令时，如果累加器 A 的最高位 D7 位产生进位，则 Cy=1，否则 Cy=0；Cy 用来说明 BCD 码表示的十进制数十位是否向百位产生进位,借助 Cy 可实现多位 BCD 码加法运算。

（2）半进位标志 Ac：执行十进制调整指令时，如果累加器 A 的 D3 位产生进位，则 Ac=1，否则 Ac=0；Ac 用来说明 BCD 码表示的十进制数个位是否向十位产生进位。

（3）奇偶标志位 P：如果 A 中 1 的个数为奇数，则 P=1；为偶数则 P=0。

【例 3-23】 设（A）＝59H，执行指令

```
ADD  A,#78H
DA   A
```

执行过程如下：

				压缩 BCD 码加法
	(A) =	01011001B (59H)		59
+	data =	01111000B (78H)		+ 78
		11010001B (D1H)	(AC)=1，$A_{7\sim4}>9$	137
+	(AC=1)	00000110B (06H)		
		11010111B (D7H)		
+	$A_{7\sim4}>9$	01100000B (60H)		
		□00110111B (37H)	(Cy)=1	

结果(A)=37H，Cy=1，Ac=1，P=1。

MCS-51 指令系统中没有十进制减法调整指令，不能用 DA 指令对十进制减法运算结果进行调整。BCD 码减法采用求 BCD 补数的方法，变（被减数–减数）运算为（被减数+减数的补数）运算，然后用十进制加法调整指令实现。

十进制数的位数为 N，则任意整数 d 的正补数为 10^N–d。两位十进制数的模为 10^2=100，则两位数 d 的补数为（100–d），如 38 和 62（100–38）互为补数。减法运算可以改为（被减数+减数的补数）运算，如减法 87–63=24 可以改为 87+（100–63）=87+37=124，去掉进位位，结果正确。由于 MCS-51 的 CPU 是 8 位的，不能用 9 位二进制数表示十进制数 100，为此可用 8 位二进制数 10011010（9AH）代替 BCD 码的模 100，10011010（9AH）经过 DA 指令进行十进制调整后为 100000000（100H）。

十进制无符号数减法运算步骤如下：

（1）求 BCD 码减数的补数，补数=9AH–减数。

（2）被减数加 BCD 码减数的补数。

（3）采用十进制加法调整指令对上一步得到的两数之和进行调整，得到十进制减法运算结果。

【例 3-24】 设 Cy=0，编程求被减数 92 和减数 54 之差。

程序如下：

```
MOV  A,#9AH        ;A←BCD 模 100
SUBB A,#54H        ;A←BCD 减数的补数
ADD  A,#92H        ;A←被减数+BCD 减数的补数
DA   A             ;对 A 进行调整
```

执行过程如下：

				压缩 BCD 码减法
	(A) =	10011010B (9AH)		92(BCD 码)
–	data =	01010100B (54H)	减数	– 54(BCD 码)
		01000110B (47H)	补数=9AH–减数	38(BCD 码)
+	data =	10010010B (92H)	被减数	
		11011000B (D8H)	$A_{7\sim4}>9$	
+	$A_{7\sim4}>9$	01100000B (60H)		
		□00111000B (38H)	差(Cy)=1	

结果(A)=38H，Cy=1，Ac=0，P=1。

3.3.3 逻辑运算类指令

逻辑运算类指令包括逻辑运算和移位指令，共有24条。

在逻辑运算类指令中，2条带进位循环移位指令影响Cy，目的操作数是累加器A的指令影响奇偶标志位P，其余的逻辑运算类指令均不影响程序状态字PSW中的各标志位。

如果逻辑运算类指令的目的操作数是I/O端口，执行的是“读—修改—写”的功能。

1. 逻辑与运算指令（6条）

```
ANL A,Rn            ;A←(A)∧(Rn)
ANL A,direct        ;A←(A)∧(direct)
ANL A,@Ri           ;A←(A)∧((Ri))
ANL A,#data         ;A←(A)∧data
ANL direct,A        ;direct←(direct)∧(A)
ANL direct,#data    ;direct←(direct)∧data
```

这组指令的功能是将源操作数与目的操作数按位进行与操作，结果送入目的操作数，源操作数不变，指令如表3-19所示。

表3-19 逻辑与运算指令

汇编指令	十六进制指令代码	目的操作数寻址方式	源操作数寻址方式	代码长度（字节）	指令周期	
					T_{osc}	T_M
ANL A,Rn	58～5F	寄存器寻址	寄存器寻址	1	12	1
ANL A,direct	55 direct	寄存器寻址	直接寻址	2	12	1
ANL A,@Ri	56～57	寄存器寻址	寄存器间址	1	12	1
ANL A,#data	54 data	寄存器寻址	立即寻址	2	12	1
ANL direct,A	52 direct	直接寻址	寄存器寻址	2	12	1
ANL direct,#data	53 direct data	直接寻址	立即寻址	3	24	2

逻辑与运算指令可以对某个操作数的某一位或某几位清零。需要清零的位与0相与，结果为0；其余的位与1相与，保持不变。ANL指令可以用来提取目的操作数中与源操作数中1对应的位。

【例3-25】 设（25H）=45H，（A）=0F0H，执行指令

```
ANL 25H,A   ;direct←(direct)∧(A)
```

执行过程如下：

```
      01000101B (45H)
  ∧   11110000B (F0H)
  ---------------------
      01000000B (40H)
```

结果(A)=0F0H，(25H)=40H。

【例3-26】 设片内RAM 30H单元存有1位十进制数（0～9）的ASCII码，求其BCD码。

方法1：

```
ANL 30H,#0FH     ;屏蔽高4位,低4位不变
```

方法2:

```
MOV A,30H        ;A←(30H)
CLR C            ;Cy←0
SUBB A,#30H      ;A←(A)-30H-Cy
MOV 30H,A        ;(30H)←(A)
```

2. 逻辑或运算指令（6条）

```
ORL A,Rn              ;A←(A)∨(Rn)
ORL A,direct          ;A←(A)∨(direct)
ORL A,@Ri             ;A←(A)∨((Ri))
ORL A,#data           ;A←(A)∨data
ORL direct,A          ;direct←(direct)∨(A)
ORL direct,#data      ;direct←(direct)∨data
```

这组指令的功能是将源操作数与目的操作数按位进行或操作，结果送入目的操作数，源操作数不变，指令如表3-20所示。

表3-20 逻辑或运算指令

汇编指令	十六进制指令代码	目的操作数寻址方式	源操作数寻址方式	代码长度（字节）	指令周期	
					T_{osc}	T_M
ORL A,Rn	48～4F	寄存器寻址	寄存器寻址	1	12	1
ORL A,direct	45 direct	寄存器寻址	直接寻址	2	12	1
ORL A,@Ri	46～47	寄存器寻址	寄存器间址	1	12	1
ORL A,#data	44 data	寄存器寻址	立即寻址	2	12	1
ORL direct,A	42 direct	直接寻址	寄存器寻址	2	12	1
ORL direct,#data	43 direct data	直接寻址	立即寻址	3	24	2

逻辑或运算指令可以对某个操作数的某一位或某几位取反。需要置位的位与1相或，结果为1；其余的位与0相或，保持不变。ORL指令可以用来将目的操作数和源操作数进行拼装，将所有的1拼装在一起。

【例3-27】 设（A）=03H，（B）=07H，执行指令

```
SWAP A       ;(A)7~4←→(A)3~0
ORL A,B      ;A←(A)∨(direct)
```

执行过程如下：

```
     00110000B (30H)
∨    00000111B (07H)
     00110111B (37H)
```

结果(A)=37H，(B)=07H。

3．逻辑异或运算指令（6条）

```
XRL A,Rn              ;A←(A) ⊕ (Rn)
XRL A,direct          ;A←(A) ⊕ (direct)
XRL A,@Ri             ;A←(A) ⊕ ((Ri))
XRL A,#data           ;A←(A) ⊕ data
XRL direct,A          ;direct←(direct) ⊕ (A)
XRL direct,#data      ;direct←(direct) ⊕ data
```

这组指令的功能是将源操作数与目的操作数按位进行异或操作，结果送入目的操作数，源操作数不变，指令如表3-21所示。

表3-21　逻辑异或运算指令

汇编指令	十六进制指令代码	目的操作数寻址方式	源操作数寻址方式	代码长度（字节）	指令周期	
					T_{osc}	T_M
XRL A,Rn	68～6F	寄存器寻址	寄存器寻址	1	12	1
XRL A,direct	65 direct	寄存器寻址	直接寻址	2	12	1
XRL A,@Ri	66～67	寄存器寻址	寄存器间址	1	12	1
XRL A,#data	64 data	寄存器寻址	立即寻址	2	12	1
XRL direct,A	62 direct	直接寻址	寄存器寻址	2	12	1
XRL direct,#data	63 direct data	直接寻址	立即寻址	3	24	2

逻辑异或运算指令可以对某个操作数的某一位或某几位取反。需要取反的位与1相异或，其余的位与0相异或，保持不变。XRL指令可以用来将目的操作数取反，如指令XRL A,#FFH；XRL指令可以用来将累加器A清零，如指令XRL A,ACC。

【例3-28】 设（25H）=55H，（A）=0FH，执行指令

```
XRL 25H,A     ;direct←(direct) ⊕ (A)
```

执行过程如下：

```
      01010101B (55H)
 ⊕    00001111B (0FH)
 ---------------------
      01011010B (5AH)
```

结果(25H)=5AH，(B)=0FH。

【例3-29】 将累加器A的第0位置1，第3位清零，最高位取反。

程序如下：

```
ORL  A, #00000001B  ;第0位置1
ANL  A, #11110111B  ;第3位清零
XRL  A, #10000000B  ;最高位取反
```

【例3-30】 将累加器A的低4位送到P1口的低4位，而P1口的高4位保持不变。

程序如下：

```
MOV  R0,A           ;A值保存于R0
ANL  A,#0FH         ;屏蔽A值的高4位，保留低4位
ANL  P1,#0F0H       ;屏蔽P1口的低4位
```

```
ORL  P1,A              ;A中低4位送P1口低4位
MOV  A,R0              ;恢复A的内容
```

4．累加器清零与取反指令（2条）

累加器清零指令

```
CLR A    ;A←0
```

累加器取反指令

```
CPL A    ;A←(A)按位取反
```

累加器清零与取反指令如表 3-22 所示。

表 3-22　累加器清零与取反指令

汇编指令	十六进制指令代码	操作数寻址方式	代码长度（字节）	指令周期	
				T_{osc}	T_M
CLR A	E4	寄存器寻址	1	12	1
CPL A	F4	寄存器寻址	1	12	1

这 2 条指令均为单字节指令，可以节省存储空间，提高程序执行效率。

【例 3-31】 设（A）=53H，执行指令

```
CPL A    ; A←(A)按位取反
```

结果（A）=ACH。

5．循环移位指令(4条)

1）循环左移

```
RL  A    ;An+1←(An)(n=0～6),A0←(A7)
```

$A_7 \leftarrow A_0$

累加器 A 中的 8 位二进制数向左移 1 位，最高位内容（ACC.7）移至最低位（ACC.0）。

2）循环右移

```
RR  A    ;An←(An+1)(n=0～6),A7←(A0)
```

$A_7 \rightarrow A_0$

累加器 A 中的 8 位二进制数向右移 1 位，最低位内容（ACC.0）移至最高位（ACC.7）。

3）带进位循环左移

```
RLC A   ;An+1←(An)(n=0～6),Cy←(A7),A0←(Cy)
```

$C_y \leftarrow A_7 \leftarrow A_0$

累加器 A 中的 8 位二进制数和进位 Cy 一起向左移动 1 位，累加器 A 最高位内容（ACC.7）移至 Cy，Cy 内容移至累加器 A 最低位（ACC.0）。

4）带进位循环右移

```
RRC A   ;An←(An+1)(n=0～6),Cy←(A0),A7←(Cy)
```

$C_y \rightarrow A_7 \rightarrow A_0$

累加器A中的8位二进制数和进位Cy一起向右移动1位，累加器A最低位内容（ACC.0）移至Cy，Cy内容移至累加器A最高位（ACC.7）。

循环移位指令如表3-23所示。

表3-23 循环移位指令

汇编指令	十六进制指令代码	操作数寻址方式	代码长度（字节）	指令周期	
				T_{osc}	T_M
RL* A	23	寄存器寻址	1	12	1
RR A	03	寄存器寻址	1	12	1
RLC A	33	寄存器寻址	1	12	1
RRC A	13	寄存器寻址	1	12	1

循环移位指令中左移1位相当于原数乘2（原数小于80H时），右移1位相当于原数除2（原数为偶数时）。用移位指令进行乘除运算，比使用乘除指令速度快。

【例3-32】 设（A）=31H，执行指令

```
RL A;
```

结果（A）=62H。

【例3-33】 设（A）=7AH，（Cy）=0，执行指令

```
RRC A    ;01111010B(7AH=122D) ──右移1位──→ 00111101B(3DH=61D)
```

结果（A）=3DH。

3.3.4 控制转移指令

通常情况下，程序是按顺序执行的，通过程序计数器PC自动加1实现。如果需要改变程序的执行顺序，必须强制改变PC中的内容，以改变程序执行的流程。控制转移指令能够改变程序计数器PC中的内容，从而控制程序跳转到指定的目的地址继续执行。

控制转移指令共有17条，除比较转移指令（CJNE）影响PSW的进位标志Cy外，其余指令都不影响PSW的各标志位。

1. 无条件转移指令(4条)

无条件转移指令如表3-24所示。执行无条件转移指令时，程序无条件地跳转到目的地址执行。

1）长转移指令

```
LJMP addr16 ;PC←addr16
```

指令的功能是将16位目的地址addr16送入程序计数器PC中，使程序无条件跳转到addr16处继续执行。在程序设计中，常用标号代替addr16，在程序执行前通过汇编程序汇编成机器代码时，将标号转换成16位目的地址addr16。

表 3-24 无条件转移指令

汇编指令	十六进制指令代码	代码长度（字节）	指令周期	
			T_{osc}	T_M
LJMP addr16	02 addr15～8 addr7～0	3	24	2
AJMP addr11	字节 1 addr7～0	2	24	2
SJMP rel	80 rel	2	24	2
JMP @A+DPTR	73	1	24	2

注：字节 1 由 addr11 高 3 位和操作码构成，表示成 8 位二进制数 addr10 addr9 addr8 0 0 0 0 1。

目的地址 addr16 是 16 位的，所以长转移指令的寻址范围是 0000H～FFFFH。允许程序跳转的目的地址在 64KB 程序存储器空间的任意单元，所以称为“长转移”。

2）绝对转移指令

```
AJMP addr11 ;PC←(PC)+2, PC10～PC0←addr11
```

绝对转移指令是双字节指令，指令中 11 位地址 addr11($A_{10}A_9A_8A_7A_6A_5A_4A_3A_2A_1A_0$)的高 3 位与操作码 00001 构成指令的第一个字节，低 8 位地址作为指令的第二个字节。取指令操作时，PC 自动加 2，指向下一条指令的地址(PC 的当前值)。执行指令时，用指令中的 11 位地址 addr11 取代 PC 当前值的低 11 位 PC_{10}～PC_0，得到新的 PC 值，即转移的目的地址，如图 3-10 所示。在程序设计中，常用标号代替 addr11。

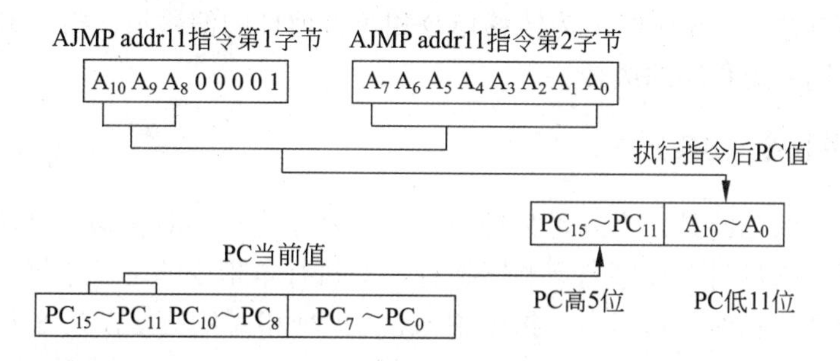

图 3-10 AJMP 指令的转移目的地址形成图

如果把单片机 64KB 寻址空间划分为 32 页，每页 2KB，则 PC 的高 5 位地址 PC_{15}～PC_{11}（00000B～11111B）用来指出页面地址（0～31 页）。由于 addr11（A_{10}～A_0）是 11 位的，所以绝对转移指令的寻址范围是 00000000000B～11111111111B，允许程序跳转的目的地址在与程序存储器 PC 当前值（AJMP 指令的下一条指令首地址）在同一页内，即 2KB 范围内。例如，AJMP 指令首地址为 1FFEH，则 PC+2=2000H，PC 的当前值（下一条指令的首地址）为 2000H，所以转移的目的地址在 2000H～27FFH 这 2KB 范围内。

3）相对转移指令（短转移指令）

```
SJMP rel     ;PC←(PC)+2, PC←(PC)+rel
```

相对转移指令是双字节指令，取指令操作时，PC 自动加 2，指向下一条指令的首地址（PC 的当前值），执行指令时，将 PC 当前值与偏移量 rel 相加得到转移的目的地址。在程序设计中，常用标号代替 rel，汇编程序在汇编过程中自动计算偏移量代替标号。也可手工计算偏移量rel，rel=目的地址–(PC)–2。

相对偏移量rel是8位二进制有符号数，用补码形式表示，所以相对转移指令的寻址范围是–128～+127。相对转移指令的特点是，指令中不具体指出地址值，而是指出目的地址与相对转移指令的下一条指令的首地址的偏移量rel。rel为正，程序向后跳转；rel为负，程序向前跳转。跳转的目的地址在256个字节空间范围内。当程序存放在存储器中的地址发生变化，而相对地址不变时，该指令不需要改动。

程序原地循环等待常用SJMP指令来实现，如

```
LOOP: SJMP LOOP
```

或者

```
SJMP $    ;$表示本指令首字节所在单元地址，使用该指令可省略标号
```

4）间接转移指令（短转移指令）

```
JMP @A+DPTR ;PC←(A)+(DPTR)
```

该指令把累加器A中的8位无符号数与数据指针DPTR中的16位数相加，和作为目的地址送入PC。一般DPTR中为16位基地址，A中为8位相对偏移量，寻址范围是0000H～FFFFH，允许程序跳转的目的地址在64KB程序存储器空间的任意单元。

指令执行后，A和DPTR中的内容不变，也不影响任何标志位。

该指令一般用于实现程序的多分支转移，称之为程序的散转。通常DPTR中的基地址即转移指令表的首地址，A中的值为转移指令相对首地址的偏移量，指令JMP @A+DPTR与转移指令表共同实现程序的散转。

2. 条件转移指令（8条）

条件转移指令的功能是，当满足某种条件时，程序进行相对转移，跳转到目的地址继续执行；当条件不满足时，程序向下顺序执行，即执行本指令的下一条指令。

条件转移指令为相对转移指令，指令中rel为地址相对偏移量，是8位二进制有符号数，所以指令的寻址范围是–128～+127，即目的地址在PC当前值的256字节空间范围内。目的地址=PC当前值+rel，PC当前值=(PC)+条件转移指令的字节数，从而使PC当前值为下一条指令的首地址。

在程序设计中，常用标号代替rel，汇编程序在汇编过程中自动计算偏移量代替标号。

1）判断累加器A是否为零条件转移指令（2条）

```
JZ rel       ;PC←(PC)+2,
             ;若(A)=0，则PC←(PC)+rel
JNZ rel      ;PC←(PC)+2;
             ;若(A)≠0，则PC←(PC)+rel
```

这是一组以累加器A的内容是否为零作为判断条件的转移指令。第1条指令的功能是判零转移。累加器（A）=0，则程序跳转到目的地址执行。（A）≠0，则程序继续向下顺序执行。第2条指令功能与此相反，判非零转移。判断累加器A是否为零条件转移指令如表3-25所示。

表 3-25 判断累加器 A 是否为零条件转移指令

汇编指令	十六进制指令代码	代码长度（字节）	指令周期	
			T_{osc}	T_M
JZ rel	60 rel	2	24	2
JNZ rel	70 rel	2	24	2

2）比较不相等条件转移指令（4 条）

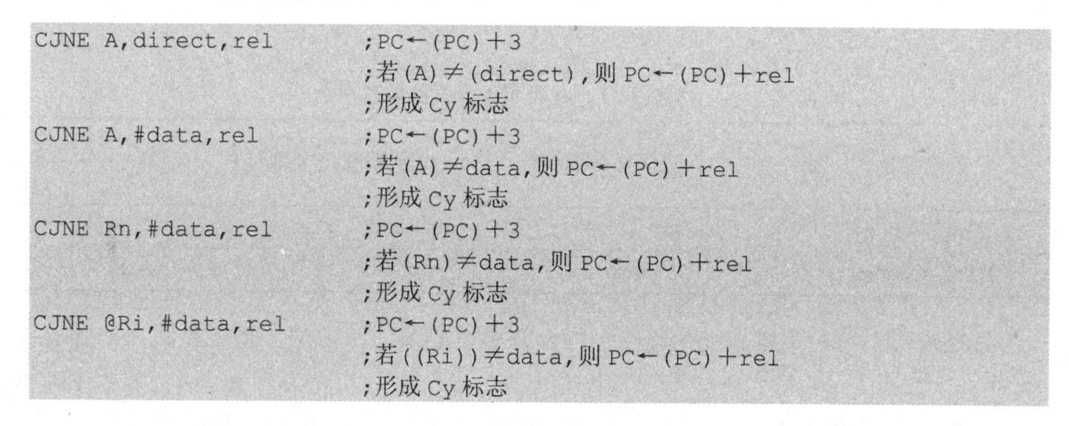

```
CJNE A,direct,rel        ;PC←(PC)+3
                         ;若(A)≠(direct),则 PC←(PC)+rel
                         ;形成 Cy 标志
CJNE A,#data,rel         ;PC←(PC)+3
                         ;若(A)≠data,则 PC←(PC)+rel
                         ;形成 Cy 标志
CJNE Rn,#data,rel        ;PC←(PC)+3
                         ;若(Rn)≠data,则 PC←(PC)+rel
                         ;形成 Cy 标志
CJNE @Ri,#data,rel       ;PC←(PC)+3
                         ;若((Ri))≠data,则 PC←(PC)+rel
                         ;形成 Cy 标志
```

这组指令的功能是把目的操作数（第 1 操作数）与源操作数（第 2 操作数）进行比较。如果不相等，程序跳转到目的地址继续执行；如果相等，则继续向下顺序执行，同时影响标志位 Cy。指令的比较是通过 2 个操作数（无符号数）相减实现的，根据减法运算结果影响 Cy 标志位，但不保存 2 数之差，即 2 个操作数保持不变。若目的操作数大于、等于源操作数，则 Cy=0；若目的操作数小于源操作数，则 Cy=1。

比较不相等条件转移指令如表 3-26 所示。

表 3-26 比较不相等条件转移指令

汇编指令	十六进制指令代码	代码长度（字节）	指令周期	
			T_{osc}	T_M
CJNE A,direct,rel	B5 direct rel	3	24	2
CJNE A,#data,rel	B4 data rel	3	24	2
CJNE Rn,#data,rel	B8～BF data rel	3	24	2
CJNE @Ri,#data,rel	B6～B7 data rel	3	24	2

比较转移指令是 3 字节指令，取指后 PC 当前值=（PC）+3，执行该指令，转移目的地址=（PC）+3+rel。rel 是 8 位有符号二进制数，地址范围是–128～+127，所以指令的相对转移范围是–125～+130。

📖 提示：比较 2 个无符号数，根据 Cy 判断 2 个操作数的大小。若 Cy=0，则 X≥Y；若 Cy=1，则 X<Y。

如果比较 2 个有符号数的大小，可以依据符号位和 Cy 标志位编程实现。若 X>0 且 Y<0，则 X>Y；若 X<0 且 Y>0，则 X<Y；若 X>0 且 Y>0（或者 X<0 且 Y<0），则执行比较不相等指令，根据 Cy 标志进一步判断；若 Cy=0，则 X>Y，若 Cy=1，则 X<Y。

3）减1不为零条件转移指令（2条）

```
DJNZ Rn,rel          ;Rn←(Rn)－1, PC←(PC)＋2
                     ;若(Rn)≠0,则 PC←(PC)＋rel
DJNZ direct,rel      ;direct←(direct)－1, PC←(PC)＋2
                     ;若(direct)≠0,则 PC←(PC)＋rel
```

指令的功能是目的操作数减1后保存结果，然后判断目的操作数是否为零。如果不等于0，程序跳转到目的地址继续执行；如果等于0，则继续向下顺序执行。减1不为零条件转移指令如表3-27所示。

表3-27　减1不为零条件转移指令

汇编指令	十六进制指令代码	代码长度（字节）	指令周期	
			T_{osc}	T_M
DJNZ Rn,rel	D8～DF rel	2	24	2
DJNZ direct,rel	D5 direct rel	3	24	2

这组指令一般用于循环程序中，当循环次数已知时，可以用工作寄存器Rn或者内部RAM存储器单元direct作为计数器，控制循环次数。如果目的操作数direct是I/O端口地址P0～P3，执行的是"读—修改—写"的功能。

【例3-34】 试编程求1+2+3+4+5+6+7+8+9+10的和，结果存入20H单元中。

程序如下：

```
      MOV R4,0AH
      CLR A
LOOP: ADD A,R4
      DJNZ R4,LOOP
      MOV 20H,A
```

3. 子程序调用和返回指令(4条)

能够完成特定功能并能为其他程序反复调用的程序段称为子程序。调用子程序的程序称为主程序或调用程序。调用子程序的过程称为子程序调用。子程序执行完后返回主程序的过程称为子程序返回。主程序和子程序之间的调用关系如图3-11所示。

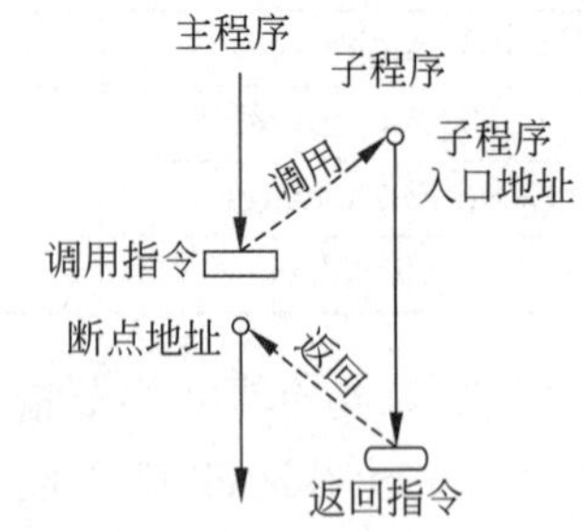

图3-11　主程序调用和子程序返回

主程序通过执行调用指令自动转到子程序的入口地址，执行子程序；子程序执行完毕后，通过返回指令自动返回到主程序被中断的地方（调用指令的下一条指令，该指令地址称为断点地址），继续执行主程序。子程序调用和返回指令成对使用，调用指令在主程序中使用，而返回指令则是子程序中的最后一条指令。

主程序和子程序是相对的，同一程序既可以作为另一个程序的子程序，也可以有自己的子程序。如果在子程序中还调用其他子程序，称为子程序的嵌套，嵌套深度和堆栈区的大小有关，二级子程序嵌套过程及堆栈中断点地址的存放情况如图3-12所示。执行主程序的过程中调用子程序1，将断点地址1压入堆栈，然后转向执行子程序1，执行子程序1的过程中调用子程序2，将断点地址2压入堆栈，转向执行子程序2。压栈时先存放断点地址的低 8 位，后存高 8 位。子程序 2 执行完毕，按照“后进先出”的原则从堆栈中弹出断点地址 2，返回到断点地址 2 处继续执行子程序 1，然后弹出断点地址 1，返回主程序继续执行。

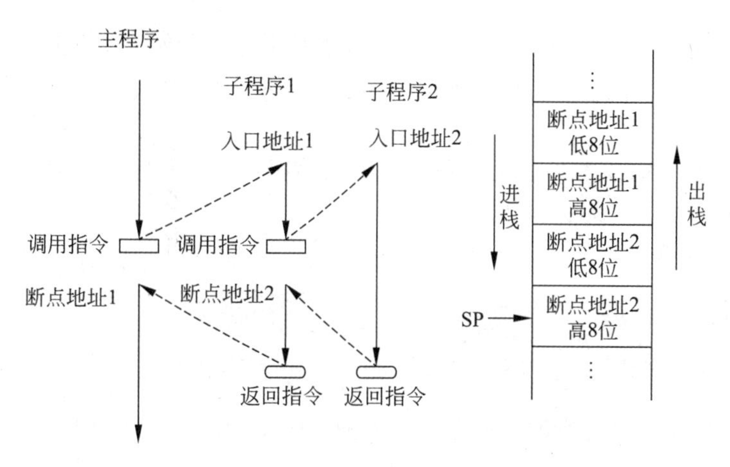

图 3-12 二级子程序嵌套过程

1）长调用指令

```
LCALL addr16     ;PC←(PC)+3
                 ;SP←(SP)+1,(SP)←(PC)7~0
                 ;SP←(SP)+1,(SP)←(PC)15~8
                 ;PC←addr16
```

这是一条 3 字节指令。首先将 PC 指针加 3，指向下一条指令的首地址，即断点地址，然后将断点地址压入堆栈，先低 8 位，后高 8 位，最后把指令中的 16 位子程序入口地址 addr16 装入 PC，下一步程序将跳转到该入口地址开始执行子程序。

与 LJMP 指令类似，addr16 为目的地址，可以是 64KB 程序存储器空间的任意单元地址，可用标号表示。

2）短调用指令（绝对调用指令）

```
ACALL addr11     ;PC←(PC)+2
                 ;SP←(SP)+1,(SP)←(PC)7~0
                 ;SP←(SP)+1,(SP)←(PC)15~8
                 ;PC10~0←addr11
```

这是一条 2 字节指令。首先将 PC 指针加 2，指向下一条指令的首地址，即断点地址，然后将断点地址压入堆栈，先低 8 位，后高 8 位，最后把指令中的 11 位地址 addr11 代替 PC 当前值的低 11 位（$PC_{10\sim0}$），PC 当前值的高 5 位不变，得到子程序的入口地址，下一步程序将跳转到该入口地址开始执行子程序。

与 AJMP 指令类似，指令中 11 位地址 addr11（$A_{10}A_9A_8A_7A_6A_5A_4A_3A_2A_1A_0$）的高 3 位与操作码 10001 构成指令的第一个字节，低 8 位地址作为指令的第二个字节。寻址范围与 AJMP 指令相同，ACALL 指令所调用的子程序的入口地址与程序存储器 PC 当前值（ACALL 指令下一条指令的首地址）在同一页内，即 2KB 范围内。在实际编程中，addr11 可用标号表示，汇编时按上述指令格式翻译成机器代码。

3）子程序返回指令

```
RET     ;PC15~8←((SP)),SP←(SP)-1
        ;PC7~0←((SP)),SP←(SP)-1
```

RET 指令放在子程序的末尾，其功能是将堆栈中保存的断点地址弹出给程序计数器 PC，先高 8 位，后低 8 位，然后释放堆栈空间。下一步程序将返回到主程序的断点处继续执行。

子程序必须通过 RET 指令返回主程序。通常情况下，子程序都以 RET 指令结束，但一个子程序中也可以有多条 RET 指令。

4）中断返回指令

```
RETI    ;PC15~8←((SP)),SP←(SP)-1
        ;PC7~0←((SP)),SP←(SP)-1
        ;清除中断优先级状态触发器
```

中断服务程序是一种特殊的子程序。在响应中断请求时，由硬件自动完成调用进入响应的中断服务程序。

RETI 指令放在中断服务程序的末尾，除了与 RET 指令相同的功能外，同时清除响应中断时置位的中断优先级状态触发器，恢复中断逻辑以准备响应新的中断请求。

子程序调用和返回指令如表 3-28 所示。

表 3-28　子程序调用和返回指令

汇编指令	十六进制指令代码	代码长度（字节）	指令周期	
			T_{osc}	T_M
LCALL addr16	12 addr15～8 addr7～0	3	24	2
ACALL addr11	字节 2 addr7～0	2	24	2
RET	22	1	24	2
RETI	32	1	24	2

注：字节 2 由 addr11 高 3 位和操作码构成，表示成 8 位二进制数 addr10 addr9 addr8 10001。

需要注意的是，子程序和中断服务程序中使用堆栈要特别小心，PUSH 指令和 POP 指令必须成对使用，确保执行返回指令时，SP 指向断点地址，否则不能正确返回到主程序的断点处，程序将出错。

【例 3-35】 设标号 LED1 的地址为 2A00H，子程序 DELAY1 的入口地址为 0455H，(SP)=63H，执行指令

```
LED1: ACALL  DELAY1
```

指令执行后（SP）=65H，（64H）=02H，（65H）=2AH，（PC）=2C55H。

【例 3-36】 设（SP）=78H，（78H）=46H，（77H）=8BH，执行指令

```
RET
```

指令执行后（SP）=76H，（PC）=468BH。执行完子程序后，返回到 468BH 处继续执行调用程序。

4．空操作指令（1条）

```
NOP     ; PC←(PC)+1
```

该指令除了使 PC 加 1 指向下一条指令外，不执行任何操作。执行该指令消耗一个机器周期的时间，因此 NOP 指令常用于软件延时或等待。空操作指令如表 3-29 所示。

表 3-29　空操作指令

汇编指令	十六进制指令代码	代码长度（字节）	指令周期	
			T_{osc}	T_M
NOP	00	1	12	1

3.3.5　位操作指令

MCS-51 系列单片机的特色之一是具有丰富的布尔变量处理功能。所谓布尔变量就是开关变量，以位为单位进行运算和操作，也称位变量。MCS-51 单片机硬件结构中有 1 个布尔处理器，以进位标志 Cy 作为位累加器，以内部 RAM 位地址空间中的位单元作为位存储器。软件上提供了一个专门处理布尔变量的指令子集，实现布尔变量的传送、逻辑运算和控制转移等功能，这些指令称为布尔变量操作指令或位操作指令。

MCS-51 单片机位地址空间包括：内部 RAM 的 20H～2FH 位寻址区的 128 个位地址单元，位地址为 00H～7FH；可位寻址的 11 个特殊功能寄存器 SFR 中的 88 个位地址单元。

位地址有 4 种表示形式。

（1）直接位地址。内部 RAM20H～2FH 这 16 个字节单元的 128 个位对应的位地址是 00H～7FH，11 个特殊功能寄存器 SFR 中的 88 个位对应的位地址是 80～F7H，其中有一些单元不可用。例如，20H 字节单元的第 3 位对应的位地址是 03H。

（2）字节单元地址加位序号。例如，20H 字节单元的第 6 位可以表示成 20H.6，特殊功能寄存器 ACC 的第 7 位可以表示成 0E0.7。

（3）位名称。特殊功能寄存器的位单元都有位名称（位地址符号），可以采用位名称表示。此外，也可以用伪指令 BIT 定义位地址符号。例如，特殊功能寄存器 SCON 的第 1 位可用 TI 表示。

（4）特殊功能寄存器符号加位序号。特殊功能寄存器的位单元可以直接使用寄存器符号加位序号表示。例如，特殊功能寄存器 P3 的第 0 位可以表示成 P3.0。

上述 4 种表示表示方法是等效的，例如，下面 4 条指令中的 0D5H、0D0.5H、F0、PSW.5 表示的都是 PSW(D0H)中的第 5 位。

```
MOV C,0D5H,
ANL C,0D0.5H
CLR F0
ORL C,PSW.5
```

位累加器在位操作指令中直接用 C 表示。位操作指令共有 17 条。

1．位传送指令（2条）

```
MOV C,bit     ;Cy←(bit)
MOV bit,C     ;bit←(Cy)
```

位传送指令的功能是在位累加器 Cy 与可寻址位 bit 之间的位数据传送，指令如表 3-30 所示。

表 3-30 位传送指令

汇编指令	十六进制指令代码	目的操作数寻址方式	源操作数寻址方式	代码长度（字节）	指令周期	
					T_{osc}	T_M
MOV C,bit	A2 bit	寄存器位寻址	直接位寻址	2	12	1
MOV bit,C	92 bit	直接位寻址	寄存器位寻址	2	24	2

对于 MOV bit，C 指令，当 bit 为 P0~P3 端口中的某一位时，执行“读－修改－写”操作。

【例 3-37】 已知片内 RAM 字节单元（2FH）=10110101B，执行指令

```
MOV C,2FH.7   ;Cy←(07H)
```

指令执行后，(Cy)=1。

【例 3-38】 将 P1.3 端口的内容传送到 P1.6 端口，保持 Cy 的内容不变。

程序如下：

```
MOV 10H,C         ;暂存Cy内容
MOV C,P1.3        ;P1.3端口的值送入Cy
MOV P1.6,C        ;Cy的内容送入P1.6端口
MOV C,10H         ;恢复Cy内容
```

2. 位置位和清零指令（4条）

```
SETB C            ;Cy←1
SETB bit          ;bit←1
CLR C             ;Cy←0
CLR bit           ;bit←0
```

前两条指令分别把进位标志 Cy 和位地址 bit 置 1，后两条指令分别把进位标志 Cy 和位地址 bit 清零。位置位和清零指令如表 3-31 所示。

表 3-31 位置位和清零指令

汇编指令	十六进制指令代码	操作数寻址方式	代码长度（字节）	指令周期	
				T_{osc}	T_M
SETB C	D3	寄存器位寻址	1	12	1
SETB bit	D2 bit	直接位寻址	2	12	1
CLR C	C3	寄存器位寻址	1	12	1
CLR bit	C2 bit	直接位寻址	2	12	1

3. 位逻辑运算指令（6条）

```
ANL C,bit     ;Cy←(Cy)∧(bit)‾
ANL C,/bit    ;Cy←(Cy)∧(bit)
ORL C,bit     ;Cy←(Cy)∨(bit)
```

```
ORL C,/bit  ;Cy←(Cy)∨(bit)
CPL C       ;Cy←(Cy)
CPL bit     ;bit←(bit)
```

第一条指令的功能是位累加器 Cy 中的内容与位地址 bit 中的内容进行逻辑与运算，结果送入 Cy 中，bit 中的内容不变。第二条指令中的“/”表示先对位地址 bit 中的内容取反，再进行逻辑与运算。第 3、4 条指令进行逻辑或运算。第 5、6 条指令分别对 Cy、位地址 bit 中的内容取反。位逻辑运算指令如表 3-32 所示。

表 3-32　位逻辑运算指令

汇编指令	十六进制指令代码	目的操作数寻址方式	源操作数寻址方式	代码长度（字节）	指令周期	
					T_{osc}	T_M
ANL C,bit	82 bit	寄存器位寻址	直接位寻址	2	24	2
ANL C,/bit	B0 bit	寄存器位寻址	直接位寻址	2	24	2
ORL C,bit	72 bit	寄存器位寻址	直接位寻址	2	24	2
ORL C,/bit	A0 bit	寄存器位寻址	直接位寻址	2	24	2
CPL C	B3	寄存器位寻址	寄存器位寻址	1	12	1
CPL bit	B2 bit	直接位寻址	直接位寻址	2	12	1

【例 3-39】 试编程实现如图 3-13 所示的逻辑电路功能，其中 20H、21H 和 37H 是位地址。

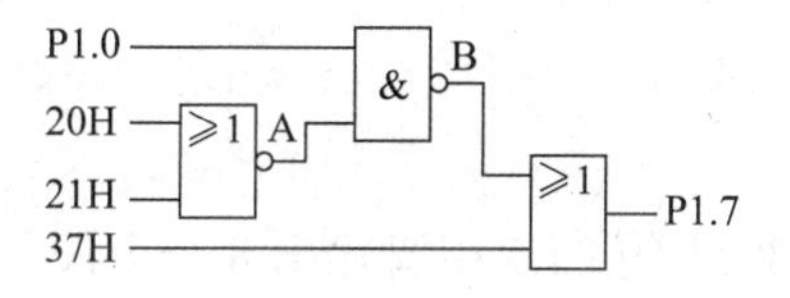

图 3-13　例 3-39 逻辑电路

程序如下：

```
MOV  C,20H    ;Cy←(20H)
ORL  C,21H    ;Cy←(Cy)∨(21H)
CPL  C    ;
ANL  C,P1.0  ;Cy←(Cy)∧(P1.0)
CPL  C    ;
ORL  C,37H    ;Cy←(Cy)∨(37H)
MOV  P1.7,C  ;P1.7←(Cy)
```

4．位控制转移指令（5条）

位控制转移指令都是条件转移指令，以 Cy 或位地址 bit 的内容作为判断转移的条件，如表 3-33 所示。

```
JC rel           ;若(Cy)=1,则 PC←(PC)+2+rel
                 ;若(Cy)=0,则 PC←(PC)+2;
JNC rel          ;若(Cy)=0,则 PC←(PC)+2+rel
                 ;若(Cy)=1,则 PC←(PC)+2;
JB bit,rel       ;若(bit)=1,则 PC←(PC)+3+rel
                 ;若(bit)=0,则 PC←(PC)+3;
```

```
JNB bit,rel      ;若(bit)=0,则 PC←(PC)+3+rel
                 ;若(bit)=1,则 PC←(PC)+3;
JBC bit,rel      ;若(bit)=1,则 PC←(PC)+3+rel,bit←0
                 ;若(bit)=0,则 PC←(PC)+3;
```

JBC 指令与 JB 指令的转移条件相同，不同的是，JBC 指令同时将直接寻址位 bit 清零，而 JB 指令的直接寻址位 bit 内容不变。

表 3-33　位控制转移指令

汇编指令	十六进制指令代码	代码长度（字节）	指令周期	
			T_{osc}	T_M
JC rel	40 rel	2	24	2
JNC rel	50 rel	2	24	2
JB bit,rel	20 bit rel	3	24	2
JNB bit,rel	30 bit rel	3	24	2
JBC bit,rel	10 bit rel	3	24	2

【例 3-40】 编程统计 A 中有多少个 1，结果存入 20H 单元中。

程序如下：

```
        MOV R4,0
PANA:   JZ RESUlT
COUNT:  RLC A
        JNC COUNT
        INC R4
        SJMP PANA
RESULT: MOV 20H,R4
```

【例 3-41】 编程实现在 8051 的 P1.5 引脚输出 8 个方波，方波周期为 10 个机器周期，如图 3-14 所示。

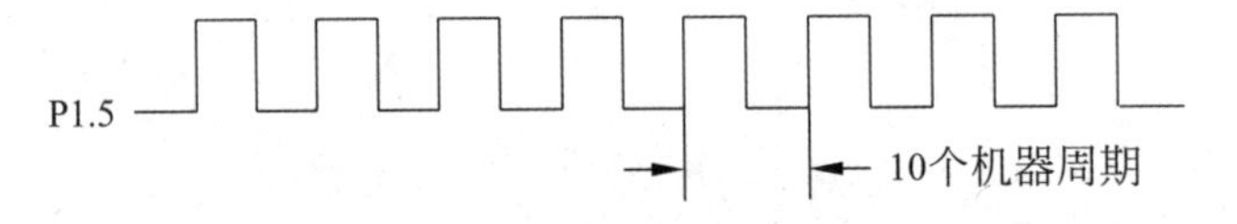

图 3-14　方波周期图

程序如下：

```
        MOV R1,10H          ;设置方波个数初值
WAVE:   CPL P1.5            ;产生方波
        NOP                 ;延时 2 个机器周期
        NOP
        DJNZ R1,WAVE        ;循环控制
```

3.4　伪　指　令

在汇编语言源程序中，除了 CPU 可执行的指令外，还有一些控制命令，用来设置符号值、保留和初始化存储空间、控制用户程序代码的位置等，这些控制命令称为伪指令。伪指令是汇编程序能够识别的控制命令，为汇编过程提供控制信息，不能命令 CPU 执行某种

操作，也不产生相应的机器代码，又称为不可执行指令。下面介绍 MCS-51 常用的伪指令。

1．ORG（Origin）汇编起始地址命令

格式：

```
ORG  nn
```

其中，nn 通常为 16 位绝对地址，说明此语句后的程序段或数据块在程序存储器中的起始地址。在汇编语言源程序中允许有多条 ORG 指令，绝对地址按从小到大的顺序，不能颠倒。例如：

```
        ORG 1000H
START:  MOV A,#17H
            …
        ORG 2000H
LOOP:   ADD A,@R0
```

上述指令说明：START 表示的地址为 1000H，MOV A,#17H 指令及其后面的指令汇编成机器码从程序存储单元 1000H 开始存放；LOOP 表示的地址为 2000H，ADD A,@R0 指令及其后面的指令汇编成机器码从程序存储单元 2000H 开始存放。

2．END　汇编结束伪指令

格式：

```
[标号:]END [表达式]
```

END 表示汇编语言源程序到此结束，一般在源程序最后使用一条 END 伪指令，通知汇编程序结束汇编。

3．EQU（Equat）赋值伪指令

格式：

```
字符名称  EQU  赋值项
```

将特定的赋值项赋予字符名称。赋值后，字符名称在整个程序中有效。赋值项可以是数据、地址、标号或者表达式。字符名称必须先赋值后使用。例如：

```
LAddr EQU 6a3cH
VALUE EQU 10H
Times EQU R0
MOV A,VAlUE
MOV R1,Times
```

前三条指令是伪指令,第一条指令为 LAddr 定义了一个 16 位地址,第二条指令令 VALUE 与 10H 等值，第三条指令用 Times 代表了工作寄存器 R0。执行第 4 条指令后，将 10H 送入 A 中。执行第 5 条指令后，将寄存器 R0 中的内容送入 R1 中。

4．DATA　数据地址赋值伪指令

格式：

```
字符名称  DATA  赋值项
```

将特定的赋值项赋予字符名称。赋值项可以是数据、地址或者表达式，但不能是符号，如 R0。DATA 伪指令通常用在源程序的开头或者末尾。

5. DB（Define Byte）定义字节伪指令

格式：

```
[标号:]DB n1,n2,n3,…,nN
```

该指令表示从当前程序存储器地址开始，将 DB 后面的若干个单字节数据 $n_1,n_2,\cdots,n_N$ 存入指定的连续单元中。n_i 为数值常数时，取值范围为 00H～FFH；n_i 为 ASCII 码时，使用单引号（‘’）；n_i 为字符串常数时，其长度不超过 80 个字符。例如：

```
      ORG  2000H
TAB1:  DB 01H,32,'C',-1
```

伪指令汇编后，（2000H）＝01H，（2001H）＝20H，（2002H）＝43H，（2003H）＝FFH，从程序存储器单元 2000H 开始存放 4 个字节数据。

6. DW（Define word）定义字伪指令

格式：

```
[标号:]DW nn1,nn2,…,nnN
```

该指令表示从当前程序存储器地址开始，将 DW 后面的若干个双字节数据 $nn_1,nn_2,\cdots,nn_N$ 存入指定的连续单元中。每个数据 nn_i（16 位）占用两个存储单元，其中高 8 位存入低地址单元中，低 8 位存入高地址单元中。常用 DW 定义地址。例如：

```
      ORG  1000H
TAB2: DW 2345H,1AD2H,100
```

伪指令汇编后，（1000H）＝23H，（1001H）＝45H，（1002H）＝1AH，（1003H）＝D2H，（1104H）＝00H，（1105H）＝64H。从程序存储器单元 1000H 开始连续存放 6 个字节数据。

7. DS 预留存储空间伪指令

格式：

```
[标号:]DS n
```

从标号指定的地址单元开始，预留 n 个存储单元。n 可以是数值，也可以是表达式。例如：

```
        ORG  2000H
BSPACE: DS 10H
BVALUE: DB 45H, 0E3H
```

汇编后，从 2000H 开始连续预留 16 个字节的存储单元 2000H～200FH，然后从 2010H 单元开始按 DB 伪指令赋值，（2010H）＝45H，（2011H）＝0E3H。

📖 注意：DB、DW、DS 伪指令只能对程序存储器进行赋值和初始化工作，不能操作数据存储器。

8. BIT定义位地址符号伪指令

格式：

```
字符名称  BIT  位地址
```

将位地址赋予字符名称，其中位地址可以是绝对地址，也可以是符号地址。例如：

```
AB1 BIT P1.7
AB2 BIT 10H
```

汇编后，AB1 表示 P1 口位 7 的地址 97H，AB2 表示位地址 10H。

3.5 汇编语言程序设计

用汇编语言编写的程序称为汇编语言源程序。通常，汇编语言源程序由指令和伪指令组成。对于比较复杂的问题，可以根据要求绘出程序流程图，然后根据流程图编写程序。

3.5.1 顺序程序设计

顺序程序结构简单，是一种无分支的直线形程序，又称为简单程序。顺序程序的特点是从第一条指令开始顺序依次执行直到最后一条指令为止，每条指令执行一次。

【例 3-42】 交换片内 RAM 40H 的内容和 50H 的内容。

40H 和 50H 单元中都存有数据，交换时必须借助第 3 个存储单元暂存其中一个数，或者借助 2 个暂时存储单元。对于操作数分别采用间接寻址方式和直接寻址方式。

程序 1：间接寻址方式

```
ORG 1000H
MOV R0,#40H
MOV R1,#50H
MOV A,@R0
MOV B,@R1
MOV @R1,A
MOV @R0,B
END
```

程序 2：直接寻址方式

```
ORG 1000H
MOV A,40H
MOV 40H,50H
MOV 50H,A
END
```

【例 3-43】 多字节加法运算。2 个 2 字节无符号数相加，一个加数在片内 RAM 20H、21H 单元中，另一个加数在片内 RAM 30H、31H 单元中，并将结果存放到片内 RAM 40H、41H、42H 单元中，其中 2 字节无符号数低位在低地址，高位在高地址。

2 个多字节数加法运算，高位字节相加时，要考虑低字节相加时产生的进位，故用 ADDC 指令。程序设计如下：

```
ORG 1000H
MOV A,20H          ;A←加数低字节
ADD A,30H          ;A←加数+加数
MOV 40H,A          ;40H←和低字节
MOV A,21H          ;A←加数高字节
ADDC A,31H         ;A←加数+加数+进位
```

```
MOV 41H,A        ;41H←和高字节
MOV A,#0         ;A←0
ADDC A,#0        ;A←0+0+Cy
MOV 43H,A        ;42H←高字节进位
END
```

多字节加法运算也可以用循环程序完成。

【例3-44】 将片内RAM 30H单元中的两位压缩BCD码转换成二进制数并送到片内RAM 40H单元中。

两位压缩BCD码转换成二进制数的算法为$(a_1a_0)_{BCD}= a_1\times10+a_0$。

程序流程图如图3-15所示，程序设计如下：

```
ORG 1000H
MOV A,30H        ;压缩BCD码送A
ANL A,#0F0H      ;保留BCD码高4位a1，低4位清零
SWAP A           ;
MOV B,#0AH       ;二进制10送B
MUL AB           ;a1×10积送入A
MOV R0,A         ;结果暂存R0中
MOV A,30H        ;再次取压缩BCD码送A
ANL A,#0FH       ;保留BCD码低4位a0，高4位清零
ADD A,R0         ;a1×10+a0结果送A
MOV 40H,A        ;A中二进制数存入40H单元
END
```

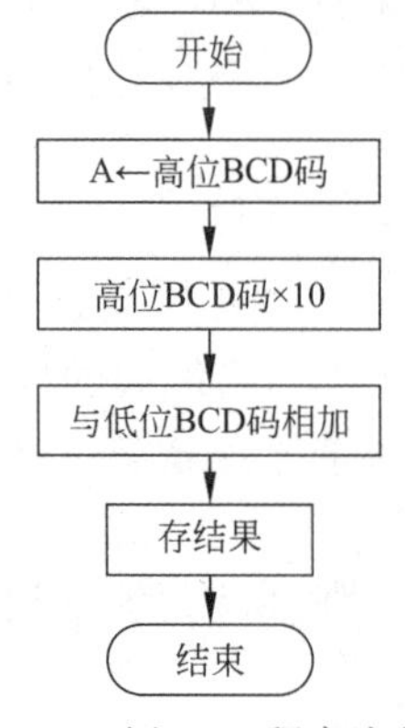

图3-15　例3-44程序流程图

【例3-45】 码制转换。编程实现将片内RAM 40H单元内存放的8位二进制数（0～FFH）转换成压缩BCD码（0～255），分别存入30H、31H单元中，高位在30H单元。

二进制数转换成BCD码一般用二进制数除以1000、100、10等，得到的商是千位数、百位数、十位数，余数是个位数。

程序流程图如图3-16所示，程序设计如下：

```
ORG 0100H
MOV A,40H        ;二进制数送A
MOV B,#10
DIV AB           ;A中是商,B中是余数
MOV R0,#31H
MOV @R0,B        ;个位数送入31H
DEC R0
MOV B,#10
DIV AB           ;A中是百位数,B中是十位数
MOV @R0,A        ;百位数送入30H
MOV A,B          ;十位数送入A
SWAP A           ;十位数交换到A的高4位
ORL 31H,A        ;十位数存入31H的高4位
END
```

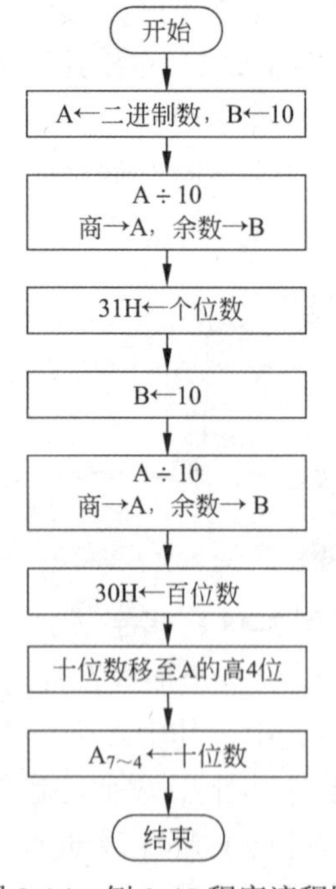

图3-16　例3-45程序流程图

3.5.2　查表程序设计

查表程序就是根据变量x在表格中查找y，使y=f(x)。查表程序广泛应用于LED显示、打印字符的转换以及数据补偿、计算、转换等，具有程序简单、执行速度快等优点。

MCS-51单片机指令系统提供了两条查表指令。

1. 使用MOVC A,@A+DPTR指令设计查表程序

计算与自变量x对应的所有函数值y，将这组函数值按顺序存放在程序存储器中，建立与x值对应的函数表，表格的起始地址作为基地址送入DPTR中，x值送入A中，使用查表指令MOVC @A+DPTR得到与x对应的y值。

【例3-46】 片内30H单元低4位存放有一个十六进制数(0～F中的一个)，使用查表指令MOVC A,@A+DPTR将其转换为相应的ASCII码，存于片内40H单元中。

📖 补充知识：ASCII码

现代微型计算机不仅要处理数字信息，而且需要处理大量字母和符号。对这些数字、字母和符号进行二进制编码，以供微型计算机识别、存储和处理，称为字符的编码。目前普遍采用的是美国标准信息交换码（American Standard Coded for Information Interchange，ASCII），现已成为国际通用的标准编码。通常，ASCII码由7位二进制数码对128个字符编码，其中32个是控制字符，96个是图形字符，如附录A所列。

由ASCII码字符表可知，十六进制0～9的ASCII码为30H～39H，A～F的ASCII码为41H～46H。十六进制数相当于变量X，存放在内存30H单元中，求得的ASCII码相当于Y值，存放在内存40H单元中，如图3-17所示。程序设计如下：

```
        ORG 1000H
START:  MOV A,30H                              ;将自变量X值送入A
        ANL A,#0FH                             ;屏蔽高4位
        MOV DPTR,#TAB                          ;将函数表的基地址TAB送入DPTR
        MOVC A,@A+DPTR                         ;执行查表指令，将函数表中的Y值送入A
        MOV 40H,A                              ;Y值送入内存40H
TAB:    DB 30H,31H,32H,33H,34H,35H,36H,37H          ;ASCII码字符表，基地址为TAB
        DB 38H,39H,41H,42H,43H,44H,45H,46H
        END
```

例如，X=4，执行程序

```
A=04H，DPTR=100AH
```

运用查表指令

```
A+DPTR=04H+100AH=100EH，A←(100EH)
```

查函数表得到Y值34H，送入40H单元。

2. 使用MOVC A,@A+PC指令设计查表程序

计算与自变量x对应的所有函数值y，将这组函数值按顺序存放在程序存储器中，建立与x值对应的函数表。x值送入A中，使用ADD A,#data指令对累加器A的内容进行修正，data由公式data=函数表首地址-PC-1确定，即data值等于查表指令和函数表之间的字节数，使用查表指令MOVC A,@A+PC得到与x对应的y值。

【例3-47】 片内30H单元低4位存放有一个十六进制数(0～F中的一个)，编程运用查表指令MOVC A,@A+PC实现将其转换为相应的ASCII码，存于片内40H单元中。

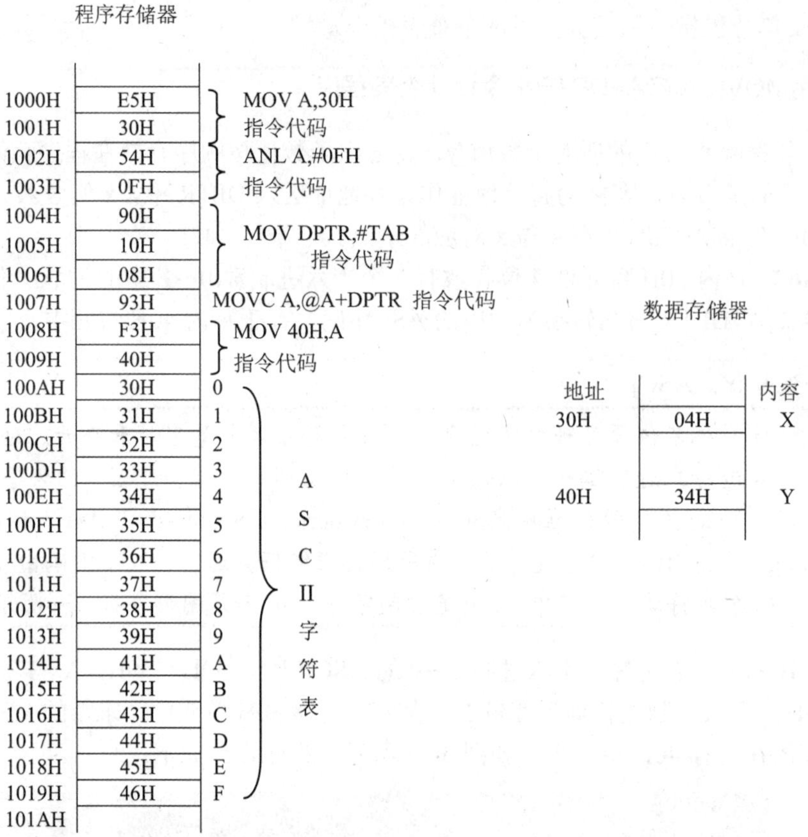

程序存储器

地址	内容	说明
1000H	E5H	MOV A,30H 指令代码
1001H	30H	
1002H	54H	ANL A,#0FH 指令代码
1003H	0FH	
1004H	90H	MOV DPTR,#TAB 指令代码
1005H	10H	
1006H	08H	
1007H	93H	MOVC A,@A+DPTR 指令代码
1008H	F3H	MOV 40H,A 指令代码
1009H	40H	
100AH	30H	0 (ASCII字符表)
100BH	31H	1
100CH	32H	2
100DH	33H	3
100EH	34H	4
100FH	35H	5
1010H	36H	6
1011H	37H	7
1012H	38H	8
1013H	39H	9
1014H	41H	A
1015H	42H	B
1016H	43H	C
1017H	44H	D
1018H	45H	E
1019H	46H	F
101AH		

数据存储器

地址	内容	
30H	04H	X
40H	34H	Y

图 3-17　MOVC A,@A+DPTR 指令查表过程示意图

使用 MOVC A,@A+PC 指令查表过程示意图如图 3-18 所示。程序设计如下：

```
        ORG 1000H
START:  MOV A,30H                            ;将自变量 X 值送入 A
        ANL A,#0FH                           ;屏蔽高 4 位
        ADD A,#02H                           ;修正 A 中的内容
        MOVC A,@A+PC                         ;执行查表指令，将函数表中的 Y 值送入 A
        MOV 40H,A                            ;Y 值送入内存 40H
TAB:    DB 30H,31H,32H,33H,34H,35H,36H,37H ;ASCII 码字符表，基地址为 TAB
        DB 38H,39H,41H,42H,43H,44H,45H,46H
        END
```

例如，X=4，执行程序

```
A=04H
```

修正指令

```
A=04H +02H=06H
```

运用查表指令

此时 PC 指向下一条指令地址 1007H

```
A+PC=06H+1007H=100DH, A←(100DH)
```

查函数表得到 Y 值 34H，送入 40H 单元。

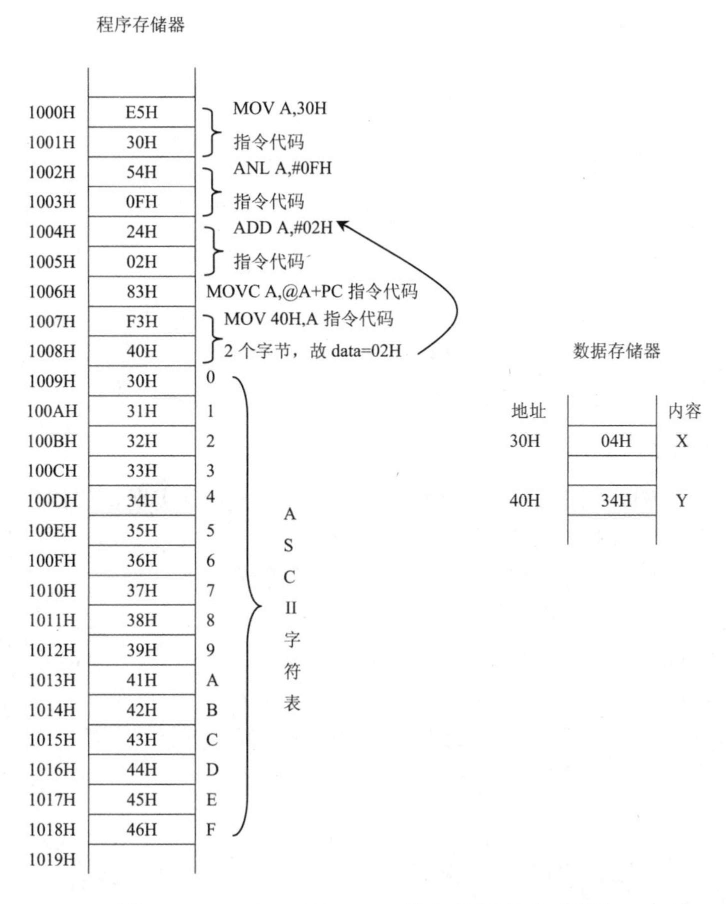

图 3-18 MOVC A,@A+PC 指令查表过程示意图

【例 3-48】 片内 30H 单元存放一个 BCD 码，设计查表程序将其转换为相应的 8 段数码管的显示码，存于片内 40H 单元中。

7 段数码管的显示码不是有序码，无规律可寻。7 段数码管显示器有共阳极和共阴极两种，共阳极是低电平输入有效，共阴极是高电平输入有效。以共阳极数码管显示为例，0 的显示代码为 01000000B，即 40H。

程序 1：

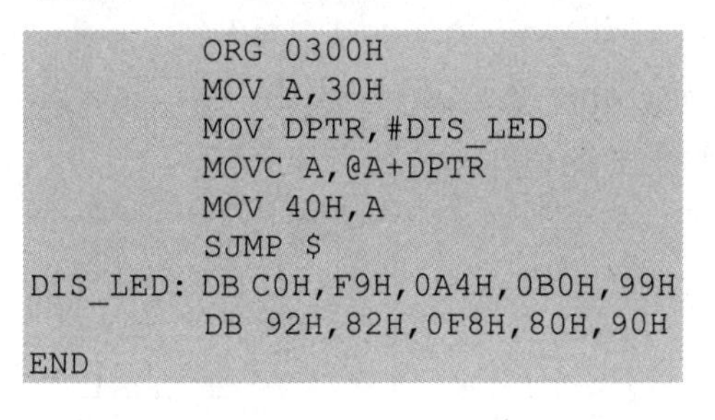

```
         ORG 0300H
         MOV A,30H
         MOV DPTR,#DIS_LED
         MOVC A,@A+DPTR
         MOV 40H,A
         SJMP $
DIS_LED: DB C0H,F9H,0A4H,0B0H,99H
         DB 92H,82H,0F8H,80H,90H
END
```

程序 2：

```
         ORG 0300H
         MOV A,30H
         ADD A,#4
         MOVC A,@A+PC
         MOV 40H,A
         SJMP $
DIS_LED: DB C0H,F9H,0A4H,0B0H,99H
         DB 92H,82H,0F8H,80H,90H
END
```

3.5.3 分支程序设计

在很多实际问题中，都需要根据不同的情况进行不同的处理。在设计程序时，可以采用分支程序，根据不同的条件，执行不同的程序段。执行分支程序会跳过一些指令，执行

另一些指令，每条指令至多只执行一次。分支程序主要有一般分支程序和散转程序，其结构如图 3-19 所示。

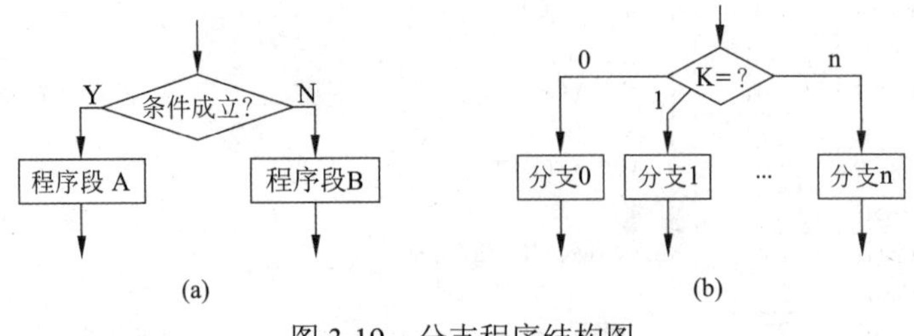

图 3-19 分支程序结构图

（a）分支程序结构；（b）散转程序结构

1. 一般分支程序

一般分支程序结构如图 3-19（a）所示，用条件转移指令实现，当给出的条件成立时，执行程序段 A，否则执行程序段 B。

【例 3-49】片内 RAM 30H 和 31H 单元中各有 1 个无符号数，比较其大小，将大数存于片内 50H 单元，小数存于片内 60H 单元，如两数相等，则分别存入这 2 个单元。

用比较不相等指令 CJNE 比较这 2 个无符号数，或者通过减法指令 SUBB 比较这 2 个无符号数，然后根据借位标志 Cy 判断其大小。程序流程图如图 3-20 所示，程序设计如下：

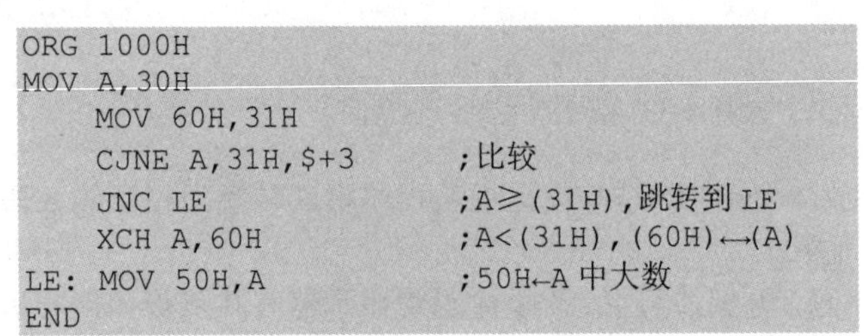

```
ORG 1000H
MOV A,30H
    MOV 60H,31H
    CJNE A,31H,$+3          ;比较
    JNC LE                  ;A≥(31H),跳转到 LE
    XCH A,60H               ;A<(31H),(60H)↔(A)
LE: MOV 50H,A               ;50H←A 中大数
END
```

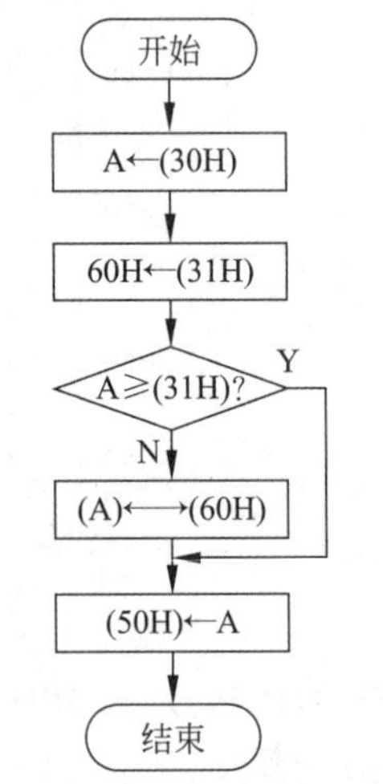

图 3-20 例 3-49 程序流程图

📖 注意：另一种方法是使用 SUBB 指令。SUBB 是带借位减法指令，在使用该指令前，应先对进位标志清零；减法指令会修改源操作数，在减法指令前，应暂存 A 中的源操作数，以备后用。

【例 3-50】 求符号函数的值。已知片内 RAM 40H 单元内的 1 个自变量 X，编制程序按如下条件求函数 Y 的值，并将其存入片内 RAM 41H 单元中。

$$Y=\begin{cases}1 &, \quad X>0\\ 0 &, \quad X=0\\ -1 &, \quad X<0\end{cases}$$

X 是有符号数，使用累加器判零指令 JZ 判别 X 是否等于零；使用 JB 或 JNB 指令判别符号位是 0 还是 1，从而判断该数是正还是负。程序流程图如图 3-21 所示，程序设计如下：

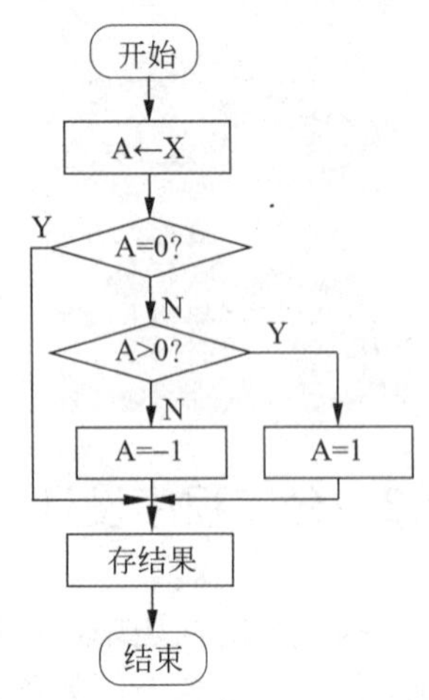

图 3-21 例 3-50 程序流程图

```
        ORG 1000H
        MOV A,40H               ;取数 X 送 A
        JZ  ZERO                ;X=0,则转 ZERO 处理
        JNB ACC.7, NZERO        ;X>0,则转 NZERO 处理
        MOV A,#0FFH             ;X<0,则 Y=-1
        SJMP ZERO
NZERO:  MOV A,#01H              ;X>0,则 Y=1
ZERO:   MOV 41H,A               ;Y 值送入 41H 单元
END
```

【例 3-51】 求有符号数的补码。已知片内 RAM 30H、31H 单元存有 16 位二进制有符号数，编程求该数的补码并存回原 RAM 单元中，其中，高位字节在低地址单元。

📖 补充知识：原码、反码、补码
机器数是指数的符号和值均采用二进制的表示形式。原码、反码和补码是机器数的三种基本形式。原码定义为最高位且为符号位，其余位为数值位。符号位为 0，表示该数为正数；符号位为 1，表示该数为负数。正数的反码、补码与原码相同。负数反码的符号位和负数原码的符号位相同，数值位为原码数值位按位取反。负数补码的符号位为 1，数值位为反码数值位加 1。

有符号数最高位是符号位，最高位为 0，该数是正数，补码等于原码；最高位为 1，该数是负数，补码等于反码加 1，符号位不变。

📖 注意：多字节二进制数在低 8 位加 1，同时考虑向高字节的进位问题，INC 指令不影响 Cy 标志，故应采用 ADD 指令。

程序流程图如图 3-22 所示，程序设计如下：

```
        ORG 2000H
CMPT:   MOV A,30H               ;A←(30H)高字节
        JNB ACC.7,POSI          ;判断符号位，若 A 为
                                 正数，结束，若 A 为负
                                 数，求补码
        MOV C,ACC.7             ;C←符号位
        MOV 10H,C               ;(10H)←符号位暂存
        MOV A,31H               ;A←(31H)低字节
        CPL A                   ;取反
        ADD A,#01H              ;加 1
        MOV 31H,A               ;存回低字节
        MOV A,30H               ;A←(30H)高字节
        CPL A                   ;取反
        ADDC A,#00H             ;加进位 Cy
        MOV C,10H               ;C←暂存的符号位
        MOV ACC.7,C             ;恢复最高位的符号
        MOV 30H,A               ;存回高字节
POSI:   SJMP $
        END
```

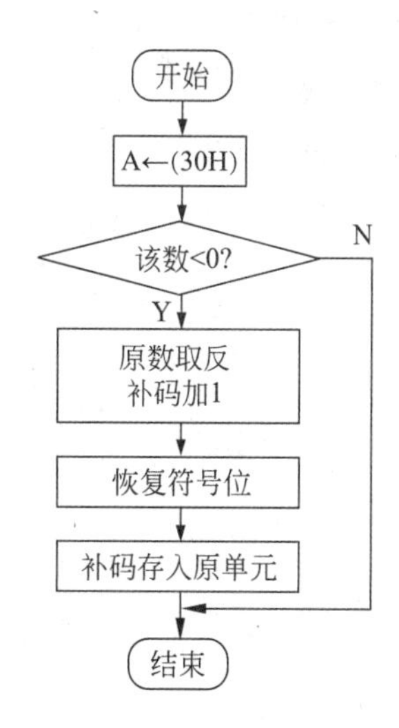

图 3-22　例 3-51 程序流程图

2. 散转程序

散转程序又称多分支程序，结构如图 3-19（b）所示，用变址寻址的转移指令 JMP @A+DPTR 实现散转。散转程序的程序分支按序号排列，根据序号的值确定需要执行的分支程序段。

首先在程序存储器ROM中建立一个散转表，表中可以存放无条件转移指令、地址偏移量或各分支入口地址（可分别称为转移表、偏移量表、地址表），然后将散转表的首地址送DPTR，分支序号送A，最后使用散转指令JMP @A+DPTR根据序号查找相应的转移指令或入口地址，从而实现多分支转移。

3. 运用转移指令表

直接用转移指令（如AJMP）按顺序组成一个转移表，将分支序号读入累加器A，转移表首地址送入DPTR，执行JMP @A+DPTR指令，根据不同的分支序号0，1，2，…，n，执行转移表中相应的转移指令，从而转向相应的处理程序0，处理程序1，处理程序2，…，处理程序n。

在程序中，转移表由绝对转移指令AJMP addr11组成，该指令为双字节指令，散转偏移量必须乘2修正；转移表由3字节长转移指令LJMP addr16组成，散转偏移量必须乘3。

📖 提示：当散转偏移量超过255时，必须用2个字节存放偏移量，此时可直接修正DPTR。

【例3-52】 多分支程序。单片机系统输入设备键盘有按键按下，键值存放在片内30H单元中。编写程序，实现根据输入键值（0、1、2、3）的不同，跳转到相应的键值处理程序KEY00、KEY01、KEY02、KEY03。

多分支程序可以通过多次使用条件转移指令CJNE实现，但当N值较大且比较次数较多时，程序执行速度慢，故可采用间接转移指令JMP @A+DPTR实现。

在程序存储器存放一个转移指令表，表中连续存放N条转移指令的指令代码，不同的转移指令占用的字节数不同，将转移指令表首地址送DPTR，偏移量送累加器A，通过JMP @A+DPTR实现。

本例中，转移指令表中采用绝对转移指令，转移指令表如图3-23所示。

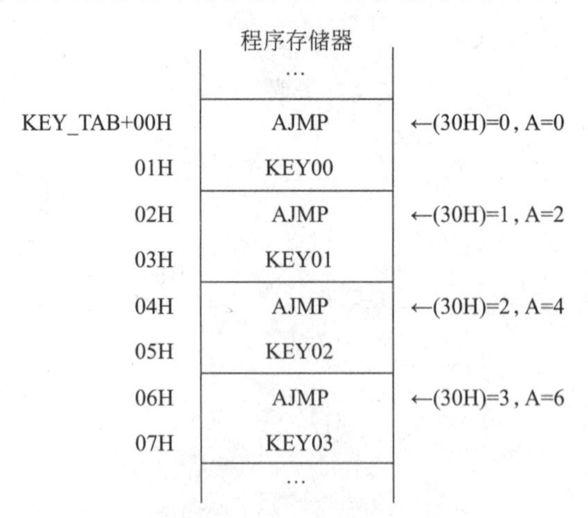

图3-23　例3-52转移指令表

程序如下：

```
        ORG 2000H
        MOV A,30H
        CLR C
```

```
        RLC A                   ;A←A×2,AJMP是双字节指令
        MOV DPTR,#KEY_TAB       ;DPTR←转移指令表基地址
        JMP @A+DPTR             ;根据A值程序转移到目的地址
KEY_TAB: AJMP KEY00             ;(30H)=0,(A)=0时,跳转到KEY00分支程序
        AJMP KEY01              ;(30H)=1,(A)=2时,跳转到KEY01分支程序
        AJMP KEY02              ;(30H)=2,(A)=4时,跳转到KEY02分支程序
        AJMP KEY03              ;(30H)=3,(A)=6时,跳转到KEY03分支程序
KEY00:    …                     ;键值=0的处理程序
KEY01:    …                     ;键值=1的处理程序
KEY02:    …                     ;键值=2的处理程序
KEY03:    …                     ;键值=3的处理程序
       END
```

这种分支程序实际上是通过两次转移实现的，故要注意转移指令的寻址范围。其中，JMP @A+DPTR的寻址范围是64KB，A是8位无符号数，所以数据表格的长度是00H～FFH共计256个字节。AJMP是双字节指令，故使用AJMP最多可以实现128个分支程序的转移。AJMP的寻址范围是2KB，KEYnn是第nn个分支程序的入口地址，AJMP的目标转移地址KEYnn，即分支处理程序与AJMP在同一个2KB范围内。

4. 运用地址偏移量表

计算分支程序入口地址与偏移量表的首地址之差，利用汇编伪指令DB构成地址偏移量表。这种方法程序简单，散转表短。程序中地址偏移量表的长度和分支处理程序的长度之和必须小于256个字节，且偏移量表和分支处理程序可以位于程序存储器空间的任意位置。

【例3-53】 根据片内31H单元的内容（0、1、2或3），转向相应的分支处理程序。

程序如下：

```
         MOV A,31H            ;A←分支序号
         MOV DPTR,#TABBASE1   ;DPTR←偏移量表首地址
         MOVC A,@A+DPTR       ;查表,A←地址偏移量
         JMP @A+DPTR          ;PC←表首地址+地址偏移量=分支程序入口地址
TABBASE1:DB PRG0-TABBASE1     ;分支程序入口地址与偏移量表的首地址之差构成的偏移量表
         DB PRG1-TABBASE1
         DB PRG2-TABBASE1
         DB PRG2-TABBASE1
PRG0:    ⋮                   ;分支处理程序0
PRG1:    ⋮                   ;分支处理程序1
PRG2:    ⋮                   ;分支处理程序2
PRG3:    ⋮                   ;分支处理程序3
```

5. 运用分支入口地址表

前两种方法转移范围都受到一定限制，当程序转移范围较大时，可建立分支程序入口地址表，在64KB范围内实现分支程序转移。首先用各分支处理程序的16位入口地址构成入口地址表，然后通过查表指令找到对应的分支处理程序入口地址送入DPTR，累加器A清零，最后用散转指令JMP @A+DPTR直接转向分支处理程序。

当散转偏移量超过255时，即入口地址表长度超过255时，必须用两个字节存放偏移量，此时可通过加法指令直接修正查表指令MOVC中的DPTR指针。

【例 3-54】 根据片内 32H 单元的内容（即分支序号），转向相应的分支处理程序，各分支处理程序的入口地址为 PRG0～PRGn。

程序如下：

```
            MOV DPTR,#TABBASE2  ;DPTR←地址表首地址
            MOV A,32H           ;A←分支序号
            ADD A,32H           ;A←A×2,入口地址占 2 个字节
            JNC NCY             ;是否产生进位 Cy
            INC DPH             ;(32H)×2>256,Cy=1, DPH←DPH+1
NCY:        MOV R7,A            ;R7←偏移量,暂存
            MOVC A,@A+DPTR      ;查表,A←入口地址高 8 位
            XCH A,R7            ;R7←入口地址高 8 位, A←偏移量
            INC A               ;
            MOVC A,@A+DPTR      ;查表,A←入口地址低 8 位
            MOV DPL,A           ;DPL←入口地址低 8 位
            MOV DPH,R7          ;DPH←入口地址高 8 位
            CLR A               ;A←0
            JMP @A+DPTR         ;PC←分支程序入口地址
TABBASE2:   DW PRG0             ;分支程序入口地址表
            DW PRG1
              …
            DW PRGn
PRG0:         ⋮                 ;分支处理程序 0
PRG1:         ⋮                 ;分支处理程序 1
…
PRGn:         ⋮                 ;分支处理程序 n
```

6. 运用RET指令

子程序返回指令 RET 也可用来实现散转。与第 3 种方法类似，不同之处是找到分支程序入口地址后，不是送入 DPTR，而是压入堆栈。先压入低字节，再压入高字节，然后执行 RET 指令将堆栈中的分支程序入口地址弹出到 PC 中，实现程序的转移。

【例 3-55】 根据片内 33H、34H 单元的内容（34H 分支序号高 8 位，33H 分支序号低 8 位），转向相应的分支处理程序，各分支处理程序的入口地址为 PRG0～PRGn。其中，分支序号 n≥128，即散转偏移量>255。

程序如下：

```
            MOV DPTR,#TABBASE3  ;DPTR←地址表首地址
            MOV A,33H           ;A←(33H)分支序号低 8 位
            CLR C
            RLC A               ;A←A×2,入口地址占 2 个字节
            XCH A,34H           ;34H←(33H)×2,A←(34H)分支序号高 8 位
            RLC A               ;A←A×2,(分支序号×2)的高 8 位
            ADD A,DPH           ;A←表首地址高 8 位+偏移量高 8 位
            MOV DPH,A
            MOV A,34H           ;A←(分支序号×2)的低 8 位
            MOVC A,@A+DPTR      ;查表,A←入口地址高 8 位
            XCH A,34H           ;34H←入口地址高 8 位,恢复查表前 A 中的内容
            INC DPTR
            MOVC A,@A+DPTR      ;查表,A←入口地址低 8 位
            PUSH A              ;入口地址低字节进栈
            MOV A,34H           ;A←入口地址高 8 位
```

```
              PUSH A                  ;入口地址高字节进栈
              RET                     ;PC←堆栈中弹出分支程序入口地址
TABBASE3:     DW PRG0                 ;分支程序入口地址表
              DW PRG1
               …
              DW PRGn
PRG0:         ⋮                       ;分支处理程序 0
PRG1:         ⋮                       ;分支处理程序 1
…
PRGn:         ⋮                       ;分支处理程序 n
```

3.5.4　循环程序设计

在处理实际问题时，某些程序段需要多次重复执行，这时可以采用循环程序。循环程序不但可以使程序简练，同时节省了程序的存储空间。

循环程序一般由 4 部分组成。

循环初始化：位于循环程序的开始，用于设置相关工作单元的初始值，完成循环前的准备工作。

循环体：循环程序的主体，需要重复执行的程序段。

循环控制：用于修改循环体中工作单元的相关参数、修改循环控制变量，使用条件转移指令判断循环是否结束。一般可以根据循环次数或循环结束条件来判断是否结束循环。

循环结束：用于存放执行循环程序所得的结果，以及恢复占用的各工作单元的数据等。

循环程序的基本结构有两种，如图 3-24 所示。一种是“先执行，后判断”，其特点是进入循环先执行一次循环体，然后根据循环控制条件判断循环是否结束。这种结构至少执行一次循环体。这种结构适用于循环次数已知的情况。另一种是“先判断，后执行”，其特点是循环控制部分放在循环的入口处，先根据循环控制条件判断是否结束循环。若不结束，继续执行循环体，否则进行结束处理退出循环。这种结构如果一开始就满足循环结束的条件，会一次也不执行循环体，则循环次数为 0。这种结构适用于循环次数未知的情况。

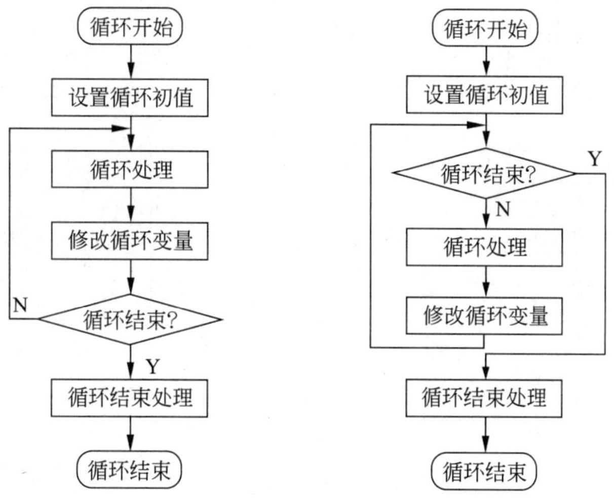

图 3-24　循环程序基本结构

1. 单循环程序

循环程序的循环体中不包含其他循环程序称为单循环程序。

1）计数控制的循环程序

在循环次数已知的情况下，使用计数的方法控制循环次数。

【例 3-56】 已知片内 RAM 20H 为起始地址的单元连续存放 3 个无符号数，编程求它们的累加和，并将结果（假设小于 100H）存放到内部 RAM 30H 单元中。

采用顺序程序设计，参见程序 1。程序 1 中的加法指令 ADD 和修改地址指针加 1，指令 INC 重复执行，故可采用循环程序设计，参见程序 2。程序 2 中，重复执行部分作为循环体，R1 作为计数器，DJNZ 指令进行循环的控制。程序流程图如图 3-25 所示。

程序 1：

```
ORG 0300H
MOV R0,#20H ;数据首地址
MOV A,#00H  ;A 清零
ADD A,@R0   ;加第 1 个数
INC R0      ;指向下一个数
ADD A,@R0   ;加第 2 个数
INC RO
ADD A,@R0   ;加第 3 个数
MOV 30H,A   ;结果存 30H
END
```

程序 2：

```
ORG 0300H
MOV R1,#03H  ;R1←循环次数
MOV R0,#20H  ;数据首地址
MOV A,#00H   ;A 清零
SUM: ADD A,@R0   ;A←(A)+((R0))
INC R0       ;修改指针
DJNZ R1,SUM  ;R1≠0,转到 SUM
MOV 30H,A    ;和存入 30H
END
```

【例 3-57】 将片内 RAM 30H～7FH 单元中的一组数据传送到外部 RAM 以 1000H 开始的单元中连续存储。

30H～7FH 单元共计 80 个数据，需传送 80 次，故采用循环次数已知的循环程序实现。R0 作为片内数据存储区指针，DPTR 用作片外数据存储区指针，R1 用作计数器。程序流程图如图 3-26 所示，程序设计如下：

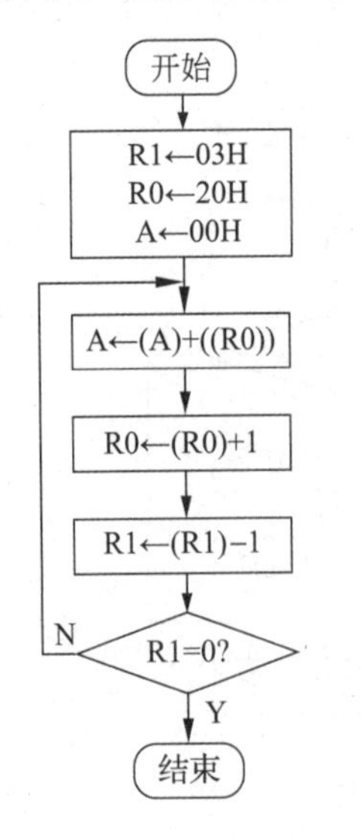

图 3-25　例 3-56 程序流程图

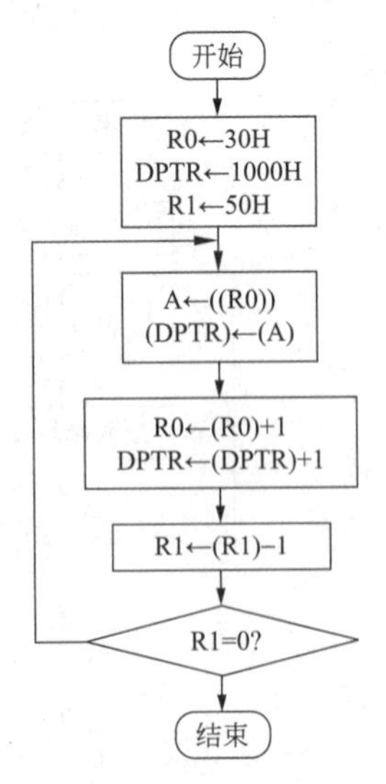

图 3-26　例 3-57 程序流程图

```
        ORG 1000H
START:  MOV R0,#30H         ;片内 RAM 数据首地址
        MOV DPTR,#1000H     ;片外 RAM 数据首地址
        MOV R1,#50H         ;循环次数
LOOP:   MOV A,@R0           ;片内 RAM 数据送 A
        MOVX @DPTR,A        ;A 的内容送外部 RAM
        INC RO              ;指向下一个数据
        INC DPTR
        DJNZ R1,LOOP        ;判断循环次数并跳转
        END
```

【例 3-58】 统计片内 RAM 从 40H 单元开始的 20 个单元中 0 的个数，统计结果存于 R2 中。

用 R0 作间址寄存器读取数据，用 JNZ 或 CJNE 判断数据是否为 0，R7 作循环变量，DJNZ 指令控制循序是否结束。

程序 1：

```
        MOV R0,#40H
        MOV R7,#20
        MOV R2,#0
LOOP:   MOV A,@R0
        JNZ NEXT
        INC R2
NEXT:   INC R0
        DJNZ R7,LOOP
```

程序 2：

```
        MOV R0,#40H
        MOV R7,#20
        MOV R2,#0
LOOP:   CJNE @R0,#0,NEXT
        INC R2
NEXT:   INC R0
        DJNZ R7,LOOP
```

2）条件控制的循环程序

在循环次数未知的情况下，往往需要根据给出的某种条件，判断是否结束循环。

【例 3-59】 片外 RAM 2000H 为起始地址的区域存储着一组数据块，该数据块以$字符作为结束标志，将该组数据传送到片内 RAM 40H 为起始地址的存储区域内。

数据块的长度未知，故循环次数不确定。循环结束的条件是找到$字符，故可以采用 CJNE 指令将数据与$的 ASCII 码比较。如果相等，循环结束。程序设计如下：

```
        ORG 1000H
        MOV DPTR,#2000H     ;DPTR←源数据区首地址
        MOV R0,#40H         ;R0←目的数据区首地址
LOOP:   MOVX A,@DPTR        ;A←外部 RAM 数据
        CJNE A,#24H,TRAN    ;判断是否是$字符,如果不是，跳转到 TRAN
        SJMP FINI           ;是$,结束
TRAN:   MOV @R0,A           ;不是,内部 RAM←A
        INC DPTR            ;修改源地址指针
        INC R0              ;修改目的地址指针
        SJMP LOOP           ;继续下一次传送
FINI:   END
```

2. 多重循环程序

循环程序的循环体中仍然有一个或多个其他的循环程序，称为多重循环程序，也叫循环的嵌套。

设计循环程序时有以下几个要点：

（1）循环嵌套层次分明，外循环嵌套内循环，从外循环一层一层地进入内循环，循环结束从内循环一层一层地退出到外循环，不允许内外层循环交叉。

（2）进入循环程序是有条件的，不允许从循环体的外部直接跳转进入循环体。

（3）内循环可以直接转入外循环，实现一个循环由多个条件控制的循环结构方式。

【例 3-60】 编程实现 50ms 延时，设单片机的晶振为 12MHz。

计算机反复执行一段程序以达到延时的目的称为软件延时，延时时间与指令执行时间（机器周期）和晶振频率 f_{osc} 有关，要实现较长时间的延时，一般需要采用多重循环。

设计软件延时程序一般采用用 DJNZ Rn,rel 指令。当晶振频率为 12MHz 时，机器周期为 1μs，执行一条 DJNZ 指令需要 2 个机器周期，时间为 2μs，采用双重循环控制，程序设计如下：

```
        ORG 1000H
DEL:    MOV R5,#100
DEL1:   MOV R4,#250
DEL2:   DJNZ R4,DEL2     ;250×2=500μs,内循环时间
        DJNZ R5,DEL1     ;0.5ms×100=50ms
        END
```

粗略计算，该程序延时 50ms。精确计算，考虑执行一条 MOV Rn,#data 指令需要 1 个机器周期，时间为 1μs，该程序的延时时间为(500+1+2)×100+1=50.301ms。

如果要求比较精确的延时，程序修改如下：

```
        ORG 1000H
DEL:    MOV R5,#100
DEL1:   MOV R4,#247
        NOP
DEL2:   DJNZ R4,DEL2     ;247×2=496μs,内循环时间
        DJNZ R5,DEL1     ;(496+1+1+2)×100+1=50.001ms
        END
```

经过计算，延时时间为 50.001ms。

提示：计数寄存器值为 0 时，延时时间最长。对于更长时间的延时，可采用多重循环程序，如延时 1s 可设计三重循环程序。

软件延时程序不允许被中断，否则将严重影响定时的准确性。

3.5.5 子程序设计

循环程序解决了同一程序中连续多次有规律地重复执行某一程序段的问题。更多的情况是，在不同的程序中或在同一个程序的不同位置常常用到功能完全相同的程序段。对于无规律地重复执行的程序段，往往把它独立出来，设计成子程序，可供其他程序反复调用。

通常将反复执行、具有通用性和功能相对独立的程序段设计成子程序。子程序可以有效地缩短程序长度、节约存储空间，可被其他程序共享，便于程序设计模块化，方便阅读、修改和调试。

1. 设计子程序的注意事项

子程序是程序设计模块化的一种重要手段，在工程上，几乎所有实用程序都是由许多子程序构成的。子程序在结构上应具有通用性和独立性，下面介绍在编写子程序时应注意的问题。

1）子程序的调用

子程序第1条指令的地址称为子程序的入口地址。该指令前必须有标号，标号一般要能够说明子程序的功能，以便一目了然，增强可读性。主程序调用子程序是通过主程序中的调用指令 LCALL addr16 或 ACALL addr11 实现的，指令中的地址为子程序的入口地址，编程时通常用标号来代替。

2）子程序的返回

主程序中调用指令的下一条指令所在的地址称为断点地址。子程序返回主程序是通过返回指令 RET 实现的，子程序末尾一定要有返回指令 RET，将堆栈中保存的断点地址弹出给程序计数器 PC，主程序从断点处继续执行。

3）保护现场和恢复现场

在主程序中用到的各工作寄存器、特殊功能寄存器和内存单元可能存放有主程序的中间结果，这就要求子程序在使用这些寄存器和存储单元之前，将其中的内容保护起来，称之为保护现场。用完之后，还原寄存器和存储单元原来的内容，称之为恢复现场。

保护现场和恢复现场一般在子程序中用堆栈来完成。在子程序的开始使用压栈指令 PUSH，把需要保护的内容压入堆栈，以保护现场。子程序执行完毕，返回主程序前（RET 指令前），使用出栈指令 POP 把堆栈中保护的内容弹出到原来的存储单元中，恢复其原来的状态，以恢复现场。子程序中用到的不是用来传递参数的寄存器，一般都应保护。携带入口参数的寄存器一般不必保护，携带出口参数的寄存器一般不允许保护。

由于堆栈操作是“后进先出”，故恢复现场时，后压栈的数据应该先弹出，才能保证恢复寄存器和内存单元原来的状态。例如：

```
PUSH R1
PUSH ACC
PUSH PSW
PUSH 10H
POP 10H
POP PSW
POP ACC
POP R1
```

4）使用相对转移指令

子程序内部必须使用相对转移指令，而不使用其他转移指令，这样在汇编时生成浮动代码，所编子程序可以放在64KB的任何存储空间，并能被主程序调用。

5）明确参数传递

在子程序调用时，要明确并采用适当的方法在主程序和子程序之间进行信息交换，即参数传递。

2. 参数传递

主程序在调用子程序时，经常需要把主程序的一些原始数据传送给子程序。子程序执行完后，也需要把一些结果数据送回主程序。这一过程称为参数传递，主要包括“入口参数”和“出口参数”。

入口参数是指子程序需要的原始参数。主程序在调用子程序前，将入口参数送到约定的工作寄存器 R0～R7、特殊功能寄存器 SFR、内存单元或堆栈中，供子程序使用；出口参数是由子程序根据入口参数执行程序后获得的结果参数。子程序结束前，将出口参数送到约定的单元中，供主程序使用。

下面介绍参数传递的常用方法。

1）传递数据

通过工作寄存器 R0～R7、存储单元或累加器等特殊功能寄存器直接传送数据。

2）传递地址

入口参数和出口参数的数据放在数据存储器中，通过 R0、R1 或 DPTR 传递数据存放的地址。一般，数据在内部 RAM 中，可用 R0 或 R1 作指针；数据在外部 RAM 中，可用 DPTR 作指针。

3）通过堆栈传递参数

主程序与子程序间传递的参数都放到堆栈中。在调用子程序之前，主程序把要传送的入口参数压入堆栈，进入子程序后，子程序从堆栈中弹出这些参数使用。同样子程序的出口参数也通过堆栈传送给主程序。

4）利用位地址传递参数

如果入口参数和出口参数是字节中的某些位，那么可以利用位地址传递参数，传递参数的过程与上述诸方法类似。

📖 提示：子程序的参数传递方法同样适用于中断服务程序。

【例 3-61】 计算 y=a^2+b^2，其中 a、b 均为小于 10 的整数，分别存放于片内 RAM 60H、61H 单元中，结果 y 存放到片内 70H 单元。

本例中两次用到求平方值，所以计算某数的平方的过程可设计为子程序，程序由两部分组成，即主程序和子程序。

子程序功能：求 y = x^2，可以通过查表程序实现。参数传递：子程序的入口参数 x 存放于累加器 A 中，子程序的出口参数 y 存放于累加器 A 中。

主程序通过两次调用子程序分别求 a^2、b^2，并在主程序中完成求和运算，程序流程图如图 3-27 所示，程序设计如下：

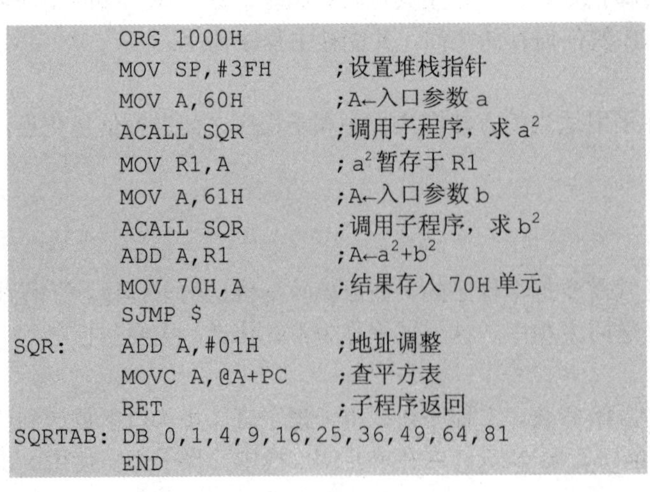

```
         ORG 1000H
         MOV SP,#3FH        ;设置堆栈指针
         MOV A,60H          ;A←入口参数 a
         ACALL SQR          ;调用子程序，求 a²
         MOV R1,A           ;a²暂存于 R1
         MOV A,61H          ;A←入口参数 b
         ACALL SQR          ;调用子程序，求 b²
         ADD A,R1           ;A←a²+b²
         MOV 70H,A          ;结果存入 70H 单元
         SJMP $
SQR:     ADD A,#01H         ;地址调整
         MOVC A,@A+PC       ;查平方表
         RET                ;子程序返回
SQRTAB: DB 0,1,4,9,16,25,36,49,64,81
         END
```

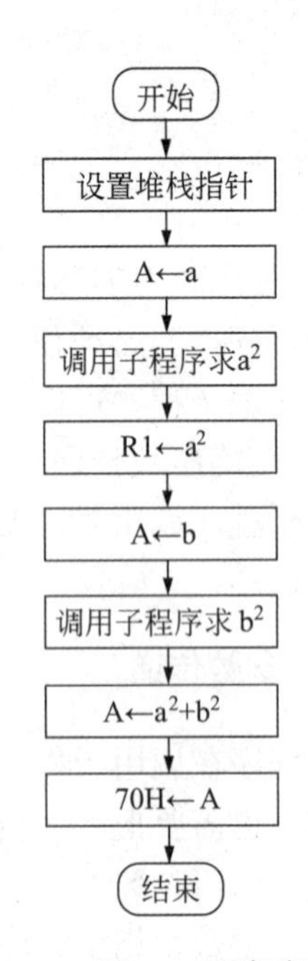

图 3-27　例 3-61 程序流程图

3.6 汇编语言程序设计实例

下面通过几个实例来说明汇编语言程序设计的方法和思路。

3.6.1 巡回检测报警装置

设计一个 16 路输入的巡回检测报警装置，每路有一个最大允许值，为双字节数。依次巡回检测，当某路检测值大于最大允许值时，则发出报警。编制子程序找到最大允许值。

设计分析

采用查表程序设计，检测路数为 x，存于 R5 中，根据 x 找到最大允许值 y，存入 R6、R7 中。

【例 3-62】 巡回检测报警装置。

```
        ORG 3000H
MAXALM: MOV A,R5                ;R5←检测路数
        ADD A,R5;A←(R2)×2       ;最大允许值是双字节
        MOV R6,A
        ADD A,#6                ;偏移量修正
        MOVC A,@A+PC            ;查表,A←最大允许值第 1B
        XCH A,R6
        ADD A,#3
        MOVC A,@A+PC            ;查表,A←最大允许值第 2B
        MOV R7,A
        RET
ALMTAB: DW 3455,6793,256,3456,10000,9457,42890,96
        DW 7484,2489,562,3450,3892,40455,23476,9372
```

本例中，表格长度不能超过 256 个字节，且只能存放于 MOVC A,@A+PC 指令以下的 256 个单元以内。如果超出了上述范围，可改用 MOVC A,@A+DPTR 指令设计程序。

3.6.2 单片机测温系统

在单片机测温系统中，检测电压与温度呈非线性关系，故可将不同的电压值对应的温度列成一个表格，表格中是温度值。检测电压经 A/D 转换为 10 位二进制数（10 位二进制数可对应 1024 个温度值），根据测量的电压值求出被测温度。

设计分析

输入电压 x 占 2 个字节，放在 R2、R3 中，转换成温度是双精度数，也占 2B，仍放在 R2、R3 中，R3 中为低字节。

【例 3-63】 单片机测温。

```
        ORG 3000H
        MOV DPTR,#TEMTAB        ;温度表基地址
```

```
        MOV A,R3              ;R2 R3←(R2 R3)×2
        CLR C
        RLC A;
        MOV R3,A
        XCH A,R2
        RLC A
        XCH A,R2              ;A←低字节,R2←高字节
        ADD A,DPL             ;DPTR←(DPTR) +(R2 R3)
        MOV DPL,A
        MOV DPH,A
        ADDC A,R2
        MOV DPH,A
        CLR A
        MOVC A,@A+DPTR        ;A←查温度值第 1 字节
        MOV R2,A
        CLR A
        INC DPTR
        MOVC A,@A+DPTR        ;A←查温度值第 1 字节
        MOV R3,A;
        RET
TEMTAB: DW …                  ;温度表
```

3.6.3 码制转换

在单片机应用系统中，经常涉及各种码制之间的转换，如单片机内部数据存储和计算采用二进制数，打印机打印字符为 ASCII 码，输入/输出人机交互习惯采用十进制数，在单片机中常采用 BCD 码。

1. 二进制数转换为ASCII码

在片内 RAM 50H 为起始地址的单元中存有 1 组数据，数据块的长度为 10。将每个存储单元中的 2 位十六进制数分别转换成 ASCII 码，并按顺序存储到片内 RAM 60H 起始的地址单元中。

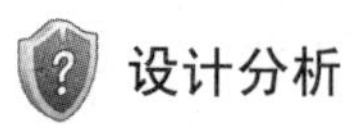

一个字节存储单元中有两位十六进制数，而子程序的功能是一次只转换一位十六进制数，所以将一个字节拆成两个十六进制数，转换两次，调用两次子程序，完成一个字节的转换。

十六进制数据块的首地址在 R0 中，转换的 ASCII 码存放的首地址在 R1 中，R2 用作数据块长度计数器。

【例 3-64】 码制转换程序设计。

主程序如下：

```
        ORG 2000H
        MOV SP,#30H           ;SP←开辟堆栈区
        MOV R0,#50H           ;R0←十六进制数首地址
        MOV R1,#60H           ;R1←ASCII 码首地址
        MOV R2, #10           ;R2←数据块长度
LOOP:   MOV A,@R0             ;A←待转换的数
```

```
        ACALL HEXASC          ;调用转换ASCII子程序
        MOV @R1,A             ;转换的ASCII码存目的地址
        INC R1                ;修改目的地址指针
        MOV A,@R0             ;A←重新取待转换的数,转换高4位
        SWAP A                ;高4位与低4位互换
        ACALL HEXASC          ;调用转换ASCII子程序
        MOV @R1,A
        INC R0                ;修改十六进制数地址指针,准备转换下一个字节
        INC R1                ;修改ASCII码存储地址指针
        DJNZ R2,LOOP
        END
```

子程序名称：HEXASC。

子程序功能：将一个存储单元中的低4位十六进制数转换成ASCII码。

入口参数：A中存有待转换的十六进制数。

出口参数：转换的ASCII码存在A中。

子程序1：采用查表法

```
        ORG 2300H
HEXASC: ANL A,#0FH            ;保留低4位,高4位清零
        ADD A,#01H            ;查表位置调整
        MOVC A,@A+PC          ;查表,A←ASCII码
        RET                   ;子程序返回
ASCTAB: DB 30H,31H,32H,33H    ;ASCII码表
        DB 34H,35H,36H,37H
        DB 38H,39H,41H,42H
        DB 43H,44H,45H,46H
```

子程序2：计算法

由ASCII码字符表可知0～9的ASCII码是30H～39H，A～F的ASCII码是41H～46H。若是十六进制数0～9，加上30H得到对于的ASCII码；若是十六进制数A～F，加上37H得到对于的ASCII码。

```
        ORG 2300H
HEXASC: ANL A,#0FH            ;保留低4位,屏蔽高4位
        CJNE A,#10,ASC09      ;(A)与10比较
ASC09:  JNC ASCAF             ;若(A)>9,转到ASCAF
        ADD A,#30H            ;若(A)≤9,则A←(A)+30H
ASCAF:  ADD A,#37H            ;A←(A)+37H
        RET                   ;子程序返回
```

思考：另一种计算方法，可以通过加法指令及其十进制调整指令设计子程序。

2. ASCII码转换为二进制数

【例3-65】 在片外RAM 3000H为起始地址的连续单元中存有50个用ASCII码表示的十六进制数，将其转换成相应的十六进制数并存放到片内RAM以40H为起始地址的25个连续单元中。要求：采用子程序结构，使用堆栈传递参数。

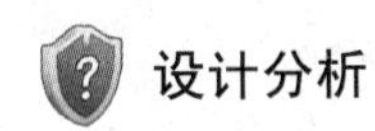

一个ASCII码转换成一位十六进制数，转换两个ASCII码得到两位十六进制数，合并成一个字节。

设计分析子程序功能：一个 ASCII 码转换成一位十六进制数，采用堆栈传递入口参数 ASCII 码和出口参数十六进制数。

由 ASCII 码字符表可知 0～9 的 ASCII 码是 30H～39H，A～F 的 ASCII 码是 41H～46H。将 ASCII 码与 3AH 比较，若小于 3AH，是 0～9 的 ASCII 码 30H～39H，减去 30H 得到十六进制数 00H～09H；若大于 3AH，是 A～F 的 ASCII 码 41H～46H，减去 37H 得到十六进制数 0AH～0FH。

程序设计如下，程序中堆栈操作示意图如图 3-28 所示。

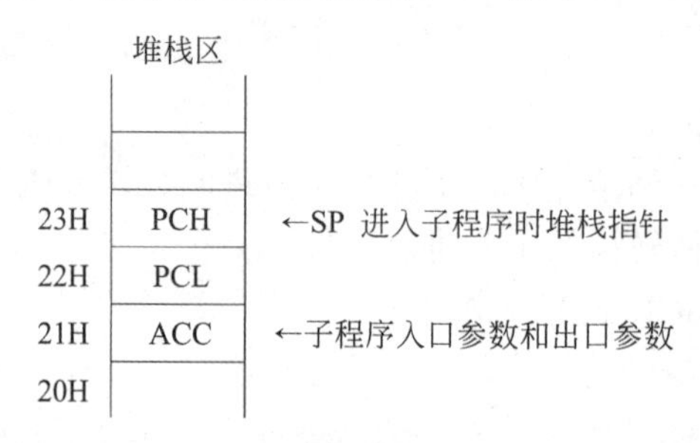

图 3-28　例 3-65 堆栈操作示意图

```
        ORG 1000H
        MOV DPTR,#2FFFH       ;DPTR←初值
        MOV R0,#3FH           ;R0←初值
        MOV SP,#20H           ;SP←开辟堆栈区
        MOV R2,#19H           ;R2←循环计数器初值 25
LOOP:   INC DPTR              ;修改存储 ASCII 码地址指针,准备转换下一个字节
        INC R0                ;修改十六进制数地址指针
        MOVX A,@DPTR          ;A←待转换的数
        PUSH ACC              ;压入堆栈
        ACALL ASCHEX          ;调用 ASCII 转换十六进制数子程序
        POP 1FH               ;(1FH)←十六进制数
        INC DPTR
        MOVX A,@DPTR          ;A←取下一个待转换的数
        PUSH ACC
        ACALL ASCHEX
        POP ACC               ;A←十六进制数
        SWAP A                ;十六进制数作为字节的高 4 位
        ORL A,1FH             ;两个十六进制数合并为一个字节
        MOV @R0,A             ;存转换结果
        DJNZ R2,LOOP          ;R2≠0,继续下一次转换
        SJMP $;
ASCHEX: MOV R7,SP;
        DEC R7
        DEC R7
        XCH A,@R0             ;A←从堆栈中取数
        CLR C
        SUBB A,#3AH           ;A←(A)-3AH
        JC FIG                ;小于 3AH 为 0～9 的 ASCII 码
        SUBB A,#07H           ;大于 3AH 为 A～F 的 ASCII 码,再减 7
FIG:    ADD A,#0AH            ;小于 3AH,则 A← (A)-3AH+0AH=(A)-30H
                              ;大于 3AH,则 A← (A)-3AH-07H+0AH=(A)-37H
        XCH A,@R0             ;堆栈←转换得到的十六进制数
        RET
        END
```

3．压缩BCD码转换成二进制数

【例 3-66】 片内 RAM 30H（千位、百位）、31H（十位、个位）单元中存有 4 位压缩 BCD 码，将 BCD 码转换为二进制数（16 位无符号数），并存入 R5、R4 中，R5 中为高 8 位。

设计分析

设 4 位 BCD 码分别为 a_3、a_2、a_1、a_0，将其转换为二进制数为

$$y（16位二进制数）=a_3a_2a_1a_0（十进制数）=a_3\times10^3+a_2\times10^2+a_1\times10+a_0$$
$$=(a_3\times10+a_2)\times100+(a_1\times10+a_0)$$

其中，$(a_i\times10+a_j)$ 部分可用子程序实现。

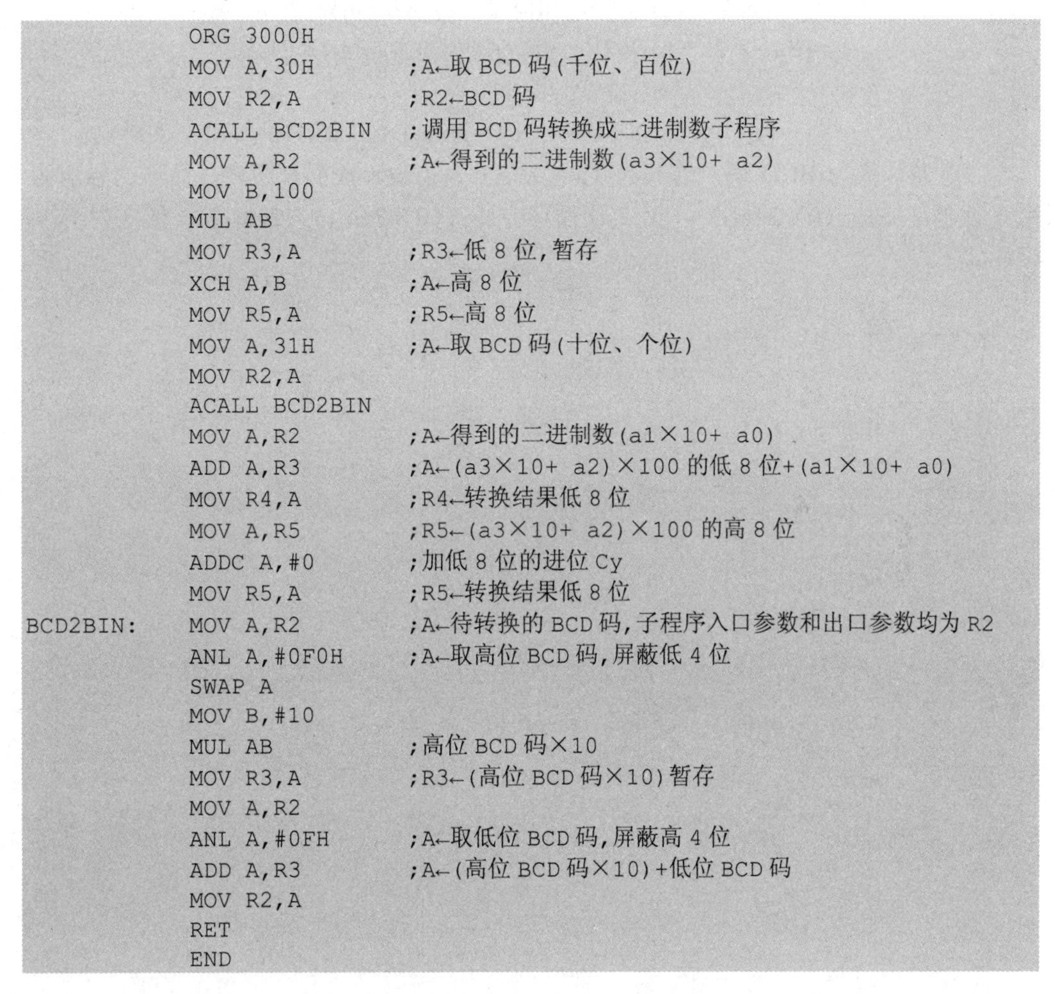

```
         ORG 3000H
         MOV A,30H          ;A←取 BCD 码(千位、百位)
         MOV R2,A           ;R2←BCD 码
         ACALL BCD2BIN      ;调用 BCD 码转换成二进制数子程序
         MOV A,R2           ;A←得到的二进制数(a3×10+ a2)
         MOV B,100
         MUL AB
         MOV R3,A           ;R3←低 8 位,暂存
         XCH A,B            ;A←高 8 位
         MOV R5,A           ;R5←高 8 位
         MOV A,31H          ;A←取 BCD 码(十位、个位)
         MOV R2,A
         ACALL BCD2BIN
         MOV A,R2           ;A←得到的二进制数(a1×10+ a0)
         ADD A,R3           ;A←(a3×10+ a2)×100 的低 8 位+(a1×10+ a0)
         MOV R4,A           ;R4←转换结果低 8 位
         MOV A,R5           ;R5←(a3×10+ a2)×100 的高 8 位
         ADDC A,#0          ;加低 8 位的进位 Cy
         MOV R5,A           ;R5←转换结果低 8 位
BCD2BIN: MOV A,R2           ;A←待转换的 BCD 码,子程序入口参数和出口参数均为 R2
         ANL A,#0F0H        ;A←取高位 BCD 码,屏蔽低 4 位
         SWAP A
         MOV B,#10
         MUL AB             ;高位 BCD 码×10
         MOV R3,A           ;R3←(高位 BCD 码×10)暂存
         MOV A,R2
         ANL A,#0FH         ;A←取低位 BCD 码,屏蔽高 4 位
         ADD A,R3           ;A←(高位 BCD 码×10)+低位 BCD 码
         MOV R2,A
         RET
         END
```

思考：非压缩 BCD 码转换为二进制数。

设 5 位非压缩 BCD 码分别为 a_4、a_3、a_2、a_1、a_0，将其转换为二进制数为

$$y(十六位二进制数)=a_4a_3a_2a_1a_0(十进制数)=a_4\times10^4+a_3\times10^3+a_2\times10^2+a_1\times10+a_0$$
$$=(((a_4\times10+a_3)\times10+a_2)\times10+a_1)\times10+a_0$$

$(a_i\times10+a_j)$部分可用循环程序实现，循环次数=BCD 码个数−1。

4. 二进制数转换为BCD码

【例 3-67】 将双字节二进制数转换成压缩 BCD 码（十进制数），双字节二进制数在 R3、R2 中，其中 R3 为高字节，转换的 5 位 BCD 码，十、个位存于 30H 中，千、百位存于 31H 中，万位存于片内 RAM 32H 中。

设计分析

方法 1：二进制数与 BCD 码的关系为：

$$
\begin{aligned}
(a_{15}a_{14}\cdots a_1a_0)_2 &= (a_{15}\times 2^{15}+ a_{14}\times 2^{14}+\cdots+ a_3\times 2^3+ a_2\times 2^2+ a_1\times 2^1+ a_0\times 2^0)_{10} \\
&= (a_{15}\times 2^{14}+ a_{14}\times 2^{13}+\cdots+ a_3\times 2^2+ a_2\times 2^1+ a_1)\times 2+ a_0 \\
&= ((a_{15}\times 2^{13}+ a_{14}\times 2^{12}+\cdots a_3\times 2^1+ a_2)\times 2+ a_1)\times 2+ a_0 \\
&= (((a_{15}\times 2^{12}+ a_{14}\times 2^{11}+\cdots a_3)\times 2+ a_2)\times 2+ a_1)\times 2+ a_0 \\
&\cdots \\
&= (\cdots(a_{15}\times 2+ a_{14})\times 2+\cdots+ a_3)\times 2+ a_2)\times 2+ a_1)\times 2+ a_0
\end{aligned}
$$

二进制转换为 BCD 码，通式为（$a_i\times 2+a_j$），可设计成循环程序。循环初始值为 0，第 1 次循环完成（$0\times 2+a_{15}$），第 2 次循环完成（$(0\times 2+a_{15})\times 2+a_{14}$），依次向下，程序设计如下：

```
        ORG 3000H
BINBCD: CLR A               ;A 清零
        MOV R4,A            ;BCD 码初值为 0
        MOV R5,A
        MOV R6,A
        MOV R7,#16          ;R7 循环计数器
LOOP:   CLR C               ;进位标志清零
        MOV A,R2            ;二进制数左移，Cy←aj
        RLC A
        MOV R2
        MOV A,R3
        RLC A
        MOV R3
        MOV A,30H
        ADDC A,30H          ;带进位自身相加，即(ai×2+ aj)
        DA A                ;十进制调整
        MOV 30H,A
        MOV A,31H
        ADDC A,31H
        DA A
        MOV 31H,A
        MOV A,32H
        ADDC A,32H
        DA A
        MOV 32H,A
        DJNZ R7,LOOP        ;控制循环 16 次，程序结束
        END
```

方法 2：除 10 取余。

先用 10 除 R3 的高 4 位，然后用 10 除余数和 R3 的低 4 位，再用 10 除余数和 R2 的高 4 位，最后用 10 除余数和 R2 的低 4 位，此时得到 4 位十六进制数的商和 1 位余数，余

数就是转换得到的最低位 BCD 码。4 位十六进制数商送入 R3、R2 中，再重复上述除 10 的过程，得到第 2 位 BCD 码，循环 5 次，得到 5 位 BCD 码，存于内部 RAM 40H～44H（万、千、百、十、个位）。

如将二进制数 FFFFH 转换为 BCD 码 65535 的过程：

```
0FH÷0AH=1…5,5FH÷0AH=9…5,5FH÷0AH=9…5,5FH÷0AH=9…5
```

第 1 次得到商 1999H，余数 5；第 2 次用 1999H 除以 0AH，商 028FH 余数 3；第 3 次用 028FH 除以 0AH，商 0041H 余数 5；第 4 次用 0041H 除以 0AH，商 0006H 余数 5；第 5 次用 0005H 除以 0AH，商 0 余数 6；故 FFFFH 的压缩 BCD 码为 06H55H35H。

```
        ORG 3000H
        MOV R7,#5           ;循环计数器
        MOV R0,#44H         ;BCD 码间址指针
LOOP:   MOV A,R3            ;R3 的高 4 位除以 10
        SWAP A
        ANL A,#0FH          ;A←R3 的高 4 位
        MOV B,#10
        DIV AB
        SWAP A
        XCH A,R3            ;商存入 R3 高 4 位
        ANL A,#0FH          ;A←再取 R3 低 4 位
        XCH A,B             ;B←R3 低 4 位，A←余数
        SWAP A
        ORL A,B             ;合并余数和 R3 低 4 位
        MOV B,#10
        DIV AB
        ORL A,R3            ;合并两个商
        MOV R3,A            ;R3 存商的高字节
        MOV A,B
        SWAP A
        MOV B,A             ;余数存 B 的高 4 位
        MOV A,R2
        SWAP A
        ANL A,#0FH          ;A←R2 的高 4 位
        ORL A,B             ;合并余数和 R2 高 4 位
        MOV B,#10
        DIV AB
        SWAP A
        XCH A,R2            ;商存入 R2 高 4 位
        ANL A,#0FH          ;A←再取 R2 低 4 位
        XCH A,B             ;B←R2 低 4 位，A←余数
        SWAP A              ;将余数交换到高 4 位
        ORL A,B             ;合并余数和 R2 低 4 位
        MOV B,#10
        DIV AB
        ORL A,R2            ;合并两个商
        MOV R2,A            ;R2 存商的低字节
        MOV @R0,B           ;存余数
        DEC R0
        DJNZ R5,LOOP
        MOV 32H,40H         ;转换为压缩 BCD 码，万位
        MOV A,41H
```

```
        SWAP A
        ORL A,42H
        MOV 31H,A         ;千、百位
        MOV A,43H;
        SWAP A
        ORL A,44H
        MOV 30H,A         ;十、个位
        END
```

3.6.4 排序问题

本小节以实例来讲述排序问题。

【例 3-68】 无符号数排序。MCS-51 单片机内部 RAM 30H 为起始地址的单元中，连续存放 64 个无符号数，编程将这组数据按从小到大（升序）的顺序排列。

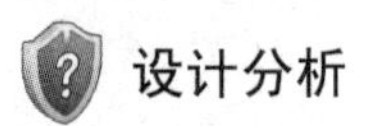

设计分析

数据排序常用的方法是冒泡排序法，又称两两比较法，这种方法类似于水中气泡上浮。从前向后依次比较相邻的两个数，如果前数大于后数，交换两个存储单元的内容，否则不交换。N 个数据经过 N–1 次比较后，从前到后完成一次冒泡，找到 N 个数中的最大数，并存入第 N 个单元中。第二次冒泡过程与第一次完全相同，经过 N–1 次比较，将次最大数存于第 N–1 个单元，依次类推，经过 N–1 次冒泡，完成 N 个数从小到大的排列，如图 3-29 所示。本程序设计可以采用双重循环，内循环和外循环次数均已知，为常数 N–1 次，程序流程如图 3-29 所示，程序设计参见程序 1。

第一次冒泡排序过程(比较5次)

N=6		第1次比较	第2次比较	第3次比较	第4次比较	第5次比较
35H	32	→ 32	→ 32	→ 32	→ 32	234
34H	16	→ 16	→ 16	→ 16	234	32
33H	6	→ 6	→ 6	234	16	→ 16
32H	100	→ 100	234	6	→ 6	→ 6
31H	78	234	100	→ 100	→ 100	→ 100
30H	234	78	→ 78	→ 78	→ 78	→ 78

第二次冒泡排序过程(比较5次)

N=6		第1次比较	第2次比较	第3次比较	第4次比较	第5次比较
35H	234	→ 234	→ 234	→ 234	→ 234	→ 234
34H	32	→ 32	→ 32	→ 32	100	→ 100
33H	16	→ 16	→ 16	100	32	→ 32
32H	6	→ 6	100	16	→ 16	→ 16
31H	100	→ 100	6	→ 6	→ 6	→ 6
30H	78	→ 78	→ 78	→ 78	→ 78	→ 78

第二次冒泡过程只需进行第1～4次比较，第5次比较可以省略。

图 3-29 冒泡法排序过程(以 N=6 为例)

从上面的分析可以看出，第一次冒泡需要从先向后依次比较 N–1 次，找到最大数，存入第 N 个单元；第二次冒泡只需要在剩余的 N–1 个数中找到最大数，所以第二次冒泡比较 N–2 次，找到最大数存于第 N–2 个存储单元；依此类推，第三次冒泡比较 N–3 次，…，第 N–1 冒泡比较 1 次，完成从小到大排序。本程序设计可以采用双重循环，内循环和外循环次数均已知，外循环次数为常数 N–1 次，内循环次数为变量，从而减少了内循环执行次数，程序设计参见程序 2。

实际上，排序过程可能提前完成。如果在某次冒泡过程中没有发生交换，说明数据排序已经完成，这种情况下，可以通过设置“交换标志”，禁止不必要的冒泡次数，减少循环次数。内循环初始化时“交换标志”清零，冒泡过程中发生数据交换，标志置 1，说明排序尚未完成，继续下一次冒泡；若完成一次冒泡后，“交换标志”仍为零，说明刚刚进行完的冒泡中未发生数据交换，排序已经完成，可停止冒泡。

如一组数据 1，2，…，64 存储在片内 RAM 30H 为起始地址的单元中，排序程序经过一次冒泡就可以根据“交换标志”状态结束排序程序，从而节省了 63–1=62 次的冒泡时间。

冒泡程序流程图如图 3-30 所示，程序 1 设计如下：

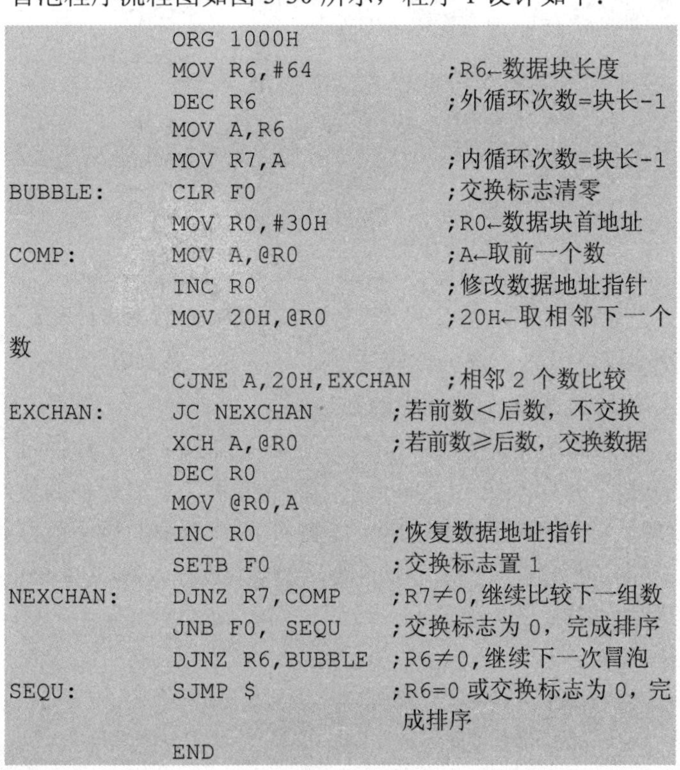

```
            ORG 1000H
            MOV R6,#64          ;R6←数据块长度
            DEC R6              ;外循环次数=块长-1
            MOV A,R6
            MOV R7,A            ;内循环次数=块长-1
BUBBLE:     CLR F0              ;交换标志清零
            MOV R0,#30H         ;R0←数据块首地址
COMP:       MOV A,@R0           ;A←取前一个数
            INC R0              ;修改数据地址指针
            MOV 20H,@R0         ;20H←取相邻下一个
数
            CJNE A,20H,EXCHAN   ;相邻 2 个数比较
EXCHAN:     JC NEXCHAN      ;若前数<后数，不交换
            XCH A,@R0       ;若前数≥后数，交换数据
            DEC R0
            MOV @R0,A
            INC R0          ;恢复数据地址指针
            SETB F0         ;交换标志置 1
NEXCHAN:    DJNZ R7,COMP    ;R7≠0,继续比较下一组数
            JNB F0, SEQU    ;交换标志为 0，完成排序
            DJNZ R6,BUBBLE  ;R6≠0,继续下一次冒泡
SEQU:       SJMP $          ;R6=0 或交换标志为 0，完
                            成排序
            END
```

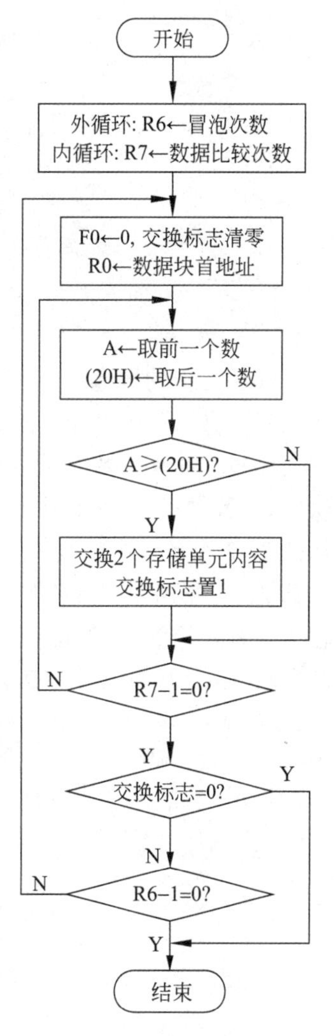

图 3-30　例 3-68 程序 1 流程图

程序 2：改进程序 1，内循环次数 R7 为变量，每执行一次外循环，R6 减 1，内循环循环次数减 1。

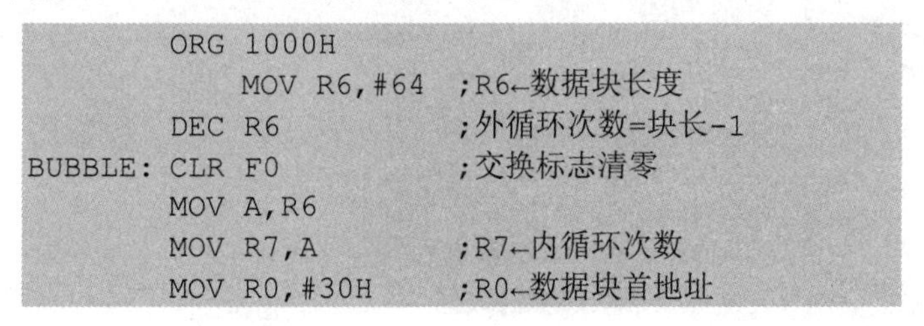

```
        ORG 1000H
            MOV R6,#64    ;R6←数据块长度
        DEC R6            ;外循环次数=块长-1
BUBBLE: CLR F0            ;交换标志清零
        MOV A,R6
        MOV R7,A          ;R7←内循环次数
        MOV R0,#30H       ;R0←数据块首地址
```

下面的程序设计与程序 1 相同。

程序 3：如图 3-31 所示，直接由交换标志控制外循环。

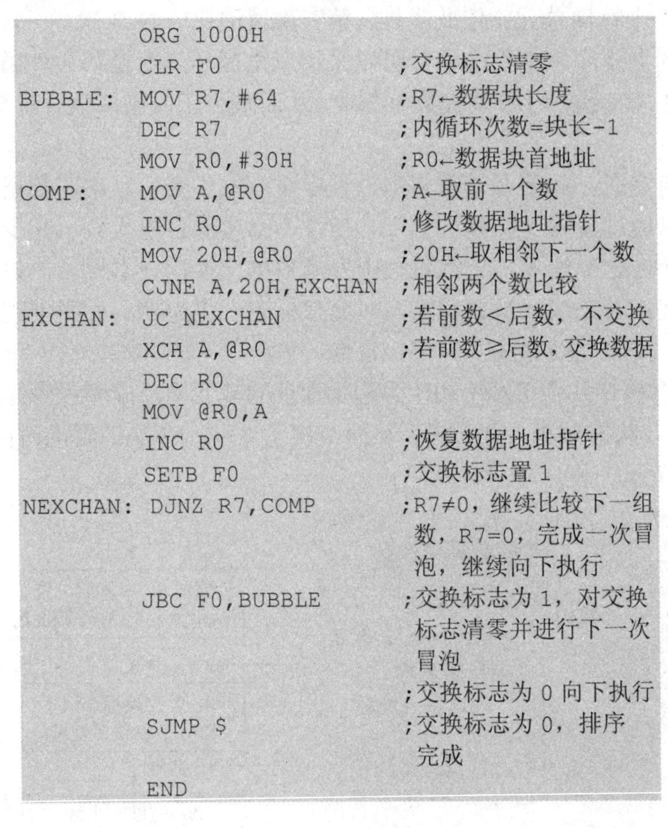

```
        ORG 1000H
        CLR F0              ;交换标志清零
BUBBLE: MOV R7,#64          ;R7←数据块长度
        DEC R7              ;内循环次数=块长-1
        MOV R0,#30H         ;R0←数据块首地址
COMP:   MOV A,@R0           ;A←取前一个数
        INC R0              ;修改数据地址指针
        MOV 20H,@R0         ;20H←取相邻下一个数
        CJNE A,20H,EXCHAN   ;相邻两个数比较
EXCHAN: JC NEXCHAN          ;若前数<后数，不交换
        XCH A,@R0           ;若前数≥后数，交换数据
        DEC R0
        MOV @R0,A
        INC R0              ;恢复数据地址指针
        SETB F0             ;交换标志置 1
NEXCHAN: DJNZ R7,COMP       ;R7≠0，继续比较下一组
                            数，R7=0，完成一次冒
                            泡，继续向下执行
        JBC F0,BUBBLE       ;交换标志为 1，对交换
                            标志清零并进行下一次
                            冒泡
                            ;交换标志为 0 向下执行
        SJMP $              ;交换标志为 0，排序
                            完成
        END
```

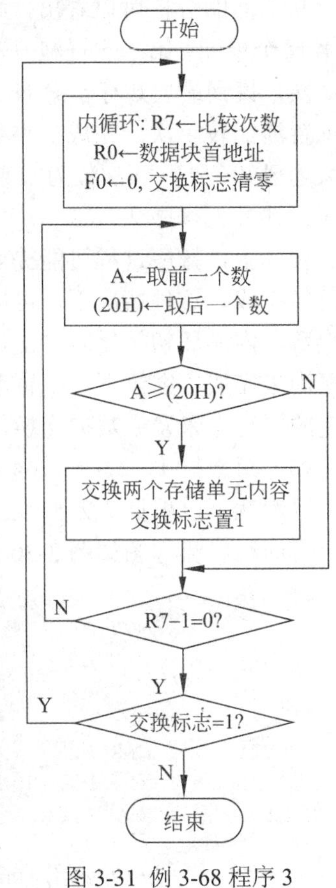

图 3-31 例 3-68 程序 3 流程图

除了常用的冒泡法排序以外，还可以采用逐一比较法。排除时，将第一个单元中的数与其后的 N–1 个单元中的数逐一比较，如果前数大于后数，交换两个存储单元的内容，否则不交换。N 个数经过 N–1 次比较后，找到 N 个数中的最小数，并存入第一个单元中，然后将第二个单元中的数与其后的 N–2 个单元中的数逐一比较，经过 N–2 次比较后，找到 N–1 个数中的最小数，并存入第 2 个单元中，以此类推，直到比较最后两个单元中的数，将较小数存入第 N–1 个单元，较大数存入第 N 个单元，完成数据排序。

程序 4：用逐一比较法设计程序：

```
         ORG 1000H
         MOV R0,#30H         ;R0←数据块首地址
         MOV R6,#64          ;R6←数据块长度
         DEC R6              ;外循环次数=块长-1
EACHCOM: MOV A,R6
         MOV R7,A            ;内循环次数
         MOV B,R0            ;B←暂存 R0
         MOV A,@R0           ;A←取第 1 个数
COMP:    INC R0              ;修改数据地址指针
         MOV 20H,@R0         ;依次取后面的数
         CJNE A,20H,EXCHAN   ;比较两个数
EXCHAN:  JC NEXCHAN          ;若前数<后数，不交换
         XCH A,@R0           ;若前数≥后数，交换数据
```

```
NEXCHAN:  DJNZ R7,COMP        ;R7≠0，继续比较下一组数；R7=0，完成一轮比，继续向下
                               执行
          MOV R0,B            ;R0←恢复地址指针
          MOV @R0,A           ;(R0)←A 中找到的最小数
          INC R0              ;下一轮比较中的第 1 个数地址指针
          DJNZ R6, EACHCOM    ;R6≠0，继续下一轮比较；
                               R6=0，完成 N-1 轮比较，继续向下执行
          SJMP $              ;排序完成
          END
```

3.7　思考与练习

1. 请判断下列各条指令的书写格式是否有错，如有错说明原因。

（1）MUL　R0R1

（2）MOV　A,@R7

（3）MOV　A,#3000H

（4）MOVC　@A+DPTR, A

（5）LJMP　#1000H

2. 使用简单指令序列完成以下操作。

（1）请将片外 RAM20H-25H 单元清零。

（2）请将 ROM3000 单元内容送 R7。

3. 分析程序题。

（1）已知：(30H)=40H，(40H)=10H，(10H)=00H，P1=55H，执行下列指令后，(30H)=_____，(40H)=_____，A=_____，B=_____。

```
MOV R0,#30H
MOV A,@R0
MOV R1,A
MOV B,@R1
MOV @R1,P1
MOV 10H,#20H
MOV 30H,10H
```

（2）说明下列程序的功能。

```
MOV A,DATA
RL  A
RL  A
ADD A,DATA
MOV DATA,A
```

（3）说明下列程序的作用。

```
MOV A,30H
ANL A,#0FH
MOV 30H,A
```

4. 编写一段子程序，将二位压缩的 BCD 码转换为二进制数，入口、出口均是 A。若是非法的 BCD 码，则 A 返回值为 255。

5. 已知 51 单片机系统片内 RAM20H 单元存放一个 8 位无符号数 7AH，片外扩展 RAM 的 8000H 存放了一个 8 位无符号数 86H，试编写程序完成以上两个单元中的无符号数相加，并将和值送往片外 RAM 的 01H、00H 单元中。

6. 将内部数据存储器 30H 和 31H 单元的内容相乘，结果存放到外部数据存贮器 2000H（高位）和 2001H（低位）单元中。

第 4 章　单片机 C51 程序设计

在高级语言中，C 语言具有面向机器和面向用户的特点。由于功能强大、结构性强、可移植性好，而且对硬件的控制能力也很强，C 语言成为程序开发的首选语言。C 语言应用到 51 单片机上时，称为单片机 C 语言，简称 C51，有别于计算机 C 语言，是对标准 C 语言的扩展。单片机 C 语言既具有 C 语言的特点，又有汇编语言操作硬件的功能。

4.1　C51 基础知识

1．字符集

在 C 语言程序中允许出现的所有基本字符的组合称为 C 语言的字符集。C 语言的字符集遵循 ASCII（美国国家标准信息码）字符集，有以下几种类型。

（1）52 个大小写英文字母。

（2）10 个阿拉伯数字。

（3）键盘符号，如表 4-1 所示。

表 4-1　键盘符号表

符号	说明	符号	说明	符号	说明
~	波浪号	)	右圆括号	:	冒号
`	重音号	_	下画线	;	分号
!	惊叹号	–	减号	“	双引号
@	a 圈号	+	加号	‘	单引号
#	井号	=	等号	<	小于号
$	美元号	|	或号	>	大于号
%	百分号	\	反斜杠	,	逗号
^	“异或”号	{	左花括号	.	小数点
&	“与”号	}	右花括号	?	问号
*	星号	[	左方括号	/	正斜杠
(	左圆括号	]	右方括号		空格

（4）转义字符；转义字符由反斜杠字符（\）开始，后面跟单个字符或若干个字符，通常用来表示键盘上控制代码或特殊符号，如回车符、换行符、响铃符等，如表 4-2 所示。

表 4-2 转义字符

转义字符	含义	ASCII 码值（十进制/十六进制）	转义字符	含义	ASCII 码值（十进制/十六进制）
\0	空字符（NULL）	0/00H	\v	垂直制表（VT）	11/0BH
\a	响铃（BEL）	7/07H	\\	反斜杠	92/5CH
\b	退格（BS）	8/08H	\?	问号字符	63/3FH
\f	换页（FF）	12/0CH	\′	单引号字符	39/27H
\n	换行（LF）	10/0AH	\″	双引号字符	34/22H
\r	回车（CR）	13/0DH	\ddd	任意字符	三位八进制
\t	Tab 符（HT）	9/09H	\xhh	任意字符	二位十六进制

表 4-2 中的符号表示键盘命令，在程序中直接使用转义字符相当于自动执行键盘命令而不需要按键，单片机 C 语言编程时一般很少用到，经常用在 PC 程序中。

2．标识符

标识符是用户自定义的一种字符序列，用来标识源程序中某个对象的名字，如变量、常量、函数、数组、数据类型、语句等。标识符命名应符合以下规则。

（1）有效字符：只能由英文字母（A～Z，a～z）、数字（0～9）和下画线（_）组成，且以字母或下画线开头。C51 区分大小写，大写字母与其小写字母视为不同，如 Delay 与 delay 代表不同的对象，数字不能作为标识符的首字符，如 7ab 是错误的。

（2）有效长度：C51 编译器支持标识符的长度不得超过 32 个字符。如果超长，则超长部分被舍弃。

（3）C51 的关键字不能用作变量名。

3．关键字

关键字是 C51 系统保留的具有特定含义的标识符，归系统使用，具有固定的含义，不允许程序设计人员自定义的标识符与关键字相同。单片机 C51 语言继承了 ANSI C 标准规定的 32 个关键字，如表 4-3 所示。

表 4-3 ANSI C 标准的关键字

关键字	用途	说明
auto	存储类型说明	用以说明局部变量，该关键字为默认值
break	程序语句	退出最内层循环
case	程序语句	Switch 语句中的选择项
char	数据类型说明	单字节整型数或字符型数据
const	存储类型说明	在程序执行过程中不可更改的常量值
continue	程序语句	转向下一次循环
default	程序语句	Switch 语句中的失败选择项
do	程序语句	构成 do…while 循环结构
double	数据类型说明	双精度浮点数

续表

关键字	用途	说明
else	程序语句	构成 if…else 选择结构
enum	数据类型说明	枚举
extern	存储类型说明	在其他程序模块中说明了的全局变量
float	数据类型说明	单精度浮点数
for	程序语句	构成 for 循环结构
goto	程序语句	构成 goto 转移结构
if	程序语句	构成 if…else 选择结构
int	数据类型说明	基本整型数
long	数据类型说明	长整型数
register	存储类型说明	使用 CPU 内部寄存器的变量
return	程序语句	函数返回
short	数据类型说明	短整型数
signed	数据类型说明	有符号数，二进制数据的最高位为符号位
sizeof	运算符	计算表达式或数据类型的字节数
static	存储类型说明	静态变量
struct	数据类型说明	结构类型数据
switch	程序语句	构成 switch 选择结构
typedef	数据类型说明	重新进行数据类型定义
union	数据类型说明	联合数据类型
unsigned	数据类型说明	无符号数数据
void	数据类型说明	无类型数据
volatile	数据类型说明	该变量在程序执行中可被隐含地改变
while	程序语句	构成 while 和 do…while 循环结构

此外，根据单片机硬件的特点 C51 语言扩展了相关的关键字，如表 4-4 所示。

表 4-4　C51 编译器扩展的关键字

关键字	用途	说明
bit	位变量声明	声明一个位变量或位类型的函数
sbit	位变量声明	声明一个可位寻址变量
sfr	特殊功能寄存器声明	声明一个 8 位的特殊功能寄存器
sfr16	特殊功能寄存器声明	声明一个 16 位的特殊功能寄存器
data	存储器类型说明	直接寻址的内部数据存储器
bdata	存储器类型说明	可位寻址的内部数据存储器
idata	存储器类型说明	间接寻址的内部数据存储器
pdata	存储器类型说明	分页寻址的内部数据存储器
xdata	存储器类型说明	外部数据存储器
code	存储器类型说明	程序存储器
interrupt	中断函数说明	定义一个中断函数
reentrant	再入函数说明	定义一个再入函数
using	寄存器组定义	定义芯片的工作寄存器

4.2 数据类型

对于每个数据，都要在内存中分配若干个字节的空间用于存放该数据。数据所占用的内存字节数就是该数据的数据长度。在汇编语言中使用内存空间时，由程序员自己决定，所以在使用时特别强调内存地址空间的冲突问题，避免地址重叠。而 C 语言的内存空间是由系统分配的，在使用内存空间之前要告诉编译系统需要多少字节长度的内存空间，而后分配的问题由系统自动处理，故 C 语言中每使用一个数据之前，必须要对这个数据的类型进行说明，不同的数据类型有不同的数据长度，以便系统为其分配适当的内存空间。

4.2.1 C 语言数据类型

C51 具有标准 C 语言的所有标准数据类型。C 语言的数据类型包括基本类型、构造类型、指针类型以及空类型，如图 4-1 所示。构造类型包括数组、共用体、结构体和枚举。

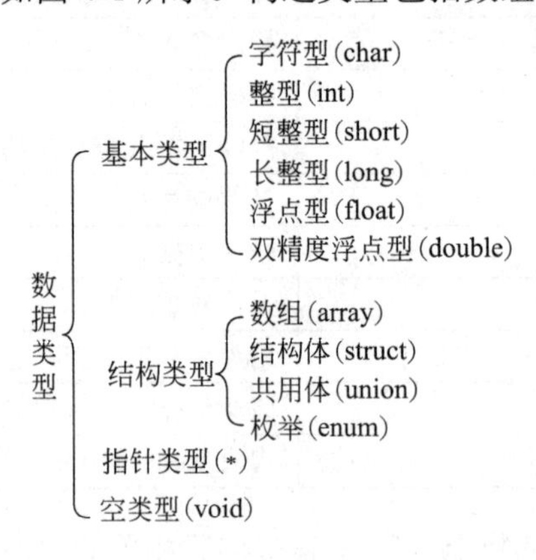

图 4-1　数据类型

在基本数据类型中，其前面可以有修饰符 signed（有符号）、unsigned（无符号）。在 C 语言中，所有数据类型的字长和取值范围如表 4-5 所示。

表 4-5　C 语言的数据类型

数据类型	类型符	占用空间	取值范围
字符型	char	单字节	ASCII 字符或 0～255
有符号字符型	signed char	单字节	–128～+127
无符号字符型	unsigned char	单字节	0～255
整型	signed int	双/四字节	同短整型或长整型
无符号整型	unsigned int	双/四字节	同无符号短整型或无符号长整型
短整型	signed short	双字节	–32768～32767
无符号短整型	unsigned short	双字节	0～65535
长整型	signed long	四字节	–2147483648～2147483647
无符号长整型	unsigned long	四字节	0～4294967295

续表

数据类型	类型符	占用空间	取值范围
单精度浮点型	float	四字节	±1.175494E-38～±3.402823E+38
双精度浮点型	double	八字节	–10E308～+10E308
指针型	*	1～3 字节	地址
空类型	void	0	无值

注：表中的浮点数就是实型数。表中的整型和无符号整型所占用的字节数随计算机的不同而有所不同，在大部分计算机上都是与短整型占用相同的（2 字节）。

有符号型数据中，字节中最高位表示数据的符号，0 表示正数，1 表示负数，负数用补码表示。

对于 51 单片机，支持的数据类型和编译器有关。在 C51 编译器中，整型（int）和短整型（short）相同，浮点型（float）和双精度浮点型（double）相同。

> C51 以整型的默认定义为有符号数，因此 signed 修饰符可以省略。为了使用方便，C51 允许使用整型简写形式，如 short int 简写为 short 等。

C51 具有标准 C 语言的所有标准数据类型。除此之外，为了更加有效地利用 8051 的结构，还扩展了几种数据类型，如表 4-6 所示。

表 4-6　C51 编译器扩展数据类型

数据类型	类型符	占用空间	取值范围
位类型	bit	位	0 或 1
特殊功能寄存器类型	sfr	单字节	0～255
16 位特殊功能寄存器	sfr16	双字节	0～65535
可寻址位	sbit	位	0 或 1

4.2.2　常量

1. 常量类型

C 语言中的数据有常量和变量之分。常量就是在程序运行过程中不能改变其值的量，而变量是在程序运行过程中能够改变其值的量。

在 C 语言中，常量的数据类型只有整型常量、浮点型常量、字符型常量、字符串型常量，C51 编译器支持的常量类型还有位型常量。常量不需要先定义，只要在程序中用到的地方直接写上即可，其类型将自动默认。

1）整型常量

整型常量包括正整数和负整数，可以用十进制、八进制、十六进制表示，如表 4-7 所示。

表 4-7　整型常量的表示

整型常量类型	表示形式	示例
十进制数	以非 0 开始的数	123l，0，–89，10，10L
八进制数	以数字 0 开始的数	–010，0324l，00，+015
十六进制数	以 0X 或 0x 开始的数	0x34L，–0x3B，0XFD，0X0a

📖 使用时正数的“+”是可以省略的。十六进制数中的字符 a、b、c、d、e、f 既可以大写，又可以小写。整型常量在一般的微机中所占用的内存空间为 2 字节，而更长的整型变量占用 4 字节，在书写时用大写字母 L 或小写字母 l 作后缀，表示长整型常量。

2）浮点型常量

浮点型常量也称为实型常量，C51 编译器默认所有浮点型常量为 float 型，有十进制和指数 2 种表示形式。

十进制表示形式又称定点表示形式，由数字和小数点组成，如–0.675、668.123、0.0 等。如果整数或者小数部分为 0，可以省略，但必须有小数点，如.89。

指数表示形式为：[±]数字[.数字]e[±]数字

其中，[ ]中的内容为可选项，其中的内容根据具体情况可有可无，但其余部分必须有，如–0.234e9、0e–7、34E3 等。

字母 E 或 e 之前必须有数字，且 E 或 e 后面的指数必须是整数。C51 编译输出格式为浮点数时，最多保留小数点后 6 位，不够时后面补零。

3）字符型常量

用单引号括起的单个字符或单个字母是字符型常量，如'F'、'5'、'$'等。

对于不可显示的格式控制字符和特定功能字符，可以用反斜杠（\）加 1 个字符组成转义字符，转义字符表示如表 4-2 所示，转义字符也是字符型常量。

字符型常量是按其所对应的 ASCII 码值来存储的，1 个字符常量占 1 个字节，因此也可用该字符的 ASCII 码值表示该字符。在 C 语言中，可将字符型常量当做整型常量一样在程序中进行相关的运算。如，'c'=63H 和'C'=43H 是不同的字符型常量，'C'+0x20'=c'。

【例 4-1】 字符型常量的表示及运算。

```
#include<stdio.h>    //头文件
void main()
{
     char c1,c2;
     c1='A';
     c2='F';
     c1=c1+32;
     c2=c2+32;
     printf("c1=%c\nc2=%c",c1,c2);
}
```

程序运行的结果：

```
c1=a
c2=f
```

在该程序中，将两个大写字母转换为小写字母。'A'的 ASCII 码为 65，而'a'为 97，'F'的 ASCII 码为 70，而'f'为 102。从 ASCII 码表可以看出每个小写字母比大写字母的 ASCII 码值大 32。

📖 printf（"格式"，变量）函数是打印函数，其功能是将“变量”按照“格式”说明进行输出。%d 代表按十进制格式输出，%o 代表按八进制格式输出，%x 代表按十六进制格式输出。

4）字符串型常量

字符串型常量是由双引号括起来的一串字符，如"Hello,World!" "OK"等。当双引号内没有字符时，为空字符串。字符串型常量是作为字符类型的数组存储，在每个字符串的最后自动加入 1 个字符'\0'作为字符串的结束标志。

区别：'S'是字符型常量，在内存中占一个字节，而"S"是字符串型常量，占两个字节的存储空间，其中字符串结束符'\0'占一个字节。注意，中文的每个字占用两个字节，空格也算字符，占用一个字节。

5）位型常量

C51 编译器支持的常量类型还有位型常量，位型常量是一位二进制值。

2．符号常量

程序中固定的数据表、字库等都是常量。用标识符代表的常量称为符号常量，是常量的另一种表示形式。

1）define 宏定义常量

符号常量在使用之前必须先定义，宏定义形式为：

```
#define  宏名称 宏值
```

例如：

```
#define PAI 3.14159
```

它的功能是把该宏名称标识符定义为其后面的常量值，即宏值。一般在程序的开头先定义要用到的符号常量，在定义后的程序中，所有用到此常量值的地方直接用定义好的标识符代替即可。

📖 习惯上，宏名称的标识符全部使用大写字母，变量标识符用小写字母，以示区别。符号常量与变量不同，符号常量的值在其作用域内不能改变，也不能再被赋值。宏不仅可用来代替常数值，还可用来代替表达式，甚至是代码段。

2）const 定义常量

常量还可以用 const 定义，格式为

```
const 数据类型 常量名=常量值;
```

例如：

```
const float PAI=3.14159;//const 的作用是指明 PAI 是常量
```

常量必须在程序开始时指定数值，在以后的代码中不允许修改。

使用符号常量有如下特点：含义清楚，符号常量的标识符名称应能尽量反映其实际含义；在需要修改常量时，只需要在常量定义语句中改动，不需要通篇修改程序，这样不仅方便，而且能避免出错。

【例4-2】 符号常量的使用。

```
#define WEIGHT 20     //在以后的程序中WEIGHT为常量，其值为20
main()
{
int num,total;
num=10;
total=num*WEIGHT;
printf("otal=%d",total);
}
```

程序运行的结果：

```
total=200
```

📖 #define宏定义常量和const定义常量的区别：

（1）通过#define宏定义的符号常量不会分配内存空间，在编译后的目标代码中并不存在。因为在对程序进行编译之前，编译器首先对标识符进行字符替换，用到一次，替换一次。也就是说，编译器实际编译的是标识符所代表的常量，如果这个常量比较大，而且又多次使用，就会占用很大的程序空间；而const定义的常量是放在一个固定的内存空间地址中，每次使用时只调用其地址即可。

（2）#define宏定义符号常量时，不会进行类型、语句结构等任何检查；而const定义的常量具有数据类型，编译器对其进行数据检查。

（3）printf（“格式”，变量）函数是打印函数，其功能是将“变量”按照“格式”说明进行输出。%d代表按十进制格式输出，%o代表按八进制格式输出，%x代表按十六进制格式输出。

4.2.3 变量

在程序运行中其值可以改变的量称为变量。变量具有2个要素，一个是变量名，一个是变量值。变量名对应内存中一定的存储单元，在存储单元中存放着该变量的数值。

在C语言中，要求对在程序中用到的所有变量必须先定义，后使用。

变量的定义的格式如下：

```
[存储种类] 数据类型 [存储器类型] 变量名表;
```

在定义格式中除了数据类型和变量名表是必须的以外，其他项都是可选项。定义变量时，允许同时定义多个相同类型的变量，各变量之间用逗号间隔，最后一个变量名以分号（;）结尾。定义变量时，指出所用的数据类型和存储模式，这样编译系统就能为变量分配相应的存储空间。变量的定义可以放在函数之外，也可以放在函数之内，或放在复合语句中。在函数体内或复合语句内定义变量时，一定要集中放在执行语句的最前面。

1．数据类型

C 语言的数据类型包括基本类型、构造类型、指针类型以及空类型，如图 4-1 所示。

各种数据类型的定义举例如下：

```
char c_var;              //定义 c_var 为字符型变量
int  a_var,b_var;        //定义多个变量，a、b 为短整型变量
long c_var               //定义 c 为长整型变量
float f_var;             //定义 f_var 为浮点型变量
void *p1;                //定义 p1 为无值型指针
```

通过变量定义声明了变量，变量名确定了，但这个变量值的大小是随机的。无法确定一个变量值是常有的事，如果由于某种需要，需要事先确定一个变量初值，可以通过赋值语句为变量赋初值或者在定义变量时直接进行变量初始化。

例如，采用赋值语句

```
int  a,b;                //定义多个变量，a、b 为短整型变量
a=1,b=8;                 //赋值语句
c=a+b;                   //赋值语句
```

采用变量初始化

```
int  a=1,b=8;            //定义多个变量，a、b 为短整型变量且初始化
c=a+b;                   //赋值语句
```

C51 编译器支持标准 C 语言的所有数据类型，除此之外，还有以下几种扩展数据类型。

1）bit 型

bit 数据类型可用于定义位变量、函数、函数返回值等，变量值是二进制值 0 或 1，存储地址空间为内部 RAM 的 20H～2FH，共 16 个字节为位寻址区，可用长度为 8×16=128 位存储空间。程序中的逻辑标志变量定义到位寻址空间（bdata），可以大大减少内存占用空间。

bit 数据类型的定义举例如下：

```
bit wendu_bit;           //定义 wendu_bit 为位型变量
```

📖 位类型不能用于定义指针、数组和结构体变量。

2）使用 sfr 型定义特殊功能寄存器

51 系列单片机（MCS-51）片内有 21 个特殊功能寄存器（SFR），对 SFR 只能用直接寻址方式。C51 编译器可以利用扩充关键字 sfr 和 sfr16 直接访问 51 系列单片机内部的特殊功能寄存器。

使用 sfr 定义特殊功能寄存器的格式如下：

```
sfr  特殊功能寄存器名=特殊功能寄存器地址常数;
```

sfr 定义的变量（特殊功能寄存器名）占用一个字节的内存单元，取值范围为 0～255。

3）使用 sfr16 型定义特殊功能寄存器

sfr16 用于定义 16 位的特殊功能寄存器。sfr16 定义的变量占用两个字节（16 位）的内存单元，取值范围为 0～65535。

使用 sfr16 定义特殊功能寄存器的格式如下：

```
sfr16 特殊功能寄存器名=特殊功能寄存器地址常数;
```

📖 特殊功能寄存器地址是一个整型常数，不允许有带运算符的表达式，而且该常数必须与单片机内部 SFR 的字节地址对应。

如果被定义的特殊功能寄存器是 16 位寄存器，用 sfr16 定义 16 位特殊功能寄存器时，等号后面是它的低位地址，高位地址位于紧随的物理地址之上，要注意的是不能用于定时器 0 和 1 的定义，可以定义定时器 2。

特殊功能寄存器名可选取任意符合命名规则的标识符，最好具有一定含义，通常直接使用特殊功能寄存器名称。

【例 4-3】 P1 口的地址是 90H，定义单片机的 P1 口。

```
sfr P1=0x90;         //定义 P1 口地址为 90H
sfr16 T2=0xCC;       //对于 88S52 单片机，定义定时器 T2 地址为 T2L=0CCH，T2H=0CDH
```

4）使用 sbit 定义可寻址位的位地址

C51 编译器扩充关键字 sbit 对特殊功能寄存器中的可寻址位地址或内部 RAM 单元中的可寻址位地址进行定义，常用的定义格式有 3 种。

1）格式一

```
sbit 位变量名=位地址;
```

将位的绝对地址赋给位变量，位地址必须位于 80H～0FFH。例如：

```
sbit P1_1=0x91;        //指定 P1_1 位的地址为 0x91，即 P1 的第 2 个引脚
sbit OV=0xD2;          //指定位变量 OV 的地址为 0xD7，即 PSW 的第 2 位
```

2）格式二

```
sbit 位变量名=特殊功能寄存器名^位位置;
```

当可寻址位位于特殊功能寄存器中时可采用这种方法，“位位置”是一个 0～7 的常数，先定义一个特殊功能寄存器名，再指定位变量名所在的位置，例如：

```
sfr P1=0x90;           //指定 P1 口地址为 0x90
sbit P1_1=P1^1;        //指定 P1_1 为 P1 口的第 2 个引脚
```

3）格式三

```
sbit 位变量名=字节地址^位位置;
```

这种方法与方式二类似，只是以一个常数（字节地址）作为基址，该常数必须位于 80H～0FFH 之间，“位位置”是一个 0～7 的常数，例如：

```
sbit P1_1=0x90^1;      //指定 P1_1 为起始地址，为 0x90 的寄存器的第二位，即 P1 的第二个
                       //引脚
sbit OV=0xD0^2;        //指定位变量 OV 的地址为 0xD0 寄存器的第二位，即 PSW 的 OV 位
```

sbit 定义位变量的地址，因此采用第三种格式时，要求基址或者是可位寻址的特殊地

址，或者是存储类型为 bdata 的变量。

C51 的 bdata 存储器类型是指可位寻址的数据存储器，位于单片机的可位寻址区中，可位寻址的数据定义在 bdata 存储器类型中。首先定义变量的数据类型和存储类型：

```
unsigned int bdata addbase;            //定义 addbase 为位寻址区(bdata)整型变量
unsigned char bdata arrbase[5];        //定义数组 arrbase[5]为位寻址区(bdata)字
                                         符型变量
```

用 sbit 定义变量独立访问其余某一位，如：

```
sbit addb12=addbase^12;                //addb0 定义为 addbase 的第 12 位
sbit arr46=arrbase[4]0;                //arr46 定义为 arrbase[4]的第 0 位
```

操作符（^）后面的位位置取值范围取决于基址类型：char 为 0~7，int 为 0~15，long 为 0～31。

51 系列不同型号单片机的寄存器数量和类型有所不同，因此，通常将所有关于寄存器的定义放入一个头文件中，如头文件 reg51.h。当选择不同型号单片机时，只需调用不同的头文件即可，而用户程序无须作太多修改。

2. 存储种类及作用域

存储种类实际上是指对所声明的变量，在程序被编译时由编译器根据存储类型为其分配内存区。存储种类有 4 种：自动（auto）、外部（extern）、静态（static）和寄存器（register），默认类型为自动（auto）。

单片机内部存储器分为程序存储器和数据存储器。数据存储器又分为片内低 128 字节存储器和高 128 字节存储器，片内低 128 字节又分为通用寄存器、位寻址寄存器、用户 RAM 区(30H～7FH)。在通用寄存器区还留有堆栈栈顶寄存器，用于压栈。在这样一片复杂的内存区，C 语言给出了相应的说明和规定。将数据存放在何区可以由用户来决定，这就在 C 语言中出现了变量的存储类型。表 4-8 中列出了变量存储类型的符号。

表 4-8　变量存储类型符号表

存储类型	符号	存储区	存储类型	符号	存储区
自动型	auto	内存堆栈区	静态型	static	内存数据区
寄存器型	register	CPU 通用寄存器区	外部参照型	extern	

变量作用域是程序中变量起作用的范围。由于 C51 中可以包含多个函数和程序文件，因此使用变量时，除要首先定义该变量外，还要注意变量的有效作用范围，即该变量的作用域。变量作用域可以是作用于一个函数或程序文件，甚至是整个工程里的所有文件。下面分别介绍 4 种存储种类的作用域范围。

1）自动型

自动型（auto）又称堆栈型，即自动变量，在内存的堆栈区为此变量分配存储空间，可以省略。自动变量一般是在函数内部或者程序块中使用。

在 C51 语言中，以花括号括起来的一段程序称为一个块结构，通常称为复合语句，自动变量的作用域范围是函数或者程序块的内部。这样在该函数内部定义的变量，就不能在该函数外引用。在编译 C51 程序的过程中，程序执行到该函数时，根据变量类型为其自动分配存储空间，当该函数执行完毕后，立即取消该变量的存储空间，即该自动变量失效。这样做的好处是可充分利用内存空间，也就是说节省内存。

【例 4-4】 自动变量的作用范围。

```
#include <stdio.h>
void main(void)
{
     auto int a,b;     //定义自动变量
     a = 1;
     b = 2;
     if(1)
     {
          auto int a =11;
          auto int b =22;
          printf("a,b are firstly printed as : %d, %d\n", a,b);
          }
     printf("a,b are secondly printed as: %d, %d\n", a,b);
}
```

程序的运行结果为：

```
a,b are firstly printed as :11, 22
a,b are secondly printed as: 1, 2
```

在该程序中，主函数声明了 auto 型整型变量 a 和 b，然后在 if 结构中再次定义并初始化 auto 型的同名变量 a 和 b。根据前面的介绍，虽然变量名相同，其作用域仅限于函数内部和块结构内部，不会影响外部的变量，即使块结构内定义的变量与块结构外定义的变量具有相同的变量名，它们之间也不会发生冲突，在编写程序的时候要特别注意。

> 📖 在 C51 中，函数或程序块内部定义的变量，一般都默认为自动型变量。因此，在不声明自动型变量时，关键字 auto 一般可以省略。

2）寄存器型

register 为寄存器型变量，分配在 CPU 的通用寄存器区。由于 CPU 的通用寄存器是有限的，要求定义的变量只能在 2 个左右，多余的系统会自动处理为自动型变量，而且占用字节数比较多的数据类型，如 long、float、double 等，不能申请为寄存器型变量。

寄存器变量被存储在 CPU 的寄存器中，由于对寄存器的存取速度远高于对内存的存取速度，故对于一些频繁使用的变量，可以声明为寄存器变量，这样可以提高系统的运算速度，进而提高执行效率。

寄存器型变量常在函数中说明，随函数的生存而生存，退出该函数后其占用的寄存器空间就立即释放。

> 📖 在 C51 中，只允许同时定义两个寄存器变量，如果多于两个，程序在编译时会自动地将两个以外的寄存器变量作为自动型变量来处理。

3）静态型

关键字 static 定义静态型变量，使用的是内存数据存储区，生命周期随程序的变化而变化。

根据变量声明位置的不同，C51 语言中的静态变量可以分为以下 2 种。

（1）静态局部变量，即在函数内部定义，其作用域只是定义该变量的函数内部，与自动变量类似。

（2）静态全局变量，即在函数外部定义，其始终占有内存空间，与全局变量类似。

静态局部变量在函数调用结束后不消失而保留原值，即占用的存储单元不释放，在下一次调用函数时，该变量的值是上一次已有的值。这一点与自动变量不同，自动变量在调用结束后占用的存储单元被释放，故其值消失。

在定义变量时，如果不赋初值，则对于静态局部变量来说，编译时自动赋初值 0（对数值型变量）或空字符（对字符变量）；而对于自动变量来说，如果不赋初值，则其值不确定。这是因为每次函数调用结束后自动变量的存储单元已释放，下次调用时又重新分配新的存储单元，而分配的单元中值是不确定的。

除了静态变量外，C51 语言还允许将自定义函数定义为静态型，同样用 static 关键字来定义，只有同一程序文件中的其他函数才能调用这个静态型函数，而工程项目中的其他程序文件不能调用访问。使用静态型函数既有利于程序的模块化设计，又可以防止和其他文件中的函数重名。

【例 4-5】 静态变量的作用范围。

```
static int fun_static(int n)
{
        static int f=1;
        f=f*n;
        return(f);
}
static int fun(int n)
{
        int f=1;
        f=f*n;
        return(f);
}
void main()
{
     int i;
     …; /*串口初始化*/
     printf("i and its corresponding result of static_func are\n");
     for(i=1;i<=5;i++)
     {
                 printf( "%d : %d\n",i,fun_static(i));
     }
     printf("i and its corresponding result of func are\n");
     for(i=1;i<=5;i++)
     {
                 printf( "%d : %d\n",i,fun(i));
     }
}
```

程序的运行结果如下，注意静态变量对计算结果的影响：

```
i and its corresponding result of fun_static are
1:1
2:2
3:6
4:24
5:120
i and its corresponding result of fun are
```

```
1:1
2:2
3:3
4:4
5:5
```

4）外部参照型

extern 定义外部参照型变量。如果一个变量定义在所有函数的外部，即整个程序文件的最前面，那么它的作用域是整个程序文件，所以该变量称为全局变量。一个复杂的程序工程可能包含很多个独立的源码文件，各个文件之间一定存在数据共享或者参数传递，不能分别在多个文件中各自定义同一个变量 a，否则进行编译连接时会出现“重复定义”错误。这种情况下，可以在一个文件中定义全局变量 a，在使用 a 变量的其他文件中用 extern 对全局变量 a 进行“外部变量声明”。这样在编译连接时，系统就会由此知道 a 是一个已经在别处定义的外部全局变量，在本文件中就可以合法地引用变量 a 了。

全局变量的作用域是整个程序文件，在编译 C51 程序时，全局变量根据变量类型被静态地分配适当的存储空间。在整个程序运行过程中，该变量一旦分配空间，便不会消失。这样全局变量对整个程序文件都有效，可以作为不同函数间的参数进行传递和共享。

在 C51 中，除了外部变量，还有外部函数。如果一个函数前面有 extern，表示此函数是在其他文件中定义过的外部函数。

【例 4-6】 全局变量的作用范围。

假设一个软件工程包含 2 个程序文件，分别为 Ex_main.c 和 Ex_increase.c。Ex_main.c 文件的部分内容如下：

```
int a,b,c;
int increaseN();
void main(void)
{
     …; /*串口初始化*/
     a = 1;
     b = 2;
     c = 3;
     increaseN();
}
```

Ex_increase.c 文件的部分内容如下：

```
extern a,b,c;        //引用说明
int increaseN()
{
    a++;
    b++;
    c++;
    printf("a,b,c in function increaseN are : %d, %d, %d\n", a,b,c);
}
```

程序的运行结果为：

```
a,b,c in function increaseN are : 2, 3, 4
```

Ex_main.c 文件在开始位置定义了整型的全局变量 a、b、c，并在主函数中被初始化。Ex_increase.c 文件在开始位置声明了外部变量 a、b、c，然后定义 increaseN ()函数并将三个变量的数值加 1。从程序的运行结果看出，increaseN ()函数中的操作对象 a、b、c 就是

在Ex_main.c文件中定义的变量a、b、c，通过extern对三个外部变量的引用说明，increaseN ()函数实现了对Ex_main.c文件中的变量的加1操作。

📖 一个全局变量的定义在程序中只能出现一次，而在函数中对全局变量的引用可出现多次。

3．存储器类型

51系列单片机的存储器分为片内程序存储器、片外程序存储器、片内数据存储器和片外数据存储器，而片内数据存储器又分为低128字节和高128字节。故C51编译器引入了关键字，说明存储器类型，如表4-9所示，指出变量在51单片机硬件系统中使用的存储区域，并在编译时进行准确定位。

表4-9　C51存储器类型

关键字	作　用
data	直接访问单片机片内数据存储器低128字节（00H～7FH），访问速度最快
bdata	可位寻址片内数据存储器的16字节（20H～2FH）位寻址区共128位，允许位与字节混合访问
idata	间接访问片内数据存储器256字节（00H～FFH），允许访问全部片内地址
pdata	分页访问片外数据存储器256字节，使用指令MOVX　@Ri
xdata	直接访问片外64KB数据存储器（0000H～FFFFH），使用指令MOVX　@DPTR
code	直接访问64KB程序存储区（0000H～FFFFH），使用指令MOVC　@A+DPTR

各种存储器类型的变量定义举例如下：

```
unsigned char data sys=9;   //定义sys为字符型变量,存储在片内数据存储器低128字节
int data uni_id[2];
unsigned int bdata status_word;          //定义status_word存储在位寻址区,可单
                                           独使用变//量的每一位
unsigned char idata status_id[5];
unsigned int xdata unit_string[17];
float pdata outp_value;
unsigned int code a=10;                  //变量a的值为10，存储在程序存储器中
```

对pdata和xdata的访问是相似的，只是对pdata段寻址比对xdata段寻址速度快，对pdata段访问只需装入8位地址，通过P0口输出地址。

使用code定义的变量存放在代码段，定义后的变量在程序中不能重新赋值，否则编译器会报错，即程序运行时，其值是不可改变的。通常，数码管的字形编码、液晶的汉字点阵编码等变量使用code段定义。

如果定义变量时省略存储器类型，编译器自动选择默认的存储类型，根据编译模式Small、Compact或Large所规定的默认存储器类型，指定变量的存储存区域。

（1）Small 存储模式下，默认的存储类型是 data，相关参数、堆栈和局部变量都存储在128字节的可以直接寻址的片内RAM用户区。因为位于片内存储器，所以该类型变量的优点是访问速度快，缺点是空间有限，只适用于小程序，大程序中data区只存放小的变量、数据或常用变量（如循环计数、数据索引等）。

（2）Compact 存储模式下，默认的存储类型是 pdata，参数和局部变量存放在 256 字节的一页片外 RAM，使用寄存器间接寻址，堆栈空间在片内存储区，特点是较 Small 慢，较 Large 要快。

（3）Large 存储模式下，默认的存储类型是 xdata，参数和局部变量都放在多达 64KB 的外部 RAM 区，使用 DPTR 数据指针间接寻址，该模式的优点是空间足够大，可存变量多，缺点是速度较慢。

📖 变量的存储类型与存储器模式是完全无关的。存储模式只是对未特别声明的变量进行存储范围的自动分配，也就是说，无论在什么存储模式下，都能通过具体的声明改变变量的存储范围。

把最常用的命令（如循环计数器和队列索引）放在内部数据区，能显著提升系统性能。

例如，设 C51 源程序为 delay.c，若使程序中的变量类型和参数传递区限定在外部数据存储区的一页内，可以在程序的第一句加预处理命令# pragma compact。

4.3 运算符与表达式

运算符是完成某种特定运算的符号，分为单目运算符、双目运算符和三目运算符。当运算符的运算对象只有 1 个时，称为单目运算符；当运算对象为两个时，则称为双目运算符；当运算对象为 3 个时，则称为三目运算符。

通过运算符将运算对象连接起来组成的具有特定含义的式子就是表达式，由运算符或者表达式后面加上分号，可以形成构成程序的各种语句。C 语言具有丰富的运算符和表达式，使 C 语言功能十分完善，这也是 C 语言的主要特点之一。

4.3.1 赋值运算符与表达式

“=”为赋值运算符，赋值表达式的一般形式为：

```
变量=表达式
```

其功能是计算“=”右边表达式的值，再将右边表达式值的类型转换成“=”左边变量的数据类型并赋值给该变量，具有右结合性。例如：

```
x = a+b;                //算术表达式 a+b 的值赋给 x
a=b=c=5;                //右结合性可理解为 a=(b=(c=5))
x=(i=5)+(j=10);         //i 赋值为 5，j 赋值为 10，再把 i 和 j 相加的和赋值给 x，x 等于 15
```

4.3.2 算术运算符与表达式

算术运算符用于各种数值运算，C51 有以下几种算术运算符，如表 4-10 所示。

表 4-10　算术运算符及其功能

算术运算符	功能	算术运算符	功能
+	加法	%	求余
–	减法	++	自增 1
*	乘法	--	自减 1
/	除法		

（1）加法运算符（+）为双目运算符，即有 2 个量参与加法运算，如 a+b、4+8 等，具有左结合性。+也可作正值运算符，此时为单目运算符。

（2）减法运算符（–）为双目运算符，也可作负值运算符，具有左结合性，如 –x、–9 等。

（3）乘法运算符（*）为双目运算符，具有左结合性。

（4）除法运算符（/）为双目运算符，具有左结合性。若是 2 个整数相除，所得结果也为整型，舍去小数，如 7/3，结果为 2。如果运算量中有一个是实型，则结果为双精度实型，如 10.0/20.0，结果为 0.5。

（5）求余运算符（%）为双目运算符，具有左结合性。参与运算的量只能是整型，% 左侧为被除数，右侧为除数，运算结果是两数相除后的余数。

（6）自增 1 运算符（++）功能是使变量的值增 1，单目运算符，具有右结合性。

（7）自减 1 运算符（--）功能是使变量的值减 1，单目运算符，具有右结合性。

需要注意的是，数据类型定义会影响算术运算结果，例如：

定义 a、b、c、d、e、f 为整型数据，g、h 为浮点型数据，令

```
a = 1;  b = 2;   c = 3;   g= 3.0;
d = a+b-(-c)*5;      //算术表达式 a+b-(-c)*5 的值赋给 d，d 的值为 18
e = c/b;             //e 的值为 1
f = c%b;             //f 的值为 1
h = g/b;             //h 的值为 1.5
```

需要注意的是，增量运算符放在变量之前或之后，其含义是不一样的。例如：

```
int a=7, i=10, j=21,b,c,d,e;    //定义 a,b,c,d,e,i,j 均为整型数据,初始化 a= 7,
                                  i= 10, j= 21
b = a++;                        //a 和 b 的结果为 8 和 7
c = ++a;                        //a 和 c 的结果为 9 和 9
d=(i++)+(i++);                  //i 和 d 的结果为 12 和 23
e=(j++)+(j++);                  //i 和 d 的结果为 23 和 45
```

- i++：i 参加运算后，i 的值再自增 1。
- i--：i 参加运算后，i 的值再自减 1。
- i++：i 自增 1 后再参与其他运算。
- i--：i 自减 1 后再参与其他运算。

4.3.3　逻辑运算符与表达式

逻辑运算符用于求逻辑运算的逻辑值，C51 有 3 种逻辑运算符，如表 4-11 所示。

表 4-11　逻辑运算符及功能

逻辑运算符	功能
&&	逻辑“与”
||	逻辑“或”
!	逻辑“非”

逻辑“或”运算符（||）与逻辑“与”运算符（&&）为双目运算符，而！为单目运算符。

逻辑运算符的真值表如表 4-12 所示。

表 4-12　逻辑运算真值表

逻辑运算符	运算对象 1	运算对象 2	逻辑运算结果
&&	假	假	假
	假	真	假
	真	假	假
	真	真	真
||	假	假	假
	假	真	真
	真	假	真
	真	真	真
!	/	假	真
	/	真	假

执行运算时，左右两侧的操作数均视为逻辑量。在 C 语言中规定，逻辑值是用数值非 0 和 0 表示逻辑“真”和“假”。例如：

a = –1；b = 0；c = 2；则

```
d = a&&b;                    //d的结果为0
e = b||c;                    //e的结果为1
f = !a;                      //f的结果为0,由于a是非零值,逻辑运算认为它为“真”
                               值，其非运算为“假”，即值为0
```

4.3.4　关系运算符与表达式

关系运算符用来比较变量或常数的值。C 语言有 6 种关系运算符，如表 4-13 所示。

表 4-13　关系运算符及功能

关系运算符	功能	关系运算符	功能
>	大于	>=	大于或等于
<	小于	<=	小于或等于
==	等于	!=	不等于

关系运算符都为双目运算符，具有左结合性。

关系表达式的运算结果为真（true）或假（false）。C 语言以 1 表示真，0 表示假。例如：令 a = 6；b = 5；c = 2 则

```
d=a>b;          //判断 a 是否大于 b，其结果为 1，d 的值为 1
b+c<a;          //判断为假，结果为 0
e=a>b>c         //由于左结合性，a>b 为真，则为 1，1 大于 c 的值为 0，所以运算结果为 0
```

4.3.5　位运算符与表达式

位运算符可以用来进行二进制位运算，对字节或字中的二进制位进行逐位逻辑处理或移位。位运算的操作对象只能为整型和字符型数据，不能用于 float、double、long、void 或其他聚合类型。C51 中共有 6 种位运算符，如表 4-14 所示。

表 4-14　位运算符及功能

位运算符	功能	位运算符	功能
&	按位与	|	按位或
^	按位异或	~	按位取反
>>	右移位	<<	左移位

除了按位取反运算符（~）是单目运算符外，其他的位操作运算符都是双目运算符。

其中的位逻辑运算与表 4-4 的逻辑运算真值表相同。比如，2 个变量有一个为假，则相“与”的结果为假。

例如：若 a=30H=00110000B，b=0FH=00001111B，则表达式 c=a|b=00111111B。

📖 位运算符是按位对变量进行运算，但并不改变参与运算的变量的值。

左移位运算符（<<）、右移位运算符（>>）用于将一个数的二进制位全部左移或右移若干位，移位后空白位补 0，而溢出的位舍弃。运算符左边为操作对象，运算符右边变量指定移动位数。进行右移位时，如果操作对象为无符号型数据，则总在其左端补 0；如果是有符号数，则在其左端补入原来数据的符号位（即保持原来的符号不变）。例如：

若 a=ABH=10101011B，为无符号数，则

```
a=a<<2;          //a 值左移 2 位，其结果为 10101100B=ACH
a=a>>2;          //a 值右移 2 位，其结果为 00101010B=2AH
```

例如：

若 a 是有符号数，a=8FH=10001111B，则

```
a=a>>2;          //a 值右移 2 位，其结果为 11100011B=0xe3
```

📖 左移 1 位相当于原数乘以 2，左移 n 位相当于原数乘以 2^n。同理，右移 1 位相当于原数除以 2，右移 n 位相当于原数除以 2^n。

4.3.6　逗号运算符与表达式

逗号运算符（，）主要用来做分隔符，具有左结合性。最右侧表达式的值作为整个表

达式的返回值。例如：

```
float a,b,c,d;
int a = -1, b = 2;
char chString[]={0x41,0x42,0x43,0x44,0x45};
z = (a++, a=a+3, a+b);     //首先执行 a++，其结果为 0，然后执行 a=a+3，其结果为 a=3，
                           //最后执行 a+b，其结果为 5，并将结果赋给变量 z
```

4.3.7　条件运算符

条件运算符（？：）是三目运算符，三个运算对象都由表达式组成，具有左结合性。条件表达式的一般形式为：

```
逻辑表达式 1?表达式 2：表达式 3
```

其功能是，当逻辑表达式 1 的值为“真”，则取表达式 2 的值；当逻辑表达式 1 的值为“假”，则取表达式 3 的值。

例如：a= 1; b = 2; 求 a、b 两数中较小的值放入 min 变量中。

```
min = (a<b)?a:b;     //先判断 a 是否小于 b，其结果为真，执行表达式 2，并将 a 的结果 1
                     赋给 min
```

或者采用以下程序:

```
if(a<b)
        min=a
else
        min=b;
```

4.3.8　长度运算符

长度运算符（sizeof）用来计算运算对象所占的字节数，是单目操作符。运算对象可以是类型说明符或变量，运算结果返回整型数。需要注意的是，该运算符不是在程序执行后才能计算出结果，而是直接在编译时产生结果。长度运算符计算字符串的长度时，其返回的长度包括字符串最后的空字符。

例如：

```
unsigned char s="hello!";
a =sizeof(s);        //a 的结果为 7
```

4.3.9　指针运算符

指针运算符用于对变量的地址进行操作。指针运算符主要有两种：*和&。其中，*运算符是单目运算符，其返回位于某个地址内存储的变量值；&运算符也是一个单目运算符，也叫取地址运算符，其返回操作数的地址。

它们的一般形式分别为：

```
变量=*指针变量；指针变量=&目标变量；
```

例如：

```
a=2; b=3; c=4;
p=&a;
*p=5;
```

程序的运行结果为：

```
a=5,b=3,c=4
```

当程序执行赋值操作 p=&a 后，指针实实在在地指向了变量 a，这时引用指针*p 就表示变量 a，所以在执行*p=5 后，变量 a 的值被赋值为 5。

4.3.10　复合赋值运算符与表达式

复合赋值运算符主要用来简化一些特殊的赋值语句，C51 中的复合赋值运算符如表 4-15 所示。

表 4-15　复合赋值运算符

复合赋值运算符	功能	复合赋值运算符	功能
+=	加法赋值	-=	减法赋值
*=	乘法赋值	/=	乘法赋值
%=	取模赋值	<<=	左移位赋值
>>=	右移位赋值	&=	逻辑“与”赋值
|=	逻辑“或”赋值	^=	逻辑“异或”赋值
~=	逻辑“非”赋值		

复合赋值运算符的功能是：先计算表达式的值，再赋予左边的变量。复合赋值运算符是双目操作符，具有右结合性。例如：

a = 112；b = 6；c = 112；d = 6；e = 112；f = 6；g = 128；则

```
a+=b;           //相当于 a=a+b，其结果为 a=118
c&=d;           //相当于 c=c&d，其结果为 c=0
e|=f            //相当于 e=e|f，其结果为 e=118
g/=(b+2)        //相当于 g=g/(b+2)，其结果为 g=16
```

4.3.11　类型转换运算符

混合于同一表达式中的不同类型常量及变量，均应变换成同一类型的量。C 语言有两种数据类型转换方式，即隐式转换和显式转换。隐式转换是在对程序进行编译时由编译器自动处理的，遵循如下规则：

（1）表达式中运算符连接的两个操作数具有不同的数据类型时，自动转换成较长的数据类型（转换顺序 char→int→long→float）进行计算。计算后的结果仍以最长的数据类型表示。

（2）如果赋值运算符两边的数据类型不同，将赋值运算符（=）右边的表达式类型转换成赋值运算符左边变量的类型。浮点型赋值给整型变量，则舍去小数部分；整型赋值给字符型变量，只把低 8 位赋值给字符变量，高 8 位丢失；整型赋值给浮点型，数值不变，增加小数部分，小数部分值为 0；字符型赋值给整型，故字符的 ASCII 码值存放到整型变量的低 8 位，高 8 位为 0。

只有基本数据类型(char、int、long 和 float)可以进行隐式转换，其余的数据类型不能进行隐式转换，可以利用强制类型转换运算符进行显式转换。

类型转换运算符用于强制使某一表达式的结果变为特定数据类型，类型转换运算符的一般形式如下：

```
(类型)  表达式
```

例如：

```
int a=78,nsum=0;
long b=500;
float f=3.14159,fsum=0.0;    //定义各种变量类型
fnum= (a+f)*a+b;      //先将整型变量 a 转为浮点型数据，然后进行计算，计算结果为浮点型
nsum=(a+f)/a;         //先将整型变量 a 转为浮点型数据，然后进行计算，计算结果为浮点型，
                      //在赋值时自动将其转换成待赋值变量的数据类型，即整型数据
nsum=(int) (a+f)/a;  //将运算结果强制转换成整型
```

4.3.12 运算符优先级和结合性

当一个表达式中有多个运算符参与运算时，要按照运算符的优先级别进行运算，先执行优先级高的，在同一优先级中，要考虑它的结合性。例如，结合方向为从左到右，即表示从左向右进行运算。具体的优先级和结合方向如表 4-16 所示。

表 4-16 运算符优先级和结合方向

优先级	运算符	名称或含义	使用形式	结合方向	说明
1	[]	数组下标	数组名[常量表达式]	从左到右	
	()	圆括号	(表达式)/函数名(形参表)		
	.	成员选择（对象）	对象.成员名		
	->	成员选择（指针）	对象指针->成员名		
2	–	负号运算符	–表达式	从右到左	单目运算符
	（类型）	强制类型转换	(数据类型)表达式		
	++	自增运算符	++变量名/变量名++		单目运算符
	--	自减运算符	--变量名/变量名--		单目运算符
	*	取值运算符	*指针变量		单目运算符
	&	取地址运算符	&变量名		单目运算符
	!	逻辑非运算符	!表达式		单目运算符
	~	按位取反运算符	~表达式		单目运算符
	sizeof	取所占内存字节数	sizeof(表达式)		
3	/	除	表达式/表达式	从左到右	双目运算符
	*	乘	表达式*表达式		双目运算符
	%	余数（取模）	整型表达式%整型表达式		双目运算符

续表

<table>
<tr><th>优先级</th><th>运算符</th><th>名称或含义</th><th>使用形式</th><th>结合方向</th><th>说明</th></tr>
<tr><td rowspan="2">4</td><td>+</td><td>加</td><td>表达式+表达式</td><td rowspan="15">从左到右</td><td>双目运算符</td></tr>
<tr><td>–</td><td>减</td><td>表达式–表达式</td><td>双目运算符</td></tr>
<tr><td rowspan="2">5</td><td><<</td><td>左移</td><td>变量<<表达式</td><td>双目运算符</td></tr>
<tr><td>>></td><td>右移</td><td>变量>>表达式</td><td>双目运算符</td></tr>
<tr><td rowspan="4">6</td><td>></td><td>大于</td><td>表达式>表达式</td><td>双目运算符</td></tr>
<tr><td>>=</td><td>大于等于</td><td>表达式>=表达式</td><td>双目运算符</td></tr>
<tr><td><</td><td>小于</td><td>表达式<表达式</td><td>双目运算符</td></tr>
<tr><td><=</td><td>小于等于</td><td>表达式<=表达式</td><td>双目运算符</td></tr>
<tr><td rowspan="2">7</td><td>==</td><td>等于</td><td>表达式==表达式</td><td>双目运算符</td></tr>
<tr><td>!=</td><td>不等于</td><td>表达式!= 表达式</td><td>双目运算符</td></tr>
<tr><td>8</td><td>&</td><td>按位与</td><td>表达式&表达式</td><td>双目运算符</td></tr>
<tr><td>9</td><td>^</td><td>按位异或</td><td>表达式^表达式</td><td>双目运算符</td></tr>
<tr><td>10</td><td>|</td><td>按位或</td><td>表达式|表达式</td><td>双目运算符</td></tr>
<tr><td>11</td><td>&&</td><td>逻辑“与”</td><td>表达式&&表达式</td><td>双目运算符</td></tr>
<tr><td>12</td><td>||</td><td>逻辑“或”</td><td>表达式||表达式</td><td>双目运算符</td></tr>
<tr><td>13</td><td>?:</td><td>条件运算符</td><td>表达式 1?: 表达式 2：表达式 3</td><td rowspan="13">从右到左</td><td>三目运算符</td></tr>
<tr><td rowspan="12">14</td><td>=</td><td>赋值运算符</td><td>变量=表达式</td><td></td></tr>
<tr><td>/=</td><td>除后赋值</td><td>变量/=表达式</td><td></td></tr>
<tr><td>*=</td><td>乘后赋值</td><td>变量*=表达式</td><td></td></tr>
<tr><td>%=</td><td>取模后赋值</td><td>变量%=表达式</td><td></td></tr>
<tr><td>+=</td><td>加后赋值</td><td>变量+=表达式</td><td></td></tr>
<tr><td>–=</td><td>减后赋值</td><td>变量–=表达式</td><td></td></tr>
<tr><td><<=</td><td>左移后赋值</td><td>变量<<=表达式</td><td></td></tr>
<tr><td>>>=</td><td>右移后赋值</td><td>变量>>=表达式</td><td></td></tr>
<tr><td>&=</td><td>按位与后赋值</td><td>变量&=表达式</td><td></td></tr>
<tr><td>^=</td><td>按位异或后赋值</td><td>变量^=表达式</td><td></td></tr>
<tr><td>|=</td><td>按位或后赋值</td><td>变量|=表达式</td><td></td></tr>
<tr><td>15</td><td>,</td><td>逗号运算符</td><td>表达式，表达式，…</td><td>从左到右</td><td></td></tr>
</table>

4.4　构造数据类型

除了基本数据类型外，C 语言扩展了一些数据类型，称为聚合数据类型，它们由基本数据类型按照一定规则构成，因此又称为构造数据类型，包括数组、指针、结构、共用体（联合）和枚举。

4.4.1　数组

数组是把若干具有相同数据类型的变量按有序的形式组织起来的集合，数组中的每个变量称为数组元素。这些数组元素可以是基本数据类型，也可以是构造数据类型。

通常情况下，数组存放在内存中连续的空间内，最低地址对应于数组的第一个元素，最高地址对应于最后一个元素，且每一个元素占有的存储单元是相同的。数组保存的内容必须是相同类型的，引用这些变量时可以用同一个名字。数组的每个元素都有唯一的下标，通过数组名和下标可以访问数组的元素。

根据维数不同，数组可分为一维、二维和多维数组，这些不同维数的数组为大批量的数据处理提供了方便。

1. 一维数组

一维数组说明的一般形式如下：

```
数据类型  数组名[常量表达式];
```

数据类型是任一种基本数据类型或构造数据类型。数组名是用户定义的数组标识符。常量表达式表示数组元素的个数，也称为数组的长度，只能为正整数。

例如：

```
int a[10];                  //定义一个含 10 个元素的整型数组
unsigned int a[10];         //定义一个含 10 个元素的无符号整型数组
char a[10] ;                //定义一个含 10 个元素的字符型数组
struct a[10];               //定义一个含 10 个元素的结构型数组
```

📖 同一个数组的所有数据的类型是相同的，并且数组都是以 0 作为第一个元素的下标。上例中，int a[10]定义整型数组，其 10 个元素应从 a[0]~a[9]，且每个元素为一个整型变量。

数组长度必须在说明时明确地指出，这样编译程序可以为数组分配内存空间，一维数组在内存中所占的总字节数可按下列公式计算：

```
总字节数=sizeof(类型)×数组长度
```

对于数组类型说明需要注意以下两方面。

（1）数组名不能与其他变量名相同。

例如，以下程序是错误的：

```
void main ()
{
    int arr;
    float arr[10];      //定义数组和变量名相同
    …
}
```

（2）不能在方括号中用变量表示元素的个数，但是可以用符号常量或常量表达式。

例如，以下程序是错误的：

```
void main ()
{
    int num=100;
    float sum[num];    //num 为变量
    …
}
```

数组元素是组成数组的基本单元，也称为下标变量。数组元素的一般形式为：

```
数组名[下标]
```

下标表示元素在数组中的位置（顺序），为整型常量或整型表达式。如果为小数，编译器将自动取整，如 a[10]、m[i+j]、n[i++]等都是数组元素。C 语言中只能逐个使用数组元素，而不能一次引用整个数组。

【例 4-7】 输出 10 个元素的数组元素。

```
for(i=0; i<10;i++)
    printf("%d",a[i]);
```

可以采用循环语句逐个输出各个数组元素，如 printf(" %d " ,a)，这样输出整个数组元素是错误的。

数组元素也是一种变量，定义之后可以赋值，数组的赋值方法有以下几种。

（1）使用赋值语句。

例如：

```
for(i=0;i<10;i++)
    a[i]=i;
```

（2）初始化赋值。

数组初始化赋值是指在数组说明的同时单独为某几个元素或整个数组元素赋初值。初始化赋值的一般形式为：

```
static 数据类型  数组名[常量表达式]={值,值,…,值};
```

其中 static 表示静态存储类型，C 语言规定只有静态存储类型和外部存储类型的数组才可以初始化赋值。花括号中的各数值为各元素的初值，各值之间用逗号间隔。

初始化赋值可以给全部元素赋值，也可以只给部分元素赋值。当花括号中数值的个数少于元素个数时，只给前面部分元素赋值。如果给全部元素初始化赋值，则在数组说明中可以省略数组元素的个数。

例如：

```
int a[5]={5,3,2,1,0}       //定义数组 a 为含 5 个元素的整型数组，并给 5 个元素全部赋值；
                           //a[0]=5,a[1]=3,a[2]=2,a[1]=1,a[0]=0
int b[10]={1,2,3,4,5}      //定义数组 b 为含 10 个元素的整型数组，并给 b[0]~b[4]初始化；
                           //b[0]=1,b[1]=2,b[2]=3,b[3]=4,b[04]=5
int i[]={2,4,6,8,10}       //定义数组 i 为整型数组，并给全部元素赋初值，此时可省略数组
                           //的长度。长度由赋值的个数来确定，在本例中数组大小为 5
```

（1）定义数组时，如果未进行初始化赋值，C51 会按默认方式自动处理。对于外部型和静态型数组元素，变量的初始值赋为 0，自动型和寄存器型数组变量的初始值赋为随机值。

（2）C51 对数组不作边界检查。例如，定义了 2 个数组 int a[5]和 int b[6]。当输入 1、2、3、4、5、8 时，前 5 个数赋给数组 a，而第 6 个数字 8 则被赋给数组 b。

（3）数组名代表的是数组在内存中的首地址，因此可以用数组名代表数组第一个元素（下标为 0）的地址。

（3）动态赋值。

在程序执行过程中，可以对数组动态赋值，此时采用循环取语句配合 scanf 函数，逐个对数组元素赋值。数组动态赋值程序示例如下：

```
# include <stdio.h>                          //头文件
void main ()                                 //主函数
{
    int i,a[5];                              //定义整型变量 i 和整型数组 a
    printf("请输入 5 个正整数:\n");          //打印说明字符
    for(i=0;i<5:i++)                         //循环输入数组中的元素
    {
        scanf("%d",&a[i]);
    }
    for(i=0;i<5;i++)
    {
        printf("a[%d]=%d",i,a[i]);
    }
}
```

2. 二维数组

最简单的多维数组是二维数组。实际上，二维数组是以一维数组为元素构成的数组，二维数组声明的一般形式如下：

```
数据类型  数组名[常量表达式 1][常量表达式 2];
```

二维数组以行—列矩阵的形式存储。第一个下标代表行长度，第二个下标代表列长度，这意味着按照在内存中的实际存储顺序访问数组元素时，右边的下标比左边的下标的变化快一些。

三维数组声明的一般形式如下：

```
数据类型  数组名[常量表达式 1][常量表达式 2[常量表达式 3];
```

例如：

```
int n_int[100];              //定义 100 个整型元素的一维数组
char n[3][12];               //定义 3 行 12 列共 36 个元素的字符型二维数组
char chString[5][7][3]       //定义三维字符型维数组
```

二维数组的存取顺序是按行存取。先存取第 0 行元素的第 0 列、第 1 列、第 2 列……直到第 0 行的最后一列；然后存取第 1 行的第 0 列、第 1 列、第 2 列……直到第 1 行的最后一列。按照如此顺序进行，直到最后一行的最后一列。

二维数组 n[3][12]共有 36 个元素，也就是说，相当于 n[0]是一个有 12 个元素的一维数组 n[0][12]，n[1]是一个有 12 个元素的一维数组 n[1][12]，n[2]是一个有 12 个元素的一维数组 n[0][12]，如表 4-17 所示。

表 4-17　二维数组 a[3][12]

a[0]	[0]	[1]	[2]	[3]	[4]	[5]	[6]	[7]	[8]	[9]	[10]	[11]
a[1]	[0]	[1]	[2]	[3]	[4]	[5]	[6]	[7]	[8]	[9]	[10]	[11]
a[2]	[0]	[1]	[2]	[3]	[4]	[5]	[6]	[7]	[8]	[9]	[10]	[11]
a[3]	[0]	[1]	[2]	[3]	[4]	[5]	[6]	[7]	[8]	[9]	[10]	[11]
a[4]	[0]	[1]	[2]	[3]	[4]	[5]	[6]	[7]	[8]	[9]	[10]	[11]

其存取顺序为：n[0][0],n[0][1],…, n[0][11],n[1][0],n[1][1],…, n[1][11],n[2][0], n[2][1],…, n[2][11]。

二维数组的初始化赋值可以通过将数据，也可以通过将所有数据写在一个括号内，按数组的排列顺序对各元素赋初值。

1）分行赋初值

将初始化数据分别放在不同的花括号内，每个花括号对应每行的元素。

例如：

```
int n[3][4]={{1,2,3,4},{5,6,7,8},{9,10,11,12}};
```

赋值后数组元素为

$$\begin{bmatrix} 1 & 2 & 3 & 4 \\ 5 & 6 & 7 & 8 \\ 9 & 10 & 11 & 12 \end{bmatrix}$$

当某行对应的花括号内的初值的个数少于该行中数组元素的个数时，系统将自动给该行后面的元素赋初值 0。

例如：

```
int n[3][4]={{1,2,3},{},{9,10,11,12}};
```

赋值后数组元素为

$$\begin{bmatrix} 1 & 2 & 3 & 0 \\ 0 & 0 & 0 & 0 \\ 9 & 10 & 11 & 12 \end{bmatrix}$$

当对应每行元素初值的花括号少于数组的行数时，系统将自动给后面各行的元素补充赋初值 0。

例如：

```
int n[3][4]={{1,2,3},{5,6,7,8}};
```

赋值后数组元素为

$$\begin{bmatrix} 1 & 2 & 3 & 0 \\ 5 & 6 & 7 & 8 \\ 0 & 0 & 0 & 0 \end{bmatrix}$$

对于二维数组，在数组定义语句中只可以省略第一个方括号中的常量表达式，即行长度，而不能省略第二个方括号中的常量表达式，即列长度。此时，必须通过分行初始化赋值，第一维的长度由所赋初值的行数决定，即对应行数的行花括号的个数决定。

例如：

```
int n[][4]={{1,2,3},{5,6,7,8},{}};
```

赋值后数组元素为

$$\begin{bmatrix} 1 & 2 & 3 & 0 \\ 5 & 6 & 7 & 8 \\ 0 & 0 & 0 & 0 \end{bmatrix}$$

2）用一个花括号，按数组元素排列顺序赋初值

系统按 n 数组元素在内存中的排列顺序依次将花括号中的数据赋值给各个元素，若数据不足，则自动给后面的元素补充初值 0。

例如：

```
int n[3][4]={1,2,3,5,6,7,8};
```

赋值后数组元素为

$$\begin{bmatrix} 1 & 2 & 3 & 5 \\ 6 & 7 & 8 & 0 \\ 0 & 0 & 0 & 0 \end{bmatrix}$$

3. 字符数组

字符数组是指用来存放字符类型的数组。在字符数组中，每一个元素存放一个字符，可以用字符数组存储长度不同的字符串。字符数组定义的一般形式与前面介绍的数值型数组相同。

一维字符数组的一般形式如下：

```
数据类型  数组名[长度]
```

例如：

```
char first[10]        //定义了一个共有 10 个字符的一维字符数组
char second[2][8]     //定义了一个二维字符数组，它可容纳 2 个字符串，每串最长 8 个字符
```

字符数组初始化是将各个字符逐个赋给数组中的各个元素。

```
char first[]={'T','h,'a','n', 'k',' ','y','o','u'};      //定义字符数组 first
                                                          //并以字符形式给每个
                                                          //元素赋初值
```

C 语言还允许用字符串直接给字符数组赋初值，有以下两种形式。

```
char second[]={"Thank you"};    //定义字符数组 second 并以字符串的形式赋初值
char second[]="Thank you";      //定义字符数组 second 并以字符串的形式赋初值
```

📖 用双引号括起来的一串字符称为字符串常量，用单引号括起来的称为字符。对于字符串，编译器会自动在字符的末尾加上结束符'\0'(NULL)，如'a'表示字符，而"a"表示字符串，由两个字符'a'和'\0'组成。
数组说明时可以不指定数组的长度，而是由后面的字符或字符串来决定。用字符指定数组长度，数组的长度由字符个数确定，在上例中 first 数组长度为 9（包含一个空格字符）；用字符串指定数组长度，数组和长度由字符串加 1 确定，因为 C51 编译器会自动在字符串的末尾加上结束符转义序列'\0'，所以 second 的长度为 10。

若干字符串可以装入一个二维字符数组中，这个二维字符数组的第 1 个下标是字符串的个数，第 2 个下标为每个字符串的长度，该长度应比该组字符串中最长的串多 1 个字符。

例如：

```
char third[][8]={{"hello"}, {"jack xu"}};
```

二维字符数组中第 1 个下标可以省略，它可由初始化数据自动得到，但第 2 个下标必须给定。在上例中，共有 2 个字符串，故第 1 个下标为 2。

4.4.2　指针

指针是 C51 中广泛使用的一种数据类型。利用指针变量可以表示各种数据结构，很方便地使用数组和字符串，能如同汇编语言一样处理内存地址，从而使得程序紧凑高效。指针处理非常灵活，是掌握 C 语言的精华。

计算机内存是以字节为单位的一片连续的存储空间，每一个字节都有一个编号，这个编号称为内存地址。若在程序中定义了一个变量，C51 编译器就会根据定义中变量的类型，为其分配一定字节数的内容空间，如字符型占 1 字节，整型变量占 2 个字节，实型占 4 个字节，此时，这个变量的内存地址也就确定了。

一般情况下，在程序中只需指出变量名，无须知道每个变量在内存中的具体地址，每个变量与具体地址的联系由 C51 编译器完成。程序中对变量进行存取操作，实际上是对某个地址的存储单元进行操作。这种直接按变量的地址存取变量值的方式称为“直接存取”方式。

在 C51 中，还可以定义一种特殊的变量，这种变量是用来存放内存地址的。通过访问这种变量间接得到需要访问的变量的地址，然后通过这个地址存取需要访问的变量，这种方式称为“间接存取”方式。这种特殊的变量存有地址值，可以指向变量，称为指针变量。

例如：

```
int a=i*2
```

直接存取方法：这时读取变量的值是直接找变量 i 在内存中的地址 1000，然后从 1000 中找到变量的值 10，再乘以 2 的结果赋给 a，因此 a=20。

间接存取方法：先将 i 的地址存到某一地址中，比如 1100 和 1101，此时存取变量 i，可以先从 1100 中读出 i 的地址 1000，再找到相应的内存 1000 中读取变量 i 的值为 10。

📖 关于指针要区分下面 2 个概念。

（1）变量的指针：就是变量的地址，如上例中的变量 i，它的指针就是内存中的地址 1000。

（2）指向变量的指针变量（简称指针变量）：它是一个专门存放另一个变量地址（指针）的变量，它的值是指针，上例中的地址 1100 和 1101 两字节存放的变量就是一个指针变量，它的值就是变量 i 的地址 1000。

---

1. 指针变量的定义

指针是一个特殊的变量，是用来专门存放地址的。若要使用指针变量，则必须对它进行声明，指针可以声明为各种数据类型的变量。指针定义的一般格式为：

```
数据类型  *指针变量名
```

在变量名前加*表示此变量为指针变量，而数据类型则表示该指针变量所指向的变量的类型。

例如：

```
int  *ip1;                  //定义指针变量 ip1，指向整型变量，存放整型变量的地址
float  *ip2;                //定义指针变量 ip2，指向浮点型变量，存放浮点型变量的地址
```

📖 这个定义中，指针变量是ip1(ip2)而不是*ip1(*ip2)，指针变量ip1(ip2)存放的是地址；*ip1(*ip2)则是一个变量，存放的是数值。

2. 指针变量的初始化和赋值

一个指向不明的指针是非常危险的。很多软件有bug，其原因就是存在指向不明的指针。

指针是用来进行地址运算的，赋值时将变量的地址赋给它，符号&是用来取变量地址的。例如：

```
int a=10,b=20,c=30;       //定义了 3 个整型变量 a、b、c
int *ap,*bp,*cp;          //定义了 3 个整型指针变量 ap、bp、cp
ap=&a,bp=&b,cp=&c;        //指针 ap 存储变量 a 的地址，即 ap 指向 a；指针 bp 存储变量 b
                          //的地址，即 bp 指向 b；指针 cp 存储变量 c 的地址，即 cp 指向
                          //c；如图 4-2 所示
```

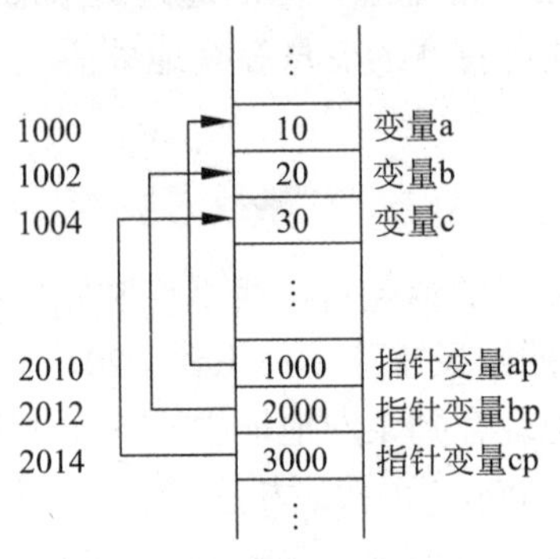

图4-2　指针示意图

指针变量在定义中允许初始化，如 int i,*ip1=&i；若没有初始化，则指针变量被初始化为NULL，即不指向任何有效数据。

指针变量的赋值有以下几种形式：

（1）变量的地址赋值给指针变量。

（2）把一个指针变量的值赋值给另一个指针变量。

（3）数组的首地址赋值给指针变量。

（4）字符串的首地址赋值给指针变量。

例如：

```
int a, array[5], *ap,*bp,*cp;    //定义了整型变量 a 和整型指针 ap
char *strp;
ap=&a;
bp=ap;
cp=array;                        //数组名表示数组的首地址，赋值给指针变量
strp="Welcome to here! "         //存放该字符串的字符数组的首地址赋值给指针变量
```

*在指针变量定义时和在指针运算时所代表的含义是不同的。在进行指针变量定义时，*是指变量类型说明符；在进行指针运算时，*是指针运算符。例如：

```
int i=10,j;      //定义了两个整型变量 i 和 j，其中可存入整数
int *ip;         //定义一个指向整型数的指针变量 ip，它只能存放整型变量的地址
ip=&i;           //把 i 的地址赋给 ip，以后可通过 ip 间接访问变量 i
j=*ip;           //程序先从指针变量 ip 中读出变量 i 的指针，然后从此地址的内存中读出变
                 //量 i 的值，再赋给 j
```

在进行指针运算时，*ip 与 i 等价，即*ip 就是 i；由于*ip 与 i 等价，则&*ip 与&i 等价；由于 ip=&i，则*ip 与*&i 等价，即*&i 与 i 等价；*ip++相当于 i++。

指针的加减运算只能针对数组指针变量，对指向其他类型变量的指针变量进行加减运算是无意义的。对于指向数组的指针变量，指针可以和整数进行加减运算，指针变量加或减一个整数 n，表示把指针指向当前位置（某数组元素）向前或向后移动 n 个位置；若 2 个指针指向同一数组，2 个指针变量可以进行关系运算和减法运算。例如，2 个指针变量 i 和 j，若 i==j 为真，则表示 i、j 指向数组的同一元素；i–j 则表示 i 和 j 之间的数组元素个数。

3. 指针的类型

C51 编译器支持两种不同类型的指针，即存储器指针和通用指针。

1）通用指针

通用或未定型的指针的声明和标准 C 语言中一样。例如：

```
char * s;        //*字符指针*
int * numptr;    //*整型指针*
long * state;    //*长整型指针*
```

通用指针在内存中占用 3 个字节，其中第一个字节表示存储器类型，第二个字节是指针的高字节，第三个字节是指针的低字节，即：

地址	内容
+0	存储器类型
+1	偏移量高位
+2	偏移量低位

存储器类型编码如下：

存储器类型	值
idata/data/bdata	0x00
xdata	0x01
pdata	0xfe
code	0xff

例如，以 xdata 类型的 0x1234 地址作为指针可以表示如下：

地址	内容
+0	0x01
+1	0x12
+2	0x34

通用指针可以用来访问所有类型的变量，而不必考虑变量在 51 单片机中存储在哪个存储空间。因而，许多 C51 库函数都使用通用指针。函数可以通过使用通用指针存取位于任何存储空间的数据。

另外，可以使用存储器类型说明符为这些通用指针指定具体的存储位置。例如：

```
char * xdata ap;          //字符指针，存在 xdata
int * data numptr;        //整型指针，存在 data
```

在该例中，变量可以存放在 51 单片机的任何一个存储器内，而指针分别存储在 xdata、data 空间内。

2）存储器指针

存储器指针在定义时包括一个存储器类型说明，表示指针总是指向说明的特定存储空间。例如：

```
char data * str;          //指向内 RAM 低 128 字节的字符指针
int xdata * numtab;       //指向程序存储区的整型指针
```

由于存储器类型在编译时已经确定，通用指针中用来表示存储器类型的字节就不再需要了。指向 idata、data、bdata 和 pdata 的存储器指针用 1 个字节保存，指向 code 和 xdata 的存储器指针用 2 个字节保存。使用存储器指针比通用指针效率要高，速度要快。当然，存储器指针的使用不是很方便。在所指向目标的存储空间明确并不会变化的情况下，它们用得最多。

如同通用指针一样，在指针声明前面加上存储类型说明符，也可为存储器指针指定存放的位置。例如：

```
char data * xdata ap;     //指针存放在 xdata 空间，并指向 data char 变量
int xdata * data bp;      //指针存放在 data 空间，并指向 xdata int 变量
int code * idata cp;      //指针存放在 idata 空间，并指向 code int 变量
```

4.4.3 结构

数组是同一类型的数据组合成的有序集合，而结构是把多个不同数据类型的变量组合成一个整体的数据块。整体中的各个单元称为结构成员，对结构成员可以单独访问和处理。结构成员可以是字符型、整型等基本数据类型，还可以是数组、指针、枚举或其他结构类型的变量。

1. 结构定义

定义结构的一般形式如下：

```
struct 结构名                //struct 是结构的关键字，结构名是结构的标识符，而不是变量
{
  类型说明符    成员 1;
  类型说明符    成员 2;
  …
};
```

例如：

```
struct student
{
    char name[16];
    int age;
    bit sex;
    float record1,record2,record3;
};
```

在上例中，定义了一个结构，其结构名为 student，由 4 个成员组成。第 1 个成员 name 是字符数组，第 2 个成员 age 是整型变量，第 3 个成员 sex 是位变量，第 4、5、6 个成员均为浮点型变量。

📖 结构成员之间是没有顺序的，对结构成员的访问是通过成员名来实现的；另外，需要注意花括号（}）后面的分号（;）是必须存在的。

2. 定义结构变量

结构定义之后，可进行结构变量声明，定义结构变量。定义结构变量通常有三种方法。

1）在结构定义的同时定义结构类型变量

```
struct 结构名
{
    类型说明符    成员 1;
    类型说明符    成员 2;
    …
}结构变量 1, 结构变量 2…;
```

例如：

```
struct student
{
      char name[16];
      int age;
      bit sex;
      float record1,record2,record3;
}stu1,stu2;
```

📖 注意区别结构名和结构变量的关系。在上例中，定义了一个结构名 student，定义了两个结构变量 stu1 和 stu2，这两个结构变量都是由 student 的 6 个成员构成的。

2）在结构定义后定义结构类型变量

```
struct 结构名
{
    类型说明符    成员 1;
```

```
    类型说明符    成员 2;
    …
};
结构名  结构变量 1, 结构变量 2…;
```

例如：

```
struct student
{
     char name[16];
     int age;
     bit sex;
     float record1,record2,record3;
};
struct student stu1,stu2;      //结构变量声明
```

3）直接定义结构体类型变量

```
struct
{
    类型说明符    成员 1;
    类型说明符    成员 2;
    …
}结构变量 1, 结构变量 2…;
```

例如：

```
struct    //省略结构名
{
     char name[16];
     int age;
     bit sex;
     float record1,record2,record3;
} stu1,stu2;      //结构变量声明
```

这种省略结构名的结构称为无名结构，这种情况常出现在函数内部。

📖 直接定义的结构变量省略了结构名，而直接说明结构变量。由于没有结构名加以区分，有时会产生错误。

3. 结构变量的初始化和引用

在C语言中，所有声明的变量都涉及初始化问题，结构变量也不例外。可以在结构定义的同时对其初始化，例如：

```
struct student
{
     char name[16];    //姓名
     int age;          //年龄
     bit sex;          //性别
     float record1,record2,record3;      //成绩
}stu={"suning",21,0,85.5,75.0,94.3};     //结构变量 stu 初始化
```

📖 初始化时需要注意，赋值运算符（=）后面的花括号里的顺序需要与结构成员的顺序和数据类型一致。在C51中，不允许对结构体中的成员直接赋初值。

结构不能作为一个整体赋值、存取和运算，也不能整体地作为函数的参数或函数的返回值。对结构只能用&运算符取结构的地址，或对结构变量的成员分别引用进行赋值和运算。引用的一般的形式如下：

```
结构变量.成员名
```

例如：

```
struct student
{
     char name[16];                      //姓名
     int age;                            //年龄
     bit sex;                            //性别
     float record1,record2,record3;      //成绩
}stu1;
stu1.age=21;
stu1.name="suning";
stu1.sex=1;
```

成员运算符（.），在所有运算符中的优先级最高。

📖 对结构变量只能使用&取变量地址，或对结构体变量的成员进行操作，对成员的操作和普通变量操作方法相同。

4.4.4　共用体（联合）

共用体又称为联合（union），与结构类似，可以包含多个不同的数据类型。它与结构的区别在于，C51 编译器在编译时为此类型指定一块内存空间，并允许各种类型的数据共同使用。

共用体变量所占用的空间并不是所有成员占用的空间的总和，而是由其中占用最大空间的某一数据类型决定的。因为在任何时候共用体变量至多只存放该类型所包含的一个成员，即它所包含的各个成员分时共享这一存储空间。

共用体类型的定义的一般形式如下：

```
union 共用体名
{
   类型说明符    成员 1;
   类型说明符    成员 2;
   …
};
```

例如：

```
union persondata
{
      int class;
      char office[10];
      float score;
};
```

在上例中，定义了一个名为 persondata 的共用体，包含 3 个不同数据类型的成员，分

别为 int、char 和 float 类型。

共用体变量的定义方法与结构变量相同，这里不再介绍。

例如：

```
union persondata obj1,obj2;
```

obj1、obj2 为 persondata 类型的共用体变量。

> 📖 obj1、obj2 变量由系统根据 persondata 的成员中所需空间最大的成员的长度分配内存空间，即等于 office 数组的长度，共 10 个字节。

共用体变量的引用和结构体相同，只能对其中的单个成员进行赋值和引用，其一般表示方法如下：

```
共用体变量名.成员名
```

成员引用为 obj1.class、obj.score。需要注意的是，在某一时刻内存只能保留某一数据类型的变量，故只能根据需要使用其中的某一成员，不能同时引用共用体变量成员。公用体的这一特点便于程序设计人员在同一内存区对不同数据类型的交替使用，可以增加灵活性，节省内存。

4.4.5 枚举

在实际问题中，除了整型、字符型或其他类型数据外，还有一些变量的取值只有几种固定的状态，如交通灯有红、黄、绿三种颜色，一个星期有 7 天。为此，C 语言提供了一种称为“枚举”的数据类型。在枚举类型的定义中列举出所有可能的取值，而声明为枚举的变量取值不能超过定义的范围。

枚举类型定义的一般形式如下：

```
enum  枚举类型名  {枚举值 1, 枚举值 2, …};
```

例如：

```
enum  week {Monday, Tuesday, Wednesday, Thursday, Friday, Saturday,Sunday };
```

该例子定义了一个新的数据类型 week，其数据类型默认为 int 类型，默认枚举值从 0 开始，依次递增。即 week 类型的数据只有 7 种取值，其中 Monday=0，Tuesday=1，Wednesday=2，Thursday=3，Friday=4，Saturday=5，Sunday =6。

定义枚举类型时，可以直接指定某个或某些枚举值的数值，其后各项将随之依次递增。可以这样定义：

```
enum  week {Monday=1, Tuesday, Wednesday, Thursday, Friday, Saturday, Sunday };
```

这样，枚举值从 1 开始，依次递增，Monday=1，Tuesday=2，直到 Sunday =7。

枚举变量的定义方法与结构相同，例如：

```
enum  week
      {Monday, Tuesday, Wednesday, Thursday, Friday, Saturday,Sunday };
enum week work,rest;
```

或者

```
enum  week
      {Monday, Tuesday, Wednesday, Thursday, Friday, Saturday,Sunday }
      work,rest;
```

或者

```
enum
      {Monday, Tuesday, Wednesday, Thursday, Friday, Saturday,Sunday }
      work,rest;
```

枚举类型使用时应该注意：枚举值是常量，不是变量，不能在程序中用赋值语句再对它赋值；只能把枚举值赋予枚举变量，不能把元素的数值直接赋予枚举变量。

例如：

```
work=Monday; rest=Sunday;
```

是正确的；

而

```
work=1; rest=7;
```

是错误的。

可以使用强制类型转换，例如：

```
work=(enum week)2;    //将顺序号为 2 的枚举元素赋值给枚举变量 work
```

相当于

```
work=Wednesday;
```

枚举元素不是字符常量，也不是字符串常量，使用时不要加单、双引号。

4.5　基本语句和程序流程结构

C 语言是一种结构化的程序设计语言，提供了相当丰富的程序控制语句。这些语句主要包括顺序流程的一些简单语句、选择语句和循环语句。

程序是由若干语句构成的，C 语言提供了顺序、选择、循环 3 种流程控制结构。如果某一段语句需要重复执行或者有选择地执行，可以通过三者的嵌套组合，以达到提高代码效率和代码可读性的目的，实现更多更复杂的功能。

4.5.1　顺序语句和顺序流程结构

顺序语句是一种简单的语句，按照地址由低到高依次执行，执行后不会发生流程的转移。C 语言中提供的顺序语句有表达式语句、变量声明语句、复合语句、空语句。

1．表达式语句

表达式语句是最基本的一种语句。在表达式之后加上分号（;）就构成了表达式语句，执行表达式语句就是计算表达式的值。

其一般形式为：

```
表达式;
```

例如：

```
x=1+2;    //赋值语句，把表达式 1+2 的值赋给 x
i++;      //自增 1 语句，i 值增 1
```

📖 表达式和表达式语句的区别是有无分号，需要强调的是，分号（;）是在半角条件下输入的。

2. 变量声明语句

对变量进行定义的语句为变量声明语句，其格式参见 4.2.3 节。

用 C 语言派生的 C51 语言对单片机进行编程时，数据类型的使用表面上看起来很灵活，实际上 C51 编译器要用一系列机器指令对其进行复杂的数据类型处理。特别是使用浮点变量时，将明显地增加程序长度和运算时间。

C51 编译器支持对变量存储位置的定义，因此 C51 编程时，在变量声明语句中定位变量的存储位置有利于提高变量访问速度和程序执行效率。例如：

```
char data dat1;       //定义字符型变量 dat1，分配在内部 RAM 的低 128 字节，经编译后该变
                      //量可通过直接寻址方式访问
float idata x,y,z;    //定义浮点类型变量 x、y、z，分配到内部 RAM 中，可通过间接寻址方
                      //式访问
unsigned long xdata array[100];     //定义无符号长整型数组 array[100]，将其分配
                                    //到外 RAM 中，编译后，通过 MOVX A, @DPTR 访问
unsigned int pdata student_num;     //定义无符号整型变量 student_num，将其分配
                                    //到外 RAM 中，编译后，通过 MOVX  A, @Ri 指
                                    //令采用分页的形式访问
char code text[ ] = "ENTER PARAMETER"; //定义字符数组 text[ ]并赋初始值"ENTER
                                       //PARAMETER"，将其分配到程序存储区。可
                                       //通过 MOVC A, @A+DPTR 访问
```

3. 复合语句

用一对花括号{}括起来的多个语句组成一个复合语句。复合语句在程序中是作为一个整体执行的，在不发生跳转的前提下，只要执行该复合语句，位于该复合语句中的所有语句就会按顺序依次全部执行，其一般形式如下：

```
{
语句 1;
语句 2;
…
语句 n;
}
```

例如：

```
{
    int a,b,c;        //定义变量类型
    a=b+2;            //执行赋值语句，给 a 赋新值
```

```
    b=c+2;              //执行赋值语句，给 b 赋新值
}
```

📖 复合语句中的每个语句都需要用分号结束，每个语句既可以是简单语句，也可以是一个复合语句，即复合语句允许多个嵌套。注意，}后面不允许有分号。

4．空语句

仅仅含有一个分号（;）的语句称为空语句。空语句什么也不执行，一般可用于实现延时功能。其一般形式为：

```
;
```

例如：

```
while(getchar()!='\n')
;
```

这里的循环体为空语句。本语句的功能是：只要从键盘输入的字符不是回车，就重新输入。从键盘输入非回车符，则执行空语句，程序指针只是空跳转了一次，然后重新输入，从键盘输入回车符后则跳出 while 语句，继续向下执行。实际上，上例的语句还可以写为：

```
while(getchar()!='\n');
```

另外，C 语言还定义了一个空函数语句 nop( )来代替空语句（;），这样可以增加程序的可读性。在使用该函数时需要包含头文件 intrins.h，然后在需要空语句的位置直接调用 nop()函数即可，上例用 nop()函数改写如下：

```
#include <intrins.h>
int nop();
void main()
{
    while(getchar()!='\n')
    nop( );
}
```

顺序结构是程序中普遍存在的流程控制方式，是一种最基本、最简单的编程结构。所谓的顺序是指编译后的程序在存储器中顺序存放，而顺序结构是指程序按照程序空间由低地址向高地址的顺序依次执行程序代码，如图 4-3 所示。

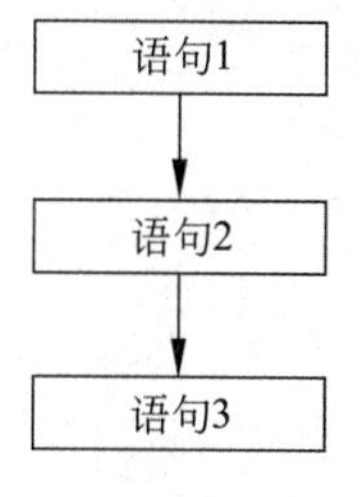

图 4-3　顺序结构

【例 4-8】 将 2000H 单元的内容拆开，高半字节存至 2001H 的低 4 位，低半字节存至 2002H 的低 4 位。

```
#include <reg51.h>
main()
{
    unsigned char xdata *p=0x2000;  /*指针指向2000H单元*/
    *(p+2)=(*p)&0x0f;              /*2000H单元的高4位清零,然后存至2002H单元*/
    *(p+1)=(*p)>>4;                /*2000H单元右移4位,然后存2001H单元*/
}
```

【例4-9】 设计一个乘法程序，乘积放在外部RAM的0000H单元。

```
void main()
{
    unsigned long xdata *p;                /*定义指向外部数据的指针*/
    unsigned long x=12345,y=76543,mum;     /*定义参与乘法运算的变量*/
    mum=x*y;                               /*执行乘法运算*/
    p=0;                                   /*令指针p指向外部RAM区0000H单元*/
    *p=num;                                /*将乘积存入外部RAM区0000H单元*/
}
```

4.5.2 选择语句和选择流程结构

选择语句又称为分支语句，C语言的选择语句有if语句、switch语句，一般用于程序结构中的选择流程设计。

1. if语句

if语句根据给定的条件进行判断，以决定执行某个分支程序段。C语言的if语句有三种形式。

1）if…语句

if…是条件语句的最简单的形式，其一般形式为：

```
if (表达式)
语句;
```

其语义是：如果条件表达式值为真，则执行if后的语句；如果条件表达式值为假时，则不执行该语句。

【例4-10】 输入两个数a和b，并且将其中较大的数送入max中输出。

```
void main()
{
    int a,b,max;
    printf(" \n input two numbers:");
    scanf("%d%d",&a,&b);
    max=a;
    if(max<b)
    max=b;
    printf("max=%d",max);
}
```

2）if…else语句

if…else语句是条件语句的最基本的形式，if语句是if…else语句的简化形式。if…else语句的一般形式为：

```
if (表达式)
        语句 1;
else
        语句 2;
```

其语义是：如果条件表达式的值为真，则执行语句 1；如果条件表达式的值为假，则执行语句 2。

【例 4-11】 输入两个数 a 和 b，并且输出其中较大的数。

```
void main()
{
    int a,b;
    printf(" \n input two numbers:");
    scanf("%d%d",&a,&b);
    if(a>b)
    printf("max=%d\n",a);
    else
    printf("max=%d\n",b);
}
```

3）if…else if 语句

前 2 种形式的 if 语句一般用于两个分支的情况，当有多个分支选择时，可采用 if…else if 语句，其一般形式为：

```
if(表达式 1)
    语句 1;
else  if(表达式 2)
    语句 2;
else  if(表达式 3)
    语句 3;
…
else  if(表达式 m)
    语句 m;
else
    语句 n;
```

其语义是：依次判断表达式的值；当某个表达式的值为真时，则执行与其对应的语句，然后跳到整个 if 语句之后继续执行程序；若所有的表达式均为假，则执行语句 n。

【例 4-12】 比较两个数的大小，将大数存到片外 RAM 的 0000H 单元，将小数存到 0001H 单元。如果两个数相等，则将片外 RAM 的 0002H 单元清零。

```
void main()
{
    unsigned xdata *p;          /*定义指向外部数据的指针*/
    unsigned a=35,b=78;         /*定义参与运算的变量*/
    if (a>b)                    /*判断 a 是否大于 b*/
    {
          p=0;  *p=a;           /*将 a 存到外部 RAM 区的 0000H 单元*/
          p++;   p=b;           /*将 b 存到外部 RAM 区的 0001H 单元*/
    }
    else if (a<b)               /*判断 b 是否大于 a*/
    {
          p=0;  *p=b;           /*将 b 存到外部 RAM 区的 0000H 单元*/
          p++;   p=a;           /*将 a 存到外部 RAM 区的 0001H 单元*/
```

```
        }
        else if (a==b)                  /*判断 a 是否等于 b*/
        {
                p=2;  *p=0;             /*将外部 RAM 区的 0002H 单元清零*/
        }
}
```

本例使用 if…else if 语句形成一个串行分支结构。在判断 a>b 是否成立时，条件不成立。根据串行分支结构的特点，程序继续向下执行，判断 a<b 是否成立。因为 35<78，所以该条件成立，程序将 78 存到外部 RAM 的 0000H 单元，将 35 存到 00001H 单元。完成变量存储后，整个选择结构结束退出，并不再执行是否 a==b 的判断。

选择流程结构可以分为单分支结构和多分支结构，多分支结构又可以分为串行多分支结构和并行多分支结构。

if…语句和 if…else 语句一般用于单分支结构的程序流程设计，而 if…else if 语句可实现串行多分支结构的选择流程，如图 4-4 所示。

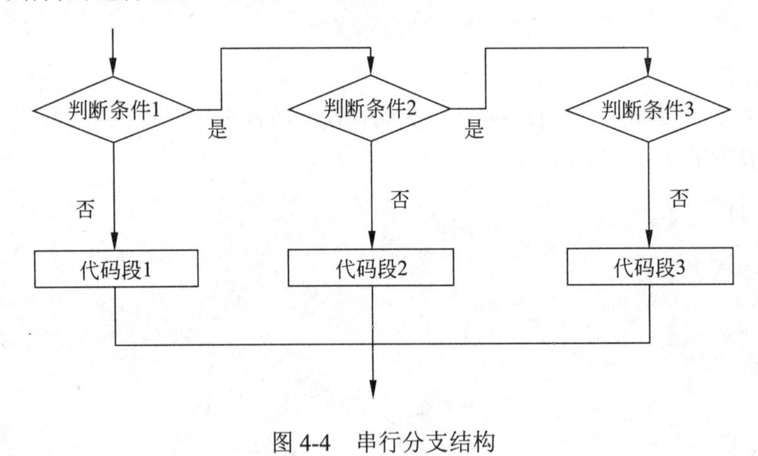

图 4-4　串行分支结构

【例 4-13】 判别键盘输入字符的类别。

```
#include"stdio.h"
void main()
{
     char c;
     c=getchar();
     if (c<32)                              /*判断 c 是否小于 32*/
           printf("This is a control character\n");
     else if (c>='0'&&c<='9')               /*判断是否满足 0≤c≤9*/
           printf("This is a digit\n");
     else if (c>='A'&&c<='Z')
           printf("This is a capital letter\n");
     else if (c>='a'&&c<='z')
           printf("This is a small letter\n");
     else
           printf("This is an other character\n");
}
```

可以根据输入字符的 ASCII 码来判断类型。由 ASCII 码表可知 ASCII 码值小于 32 的为控制字符，在 0 和 9 之间的为数字，在 A 和 Z 之间的为大写字母，在 a 和 z 之间的为小写字母，其余为其他字符。

2．switch语句

虽然用多个 if 语句可以实现多分支条件转移，但是过多的 if 语句嵌套，会使程序冗长，读起来困难。使用 switch 开关语句可实现多分支选择流程结构，进而使程序结构更加清晰，一般形式如下：

```
switch(表达式)
{
    case 常量表达式 1:
       分支语句 1;
       [break;]
    case 常量表达式 2:
       分支语句 2;
       [break;]
    …
    case 常量表达式 n:
       分支语句 n;
       [break;]
    default:
       分支语句 n+1;
    …
}
```

其语义是：计算 switch 后表达式的值，然后依次与 case 后面的各个常量表达式的值进行比较。如果相等，则执行对应的分支语句；如果表达式的值与所有 case 后的常量表达式均不相等，则执行 default 后的分支语句 n+1。

break 语句是可选项。执行到 break 语句，其功能是跳出 switch 语句，建议初学者不要省略 break 语句。在 switch 语句中，“case 常量表达式”只相当于一个语句标号，如果省略 break 语句，执行对应的分支语句后，不能跳出 switch 语句，会按顺序继续向下执行所有后面 case 语句的情况。一些有经验的程序员会利用这一特点，而且对某些应用可能是很有效的，但使用时必须非常谨慎。

📖 case 和 default 后的分支语句可以是多个语句构成的复合语句体，但不需要使用{}括起来。当没有符合的条件时，可以不执行任何语句，即可以省略 default 语句，而直接跳出该 switch 开关语句。各 case 和 default 语句的先后顺序可以变动，而不会影响程序执行结果。

switch 语句一般用于实现程序中选择流程的并行分支结构。并行分支结构使用一个条件作为判断依据，根据该条件的不同值选择不同的代码执行，其结构如图 4-5 所示。

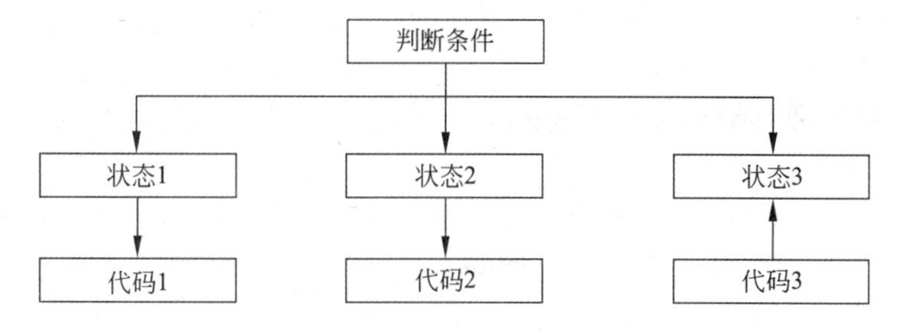

图 4-5　并行分支结构

【例 4-14】 switch 开关语句的程序。

```
void main()
{
        int test;
        for(test=1; test<=8; test++)
        {
            switch(test)                    /*以 test 作为开关依据*/
            {
                case 1:                     /*如果 test=1 成立*/
                    printf("Monday\n");     /*输出 Monday*/
                    break;                  /*退出开关语句*/
                case 2:                     /*如果 test=2 成立*/
                    printf("Tuesday\n");    /*输出 Tuesday*/
                    break;                  /*退出开关语句*/
                case 3:                     /*如果 test=3 成立*/
                    printf("Wednesday\n");  /*输出 Wednesday*/
                    break;                  /*退出开关语句*/
                case 4:                     /*如果 test=4 成立*/
                    printf("Thursday\n");   /*输出 Thursday*/
                    break;                  /*退出开关语句*/
                case 5:                     /*如果 test=5 成立*/
                    printf("Friday\n");     /*输出 Friday*/
                    break;                  /*退出开关语句*/
                case 6:                     /*如果 test=6 成立*/
                    printf("Saturday\n");   /*输出 Saturday*/
                    break;                  /*退出开关语句*/
                case 7:                     /*如果 test=7 成立*/
                    printf("Sunday\n");     /*输出 Sunday*/
                    break;                  /*退出开关语句*/
                default:                    /*默认分支*/
                    printf("error\n");      /*输出字符串 error*/
                    break;
            }
        }
}
```

上面是由 for 语句与 switch…case 语句构成的程序。此处的 for 语句的功能是：将 1～7 的整数分别赋值给 test，随后由 switch 语句根据 test 的数值，分别执行相应的分支语句。当 test=1 时，输出 Monday；当 test=2 时，输出 Tuesday；当 test=7 时，输出 Sunday；为其他数值(test=8)时，一律输出字符串 error。

4.5.3 循环语句和循环流程结构

C 语言中提供的循环语句有 while、do…while 和 for 语句。此外，还有在循环程序中用于程序流程控制的跳转语句 break、continue、goto，与循环语句一起用于程序结构中的循环流程设计。

1. while语句

while 语句的一般形式如下：

```
while(表达式)
{
      语句;          /*循环体*/
}
```

while 语句的语义是：当表达式为真时，执行花括号内的循环体语句，直到表达式为假跳出 while 语句，即退出循环，继续；若表达式为假，则花括号内的循环体语句一次也不能执行，直接执行 while 语句后面的程序。

while 语句的循环体是花括号内的复合语句，可以是一条语句，也可以是多条语句。若是一条语句，则可以省略花括号。while 语句的循环体可以是空语句，如：

```
while(表达式) { ;}
```

其中，花括号可以省略，但分号不能省略，如：

```
while(表达式) ;
```

【例 4-15】 1～100 的整数的累加求和。

```
void main()
{
     int i=1;
     int sum=0;
     while(i<=100)
     {
        sum +=i;
        i++;
     }
     printf("sum=%d\n",sum);
}
```

程序执行时，先判断 i 的值是否小于等于 100，然后再令 sum 加 i，i 自增 1，直到 i 不满足条件时(i>100)程序跳出循环，程序执行结果 sum=5050。

while 后圆括号中的表达式的值决定了循环体是否执行。在 while 循环体中，应该有能使此表达式为 0(假)的语句，这样循环可以结束，否则循环将无休止地继续进行下去。当然，有些情况下，比如等待中断状态，也可以利用这种无限循环。

【例 4-16】 51 单片机的串行口接收数据。

```
read_com()           //函数定义
{
     char a;         //变量定义
     while(!RI);     //若RI=0，即!RI=1，说明没有串口接收中断，则继续等待串口数据
     a=SBUF;         //读串行口缓冲寄存器内容
     RI=0;           //清除串行口接收标志
     return(a);      //返回
}
```

空语句 while(!RI)；用来等待单片机串行口接收数据。

📖 循环嵌套是指允许 while 语句的循环体中再次使用 while 语句，从而形成双重循环或多重循环。

2. do…while语句

do…while 语句的一般格式为：

```
do
{
    语句; /*循环体*/
}
while(表达式);
```

do…while 语句的语义是：先执行一次 do 后面的循环体语句，再判断表达式的值是否为真，若为真（非 0），就继续执行 do 后面的语句，进行循环，直到表达式的值为假时才终止循环，跳出 do…while 语句继续执行后面的语句。

do…while 语句与 while 语句构成的循环十分相似，但 do…while 语句先执行一次循环体，然后判断表达式的值。如果为真，则继续循环；如果为假，则终止循环。因此，do…while 语句至少要执行一次循环体。while 语句和 do…while 语句一般可以相互改写。

【例 4-17】 1～100 的整数的累加求和。

```
void main()
{
     int i=1;
     int sum=0;
     do
     {
        sum +=i;
        i++;
     }
     while(i<=100);
     printf("sum=%d\n",sum);
}
```

在本例中，先执行循环体中的语句，即先执行 sum 值加 i 的运算，再实现 i 加 1 的运算，然后判断 i 是否小于等于 100。若条件为真，则继续执行循环体，直到条件满足为止，程序执行结果为 sum=5050。

> 📖 do…while 语句中表达式后面必须加分号（;），表示 do…while 语句的结束。
> 循环体包括多条语句时，必须用花括号{}括起来组成复合语句。若是单条语句，则可省略花括号。
> do…while 语句也可以和 while 语句相互嵌套，构成多重循环结构。

3. for语句

在 C 语言中，for 语句使用灵活，常用于循环次数已经确定的情况，也可以用于循环次数不确定的只给出循环结束条件的情况。

for 语句的一般形式为：

```
for(<表达式 1>;<表达式 2>;<表达式 3>)
{
     语句;     /*循环体*/
}
```

表达式 1 通常是赋值表达式，用来初始化循环变量；也允许在 for 语句外给循环变量赋初值，此时可省略该表达式；

表达式 2 通常是条件判断，一般为关系表达式或逻辑表达式。

表达式 3 通常是修改循环变量的值，一般为赋值语句。

for 语句的语义是：先计算表达式 1 的值，然后计算表达式 2 的值；若表达式 2 的值为真，则执行一次循环体语句，然后计算表达式 3 的值；完成后转回计算表达式 2 的值，重新判断真假，重复执行，直到表达式 2 的值为假，则跳出 for 语句，继续执行 for 语句后面的程序。

【例 4-18】 1～100 的整数的累加求和。

```
void main()
{
     int i,sum=0;
     for(i=1; i<=100; i++)
        sum +=i;
     printf("sum=%d\n",sum);
}
```

上例中先给 i 赋初值 1，判断 i 是否小于等于 100，若满足，则执行求和语句，之后 i 值增加 1。再次重新判断 i 是否小于等于 100，重复执行累加求和，直到 i>100 时循环退出。其运行结果为 sum=5050。

📖 for 循环中的三个表达式都是任选项，即可以省略，但分号（;）不能省略。省略了初始化，表示不对循环控制变量赋初值。省略了条件表达式，则不做其他处理时便成为死循环，相当于 while(1)。省略了增量，则不对循环控制变量进行操作，这时可在语句体中加入修改循环控制变量的语句。这 3 个表达式都可以是逗号表达式，即每个表达式都可以由多个表达式组成。循环体可以是空语句。for 语句也可以与 while 语句、do…while 语句相互嵌套，构成多重循环。

【例 4-19】 从 0 开始输出 50 个连续的偶数。

```
void main()
{
     int even=0;
     int i=50;                      //循环变量赋初值
     for(; i>0;even++, i--)         //表达式 1 省略，表达式 3 是一个逗号表达式，由
                                    //even++和 i--这 2 个表达式组成
           printf("even=%d\n",even*2);
}
```

上例中先给 i 赋初值 50，判断 i 是否大于等于 0，若满足，则输出偶数，连续执行 50 次后，直到 i=0 退出循环。

【例 4-20】 延时子程序。

```
Delay_ms(unsigned int xms)
{
     unsigned i;
     for(;xms>0;xms--)                //表达式 1 省略
           for(i=0;i<115;i++);        //循环体是空语句，程序中起延时作用
}
```

这是双重循环程序。在第一个 for 语句中，表达式 1 省略，没有对变量 xms 赋初值，因为变量 xms 是函数 Delay_ms 的形参，程序运行时，xms 初值通过实参传入变量值。

4. break语句

break 语句通常用在循环语句和 switch 语句中。一般形式如下：

```
break;
```

break 语句通常用于以下 2 种情况。

（1）当 break 用于开关语句 switch 中时，可使程序跳出 switch 语句，继而执行 switch 以后的语句。

（2）当 break 语句用于循环语句 do…while、for、while 中时，可使程序跳出本层循环而继续执行循环后面的语句。通常 break 语句总是与 if 语句联在一起，即满足条件时便跳出循环，可以使循环语句有多个出口，进而使一些场合的编程更加灵活方便。

【例 4-21】 正整数累加求和，统计累加和不大于 700 的前 n 个数之和。

```
void main(void)
{
    int i,sum;
    sum=0;
    for(i=1; i<=100; i++)
    {
        if(sum>700) break;
        sum = sum+i;
    }
    printf("sum=%d\n",sum-i);
}
```

原来 for 循环的终止条件为 i>100，加入 break 语句后，当 i=37 时，累加和超过 700，于是执行 break 语句跳出了 for 循环，直接执行 for 语句后面的 printf 语句，输出结果为 sum=666。

> 📖 break 语句只适用于单分支 if 条件语句，对于多分支的 if…else 条件语句不起作用。在多层循环中，一个 break 语句只向外跳出本层循环。如果要跳出多层循环，需要多次在每层循环中使用 break 语句。

5. continue语句

continue 语句只能用在 for、while、do…while 等语句的循环体中，其一般形式如下：

```
continue;
```

其语义是：跳过循环体中 continue 语句之后的循环体语句，结束本次循环的循环体，继续向下执行。

在 while 和 do…while 语句的循环结构中，执行 continue 语句后转入下一次循环的条件表达式判断，决定是否执行下一次循环。在 for 语句的循环结构中，执行 continue 语句后转入执行计算表达式 3 的值，然后判断表达式 2 的真假，决定是否进入下一次循环。

continue 语句常与 if 条件语句一起使用，用于跳出循环，可以使循环语句有多个出口，进而使一些场合的编程更加灵活方便。

【例 4-22】 1～100 之间除了个位为 3 的所有正整数累加求和。

```
void main(void)
{
     int i,sum=0;
     for(i=1; i<=100; i++)
     {
            if(i%10==3) continue;  //个位为 3 的正整数
            sum = sum+i;
     }
     printf("sum=%d\n",sum);
}
```

在 for 循环语句中，若个位为 3，则执行 continue 语句，跳过循环体（个位为 3 的数不计入累加和），去执行下一次循环，即 i 继续加 1，然后判断是否进入下一次循环。当执行到 i>100 后，退出循环，执行 printf 语句，输出结果为 sum=52。

初学者一般会混淆 continue 语句与 break 语句的用法，二者改变程序执行流程的区别如图 4-6 所示。由图中可见，执行 break 语句后，程序跳出循环语句，直接执行循环后面的语句；执行 continue 语句后，程序只是跳出本次循环的循环体，跳转到下一次循环的开始位置并执行下一次循环，直到判断条件不满足，才跳转出循环语句继续往下执行。

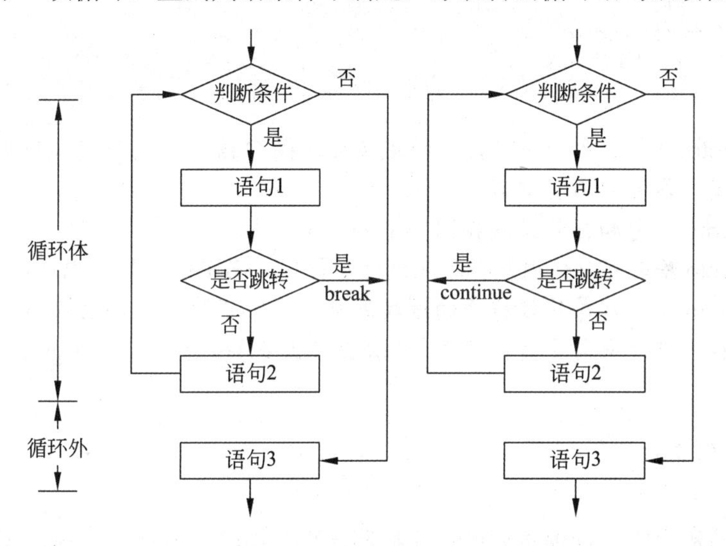

图 4-6　break 语句与 continue 语句流程对比

6．goto语句

goto 语句是一种无条件转移语句，一般格式如下：

```
goto   语句标号;
```

其中，语句标号是一个有效的标识符，在标识符后加冒号（：），放在某一语句行的前面。

goto 语句的语义是：程序跳转到该标号所标识的语句处继续执行，从而改变程序的流向。通常，goto 语句与 if 条件语句连用，当满足某一条件时，程序便跳到标号处执行。

【例 4-23】 用 goto 语句和 if 语句构成循环，实现 1～100 的整数相加。

```
main()
{
          int i,sum=0;
          i=1;
loop:    if(i<=100)
         {
               sum=sum+i;
               i++;
               goto loop;
         }
           printf("sum=%d\n",sum);
}
```

每完成一次整数累加，便使用goto语句跳转到条件判断，如果已经完成100个整数的累加，则将结果打印输出。

【例4-24】 用goto语句实现统计键盘输入一行字符的个数。

```
#include<stdio.h>
void main()
{
          int i=0;
          printf("input a string\n");
loop:     if(getchar()=='\n')goto outnum;
          i++;
          goto loop;
outnum:    printf("%d\n",i);
}
```

(1) goto语句后面的语句标号的定义应遵循C语言标识符定义原则，且不能使用关键字；各标号不能重名。
(2) goto语句和标号必须在同一个函数中。
(3) goto语句可以从内层循环跳到外层循环，而不能从外层循环跳到内层循环中。
(4) goto语句容易导致程序的逻辑混乱，层次不清，且导致程序可读性差，在结构化程序设计中需要谨慎使用。一般在跳出多层嵌套时，使用goto语句比较合理。

4.5.4 循环结构

循环结构是程序中一种很重要的程序控制流程，在给定条件成立时，重复执行某程序段，直到条件不成立为止。给定的条件称为循环条件，反复执行的程序段称为循环体。

根据循环条件所处的位置，可以将循环结构分为执行前判断条件和执行后判断条件的循环，也可以分别称为当型循环和直到型循环。前者先判断循环条件是否满足，如满足，则执行循环体，否则跳转到当前代码块之后继续执行；后者先执行循环体，然后判断循环条件是否满足，如满足，则重复执行循环体，否则退出循环。

当型循环和直到型循环的结构如图4-7所示。直到型循环一般由do…while语句实现，见例4-17。当型循环一般由for以及while语句实现，见例4-25。

【例4-25】 基于冒泡法，用循环结构将6个无符号数按照从小到大的顺序排列。

要实现6个数的冒泡排序法，可将数据存储于1个包含6个整数的数组，采用双重当型循环进行排序。在第一次外循环过程中，程序从前向后依次比较相邻的2个数，如果前数大于后数，交换2个变量的内容，否则不交换。经过5次比较后，从前到后完成一次冒

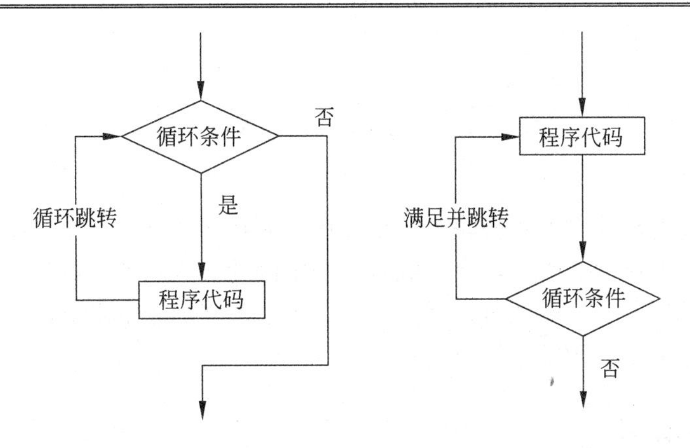

图 4-7　当型循环与直到型循环

泡，找到 6 个数中的最大数，并存入第 6 个字节中。第二次外循环过程与第一次完全相同，经过 6–2=4 次比较，将次最大数存于第 5 个字节中。依次类推，在执行完 5 次冒泡后，即可完成 6 个数从小到大的排列。另外，考虑到有可能出现没有执行完 5 次冒泡就已经完成所有排序的情况，可以设置一个标志位。如果在上一次冒泡过程中没有出现前一个数比后一个数大，即所有数都是以前小后大的顺序排列，那么就置位该标志位，说明已经提前完成 6 个数的排序，可以提前结束并退出循环，这样可以提高冒泡排序的效率。程序如下。

```
#include <stdio.h>
#define N 6
void main()
{
    int data[N] = {5, 4, 2, 3, 1, 6};        /*定义用于比较的 6 个整数*/
    int i, j, temp;
    int flag_OK =0;                     /*定义标志位，用于判断是否已提前完成排序*/
    for (i = 0; i < N - 1 && flag == 0; i++)  /*设置外循环条件*/
    {
            flag = 1;                          /*置位标志位*/
            for (j = 0; j < N - i - 1; j++)       /*设置内循环条件*/
            {
                if (a[j + 1] < a[j])        /*判断相邻的 2 个数是否前大后小*/
                {
                        temp = a[j + 1];
                        a[j + 1] = a[j];
                        a[j] = temp;      /*交换相邻 2 个数的位置*/
                        flag _OK= 0;     /*清零标志位，说明未完成排序*/
                }
            }
    }
    for (i = 0; i < N; i++)
    {
            printf("%d ", a[i]);          /*将排序好的 6 个数按整数格式输出*/
    }
}
```

4.6 函　　数

函数是C语言源程序的基本模块。一个C语言源程序通常由一个主函数和若干个函数组成。一个C语言源程序必须有，也只能有一个主函数。主函数可以调用其他函数，而不允许被其他函数调用，其他函数可以互相调用。主函数名称为 main()，是程序的入口，其中的所有语句执行完毕，则程序结束。

4.6.1　函数的分类

C 语言通过函数实现特定的功能。从函数定义的角度看，函数可以分为两种，即标准库函数和用户自定义函数。

1. 标准库函数

C 语言提供了极为丰富的标准库函数，这是系统提供的，用户不必自己定义这些函数，也不必在程序中作类型说明，可以直接使用，如 printf、scanf、getchar、putchar 等均为标准库函数。程序设计时充分利用这些功能强大且资源丰富的标准函数库资源，可以提高效率，节省时间。

在调用库函数时，用户需要在源程序前包含有该函数原型的头文件，在程序中就可以直接调用了。包含头文件的一般格式如下：

```
#include <头文件名称>
```

系统提供的头文件以.h 作为文件的后缀。注意，include 命令不是 C51 语句，因此不能在最后加分号。例如，调用左移位函数_crol_时，在调用库函数前程序中应包含的头文件如下：

```
#include <intrins.h>
```

C51 能够兼容标准 C 语言极为丰富的库函数。

2. 用户自定义函数

用户可以按照模块化的结构，把具有相对独立功能的算法编成相应的函数，建立自己定义的函数。

对于用户自定义函数，不仅要在程序中定义函数本身，而且在主调函数中必须对被调函数进行类型说明，然后才可以调用。

4.6.2　函数的定义

所有函数在定义时都是独立的，函数中不能定义其他函数，即不能嵌套定义。

函数之间可以互相调用，习惯上把调用其他函数者称为主调函数。函数还可以调用自己，称为递归调用。

从主调函数和被调函数之间数据传送的角度看，可分为无参函数和有参函数。

1. 无参函数

无参函数即函数定义、函数说明及函数调用中均不带参数，主调函数和被调函数之间不进行参数传递，可以返回或不返回函数值。其定义形式为：

```
类型标识符  函数名()          //*函数头*//
{                             //*函数体*//
类型声明
语句
}
```

函数定义包括函数头和函数体。函数头包括类型标识符和函数名，类型标识符指明了函数的类型，也就是函数返回值的类型，如 int、char 等。如果没有返回值，只是完成一些操作，则可以使用 void 标识符。函数返回值的默认类型为整型，如果函数值返回值为整型 int，在函数定义时可以省略函数类型标识符。

函数名是由用户定义的标识符，符合 C 语言的命名规则，最长为 255 个字符，区分大小写。函数名后有一个空括号，其中无参数，但括号不可少。

花括号{}中的内容为函数体。在函数体中的声明部分是对函数体内部所用到的变量的类型说明。语句与语句之间用分号（;）隔开。

【例 4-26】 无参函数实例。

```
void Delay_1ms()          //延时 1s 程序
{
      uint i,j;
      for(i=1000;i>0;i--)
            for(j=115;j>0;j--);
}
```

函数名 Delay_1ms 是一个无参函数。函数的功能是延时 1s 时间。函数类型为 void，表示函数执行后不返回任何数值。

2. 有参函数

有参函数也称为带参函数，即在函数定义及函数声明时有参数，这个参数称为形式参数，简称形参。有参函数可以返回或不返回函数值。

有参函数的定义形式如下：

```
类型标识符  函数名（形参列表）    //*函数头*//
{                                 //*函数体*//
类型声明
语句
}
```

与无参函数相比，有参函数多了形参表和形参类型说明。在形参表中给出的参数称为形参，它们可以是各种类型的变量，各个参数之间用逗号间隔。形式参数必须在形参列表中进行类型说明。

调用有参函数时，必须给出输入的参数，称为实际参数，简称实参。函数调用时，主调函数将实参的值传递给形参，使这些形参被赋予实际的值，供被调函数使用。

【例 4-27】 定义一个函数，求 2 个数中的大数。

```
int max_ab(int a, int b)    //max_ab()是一个整型函数，返回的函数值是一个整数
                            //形参为 a、b，均为整型变量
{
        int max_num;
        if(a>b) max_num=a;
        else max_num=b;
        return max_num;     //return 语句把 max_num 的值返回给主调函数
}
```

📖 有返回值的函数中至少应有 1 个 return 语句。

在 C 程序中，一个函数的定义可以放在任意位置，既可在主函数 main()之前，也可在 main()之后。

C51 规定了中断函数的定义格式:

函数类型　函数名(参数) interrupt　中断号　[using 寄存器组号]

（1）函数类型为中断函数的返回类型，如 void、int 等。

（2）函数名由用户定义。

（3）参数是需要传递到中断函数中参与运算的变量。

- ❑ interrupt 0：指该函数响应外部中断 0。
- ❑ interrupt 1：指该函数响应定时器中断 0。
- ❑ interrupt 2：指该函数响应外部中断 1。
- ❑ interrupt 3：指该函数响应定时器中断 1。
- ❑ interrupt 4：指该函数响应串行口中断。

"using 寄存器组"告诉编译器在进入中断处理后切换寄存器的 bank 位置，寄存器组号为 0～3 代表第 r 组寄存器。这里不再详述，如感兴趣可查看 C51 编译器自带的使用说明。

4.6.3　函数的参数和函数的值

1．形式参数和实际参数

函数的参数分为形式参数和实际参数。

定义函数时，函数名后面圆括号中的变量名为形式参数，简称形参。形参出现在函数定义中，在整个函数体内都可以使用，函数借助形参完成函数对该参数的操作，形参离开该函数则不能使用。

主调函数后面圆括号中的表达式为实际参数，简称实参。发生函数调用时，主调函数把实参的值传送给被调函数的形参，从而实现主调函数向被调函数的数据传送，供被调函数使用。实参数据传入被调函数后，赋值给形参，形参进行各种运算，而实参变量不参与被调函数的运算，其值不会发生变化。

形参和实参的功能是在主调函数和被调函数间传送数据。

下面介绍函数的形参和实参的特点。

（1）形参变量只有在被函数调用时才分配内存单元，同时获得从主调函数实参中传递过来的变量值，在调用结束时，即刻释放所分配的内存单元。因此，形参只有在函数内部

有效。函数调用结束返回主调函数后，则不能再使用该形参变量。

（2）实参存储的是实际要传送给形参的数据，可以是常量、变量、表达式、函数等，无论实参是何种类型的量，在进行函数调用时，它们都必须具有确定的值，以便把这些值传送给形参。

（3）实参和形参的结构、类型、顺序必须严格一致，否则会发生“类型不匹配”的错误。

（4）函数调用中发生的数据传送是单向的，即只能把实参的值传送给形参，而不能把形参的值反向传送给实参。因此，在函数调用过程中，形参的值会发生改变，而实参中的值不会因形参的变化而变化。

【例 4-28】 通过函数调用输入两个数并求和。

```
int sum_ab(int a, int b)
{
	int c;
	c = a+b;
	return c;
}
main()
{
	int sum_ab (int a,int b);
	int x,y,z;
	printf("input two numbers:\n");
	scanf("%d %d",&x,&y);
	z=sum_ab (x,y);
	printf("sum=%d\n",z);
}
```

sum_ab 函数的功能是求两个数之和。进入主函数后，在调用 sum_ab 函数之前，先对 sum_ab 函数进行声明。可以看出，函数说明与函数定义中的函数头部分相同，但是末尾要加分号。从键盘输入变量 x 和 y 的值，然后调用 sum_ab 函数，把 x、y 中的值传送给 sum_ab 的形参 a 和 b。执行 sum_ab 函数，求 c=a+b，然后将 c 值返回给变量 z，由主函数输出 z 值。主函数中 x 和 y 的值不变。

2. 函数的返回值

函数的返回值是指函数被调用并执行函数体中的程序后返回给主调函数的值。

函数的返回值只能通过 return 语句返回主调函数，return 语句的一般形式如下：

```
return 表达式;
```

或者为：

```
return (表达式);
```

其语义是：计算表达式的的值，并返回给主调函数。

如果省略表达式，则返回 0。

函数中允许有多个 return 语句，但每次调用只能有一个 return 语句被执行，因此只能返回一个函数值。如果函数没有返回值，则函数的类型可定义为 void(空类型)，函数体内没有 return 语句，程序的流程一直执行到函数末尾，然后返回主调函数，并不带回确定的函数值。

函数返回值的类型和函数定义中函数的类型应保持一致，如果两者不一致，则以函数类型为准，编译器会自动进行类型转换。

【例 4-29】 从键盘输入数值 n，求前 n 个正整数之和。

```
main()
{
    int adding(int n);
    int n;
    float fl;
    printf("input number:\n");
    scanf("%d",&n);
    fl=adding(n);
    printf("fl=%f\n",fl);
    printf("in main n=%d\n",n);
}
int adding(int n)
{
    int i;
    for(i=n-1;i>=1;i--)
    n=n+i;
    printf("in adding n =%d\n",n);
    return n;
}
```

本程序中函数 adding 的功能是求整数 1～n 的和。在主函数 main 中，scanf 扫描键盘输入并存入 n 中，如用键盘输入 100，则 n=100。在调用 adding 函数时，整数 100 被传送给 adding 的形参。adding 函数求得 1～100 之间的整数和 5050，并返回函数值 5050 赋值给 f1。程序运行结果为：

```
input number:100
n in adding=5050
fl=5050.000000
n in main=100
```

虽然本例的形参变量和实参变量的标识符都为 n，但 2 个变量的作用范围完全不同。在主函数中用 printf 语句输出的 n 值是实参 n 的值。在函数 adding 中用 printf 语句输出的 n 值是形参运算后得到的 n 值 5050。返回主函数之后，因为变量 fl 的类型为浮点型，adding 的返回值被自动转换为浮点型，即 fl 为 5050.000000。如果 adding 的类型定义为 void，则编译主程序中的语句 fl=adding(n)时会报错。

4.6.4 函数的调用

1. 函数调用的一般形式

程序是通过对函数的调用来执行函数体的。在 C 语言中，函数调用的一般形式为：

```
函数名（实际参数列表）
```

调用无参函数时，实参列表可以省略，但圆括号不能省略。

调用有参函数时，其实参列表可以是常数、变量或其他构造类型数据及表达式，若存在多个参数，各实参之间用逗号分隔。主调函数实参和被调函数形参的个数应该相等，类型应该一致。

2．函数调用的方式

在 C 语言中，有三种方式可以调用函数。

1）函数调用语句

调用函数作为主调函数中的一个语句，将函数调用的一般形式加上分号即可构成函数语句。此时不要求调用函数返回值，只是完成某种操作。例如：

```
printf ("%d",a);     //库函数
Delay_1ms();         //用户自定义函数
```

2）函数表达式

函数作为表达式中的一个运算对象，以函数返回值参与表达式的运算。这种方式要求函数是有返回值的。例如：

```
z=sum_ab (x,y);   //赋值表达式
result=2*max(a,b);
```

3）函数实参

函数作为另一个函数的实际参数被调用，该函数的返回值作为实参进行传送，要求该函数必须有返回值。例如：

```
printf ("%d", adding(n));   //把调用函数 adding 的返回值又作为 printf 函数的实参
                             //来使用
```

3．被调函数的声明和函数原型

调用函数之前应该先对被调函数进行说明(声明)，这与使用变量之前要先进行变量说明是一样的。在主调函数中对被调函数作说明的目的是使编译系统知道被调函数返回值的类型，以便在主调函数中按此种类型对返回值作相应的处理。

其一般形式为：

```
类型说明符 被调函数名(类型 形参, 类型 形参…);
```

或为：

```
类型说明符 被调函数名(类型,类型…);
```

括号内给出了形参的类型和形参名，或只给出形参类型，形参名可以省略。

C 语言中规定在以下几种情况时可以省去主调函数中对被调函数的函数说明。

（1）如果被调函数的返回值是整型或字符型，可以不对被调函数作说明，系统将自动对被调函数的返回值按整型处理。

（2）当被调函数的函数定义出现在主调函数之前时，在主调函数中也可以不对被调函数再作说明而直接调用，例如在例 4-28 中，可以省略主函数中的语句：

```
int sum_ab (int a,int b);
```

（3）如果在所有函数定义之前，在函数外预先说明了各个函数的类型，则在以后的各主调函数中，也可不再对被调函数作声明。例如：

```
int addfunc(int,int)          //*addfunc 出现在主函数 main 之后，在此声明 *//
```

```
void delay()                    //*延时 10ms 子程序*//
{
     int i,ms=10;
     while(ms--)
     {
        for(i=0;i<115;i++);
     }
}
void main()            //*主函数*//
{
     int x=10,y=3,z;
     z=addfunc(x,y);
     delay();
}
int addfun(int a,int b)     //*加法子程序*//
{
     int c;
     c=a+b;
     return (n);
}
```

（4）调用标准库函数不需要再作函数声明，但必须把该函数的头文件用#include 命令包含在源文件头部。

4．函数的嵌套调用

C语言中不允许作嵌套的函数定义，但是允许在一个函数的定义中出现对另一个函数的调用，即在被调函数中又调用其他函数，这样就形成了函数的嵌套调用。

C51 编译器对嵌套的深度有一定限制，因为每次调用子程序都需要占用一定的 RAM 资源，受制于单片机的硬件资源限制，所以C51无法进行多层次的嵌套调用。

5．函数的递归调用

在函数体内出现直接或间接调用自身的语句，在函数执行过程中自身调用自身称为函数的递归调用。C 语言的优势之一是允许函数的递归调用。与嵌套调用不同的是，在递归调用中，主调函数又是被调函数。

运行递归函数将无休止地调用其自身，这在程序结构设计上是不合适的。为了防止递归调用无休止地进行，必须在函数内有终止递归调用的手段。通常是加条件判断，当满足某种条件后就不再作递归调用，然后逐层返回。

C51中函数的定义和使用与标准C基本相同，但对递归函数调用有所不同。C51编译器采用一个扩展的关键字reentrant作为定义函数的选项，需要将一个函数定义为再入函数(又称递归函数)时，只要在函数名的后面加上关键字reentrant即可，其格式为：

```
类型标识符  函数名（形参列表）[reentrant]     //*函数头*//
{                                              //*函数体*//
类型声明
语句
}
```

再入函数可递归调用，包括中断服务程序在内的任何函数都可调用再入函数。与非再入函数的参数传递和局部变量的存储分配方法不同，C51编译器为再入函数生成一个模拟栈，通过这个模拟栈来完成参数传递和存放局部分量。模拟栈所在的存储空间根据再入函数存储器模式的不同，可以是 data、pdata 或 xdata 存储空间。当程序中包含多种存储器模式的再入函数时，C51 编译器为每种模式单独建立一个模拟栈并独立管理各自的指针。

【例 4-30】 用递归法计算 n 的阶乘。

任何大于 0 的正整数 n！可以用下面的公式表示。

```
n!=1          (n=0,1)
n×(n-1)!      (n>1)
```

说明一个正整数的阶乘是以比它小的整数的阶乘为基础的，可以理解为一种递归的形式，可编程如下：

```
#include "stdio.h"
long multi_call(int n) reentrant
{
    long result;
    if(n<0)  printf("n<0,input error");
    else if(n==0||n==1) result =1;
    else result =multi_call(n-1)*n;
    return(result);
}
main()
{
    int i;
    long y;
    printf("\ninput a inteager number:\n");
    scanf("%d",&i);
    y= multi_call (i);
    printf("%d!=%ld",i,y);
}
```

程序中的函数 multi_call 是一个递归函数。主函数在从键盘输入正整数 n 后调用 multi_call。进入递归函数 multi_call 后，当 n<0、n=0 或 n=1 时都将快速返回计算结果，否则就递归调用函数自身。由于每次递归调用的实参为 n–1，最后当 n–1 的值为 1 时，multi_call 的计算结果为 1，便终止递归，并逐层退回。

4.6.5　数组作为函数的参数

数组元素也可以作为函数的实参，与变量作为函数的参数用法相同。此外，数组名也可以作为实参（此时，函数的形参可以是数组名，也可以是指针变量）。不过，用数组名作为实参时，不是把数组元素的值传递给形参，而是把实参数组的首地址传递给形参。这样，形参和实参共同一段内存单元，形参各元素的值若发生变化，会使实参各元素的值也发生变化，这一点与变量作函数参数完全不同（变量作函数参数时，形参变化时，不影响实参）。

4.7　思考与练习

1. 以下能正确定义一维数组的选项是（　　）。

A. int a[5]={0,1,2,3,4,5};　　　　B. char a[ ]={0,1,2,3,4,5};

C. char a={'A','B','C'};　　　　　　　　　D. int a[5]="0123";/2

2. 执行#define PA8255 XBYTE[0x3FFC]，PA8255=0x7e 后，存储单元 0x3FFC 的值是（　　）。

A. 0x7e　　　　B. 8255H　　　　C. 未定　　　　D. 7e

3. 使用宏访问绝对地址时，一般需包含的库文件是（　　）。

A. reg51.h　　　　B. absacc.h　　　　C. intrins.h　　　　D. startup.h

4. 判断对错。

（1）C 语言允许在复合语句内定义自动变量。（　　）

（2）若一个函数的返回类型为 int，则表示其返回值是整型。（　　）

（3）Continue 和 break 都可用来实现循环体的中止。（　　）

（4）所有定义在主函数之前的函数无须进行声明。（　　）

5. C51 的 data、bdata、idata 有什么区别？

6. C51 定义变量的一般格式是什么？

7. 编写一个 C51 函数，把一整型数按十进制数将其各位分离，分离后放在一无符号数组中。要求把低位数作为低下标元素。

第 5 章　51 单片机并行 I/O 端口

51 系列单片机有 4 个 8 位并行 I/O 端口，即 P0、P1、P2 和 P3，共 32 个 I/O 端口。每个 I/O 端口都能独立地用作输入或输出。

51 单片机的 4 个 I/O 端口的电路设计非常巧妙。熟悉 I/O 端口逻辑电路，不但有利于正确合理地使用端口，而且会对设计单片机外围逻辑电路有所启发。

5.1　I/O 端口工作原理

51 单片机 4 个 I/O 端口的电路设计非常巧妙。熟悉 I/O 端口逻辑电路，不但便于正确、合理地使用端口，而且对单片机外围逻辑电路的设计也会有所帮助。

5.1.1　P0 口

P0 口既可作为通用 I/O 口，也可作为地址/数据分时复用总线。P0 口的位内部结构如图 5-1 所示，P0.x 的逻辑电路主要包括一个输出锁存器、两个三态输入缓冲器和输出驱动电路及控制电路。驱动电路由上拉场效应管 FET T1 和驱动场效应管 FET T2 组成，其工作状态受控制电路“与”门 4、反相器 3 和转换开关 MUX 控制。当 CPU 使控制线 C = 0 时，开关 MUX 拨向 $\overline{Q}$ 输出端位置，P0 口为通用 I/O；当 C = 1 时，开关拨向反相器 3 的输出端，P0 口分时作为地址/数据总线使用。

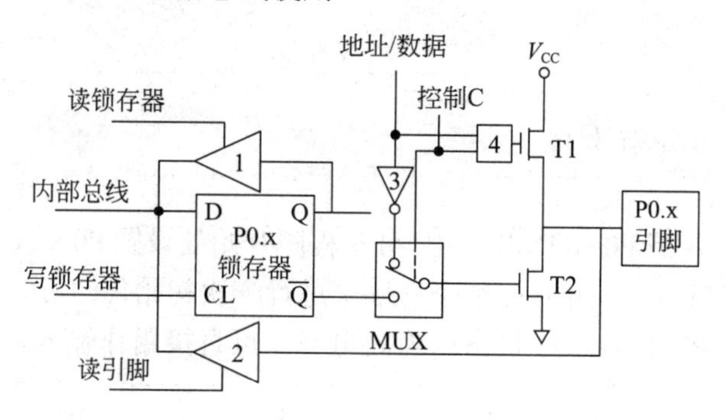

图 5-1　P0 口位内部结构

1. P0口作为一般I/O口使用

当 89C51 组成的系统无外扩存储器，CPU 对片内存储器和 I/O 口读/写（执行 MOV 指令或 EA = 1 时执行 MOVC 指令）时，由硬件自动使控制线 C = 0，封锁“与”门 4，使

T1 截止。开关 MUX 拔向$\overline{Q}$输出端位置，把输出级（T2）与锁存器的$\overline{Q}$端接通。同时，与门 4 输出为 0，输出级中的上拉场效应管 T1 处于截止状态，因此，输出级是漏极开路的开漏电路。这时，P0 口可用作通用 I/O 口，使用中一般需要外接 2～10 kΩ 的上拉电阻，才能输出高电平。P0 口最多可驱动或吸收 8 个 LS 型 TTL 负载。P0 口专用寄存器地址 80H，位地址 80H～87H。

1）用作输出

当 CPU 执行端口输出指令（如 MOV P0,#data），向端口输出数据时，写脉冲加在 D 锁存器的 CL 上，与内部总线相连的 D 端的数据取反后就出现在$\overline{Q}$端上，又经输出级 FET（T2）反相，在 P0 端口上出现的数据正好是内部总线的数据。这是一般的数据输出情况。

2）用作输入

（1）读引脚。

当执行一条由端口输入的指令时，“读引脚”脉冲把三态缓冲器 2 打开，这样端口引脚上的数据经过缓冲器 2 读入到内部总线。这类输入操作由数据传送指令实现，如 MOV A, P0。

需要注意的是，P0 口作为通用 I/O 口时是一个准双向口。在读入端口引脚数据时，由于输出驱动 FET（T2）并接在引脚上，如果 FET（T2）导通，就会将输入的高电平拉成低电平，从而产生误读。所以，在端口进行输入操作前，读引脚时要对引脚“初始化”。先向端口锁存器写入 1，使锁存器 Q = 0，同时控制线 C = 0，因此 T1 和 T2 全截止，引脚处于悬浮高阻状态，可作高阻抗输入。例如，执行指令 MOV P0,#0FFH 或 SETB P0.x，然后执行读引脚指令，可正确读入引脚内容。

```
…
CLR P0.1
…
SETB P0.1
MOV C, P0.1
```

或者采用字节操作指令，例如：

```
…
MOV P0, #0
…
MOV P0, #0FFH  ;引脚初始化
MOV A, P0
```

若整个程序中 P0.x 或 P0 作 INPUT 用，可在程序开始处设置 P0.x 或 P0 为高电平（SETB P0.x 或 MOV P0，#0FFH），并且在整个程序中进行一次初始化即可。

单片机复位后，P0 口各口线状态均为高电平，可直接用作输入，这个过程通常可以省略。

在程序中，若 P0.x 或 P0 既用作输出，又用作输入，在每次由端口输入信号时，都要先对其初始化。

（2）读锁存器。

80C51 有几条输出指令属于“读—修改—写”指令，例如，“ANL P0 , A”，指令执行情况如下。

首先，CPU 读 P0 口 D 锁存器中的数据，而不直接读引脚上的数据。当“读锁存器”信号有效时，三态缓冲器 1 开通，Q 端数据送入内部总线。

然后，与累加器 A 中的数据进行逻辑“与”操作。

最后，逻辑运算结果送回 P0 端口锁存器，从 P0 引脚输出。

此时，引脚的状态和锁存器的内容（Q 端状态)是一致的。

表 5-1 中给出了 P0～P3 口所有的“读—修改—写”指令，对应读锁存器操作。

表 5-1　P0～P3 口的“读—修改—写”指令

助记符	功能	实例
INC	加 1	INC P0
DEC	减 1	DEC P1
ANL	逻辑“与”	ANL P2,A
ORL	逻辑“或”	ORL P3,A
XRL	逻辑“异或”	XRL P1,A
DJNZ	减 1 不为零条件转移	DJNZ P2,LOOP
CPL	取反	CPL P3.0
JBC	位地址内容为 1 转移并清零	JBC P1.1,LOOP

2. P0口作为地址/数据总线使用

当 89C51 外扩存储器(ROM 或 RAM)组成系统,CPU 对片外存储器读/写(执行 MOVX 指令或 EA = 0 时执行 MOVC 指令）时，由内部硬件自动使控制线 C = 1，开关 MUX 拨向反相器 3 输出端。这时，P0 口可作地址/数据总线分时复用。

1）输出地址/数据

在扩展存储器系统中，P0 口引脚输出低 8 位地址或数据信息。CPU 内部地址/数据总线经反相器 3 与驱动场效应管 FET（T2）栅极接通。P0 口内无内部上拉电阻，访问外部存储器时，若输出地址（或数据）为高电平，输出驱动器上拉场效应管 T1 导通；其余情况下，上拉场效应管截止。

2）输入数据

P0 口作为地址/数据总线访问外部存储器输入数据时，CPU 自动使 MUX 向下，并向 P0 口写 1，“读引脚”控制信号有效，引脚上的数据通过三态缓冲器 2 进入内部总线。

对用户而言，P0 口作地址/数据总线时是一个真正的双向口。当 P0 口被地址/数据总线占用时，就无法作通用 I/O 使用了。

5.1.2　P1 口

P1 口结构如图 5-2 所示，为准双向口，只作为通用 I/O 口使用。

P1 口的输出驱动与 P0 口不同，在输出场效应管的漏极接有上拉电阻。实质上，电阻是 2 个场效应管（FET）并在一起，一个 FET 为负载管，其电阻固定；另一个 FET 可工作在导通或截止 2 种状态，使其总电阻值变化近似为 0 或阻值很大 2 种情况。当阻值近似为 0 时，可将引脚快速上拉至高电平；当阻值很大时，如 20～40 kΩ，P1 口为高阻输入状态。

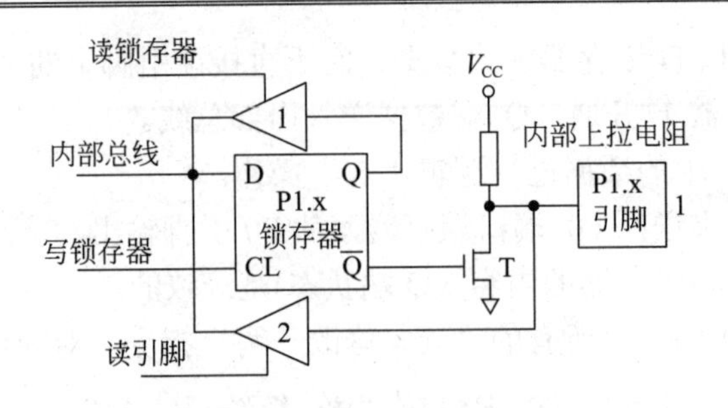

图 5-2　P1 口位内部结构示意图

P1 端口作为输出口时，由于电路内部已经有拉电阻，能向外提供拉电流负载，因此无需外接上拉电阻。

P1 口是一个准双向 I/O 口，在端口用作输入时，必须先向锁存器写 1，使输出场效应管 T 截止。此时，该位引脚由内部电路拉成高电平或者由外部电路拉成低电平。P1 口可驱动或吸收 4 个 LS 型 TTL 负载。

5.1.3　P2 口

P2 口可作为通用 I/O 口，或者作为扩展系统的高 8 位地址（A15～A8）总线。如图 5-3 所示，P2 口的基本位结构与 P1 口类似，驱动部分与 P1 口相同，区别是增加了一个 MUX 开关和转换控制部分。

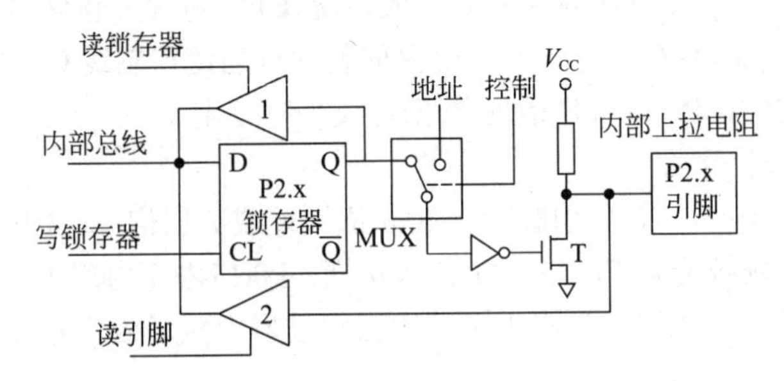

图 5-3　P2 口位内部结构示意图

1．作为通用I/O

当 P2 口作为通用 I/O 口时，是准双向 I/O 口。

当 CPU 对片内存储器和 I/O 口进行读/写（执行 MOV 指令或$\overline{EA}=1$时执行 MOVC 指令）时，由内部硬件自动使开关 MUX 倒向锁存器的 Q 端，这时 P2 口为一般 I / O 口，其功能与 P1 口相同，工作方式、负载能力也相同。

2．作为地址总线

当系统扩展片外 ROM 和 RAM 时，由 P2 口输出高 8 位地址（低 8 位地址由 P0 口输出）。此时，MUX 在 CPU 的控制下，转向内部地址线的一端。因为访问片外 ROM 和 RAM 的操作往往接连不断，所以 P2 口要不断送出高 8 位地址，此时 P2 口无法再用作通用 I / O 口。

1）系统扩展外部 ROM

系统扩展外部程序存储器时，执行外部 ROM 中的指令或者从外部 ROM 中读取数据时($\overline{EA}$ = 0 时 MOVC 指令)，不论 ROM 容量大小如何，CPU 需要一直读取指令，P2 口不断地输出高 8 位地址，而不能用作一般 I / O 口。

2）系统扩展外部 RAM

在不需要外扩 ROM 而仅有外部 RAM 时，且其容量≤256 字节的系统中，使用 MOVX @Ri 类指令访问片外 RAM，寻址范围是 256 字节，只需低 8 位地址线就可以实现。P2 口不受该指令影响，仍可作通用 I / O 口使用。

若扩展的外部 RAM 容量≥256 字节，则使用 MOVX @Ri、MOVX @DPTR 指令，寻址范围是 64KB。此时，P2 口作为高 8 位地址总线使用。在片外 RAM 读/写周期内，P2 口锁存器仍保持原来端口的数据，不受影响；在访问片外 RAM 周期结束后，多路开关 MUX 自动切换到锁存器 Q 端，锁存器内容通过输出驱动器输出，引脚上将恢复原来的数据。由于 CPU 对 RAM 的访问不是经常的，在这种情况下，P2 口在一定程度内仍可用作通用 I / O 口。

5.1.4　P3 口

P3 口既可作为通用 I/O 口，又可作为第二功能使用。P3 口位内部结构如图 5-4 所示，其特点是不设转换开关 MUX，而是增加了第二功能控制逻辑与非门 3 和缓冲器 4。

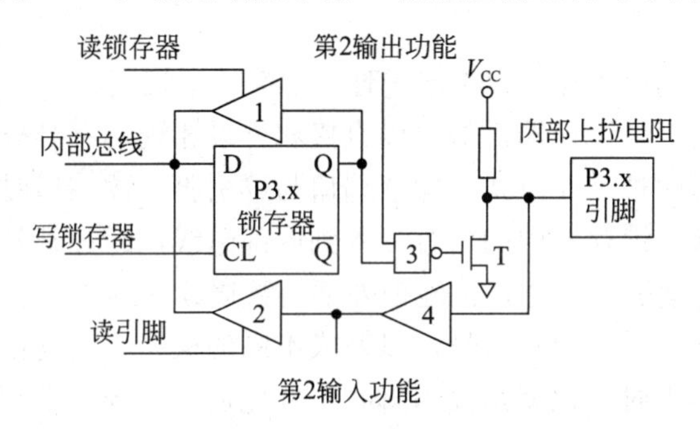

图 5-4　P3 口位内部结构示意图

1. 通用I/O

当 P3 口作为通用 I/O 口时，是准双向 I/O 口，与 P1 口类似。

当 CPU 对 P3 口进行 SFR 寻址（位或字节）访问时，由内部硬件自动将“第 2 输出功能”端置高电平，打开与非门 3，以维持从锁存器到输出端数据输出通路的畅通。此时，P3 口作为通用 I / O 口，内部有上拉电阻，故一般情况不外加上拉电阻，P3 口可以驱动或吸收 4 个 LSTTL 负载。

2. 第二功能

当输出第二功能信号时，锁存器应先置 1，使与非门对第二功能信号的输出是畅通的。

对第二功能输入信号时，“第二功能输出”保持高电平，输出级场效应管截止，在 P3.x 引脚输入通路增加一个常开缓冲器 4，从缓冲器输出端取得输入信号。而“读引脚”信号无效，三态缓冲器 2 不导通。

不管是作为输入口，还是作为第二功能信号的输入，输出电路中锁存器输出和“第二功能输出”线都应保持高电平，使 T 截止。

P3 口各个引脚的第二功能如表 5-2 所示。

表 5-2　P3 口各引脚的第二功能定义

P3 口	名称	第二功能
P3.0	RXD	串行口输入（数据接收）
P3.1	TXD	串行口输出（数据发送）
P3.2	$\overline{\text{INT0}}$	外部中断 0 中断请求输入
P3.3	$\overline{\text{INT1}}$	外部中断 1 中断请求输入
P3.4	T0	定时器/计数器 0 外部计数脉冲输入
P3.5	T1	定时器/计数器 1 外部计数脉冲输入
P3.6	$\overline{WR}$	外部数据存储器写选通信号输出
P3.7	$\overline{RD}$	外部数据存储器读选通信号输出

5.2　端口的负载能力和接口要求

P0、P1、P2 和 P3 端口工作在 I/O 方式时，特性基本相同。

作为输出口时，内部带锁存器，故可以直接和外设相连，不必外加锁存器。

作为输入口时，有两种工作方式，即读端口与读引脚。读端口时，实际上并不从外部读入数据，而只是把端口锁存器中的内容读入到内部总线，经过某种运算或变换后，再写回到端口锁存器；只有读引脚时才真正地把外部的数据读入到内部总线。CPU 将根据不同的指令，分别发出读端口或读引脚信号，以完成不同的操作，这是由硬件自动完成的。

在端口作为外部输入时，也就是读引脚时，要先通过指令，把端口锁存器置 1，然后执行读引脚操作，否则就可能读入出错。如果不先对端口置锁存器置 1，则端口锁存器原来的状态有可能为 0，Q 端为 0，$\overline{Q}$ 端为 1，加到输出驱动场效应管栅极的信号为 1，该场效应管导通，对地呈现低阻抗。此时，即使引脚上输入的信号为 1，也会因端口的低阻抗而使信号变低，使得外加的高电平信号读入后不一定是 1。若先执行置 1 操作，则可以使场效应管截止，引脚信号直接加到三态缓冲器，实现正确的读入。由于在输入操作时还必须附加一个准备工作，这类 I/O 口被称为准双向口。

在 4 个端口中，除了用作通用 I/O 口外，P0、P2 和 P3 都具有其他功能。P0 口可以作为地址/数据总线分时复用，包括输出地址总线低 8 位 A7～A0 和输入/输出双向数据总线 D7～D0。P2 口可作为高 8 位输出地址总线，在扩展存储器和接口时，P2 口输出地址总线高 8 位 A15～A8。P3 口具有第二功能，8 个引脚可以按位单独定义。

P0 口的输出级与 P1～P3 口的输出级结构不同，因此端口的负载能力和接口要求也各不相同。

P0 口用作通用 I/O 时，内部输出级无上拉电阻，输出级是开漏电路，因此需外接上拉电阻，才能驱动 MOS 电路；用作地址/数据总线时，是一个双向口，不必外接上拉电阻，用作总线输入时，不必先向端口写 1。P0 口每一位可以驱动 8 个 LS 型 TTL 负载。

P0～P3 口用作通用 I/O 口时，都是准双向口。作为输入时，必须先向对应端口锁存器写 1，作为输出每一位可以驱动 4 个 LS 型 TTL 负载。对于 8051 单片机，端口只能提供几毫安的输出电流，所以作为输出驱动普通晶体管基极或 TTL 电路输入端时，应在端口与晶体管基极间串联一个电阻，以限制高电平输出时的电流。P1～P3 口的输出级内部接有上拉电阻，因此不必外接上拉电阻。

5.3　并行 I/O 应用举例

本小节以两个实例来讲述 I / O 应用。

【例 5-1】 如图 5-5 所示，P1.0～P1.7 接 8 个发光二极管，编程控制灯亮，效果为中间两个灯同时点亮，然后依次向外移动，循环显示。

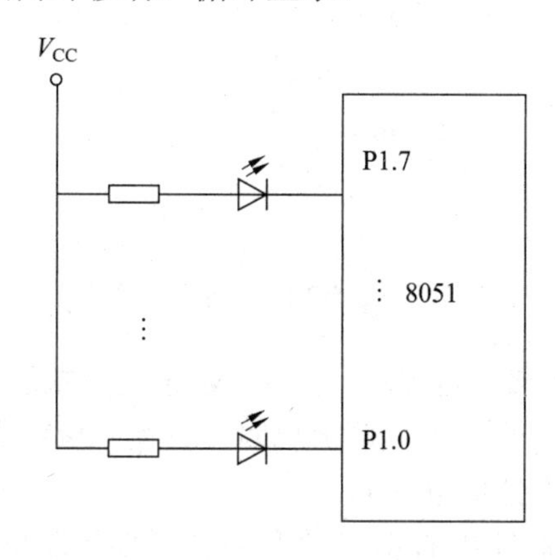

图 5-5　例 5-1 电路图

程序设计如下：

```
#include<reg51.h>                       //包含 51 单片机寄存器定义的头文件
void delay(void)                        //延时函数
  {
    unsigned char i,j,k;
    for(i=10;i>0;i--)
        for(j=13;j>0;i--)
            for(k=147;k>0;i--)
  }
unsigned char code LEDTAB[]=            //LED 显示代码表
  {
    0xe7,0xdb,0xbd,0x7e,
  };
void main(void)
  {
      unsigned char I;
      while(1)
        {
            i=0;
            while(i<sizeof(LEDTAB))
                {
                   P1=LEDTAB[i];        //查表，输出到 P1
```

```
                delay();                    //延时显示
                i++;                        //指向下一组显示状态代码
            }
        }
}
```

【例 5-2】 如图 5-6 所示，8 个发光二极管 L1～L8 分别接在单片机的 P1.0～P1.7 引脚上，采用查询法和中断法实现 8 个发光二极管依次亮灭，点亮顺序为 L1，L2，…，L8，并重复循环。

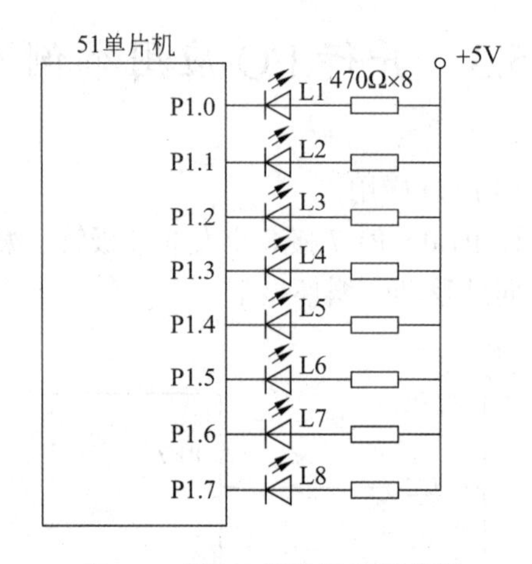

图 5-6　例 5-2 硬件连接示意图

电路中，发光二极管的阳极通过限流电阻接 5V。发光二极管的电流应控制在 3～20mA，电流过大会烧坏发光二极管，所以要加限流电阻。发光二极管阴极接单片机 I/O 端口，阳极由阻值 470Ω 的限流电阻上拉值电源 V_{CC}。

通过编程控制单片机引脚输出的 0、1 逻辑状态，即控制单片机引脚输出 0V 或 5V 电压，控制发光二极管的亮灭。

利用 for 语句编写延时程序，通过延时程序控制发光二极管亮灭闪动，代码如下：

```
#include  <reg51.h>                     //包含 51 单片机头文件
#define uint unsigned int
void Delay_Xms(unit x)                  //延时函数
{
    unit i,j;
    for(i=0;i<x;i++)
    {
     for(j=0;j<110;j++)
    }
}
void main( )                            //主程序实现跑马灯效果
{
      while(1)
       {
            P1=0xff;
            P1_0=0;                     //LED0 发光二极管亮
        Delay_Xms(100);
        P1=0xff;
        P1_1=0;                         //LED1 发光二极管亮
        Delay_Xms(100);
        P1=0xff;
```

```
        P1 2=0;                 //LED2 发光二极管亮
        Delay Xms(100);
        P1=0xff;
        P1 3=0;                 //LED3 发光二极管亮
        Delay Xms(100);
        P1=0xff;
        P1 4=0;                 //LED4 发光二极管亮
        Delay Xms(100);
        P1=0xff;
        P1 5=0;                 //LED5 发光二极管亮
        Delay Xms(100);
        P1=0xff;
        P1 6=0;                 //LED6 发光二极管亮
        Delay Xms(100);
        P1=0xff;
        P1 7=0;                 //LED7 发光二极管亮
        Delay Xms(100);
    }
}
```

下面的主程序代码可以实现同样的效果：

```
void main( )                    //主程序实现跑马灯效果
{
        while(1)
        {
          P1=0xfe;              //LED0 发光二极管亮
          Delay_Xms(100);
          P1=0xfd;              //LED1 发光二极管亮
          Delay_Xms(100);
          P1=0xfb;              //LED2 发光二极管亮
          Delay_Xms(100);
          P1=0xf7;              //LED3 发光二极管亮
          Delay_Xms(100);
          P1=0xef;              //LED4 发光二极管亮
          Delay_Xms(100);
          P1=0xdf;              //LED5 发光二极管亮
          Delay_Xms(100);
          P1=0xbf;              //LED6 发光二极管亮
          Delay_Xms(100);
          P1=0x7f;              //LED7 发光二极管亮
          Delay_Xms(100);
        }
}
```

下面的程序同样可以实现跑马灯程序，主程序实现 LED 灯闪烁，亮 1s 灭 1s，代码如下：

```
void main( )                                    //主程序实现跑马灯效果
{
    unsigned char led,i;
     while(1)
    {
            led=0x01;                           //LED0 发光二极管亮
            for(i=0;i<8;i++)
          {
                Delay_Xms(1000);                //延时
                P1=~(led<<i);                   //LED 发光二极管亮
          }
    }
}
```

5.4 思考与练习

1. 51 单片机有____个并行 I/O 口。

2. 写出 P3 口各引脚的第二功能。

3. 51 单片机的并行 I/O 口信息有____和____两种读取方法，读—改—写操作是针对并行 I/O 口内的锁存器进行的。

4. 图 5-7 是双输入异或门测试电路。试编写程序，要求芯片正常则使发光二极管亮，否则发光二极管灭。

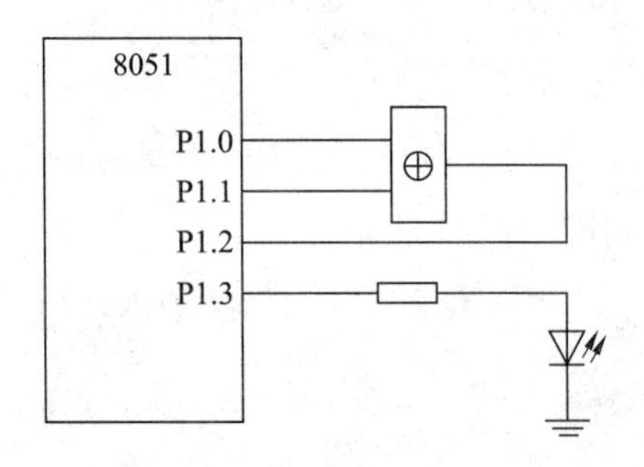

图 5-7 练习图 1

5. 电路图如图 5-8 所示，编写航标灯控制程序。要求航标灯在白天熄灭，在夜晚断续点亮，时间间隔 2s，即亮 2s，灭 2s，周期循环进行。

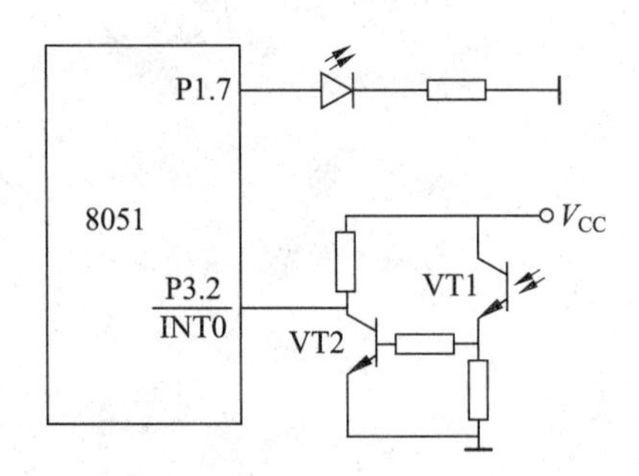

图 5-8 练习图 2

第 6 章　51 单片机中断系统

输入和输出设备（简称外设、I/O 设备）是计算机系统的重要组成部分。各种现场采集的数据和信息要通过输入设备输入计算机，计算结果或各种控制信号要输出给执行设备，以便显示、打印和实现各种控制动作。为此，计算机与外设间交换信息是十分必要和十分频繁的操作。单片机中的 CPU 与外部设备交换信息有 3 种工作方式，分别是无条件传送方式、查询传送方式和中断传送方式。

中断技术是计算机中的重要技术之一。为了便于理解中断操作，这里作个比喻。把 CPU 比作正在写报告的公司的总经理，将中断比作电话呼叫。总经理正在写报告，如果电话铃响了（一个中断），总经理会写完当前正在写的字或句子，然后去接电话。听完电话以后，又回到被打断的地方继续写。在这个过程中，电话铃声相当于向总经理请求中断。

从这个比喻中还能发现程序控制传送方式（无条件传送或查询方式传送）的缺点。如果不设中断请求（电话铃声），就会置于一种尴尬的境地：总经理写了报告中的几个字以后，拿起电话听听对方是否有人呼叫，如果没有，放下电话再写几个字；接着再一次检查这个电话。

很明显，这种方法浪费了一个重要的资源，即总经理的时间。

这个简单的比喻说明了中断功能的重要性。没有中断技术，CPU 的大量时间可能会浪费在原地踏步的操作上。中断方式完全消除了 CPU 在查询方式中的等待现象，大大提高了 CPU 的工作效率。

6.1　中 断 概 念

当 CPU 正在处理某件事情的时候，外部发生的某一事件（如一个电平的变化、一个脉冲沿的发生或定时器计数溢出等）请求 CPU 迅速去处理，于是 CPU 暂时中止当前的工作，转去处理发生的事件，处理完该事件以后，再回到原来被中止的地方，继续执行被暂停的程序，这样的过程称为中断（Interrupt），如图 6-1 所示。

中断系统是能实现中断功能的系统。下面介绍中断系统的组成部分。

（1）主程序：中断发生前正在执行的程序代码。

（2）断点：中断发生时，主程序被断开的程序代码地址。

（3）中断源：产生中断请求的部件称为中断事件或中断源。中断源可分为外设中断和指令中断。中断源按照是否可以被软件（指令）屏蔽，又分为可屏蔽中断和不可屏蔽中断。

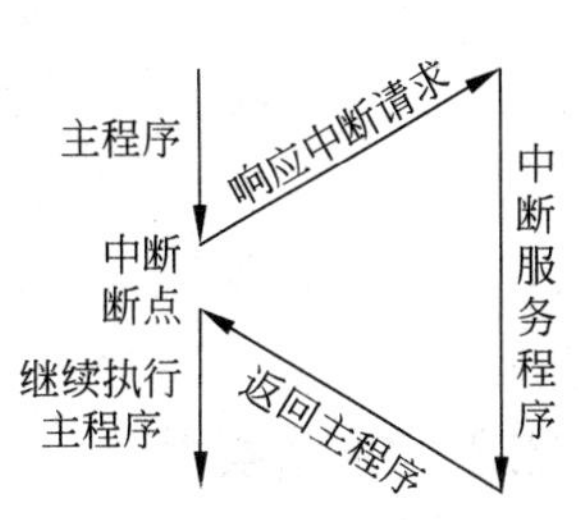

图 6-1　中断流程

① 外设中断：是指可以发中断请求信号的外设或过程，

也称为硬中断，如打印机驱动器、故障源和 A/D 转换器等。

② 指令中断：是指为了方便用户使用系统资源或调试软件而设置的中断指令，也称为软中断。

（4）中断请求：中断源向 CPU 提出的处理请求，称为中断请求或中断申请。

（5）中断响应：CPU 暂时中止自身的事务，转去处理中断事件的过程，称为 CPU 的中断响应过程。

（6）中断服务：对中断事件的整个处理过程，称为中断服务或中断处理。

（7）中断返回：处理完毕中断事件，再回到原来被中止的地方，称为中断返回。

采用中断系统可以改善计算机的性能，主要表现在以下几个方面。

（1）有效地解决了 CPU 与外设之间速度不匹配的矛盾，可使 CPU 与外设并行工作，大大地提高了工作效率。

（2）可以实时处理控制系统中许多随机产生的参数和信息，从而提高了控制系统的性能。

（3）系统具备故障处理能力，提高了可靠性。

6.2 中断系统结构及中断控制

中断过程是在硬件基础上，再配以相应的软件来实现的。对于不同的计算机，其硬件结构和软件指令不完全相同，因此其中断系统也不相同。

6.2.1 中断系统结构

80C51 系列单片机可以提供 5 个中断源（52 子系列有 6 个），具有 2 个中断优先级，每个中断源可以编程为高优先级或低优先级中断，可以实现两级中断服务程序嵌套。中断系统结构示意图如图 6-2 所示。

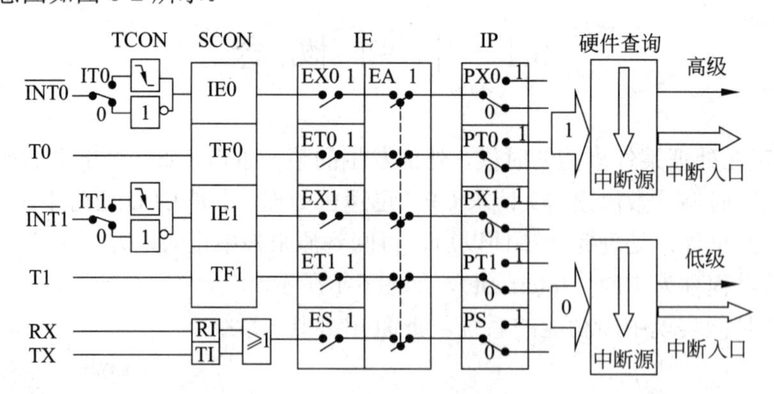

图 6-2　MCS-51 中断系统结构示意图

6.2.2 中断类型

通常按照中断源的不同，单片机的中断类型大致可以分为 3 类：外部中断源、定时中断源和串行中断源。80C51 系列单片机共有 5 个中断源，包括 2 个外部中断源、2 个定时中断源和 1 个串行口中断源。

1．外部中断源

外部中断源是由外部硬件电路产生的中断。51 系列单片机提供了 2 个外部中断源，分别为 $\overline{INT0}$ 和 $\overline{INT1}$。

（1）外部中断 0（$\overline{INT0}$）：中断信号从单片机的 P3.2 引脚（$\overline{INT0}$）输入。

（2）外部中断 1（$\overline{INT1}$）：中断信号从单片机的 P3.3 引脚（$\overline{INT1}$）输入。

51 系列单片机的外部中断源有两种信号触发方式。

1）电平触发方式（静态方式）：

CPU 在每个机器周期的 S5P2 时刻对外部中断引脚（$\overline{INT0}$ / $\overline{INT1}$）进行电平（高或低）采样，若检测到有效的电平信号，即认为产生中断请求。80C51 系列单片机低电平为有效的中断信号。

2）沿触发方式（动态方式）

CPU 在每个机器周期的 S5P2 时刻对外部中断引脚电平采样，若相继的两次采样中检测到有效的电平变化信号（上升沿或下降沿），即认为产生中断请求。80C51 系列单片机一般采用下降沿触发方式。

以 $\overline{INT0}$（P3.2）、$\overline{INT1}$（P3.3）引脚输入的两个外设中断源和它们的触发方式控制位锁存在特殊寄存器 TCON 的低 4 位。

2．定时器/计数器中断源（内部中断）

51 系列单片机内部集成了 2 个定时器/计数器 T0 和 T1，提供了两个定时中断源，以定时器/计数器的溢出信号作为中断请求信号。

1）定时器/计数器中断 0（T0）

作定时器使用时，其中断信号来自于 CPU 内部的定时脉冲；作计数器使用时，其中断信号来自于 CPU 的 T0（P3.4）引脚。

启动 T0 后，每一个机器周期或在 T0 引脚上每检测到一个脉冲信号时，计数器就加 1。当计数器 T0 溢出时，置位溢出标志位 TF0，向 CPU 发出中断请求。

2）定时器/计数器中断 1（T1）

与定时器/计数器中断 1 工作原理相同，其溢出标志位为 TF1。

定时器/计数器中断 0 和定时器/计数器中断 1 的中断溢出标志 TF0 和 TF1 在特殊寄存器 TCON 中。

3．串行口中断（内部中断）

51 系列单片机在进行串行通信时，每个数据发送或接收完毕都产生中断请求，即串行中断。当串行口接收完一帧串行数据时置位中断请求标志位 RI 或当串行口发送完一帧串行数据时置位中断请求标志位 TI，向 CPU 发出中断请求。

串行口的发送/接收中断标志锁存在串行控制寄存器 SCON 的低两位。

6.2.3 中断控制

单片机通过 4 个特殊功能寄存器实施中断控制：定时器/计数器控制寄存器 TCON（6 位）、串行口控制寄存器 SCON（2 位）、中断允许寄存器 IE、中断优先级寄存器 IP。

1. 定时器/计数器控制寄存器TCON

定时器/计数器控制寄存器 TCON 的位定义格式如表 6-1 所示，其中 D0～D3 控制外部中断，D5 和 D7 控制定时中断。TCON 的字节地址为 88H，其中每一位都可以进行位寻址，位地址为 88H～8FH。

表 6-1　TCON 与中断申请相关位

		D7	D6	D5	D4	D3	D2	D1	D0
TCON	位地址	8FH		8DH		8BH	8AH	89H	88H
88H	位名称	TF1		TF0		IE1	IT1	IE0	IT0

下面介绍 TCON 中的各位功能。

（1）IT0（TCON.0）：外部中断 0（$\overline{\text{INT0}}$）触发方式控制位。当 IT0=0 时，为电平触发方式（低电平有效）；当 IT0=1 时，为边沿触发方式（下降沿有效）。

（2）IE0（TCON.1）：外部中断 0（$\overline{\text{INT0}}$）中断请求标志位。当检测到外部中断引脚 $\overline{\text{INT0}}$ 存在有效的中断信号时，由硬件自动使 IE0 置 1，请求中断。当 CPU 响应该中断请求时，转向对应的中断服务程序，并由硬件自动使 IE0 清零。

（3）IT1（TCON.2）：外部中断 1（$\overline{\text{INT1}}$）触发方式控制位。

（4）IE1（TCON.3）：外部中断 1（$\overline{\text{INT1}}$）中断请求标志位。

（5）TF0（TCON.5）：定时器/计数器 T0 溢出中断请求标志位。当启动 T0 计数后，T0 从初值开始加 1 计数，计数器最高位产生溢出时，由硬件自动使 TF0 置 1，并向 CPU 发出中断请求。当 CPU 响应中断请求时，转向对应的中断服务程序，由硬件自动对 TF0 清零。

（6）TF1（TCON.7）：定时器/计数器 T1 溢出中断请求标志位。

2. 串行口控制寄存器SCON

串行口控制寄存器 SCON 的位定义格式如表 6-2 所示，其中 D0 和 D1 用来控制串行中断，其他几位无关。SCON 的字节地址为 98H，其中每一位都可以进行位寻址，位地址为 98H～9FH。

表 6-2　SCON 与中断申请相关位

		D7	D6	D5	D4	D3	D2	D1	D0
SCON	位地址							99H	98H
98H	位名称							TI	RI

下面介绍 SCON 中的各位功能。

- RI（SCON.0）：串行口接收中断请求标志位。当允许串行口接收数据时，每接收完一个串行帧，由硬件自动置位 RI，发出中断请求。CPU 中断响应后并不清零 RI，可以在中断服务程序中由用户软件清零。
- TI（SCON.1）：串行口发送中断请求标志位。当 CPU 将一个发送数据写入串行口发送缓冲器时，就启动了发送过程。每发送完一个串行帧，由硬件自动置位 TI，发出中断请求。响应后也必须由用户软件清零。

由于发送中断和接收中断共用一个中断源，所以 RI 和 TI 中断请求经“或门”后进入中断允许寄存器。

RI、TI 的中断入口都是 0023H，所以 CPU 响应后转入 0023H 开始执行服务程序。首先必须判断是 RI 中断还是 TI 中断，然后进行响应服务。在返回主程序之前必须用软件将 RI 或 TI 清零，否则会出现一次请求多次响应的错误。

3．中断允许寄存器IE

80C51 对中断源的开放或屏蔽是由中断允许寄存器 IE 控制的，其字节地址为 A8H，各位地址为 AFH～A8H，格式如表 6-3 所示。

表 6-3　IE 与中断申请相关各位

		D7	D6	D5	D4	D3	D2	D1	D0
IE	位地址	AFH			ACH	ABH	AAH	A9H	A8H
A8H	位名称	EA			ES	ET1	EX1	ET0	EX0

下面介绍 IE 中的各位功能。

- EX0：外部中断 0 允许位。若置 1，外部中断源 0 可以申请中断；否则，对应的外部中断 0 申请被禁止。
- ET0：T0 中断允许控制位。若置 1，定时器/计数器 T0 可以申请中断；否则，T0 申请被禁止。
- EX1：外部中断 1 允许位。若置 1，外部中断源 1 可以申请中断；否则，对应的外部中断 1 申请被禁止。
- ET1：T1 中断允许控制位。若置 1，定时器/计数器 T1 可以申请中断；否则，T1 申请被禁止。
- ES：串行中断允许控制位。若置 1，允许串行中断；否则，禁止串行中断。
- EA：中断允许总控制位。若 EA=0，禁止总中断；若 EA=1，允许总中断，但每个中断源的开关还需要由各自的允许位确定。

注意：单片机复位后，IE=00H，整个中断系统为禁止状态。

4．中断优先级寄存器IP

80C51 单片机支持两级中断优先级（高优先级和低优先级），可实现二级中断嵌套。多个中断源同时请求时，单片机首先判断哪一个优先级高，并先处理高优先级的中断。中断优先级寄存器 IP 字节地址为 B8H，位地址为 BFH~B8H，各位如表 6-4 所示。

表 6-4　中断优先级寄存器 IP

		D7	D6	D5	D4	D3	D2	D1	D0
IP	位地址				BCH	BBH	BAH	B9H	B8H
B8H	位名称				PS	PT1	PX1	PT0	PX0

下面介绍 IP 中的各位功能。

- PX0：外部中断 0 中断优先级控制位。PX0=0，设定外部中断 0 为低优先级中断；PX0=1，外部中断 0 为高优先级。
- PT0：定时器/计数器 T0 中断优先级控制位。PT0=0，设定定时器/计数器 T0 中断为低优先级；PT0=1，T0 为高优先级。
- PX1：外部中断 1 中断优先级控制位。PX1=0，设定外部中断 1 为低优先级中断；PX1=1，外部中断 1 为高优先级。
- PT1：定时器/计数器 T1 中断优先级控制位。PT1=0，设定定时器/计数器 T1 中断为低优先级；PT1=1，T1 为高优先级。
- PS：串行口中断优先级控制位。PS=0，设定串行口中断为低优先级；PS=1，串行口中断为高优先级。

单片机复位后 IP=xxx00000，即将所有中断源设置为低优先级中断源。

6.2.4　多级中断和中断嵌套

如果系统中有多个设备同时提出中断请求，CPU 会在收到多个外设的请求后，按不同中断的“轻重缓急”事先进行安排，对紧急中断请求进行及时处理，否则可能造成系统功能无法实现甚至系统故障，这就需要对中断进行优先级排序。

80C51 单片机的中断优先级（高优先级和低优先级）可通过中断优先级寄存器 IP 设置。同一优先级的中断申请不止一个时，响应哪个中断源则取决于内部硬件查询顺序，相当于在每一种优先级内同时存在由中断系统硬件确定的自然优先级，其顺序排列如表 6-5 所示。

表 6-5　中断入口地址及自然优先级

中断源	中断入口地址	同级自然优先级
外部中断 0 $\overline{INT0}$	0003H	最高
定时器/计数器 T0	000BH	↓
外部中断 1 $\overline{INT1}$	0013H	↓
定时器/计数器 T1	001BH	↓
串行口中断	0023H	最低

中断系统遵循以下几条基本原则。

- CPU 同时接收到几个中断请求时，首先响应优先级别最高的中断请求。
- 同级、同时中断时，首先响应自然优先级别高的中断请求。
- 正在进行的中断过程不能被新的同级或低优先级的中断请求中断。
- 正在进行的低优先级中断过程，可以被高优先级中断请求中断。

为了实现上述原则，中断系统内部包含 2 个不可寻址的优先级状态触发器。其中一个用来指示某个高优先级的中断源正在得到服务，并阻止所有其他中断的响应；另一个触发器则指出某低优先级的中断源正得到的服务，所有同级的中断源都被阻止，但不阻止高优先级中断源。

在实际应用系统中，当 CPU 正在处理某个中断源，即正在执行中断服务程序时，会出现优先级更高的中断源申请中断。为了使级别高的中断源及时得到服务，需要暂时中断（挂起）当前正在执行的级别较低的中断服务程序，待处理完以后再返回到被中断的中断服务程序继续执行（但级别相同或级别低的中断源不能中断级别高的中断服务），这就是中断嵌套。MCS-51 系列单片机能实现二级中断嵌套。二级中断嵌套的执行过程如图 6-3 所示。

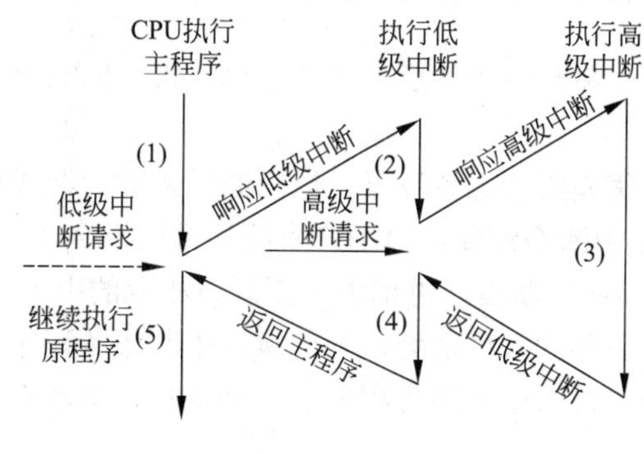

图 6-3　二级中断嵌套的执行过程

6.3　中断处理过程

一个完整的中断处理过程包含中断请求、中断响应、中断处理、中断返回 4 个阶段。

1. 中断请求

中断源向 CPU 发出的请求信号称为中断请求。

89C51 单片机的 CPU 在执行程序过程中，在每个机器周期的 S5P2 期间顺序采样每个中断源的中断标志，在下一个机器周期 S6 期间按优先级顺序查询中断标志。如果在上一个机器周期的 S5P2 时某个中断标志被置 1，那么在现在的查询周期中会及时发现该中断请求，并将在接下来的机器周期 S1 期间按优先级高低进行中断处理，中断系统将控制程序转入相应的中断服务程序。

2. 中断响应

单片机暂停当前程序执行转而处理中断请求的过程称为中断响应。发生中断时 PC 所指向的正在执行的程序地址叫做中断断点。

在执行指令机器周期的 S6 期间按优先级顺序查询到中断标志为 1 并满足两级中断允许条件，即总允许位 EA＝1 和申请中断的中断源允许位为 1，CPU 才有可能响应中断，转到相应的中断服务程序。

下列 3 个条件中任何一个都能阻断 CPU 对中断的响应。

（1）CPU 正在处理同级或高级优先级的中断服务程序。

（2）当前查询的机器周期不是所执行指令的最后一个机器周期。在完成当前所执行指令前，不会响应中断，从而保证指令在执行过程中不被打断。

（3）当前正在执行的指令是 RET、RETI 或访问 IE、IP 寄存器的指令。只有在执行完该指令后，至少再执行一条其他指令才可以响应中断。

提示：若由于上述条件的阻碍中断未能得到响应，当条件消失时该中断标志已不再有效（清零），那么该中断将不被响应。也就是说，中断标志曾经有效，但未获响应，查询过程在下个机器周期将重新进行。

当一个中断请求满足中断响应条件后，89C51 单片机可以响应该中断请求。中断响应过程如下。

（1）置位相应的中断优先级状态触发器，以阻断后来的同级或低级的中断请求。

（2）CPU 执行一条由中断系统硬件自动产生的长调用指令 LCALL，把当前程序计数器 PC 的内容压入堆栈，以保护断点，再根据中断源将相应的中断入口地址送入 PC。

（3）程序转向相应中断源的入口地址，开始执行中断服务程序。

（4）对于部分中断源，进入中断服务程序后，硬件将自动清零中断标志位，以便于响应下一次中断请求。

提示：中断响应过程是由中断系统内部自动完成的。

80C51 单片机为每个中断源分配了一个入口地址，又称中断矢量，如表 6-6 所示。

表 6-6　中断入口地址

中断源	中断入口地址
外部中断 0　$\overline{\mathrm{INT0}}$	0003H
定时器/计数器　T0	000BH
外部中断 1　$\overline{\mathrm{INT1}}$	0013H
定时器/计数器　T1	001BH
串行口中断	0023H

3. 中断处理

中断处理又称中断服务，中断的软件处理过程就是整个中断服务程序。中断服务程序从矢量地址开始执行，一直到中断结束返回指令 RETI 为止。一般需要完成以下几个部分的处理。

1）程序跳转

由于 89C51 系列单片机的 2 个相邻中断源中断服务程序入口地址之间只有 8 个字节，一般的中断服务程序是容纳不下的。通常将中断服务程序放置在其他地址空间，而在相应的中断入口地址放置一条无条件转移指令 LJMP，使中断服务程序可灵活地安排在 64KB 程序存储器的任何空间。若在 2 KB 范围内转移，则可存放 AJMP 指令。

2）关闭中断与打开中断

当正确响应中断后，在中断服务程序执行过程中不想被更高优先级的中断打断，在进入中断服务程序后可先用软件关闭 CPU 中断 EA=0 或禁止某中断源中断，保证中断服务程序的顺利执行。在中断返回前再将禁止的中断开放，以便单片机能够接收新的中断请求。

3）保护现场与恢复现场

一般来说，在主程序和中断服务程序中都会用到累加器和寄存器等。80C51 单片机的 CPU 在中断服务程序中使用这些寄存器时会改变其中的内容，再返回主程序时容易引起错误。因此，再进入中断服务程序后，应先将用到的相应的寄存器内容保存起来，称为保护现场。当中断服务程序结束时，将这些寄存器的内容恢复，称为恢复现场。

在保护现场和恢复现场时，为了不使现场信息受到破坏或造成混乱，一般应关闭 CPU 中断，使 CPU 暂不响应新的中断请求。

在 C51 语言中，这部分工作由编译系统自动完成。

4）处理中断源请求

根据需要编写相应的中断处理请求程序，从而完成特定的任务。

4．中断返回

中断处理结束之后恢复原来程序的执行称为中断返回。

中断服务程序的最后一条指令必须是中断返回指令 RETI。RETI 指令一方面把将中断响应时压入堆栈保护的两个字节断点地址从栈顶弹出送回程序计数器 PC，使 CPU 返回到原来被中断的程序断点处继续执行被中断的程序，另一方面把响应中断时所置位的优先级状态触发器清零。

在 C51 语言中，这部分工作由编译系统自动完成。

> 注意：不能用 RET 指令代替 RETI 指令。在中断服务程序中，PUSH 指令与 POP 指令必须成对使用，否则不能正确返回断点。

6.4　中断响应时间

单片机的 CPU 对中断的响应是需要一定时间的，即不是立刻进入真正的中断服务程序。中断的响应时间是指 CPU 从查询中断标志位（TCON 或 SCON）到转向对应的中断入口地址所需的机器周期个数。

在第 1 个机器周期的 S6 前找到已激活的中断请求，按查询结果排好优先级（根据高、低、自然优先级）。

在满足响应条件且不受阻断的情况下，在第二个机器周期的 S1 开始响应最高优先级的中断，通过转移指令（LJMP、AJMP）根据中断矢量转移到中断源入口地址需要两个机器周期。

在第四个机器周期执行中断程序。

因此一个中断响应至少需要三个机器周期。

如果中断请求被前面所述的三个条件之一所封锁，将需要更长的响应时间。80C51 指令系统中最长的指令（MUL 和 DIV）需要 4 个机器周期，如果当前正在处理的指令没有执行到最后一个周期，则所需额外的等待时间不会超过 3 个机器周期。假若正在执行的是 RETI 指令或者是访问 IE 或 IP 指令，则额外的等待时间不会超过 5 个机器周期（完成正在执行的指令需要 1 个周期，加上完成下一条指令所需要的最长时间为 4 个周期）。

在系统中只有一个中断源的情况下，中断响应时间为 3～8 个机器周期。

若一个同级的或高优先级的中断正在进行，则附加的等待时间取决于正在处理的中断服务程序。

6.5 中断请求的撤销

在中断请求被响应前，中断源发出的中断请求是锁存在特殊功能寄存器 TCON 和 SCON 相应中断标志位中的。CPU 响应某个中断请求后，在中断服务程序结束（RETI）前，该中断请求应当撤销，清除 TCON、SCON 中已响应的中断请求标志，否则会引起同一中断的重复查询和响应，这是绝对不允许的。

MCS-51 系列单片机具有 5 个中断源，可归纳为三种中断类型，分别是外部中断、定时器/计数器溢出中断和串行口中断。对于这三种中断类型的中断请求，其撤销方法不同。

1．外部中断请求的撤销

对于下降沿触发方式，外部中断标志 IE0 或 IE1 是依靠 CPU 两次检测 $\overline{\text{INT0}}$ 或 $\overline{\text{INT1}}$ 上触发电平状态而置位的。因此，由于触发信号过后就消失，撤销自然也就是自动的，响应中断时，IE0 或 IE1 自动清零，无须用户干预。

对于电平触发方式，外部中断标志 IE0 或 IE1 是依靠 CPU 检测 $\overline{\text{INT0}}$ 或 $\overline{\text{INT1}}$ 上低电平而置位的。CPU 响应中断时相应的中断标志 IE0 或 IE1 能自动清零。但若外部中断源不能及时撤销它在 $\overline{\text{INT0}}$ 或 $\overline{\text{INT1}}$ 上的低电平，就会再次使已经清零的中断标志 IE0 或 IE1 置位，这是绝对不能允许的。因此，电平触发方式的外部中断请求需外加电路以使 $\overline{\text{INT0}}$ 或 $\overline{\text{INT1}}$ 引脚在进入中断服务程序后变成高电平，撤除中断请求，撤销电路如图 6-4 所示。

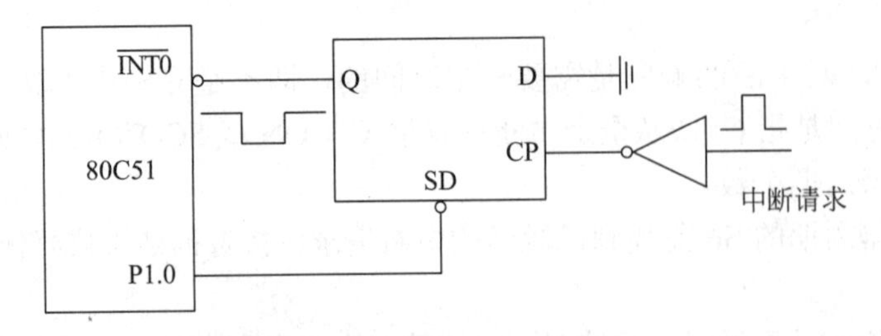

图 6-4　电平外部中断的撤销电路

由图 6-4 可见，当外部中断源产生中断请求时，Q 触发器复位成 0 状态，Q 端的低电平被送到 $\overline{\text{INT0}}$ 端，该低电平被检测到后，中断标志 IE0 置 1。响应 $\overline{\text{INT0}}$ 中断请求进入 $\overline{\text{INT0}}$ 中断服务程序后，在中断服务程序中执行以下指令撤销 $\overline{\text{INT0}}$ 上的低电平。

汇编程序如下：

```
INSVR:  ANL    P1,  #0FEH
        ORL    P1,  #01H
        CLR    IE0
         ⋮
```

C 语言程序如下：

```
P1 &=0xFE;
P1 |=0xFE;
IE0=0x0;
```

执行上述指令会在 P1.0 引脚上产生一个宽度为 2 个机器周期的负脉冲。在该负脉冲作用下，Q 触发器被置位成 1 状态，$\overline{INT0}$ 上电平也因此变高，从而撤销了其上的中断请求。

2．定时器/计数器溢出中断请求的撤销

TF0 和 TF1 是定时器/计数器溢出中断标志位。定时器/计数器溢出时，中断请求标志位置位，CPU 响应中断后自动复位。定时器/计数器溢出中断请求是自动撤销的，用户根本不必专门进行撤销。

3．串行口中断请求的撤销

TI 和 RI 是串行口中断标志位。中断系统不能自动撤销，因为进入串行口中断服务程序后需要对它们进行检测，以判断是接收中断还是发送中断。用户应在中断服务程序的适当位置处将它们撤销。

汇编程序如下：

```
CLR    TI                   ;撤销发送中断
CLR    RI                   ;撤销接收中断
```

C 语言程序如下：

```
TI=0x0; //撤销发送中断
RI=0x0; //撤销接收中断
```

若采用字节型指令，则

汇编程序如下：

```
ANL    SCON，#0FCH    ;撤销发送和接收中断
```

C 语言程序如下：

```
SCON &=0xFC; //撤销发送和接收中断
```

6.6　中断程序的设计

为实现中断而设计的有关程序称为中断程序，中断程序由主程序和中断服务程序两部分组成。主程序用于实现对中断的控制，中断服务程序则用于完成中断源所要求的各种任务。

6.6.1 汇编语言中断程序

编写中断程序，需要在主程序中初始化中断系统，步骤如下：

（1）设置中断允许控制寄存器 IE，允许相应的中断请求源中断。

（2）设置中断优先级寄存器 IP，确定并分配所使用的中断源的优先级。

（3）若是外部中断，设置控制寄存器 TCON 的中断请求的触发方式 IT1 或 IT0，以决定采用电平触发方式还是跳沿触发方式；若是定时器/计数器中断或串口中断，设置定时器/计数器或串口相关的寄存器。

需要注意的是，在编写主程序时要设置堆栈指针。当系统复位或上电后，堆栈指针 SP 总是默认为 07H，使得堆栈区从 08H 单元开始。而 08H～2FH 单元属于通用寄存器区和位寻址区，程序设计中经常需要用到这些区，故一般重新设定 SP 的值。通常，将堆栈开辟在用户 RAM 区。

【例 6-1】 假设允许外部中断 0 中断，并设定它为高级中断，其他中断源为低级中断，采用跳沿触发方式。

分析：采用汇编语言代码完成对外部中断 0 中断系统的初始化，外部中断 0 设置为下降沿有效。

在主程序中可编写如下程序段：

```
SETB   EA      ;EA 位置 1，CPU 开中断
SETB   EX0     ;ET0 位置 1，允许外部中断 0 产生中断
SETB   PX0     ;PX0 位置 1，外部中断 0 为高级中断
SETB   IT0     ;IT0 位置 1，外部中断 0 为跳沿触发方式
```

采用汇编语言编写中断服务程序，步骤如下：

（1）保护现场：由于单片机在响应中断后，只是将断点地址压入堆栈进行保护，因而用户需要在中断服务程序开始编程保护现场，采用 PUSH 指令保护某些寄存器或内部单元的值。

（2）处理中断源请求的任务。

（3）恢复现场：中断返回前采用 POP 指令恢复现场。

（4）中断返回：中断服务程序的最后一条指令是中断返回指令 RETI。

需要注意的是，在保护现场前和恢复现场前，一般要禁止中断，以防止中断嵌套，现场被破坏；而在保护现场和恢复现场后，再允许中断，以便 CPU 能够及时接收中断信息；若要在执行某个中断服务程序时禁止更高级的中断打断当前的处理过程，可以编程屏蔽相应的中断源，在中断返回前再开放中断，如图 6-5 所示。

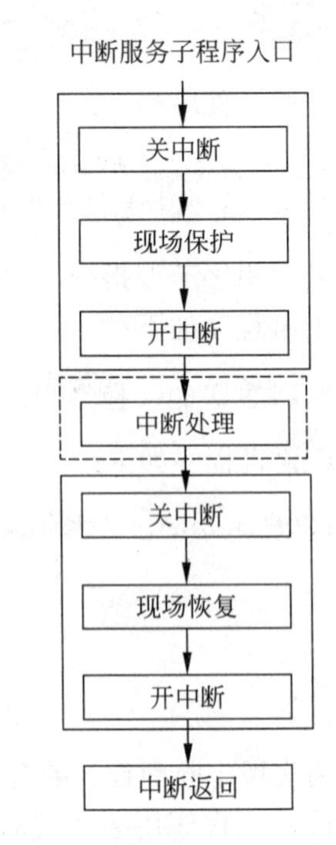

图 6-5　中断服务子程序流程图

为了使应用程序能够及时响应各中断源的中断请求，中断服务程序应尽可能简短。一般可以在主程序中完成的操作，应在主程序中进行，以避免中断处理占用较多的时间。

例如，外部中断 0 某中断服务程序汇编语言程序的结构如下：

```
        ORG        0003H          ;外部中断 0 入口
        AJMP       INTT0          ;转向中断服务程序入口
         ⋮
INTT0:  PUSH       PSW            ;程序状态字 PSW 内容压入堆栈保存
        PUSH       ACC            ;累加器 A 内容压入堆栈保存
         ⋮
        POP        ACC            ;压入堆栈的内容送回到 ACC
        POP        PSW            ;恢复程序状态字 PSW 的内容
        RETI                      ;中断返回
```

6.6.2　C 语言中断程序

编写中断程序，需要在主程序中初始化中断系统，步骤与汇编程序相同。

【例 6-2】 用 C51 编程实现例 6-1 的功能。

C 语言程序如下：

```
IP=0x01;     //外部中断 0 为高级中断
IE=0x81;     //允许外部中断 0 中断请求，并开总中断
IT0=0x1;     //外部中断 0 设置为下降沿有效
```

C51 编译器支持在 C 语言源程序中直接编写 51 单片机的中断服务函数程序，从而减轻汇编语言编写中断服务程序的烦琐程度。为了能在 C 语言源程序中直接编写中断服务函数，C51 编译器对函数的定义有所扩展，增加了一个扩展关键字 interrupt。关键字 interrupt 是函数定义时的一个选项，加上这个选项即可将函数定义成中断服务函数。函数类型、函数名和形式参数表与前面介绍的函数定义相同。

C51 定义中断服务函数的一般形式为：

```
函数类型  函数名(形式参数表) interrupt n [using m]
{
        /*ISR*/
}
```

interrupt 后面的 n 是中断号，n 的取值范围为 0~31。编译器从 8n+3 处产生中断向量，具体的中断号 n 和中断向量取决于不同的 51 系列单片机芯片型号。51 单片机的常用中断源和中断入口地址如表 6-7 所示。

表 6-7　中断入口地址

中断号	中断源	中断入口地址
interrupt 0	外部中断 0　$\overline{\text{INT0}}$	0003H
interrupt 1	定时器/计数器　T0	000BH
interrupt 2	外部中断 1　$\overline{\text{INT1}}$	0013H
interrupt 3	定时器/计数器　T1	001BH
interrupt 4	串行口中断	0023H
interrupt 5	定时器/计数器　T2	002BH

m 是工作寄存器组名，用来选择 51 单片机不同的工作寄存器组。单片机 RAM 中有 4 个不同的工作寄存器组，每组包含 8 个工作寄存器 R0～R7。using m 告诉编译器，在进入中断处理后切换到的寄存器组，寄存器组号 m=0～3。“using m”选项可省略，此时由编译器选第一个寄存器组作绝对寄存器组访问。这里不再详述，可翻阅 C51 编译器自带的使用说明。

【例 6-3】 在单片机的 P1 口接 8 个发光二极管，外部中断 0 通过按键接低电平，下降沿有效。要求每发生 1 次 INT0 外部中断，指示灯移动 1 位。硬件电路如图 6-6 所示。

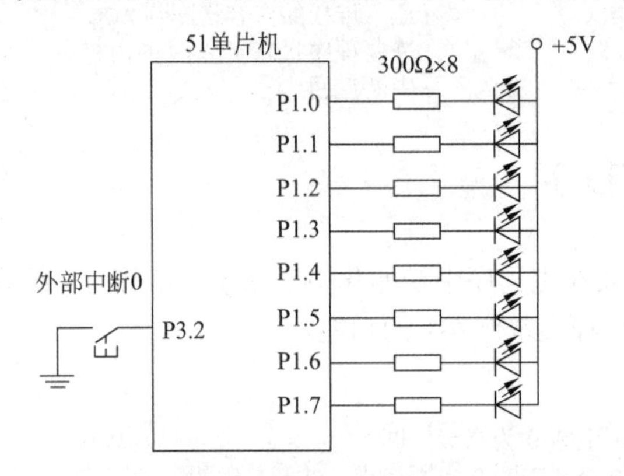

图 6-6　外部中断 INT0 控制灯移动电路

C 语言程序如下：

```
#include<regx51.h>          //包含 51 单片机寄存器定义的头文件
unsigned char temp;
//中断服务程序
void int0_intled(void) interrupt 0 using 1
{
        P1=temp;
        temp=temp>>1;
}
//主程序
void main(void)
{
       IE=0x81;              //使能外部中断，开总中断 EA=1，开外部中断 0，EX0=1;
       IT0=1;                //外部中断 0 下降沿触发
       temp=0x01;
       while(1)              //主程序无限循环，等待中断
}
```

51 单片机中只有两个外部中断源，当实际应用中所需的外部中断源多于 2 个时，需要扩展外部中断源。常用的扩展外部中断源方法有：通过定时器/计数器扩展为外部中断源，硬件中断申请与软件查询的方法扩展外部中断源，采用专用的中断芯片（如 Intel 公司的 8259）扩展外部中断源。

【例 6-4】 某大楼内安装了 2 个烟雾检测点和 2 个煤气泄漏检测点，监测室有 4 个指示灯分别显示每个检测点的安全状态。当有意外发生时，相应的指示灯亮，发出报警。设计一个以 89C51 单片机为核心的检测系统，实现环境检测功能。

51 系列单片机只有两个外部中断源，而此处有 4 个检测点。显然，如果每个中断源只连接 1 个检测点，则有两个不能采用中断方式及时检测出异常情况。在这种情况下，可采用硬件中断和软件查询结合扩展中断源的方法，把系统中多个外部中断源经过与门连接到一个外部中断输入端（如 INT0、INT1），并同时接到 I/O 口，如图 6-7 所示接到 P1 口。当每个检测点正常时，输出高电平 1；有异常时，输出低电平 0。两个烟雾检测点的状态经“与”逻辑后输出给 INT0，其中之一出现异常时，给 INT0 一个下降沿的中断请求信号，则产生一次中断。在中断服务程序中通过软件查询 P1.0 和 P1.1 引脚采集的两个烟雾检测点的状态，判断是哪一个检测点有异常，通过与 P1.4 或 P1.5 相连的 LED 显示出来。用同样的方法检测煤气是否有异常并加以显示。硬件电路示意图如图 6-7 所示。

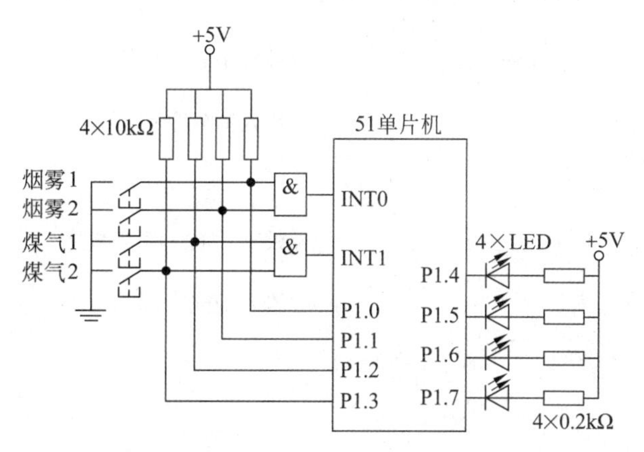

图 6-7　硬件电路示意图

本系统中有两个外部中断源，在主程序中用两个 ORG 对各中断源的中断服务程序入口地址（即矢量地址）进行定义，中断入口的地址必须由小到大依次排列。汇编语言参考程序设计如下：

```
            ORG 0000H
            LJMP START
            ORG 0003H              ;外部中断 0 入口地址
            LJMP INT0yanwu         ;中断服务程序入口
            ORG 0013H              ;外部中断 1 入口地址
            LJMP INT1wasi          ;中断服务程序入口
Start:      SETB EA                ;中断初始化
            SETB EX0
            SETB EX1
            SETB IT0               ;边沿触发方式
            SETB IT1
            SJMP $

INT0yanwu:  MOV P1,#0FFH           ;用作输入口前先输出全高电平
            JNB P1.0,LED1
            AJMP LED2
LED1:       CLR P1.4
            AJMP QUIT1
LED2:       CLR P1.5
QUIT1:      RETI

INT1wasi:   MOV P1,#0FFH           ;用作输入口前先输出全高电平
            JNB P1.2,LED3
            AJMP LED4
LED3:       CLR P1.6
            AJMP QUIT2
LED4:       CLR P1.7
QUIT2:      RETI
            END
```

C51参考程序如下：

```
#include<reg51.h>                    //包含51单片机寄存器定义的头文件
sbit key1=P1^0;
sbit key2=P1^2;
sbit led1=P1^4;
sbit led2=P1^5;
sbit led3=P1^6;
sbit led4=P1^7;
//中断服务程序
void int0_yan( ) interrupt 0         //外部中断0服务程序
{
        P1=0xff;                     //输入前先全部置为1
        if(key1==0)  led1=0;
        else led2=0;
}
void int0_wasi( ) interrupt 2        //外部中断1服务程序
{
        P1=0xff;                     //输入前先全部置为1
        if(P1^2==0)  led3=0;
        else if (P1_3==0)  led4=0;
}
//主程序
void main(void)
{
        EA=1;                        //使能外部中断
        EX0=1;
        EX1=1;
        IT0=1;
        IT1=1;
        while(1);                    //等待中断
}
```

6.7 思考与练习

1. MCS-51 单片机系列有________个中断源，可分为_______个优先级。上电复位时_______中断源的优先级别最高。

2. 8051单片机五个中断入口地址分别是______、_______、_______、_______和_______。

3. 中断标志需手动清零的是（　　）。

A. 外部中断的标志　　B. 计数/定时器中断

C. 串行通信中断的标志　　D. 所有中断标志均需手动清零

4. 1个中断源的中断请求要被响应，必须满足的条件是什么？

5. 中断处理过程包括哪几个步骤？

第 7 章　MCS-51 单片机定时器/计数器

在测量和控制系统中，经常会有定时控制的需求。例如，温湿度传感器每隔一定的时间采集环境的温度、湿度等；洗衣机按照设定的时间间隔完成指定的任务；交通灯周期性地定时亮灭。常用的定时方法主要有 3 种。

（1）软件定时：通过编写延时程序以达到延时一段时间的目的。该方法的优点是不占用硬件资源；缺点是占用了 CPU 时间，影响了 CPU 的工作效率，不适合定时时间较长的场合，而且延时时间不精确，不适合用于实时控制。

（2）硬件定时：由电子元器件构成硬件定时电路实现定时功能。例如 555 定时器外接必要的电阻和电容，实现不同时长的定时。这种方法的优点是实现容易，通过改变电阻和电容值可以改变定时时间，不占用 CPU 时间，适合较长时间的定时场合；缺点是改变定时时间需要调整元器件参数，使用时不够灵活。

（3）可编程定时器：可编程定时器集成在芯片内部，通过对系统机器周期计数达到定时的目的。这种方法设置灵活，使用方便，定时器与 CPU 并行工作，不占用 CPU 时间，并可以通过编程修改定时时间的长短。计数则是统计外部某一事件发生的次数，如工业生产流水线中产品的个数，汽车行驶的里程数，会议中进入会场的人数，等等。

7.1　定时器/计数器的结构和功能

51（52）子系列单片机内部集成有 2（3）个 16 位的可编程定时器/计数器 T0 和 T1，它们都具有定时和计数 2 种工作模式、4 种工作方式，可以通过对控制寄存器 TMOD 和 TCON 的编程选择 T0、T1 工作，还可以选择工作模式。

计数功能是指对外部事件计数。外部发生的事件以脉冲表示，从定时器/计数器 T0 和 T1 的 2 个引脚 P3.4 和 P3.5 输入，T0 和 T1 对引脚脉冲进行加 1 计数。

定时功能是通过对单片机内部脉冲进行加 1 计数来实现的。单片机每个机器周期产生 1 个脉冲，也就是每个机器周期计数器加 1。由于一个机器周期等于 12 个振荡脉冲周期，因此计数频率为振荡频率的 1/12。

1. 定时器/计数器结构

MCS-51 单片机定时器/计数器的逻辑结构如图 7-1 所示。

16 位定时器/计数器分别由 2 个 8 位专用寄存器组成，即 T0 由特殊功能寄存器 TH0 和 TL0 组成，T1 由特殊功能寄存器 TH1 和 TL1 组成，其中 TLx 为低 8 位，THx 为高 8 位，每个寄存器均可单独访问，用于存放定时或计数的初值。TMOD 是定时器/计数器的工作方式寄存器，用于设置定时器/计数器的工作方式和功能；TCON 是定时器/计数器的控

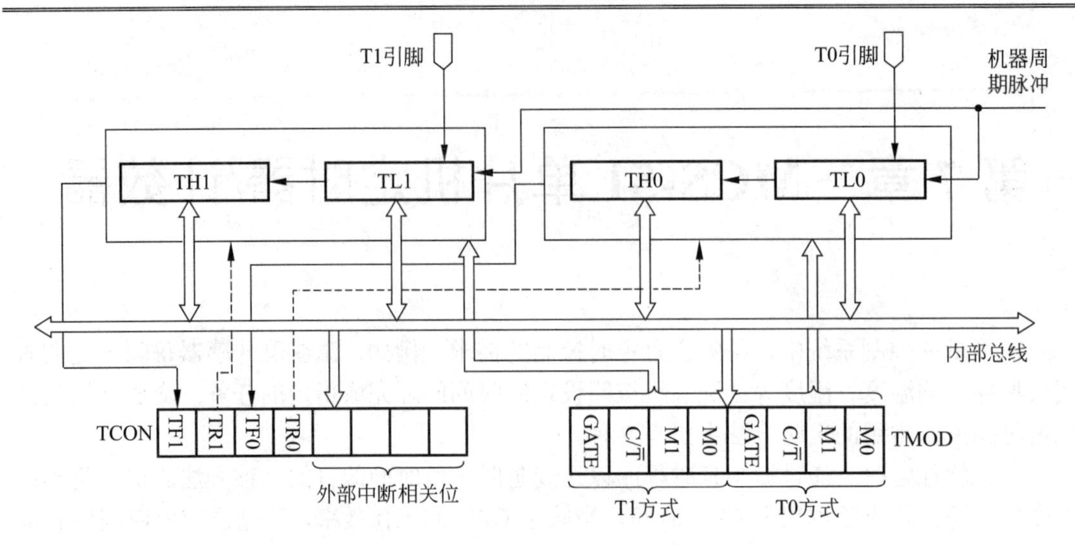

图 7-1　定时器/计数器的结构

制寄存器，用于控制 T0 和 T1 的启动、停止以及设置溢出标志等。这些寄存器之间通过内部总线和控制逻辑电路互相连接。

2．定时/计数功能

定时器/计数器输入的计数脉冲有两个来源。

当工作在计数模式时，对 T0 的 P3.4 引脚或 T1 的 P3.5 引脚的外部事件产生的脉冲计数。每来一个脉冲，计数值加 1，当加到计数器为全 1 时，再输入一个脉冲，计数器加 1 后回到全 0，计数器溢出，溢出标志 TF0 或 TF1 置 1。溢出时计数器的值减去计数初值就是计数器的计数值。外部脉冲的下降沿触发计数，单片机在每个机器周期对外部计数脉冲进行采样，如果前一个机器周期采样为高电平，后一个机器周期采样为低电平，即为一个有效的技术脉冲，在下一个机器周期计数，T0（T1）加 1。可见，采样到有效的计数脉冲需要 2 个机器周期，因此计数脉冲的频率不能高于晶振频率的 1/24，外部计数脉冲的高电平和低电平保持时间均需要在一个机器周期以上。

当工作在定时模式时，系统的时钟振荡器输出脉冲经 12 分频后送入定时器/计数器作为计数脉冲。单片机的 1 个机器周期等于 12 个振荡周期，故每经过一个机器周期计数值加 1，直至计数器计满为止。当计数器计满后，下一个机器周期使计数器重新清零，溢出标志 TF0 或 TF1 置 1，即溢出过程。由开始计数到溢出这段时间就是“定时”时间。定时器的定时时间与系统的振荡频率紧密相关，由于每个机器周期是固定时间，定时时间长短与计数器预先装入的初值有关。从初值到溢出计数的个数乘以机器周期就是定时时间。初值越大，定时时间越短；初值越小，定时时间越长，最大定时时间为 65536 个机器周期。

如果单片机采用 12MHz 晶振，则计数脉冲频率为 1MHz，每个机器周期为 1μs，即每微秒计数器加 1，这样可以根据计数值计算出定时时间，或者按定时时间要求计算出定时器/计数器的预置初值。例如，如果发生溢出时计数值为 20，则定时时间为 20μs。

7.2　定时器/计数器相关寄存器

51 系列单片机 T0、T1 的工作过程是通过对寄存器编程实现的，相关寄存器如表 7-1 所示。

表 7-1　定时器/计数器相关寄存器

名称	功能描述
TCON	计数器控制寄存器，用于控制定时器的启动、停止与中断请求
TMOD	用于设置定时器工作方式
TH0	T0 高 8 位计数值
TL0	T0 低 8 位计数值
TH1	T1 高 8 位计数值
TL1	T2 低 8 位计数值

1．方式控制寄存器TMOD（timer mode）

TMOD 为 8 位寄存器，用来控制 T0 和 T1 的工作方式和工作模式，高 4 位用于控制 T1，低 4 位用于控制 T0。TMOD 寄存器字节地址为 89H，只能进行字节寻址，不能进行位寻址，其格式如表 7-2 所示。

表 7-2　工作方式寄存器TMOD

位序	Bit7	Bit6	Bit5	Bit4	Bit3	Bit2	Bit1	Bit0
位符号	GATE	$C/\overline{T}$	M1	M0	GATE	$C/\overline{T}$	M1	M0
控制定时器/计数器	控制 T1				控制 T0			

（1）M1、M0：工作方式选择位。

定时器/计数器有 4 种工作方式：

- M1M0=00 工作方式 0，13 位定时器/计数器。
- M1M0=01 工作方式 1，16 位定时器/计数器。
- M1M0=10 工作方式 2，自动再装入计数初始值的 8 位定时器/计数器。
- M1M0=11 工作方式 3，2 个独立的 8 位定时器/计数器，仅 T0 可用，T1 在工作方式 3 时停止工作。

（2）$C/\overline{T}$：定时器/计数器功能选择位。

- $C/\overline{T}$=0 为定时器模式，由内部系统时钟提供计时工作脉冲。
- $C/\overline{T}$=1 为计数模式，通过外部引脚 T0 或 T1 输入外部计数脉冲。

（3）GATE：门控位。

GATE=0 时，由 TCON 中的 TR0、TR1 控制定时器/计数器的启动计数和停止计数。TR0（TR1）=1 时，启动计数；TR0（TR1）=0 时，停止计数。

当 GATE=1 且 TR0=1（TR1=1）时，由外部中断引脚 INT0（INT1）控制启动和停止计数。当 $\overline{INT0}$=1 时，启动计数；当 $\overline{INT1}$=0 时，停止计数。

2. 控制寄存器TCON（Timer Controller）

TCON 是一个 8 位的特殊功能寄存器，高 4 位用于定时器/计数器的控制，低 4 位用于外部中断控制。TCON 的字节地址是寄存器 88H，既可以进行字节寻址，又可以位寻址，如表 7-3 所示。

表 7-3 控制寄存器 TCON 的格式

	位地址	97H	96H	95H	94H	93H	92H	91H	90H
TCON	位名称	TF1	TR1	TF0	TR0	IE1	IT1	IE0	IT0

（1）TR0：定时器/计数器 T0 运行控制位。该位根据需要由软件置位或清零。

- TR0=1，T1 启动计数。
- TR0=0，T1 停止计数。

（2）TF0：定时器/计数器 T0 溢出中断请求标志位。

当定时器/计数器 T0 计数溢出时，由硬件自动使 TF0 置 1。使用中断方式时，TF0 作为中断标志位，在进入中断服务程序时由硬件自动清零；使用查询方式时，该位作为状态位可供查询，查询有效后应采用软件方法将该位清零。

（3）TR1：定时器/计数器 T1 运行控制位。其功能与 TR0 类似。

（4）TF1：定时器/计数器 T1 溢出中断请求标志位。其功能与 TF0 类似。

7.3 定时器/计数器的工作方式

特殊功能寄存器 TMOD 的 M1 和 M0 的 4 种组合决定了定时器/计数器有方式 0、方式 1、方式 2 和方式 3 共 4 种工作方式。在方式 0、方式 1 和方式 2 下，T0 和 T1 的工作方式完全相同；工作方式 3 仅适用于 T0，而 T1 在方式 3 下停止计数。

1. 工作方式0

如图 7-2 所示为 T0 在工作方式 0 下的逻辑结构。

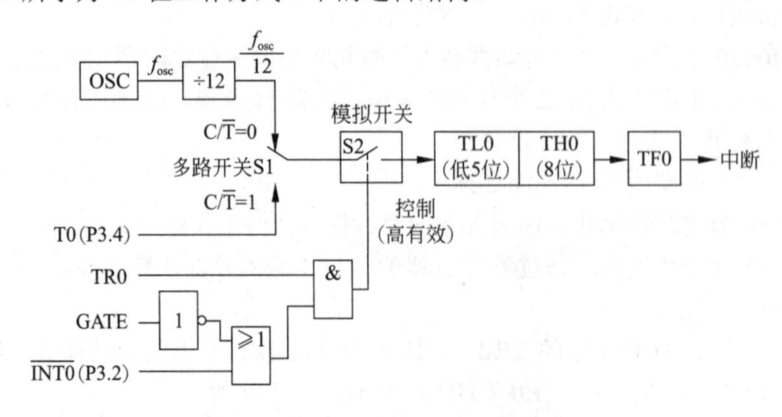

图 7-2 定时器/计数器 T0 工作方式 0

在工作方式 0 下，T0 由 TH0 中的 8 位和 TL0 低 5 位组成 13 位定时器/计数器，TL0 的高 3 位不用，计数时 8 位 TL0 的低 5 位计数满向 TH0 进位，T0 计数满则使溢出标志 TF0 置 1。

在中断方式下，申请中断，当转向中断服务程序后 TF0 由硬件清零。在查询方式下，判断 TF0 值，若 TF0=1，表示计数满，做出相应处理，并采用软件将 TF0 清零，给 TF0 和 TL0 重新赋初始值，则可开始下一次计数。

1）定时功能

当 $C/\overline{T}=0$ 时，多路开关 S1 接通内部振荡脉冲的 12 分频输出，对机器周期计数，T0 工作于定时模式。定时时间的计算公式为：

$$t=(2^{13}-\text{计数初值})\times\text{晶振周期}\times 12=(2^{13}-\text{计数初值})\times\text{机器周期}$$

2）计数功能

当 $C/\overline{T}=1$ 时，S1 接通外部引脚 T0（P3.4），对外部脉冲计数，T0 工作于计数模式。计数值计算公式为：

$$N=2^{13}-\text{计数初值}=8192-\text{计数初值}$$

📖 提示：T0 计数未溢出时，可以随时读出 TH0、TL0 的值，并且直接计算 TH0、TL0 的增加值。

【例 7-1】 设单片机的振荡频率为 11.0592MHz，产生频率为 131Hz 的方波音频信号（低音 Do），由 P1.0 引脚连接的喇叭输出。

频率为 131Hz 的方波的周期是 7.634ms，则高、低电平持续的时间各是 3.817ms。因为机器周期为 1.085μs，计数初值=8192–3817μs/1.085μs=8192–3518=4674=1001 0010 00010B，则 TH1=92H=146，TL1=2。T1 定时器采用工作方式 0，中断服务程序。

C51 程序如下：

```
#include  <reg51.h>                       //包含特殊功能寄存器库
sbit speaker=P1^0;                        //进行位定义
void  time1_int(void)  interrupt  3      //T1 中断
{
//中断服务程序，输出 131Hz 方波
 speaker =~ speaker ;                     //P1.0 取反，输出方波
 TH1=4674/32;                             //TH1 定时器重新装载计数初值
 TL1=4674%32;                             //TL1 定时器重新装载计数初值
}
void main( )
{
  TMOD=0;                                 //T1 方式 0 定时
  TL1=4674%32;                            //设置 TL1 初值，即低 5 位
  TH1=4674/32;                            //设置 TH1 初值，即高 5 位
  EA=1;
  ET1=1;                                  //允许 T1 中断
  TR1=1;                                  //启动定时器 T1
  while(1);                               //等待中断
}
```

汇编语言程序如下：

```
        ORG 0000H
        LJMP START
        ORG 001BH            ;T1 中断矢量地址
        LJMP T1Int
        ORG 0100H
START:  MOV SP, 30H          ;初始化程序
        MOV TMOD,#0
        MOV TH1,#146         ;T1 赋初值
        MOV TL1,#2
        SETB EA              ;开中断总允许
        SETB ET1             ;开中断 T1
        SETB TR1             ;启动 T1
HERE:   SJMP HERE            ;等待中断
        ORG 0200H
T1Int:  CPL P1.0             ;喇叭 P1.0 引脚取反
        MOV TH1,#146         ;重新给 T1 赋初值
        MOV TL1,#2
        RETI
        END
```

2. 工作方式1

如图 7-3 所示为 T0 在工作方式 1 下的逻辑结构。

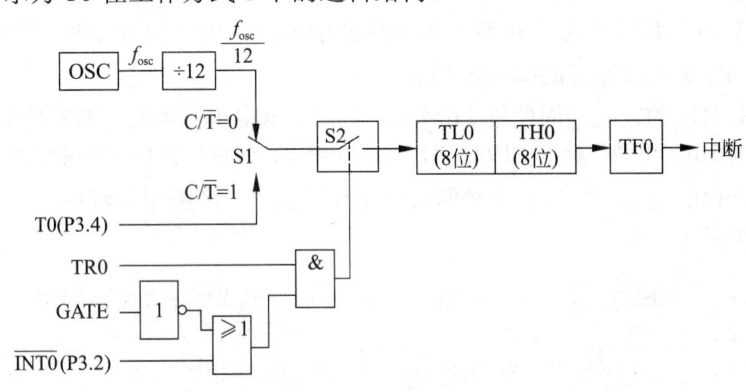

图 7-3　定时器/计数器 T0 工作方式 1

工作方式 1 与工作方式 0 的工作情况基本相同。唯一不同的是，工作方式 1 中 T0 由 8 位 TH0 和 8 位 TL0 组成 16 位定时器/计数器，TL0 用于存放计数初值的低 8 位，TH0 用于存放计数初值的高 8 位。全部 16 位计数器 T0 溢出时，计数器清零，溢出标志 TF0 置 1。

1）定时功能

当$C/\overline{T}$=0 时，多路开关 S2 接通内部振荡脉冲的 12 分频输出，对机器周期计数，T0 工作于定时模式。定时时间的计算公式为：

$$t=(2^{16}-\text{计数初值})\times\text{晶振周期}\times 12=(2^{16}-\text{计数初值})\times\text{机器周期}$$

2）计数功能

当$C/\overline{T}$=1 时，S2 接通外部引脚 T0（P3.4），对外部脉冲计数，T0 工作于计数模式。计数值计算公式为：

$$N=2^{16}-\text{计数初值}=65536-\text{计数初值}$$

【例 7-2】 设单片机的振荡频率为 11.0592MHz，P1.0 口的每一位接 1 个 LED，低电平使 LED 点亮。要求 LED 由低位到高位依次循环点亮，每次只亮 1 个，每个 LED 点亮的时间是 1s。

单片机的振荡频率为 11.0592MHz，机器周期为 1.085μs。方式 1 最大延时时间为 71.107ms，不能满足 1s 的时间要求，故采用定时器定时时间为 50ms，执行 20 次中断共延时 1s。

定时时间为 50ms，计数初值=65536–50ms/1.085μs=19453=4BFDH，则 TH0=4BH，TL0=0FDH。T0 定时器采用工作方式 1，中断服务程序。

C51 程序如下：

```
#include  <reg51.h>                            //包含特殊功能寄存器库
#include  <intrins.h>                          //包含循环左移、右移函数库
unsigned  char Value,Count;
void main( )
{
   TMOD=1;                                     //T0 方式 1 定时
   TL0=19453%256;                              //设置 TL0 初值，即低 8 位
   TH0=19453/256;                              //设置 TH0 初值，即高 8 位
   EA=1;
   ET0=1;                                      //允许 T1 中断
   Count=20;                                   //循环次数
   Value=0xfe;                                 //点亮第一个 LED 初始值
   P1=Value;                                   //输出到 P1 口
   TR0=1;                                      //启动定时器 T0
   while(1)                                    //等待中断
   {
         if(Count==0)                          //判断是否循环 20 次
         {
               Count=20;                       //重置循环次数初始值
               Value=_crol_(Value,1);          //循环左移
               P1=Value;                       //输出到 P1 口
         }
   }
}
void  time0_int(void)  interrupt  1           //T0 中断
{
  TH0=19453/256;                               //TH0 定时器重新装载计数初值
  TL0=19453%256;                               //TL0 定时器重新装载计数初值
  Count--;
}
```

上面是采用中断完成题目要求，如果采用查询方式，则对应的 C51 程序如下：

```
#include  <reg51.h>                       //包含特殊功能寄存器库
#include  <intrins.h>                     //包含循环左移、右移函数库
unsigned  char Value,Count;
void main( )
{
   TMOD=1;                                //T0 方式 1 定时
   TL0=19453%256;                         //设置 TL0 初值，即低 8 位
   TH0=19453/256;                         //设置 TH0 初值，即高 8 位
```

```
  Count=20;                              //循环次数
  Value=0xfe;                            //点亮第一个 LED 初始值
  P1=Value;                              //输出到 P1 口
  TR0=1;                                 //启动定时器 T0
loop:while(~TF0) ;                       //检查溢出标志，若为 0，循环
  TF0=0:                                 //溢出标志清零
  TL0=19453%256;                         //设置 TL0 初值，即低 8 位
  TH0=19453/256;                         //设置 TH0 初值，即高 8 位
  Count--;                               //循环次数减 1
  if(Count==0)
  {
      Count=20;                          //循环次数到，计时 1s，重新赋初值
      Value=_crol_(Value,1);             //循环左移
      P1=Value;                          //输出到 P1 口
    }
    goto loop;                           //循环
}
```

汇编语言程序如下：

```
        ORG 0000H
        LJMP START
        ORG 000BH              ;T0 中断矢量地址
        LJMP T0Int
        ORG 0100H
START:  MOV TMOD,#1            ;T0 工作方式 1
        MOV TH0,#4BH           ;T0 赋初值
        MOV TL0,#0FDH
        SETB EA                ;开中断总允许
        SETB ET0               ;开中断 T0
        MOV R0,#20             ;设置循环次数
        MOV A,#0FEH            ;P1 口点亮第一个 LED
        MOV P1,A               ;输出到 P1 口
        SETB TR0               ;启动 T0 定时
        SJMP $                 ;等待中断
        ORG 0200H
T0Int:  MOV TH0,#4BH           ;T0 重新赋初值
        MOV TL0,#0FDH
        DJNZ R0,QUIT           ;判断是否循环 20 次，定时 1s 时间
        MOV R0,#20             ;重新定时 1s 的循环次数
        RL A                   ;循环左移，准备点亮下一个 LED
        MOV P1,A               ;输出到 P1 口
QUIT:   RETI
        END
```

3. 工作方式2

如图 7-4 所示为 T0 在工作方式 2 下的逻辑结构。

在循环定时或重复计数的情况下，采用工作方式 0 或工作方式 1，当循环定时或循环计数时，需要通过软件重新设置计数初值，给应用带来一些不便，同时会影响定时的精度。工作方式 2 就是为解决这个问题而设置的，具有自动重新装载计数初值的功能。

在工作方式 2 下，T0 被分为两部分，即 TL0 作为计数器，TH0 作为初值预置寄存器。初始化时计数初值同时装载给 TL0 和 TH0，当计数器 TL0 溢出时，溢出信号使标志 TF0 置 1，同时控制 TH0 输出的三态门打开，将 TH0 中数据自动送给 TL0，然后 TL0 重新计

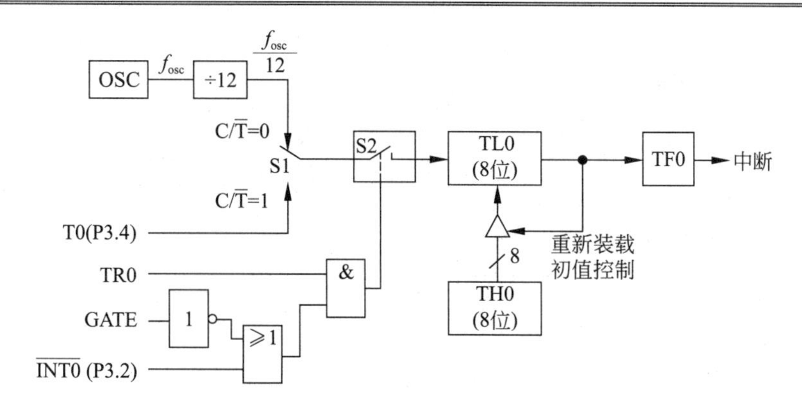

图 7-4　定时器/计数器 T0 工作方式 2

数。TH0 中的初值允许与 TL0 不同。

1）定时功能

当 $C/\overline{T}$=0 时，多路开关 S3 接通内部振荡脉冲的 12 分频输出，对机器周期计数，T0 工作于定时模式。定时时间的计算公式为：

$$t = (2^8 - \text{计数初值}) \times \text{晶振周期} \times 12 = (2^8 - \text{计数初值}) \times \text{机器周期}$$

2）计数功能

当 $C/\overline{T}$=1 时，S3 接通外部引脚 T0（P3.4），对外部脉冲计数，T0 工作于计数模式。计数值计算公式为：

$$N = 2^8 - \text{计数初值} = 256 - \text{计数初值}$$

【例 7-3】 设单片机的振荡频率为 6MHz，产生周期为 500 μs 等宽方波，P1.0 口输出。

计数初值 = 256 – 125 = 131 = 83H，则 TH1 = TL1 = 83H。T1 定时器采用工作方式 2 定时，则 TMOD = 20H。

C51 程序如下：

```
#include  <reg51.h>                               //包含特殊功能寄存器库
void  time1_int(void)  interrupt  3               //T1 中断
{
 P1_0 =~ P1_0  ;                                  //P1.0 取反，输出方波
}
void main( )
{
   TMOD=0x20;                                     //T1 方式 2 定时
   TL0=0x83;                                      //设置 TL0 初值
   TH0=0x83;                                      //设置 TH0 初值
   IE=0x82;
   TR1=1;                                         //启动定时器 T1
   while(1);                                      //等待中断
}
```

工作方式 2 也可以作串行数据通信的波特率发生器。作串行口波特率发生器时，串行口工作在方式 1 和方式 3 时，其波特率与定时器的溢出率有关。

4．工作方式3

如图 7-5 所示为 T0 在工作方式 3 下的逻辑结构。

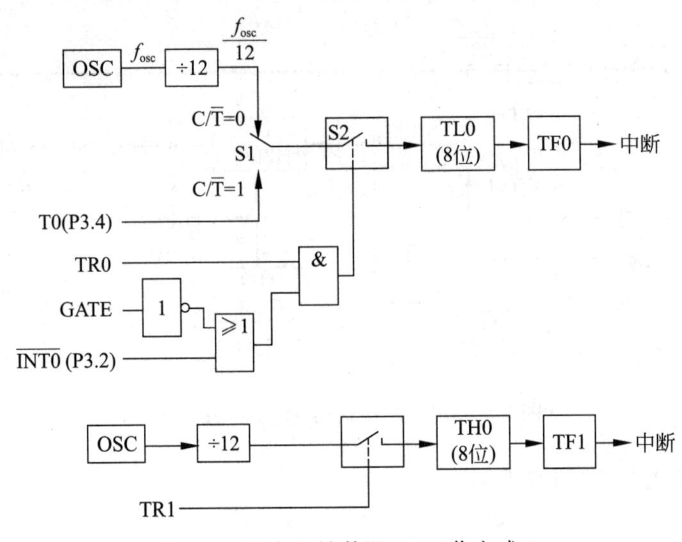

图 7-5 定时器/计数器 T0 工作方式 3

在工作方式 3 下，T0 分成两个独立的 8 位计数器 TL0 和 TH0。其中，TL0 既可以作为计数器使用，也可以作为定时器使用，T0 的各控制位和引脚信号（TF0、TR0、GATE、C/$\overline{T}$、$\overline{INT0}$）全归 TL0 使用，其功能与方式 0 或方式 1 相同。TH0 只能作为简单的 8 位定时器使用，占用 T1 的控制位 TR1 和 TF1，TR1 控制 TH0 的启动和停止，TF1 作为 TH0 的溢出标志。

T0 工作在方式 3 时，T1 的工作逻辑结构如图 7-6 所示。

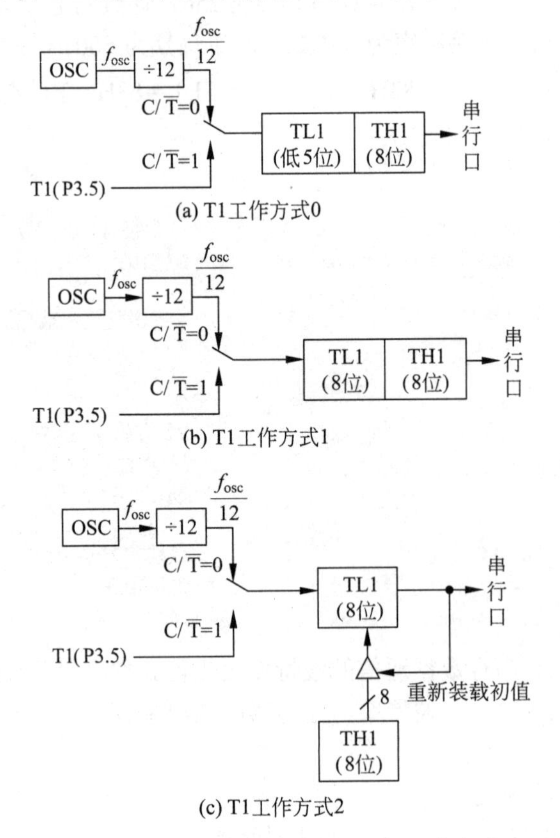

图 7-6 T0 工作在方式 3 时 T1 的工作方式

T0 工作在方式 3 时，占用了 T1 的控制位，此时 T1 仍可以工作在方式 0、方式 1 或方式 2，但由于 TF1 和 TR1 被占用，因此不能使用中断功能，只能把计数溢出直接送至串行口，用作串行通信的波特率发生器。因为初值可以自动重新装载，T1 在工作方式 2 下用作波特率发生器更为合适。T1 作为波特率发生器使用时，因 TR1 被占用，其启动和停止较为特殊。当设置好工作方式后，T1 自动开始计数；若要停止工作，送入将 T1 设置为工作方式 3 的控制字，T1 停止计数。

工作方式 3 只适用于 T0，如果将 T1 设置为工作方式 3，就会使 T1 立即停止工作，保持所计的数值，其作用相当于使 TR1=0，封锁与门，断开计数开关。

【例 7-4】 设单片机的振荡频率为 6MHz，在单片机 P1.0 引脚和 P1.1 引脚输出频率为 1kHz 和 5kHz 的方波，同时可以用作串行口波特率发生器。

通常情况下，T0 不运行于工作方式 3。当 T1 处于工作方式 2，用作串行口波特率发生器不要求中断时，T0 可运行于方式 3，TH0 和 TL0 构成 2 个定时器或者 1 个定时器和 1 个计数器使用。

当频率为 1kHz 和 5kHz 时，其周期分别为 1ms 和 0.2ms，则高电平和低电平持续时间分别为 500 μs 和 100 μs 。由 TH0 和 TL0 产生 500 μs 和 100 μs 的定时中断，则

TH0 的计数初值 = 256 – 500 μs /2 μs = 6

TL0 的计数初值 = 256 – 100 μs /2 μs = 206

C51 程序如下：

```
#include  <reg51.h>                              //包含特殊功能寄存器库
sbit P1 0=P1^0;                                  //进行位定义
sbit P1 1=P1^1;                                  //进行位定义
void  time0 int(void)  interrupt  1              //T0 中断
{
//中断服务程序，输出 5kHz 方波
  TL0=206;                                       //TL0 定时器重新装载计数初值
  P1 0=~P1 0;                                    //P1.0 取反，输出方波
}
void  time1 int(void)  interrupt  3              //T1 中断
{
//中断服务程序，输出 1kHz 方波
  TH0=6;                                         //TH0 定时器重新装载计数初值
  P1 1=~P1 1;                                    //P1.1 取反，输出方波
}
void main()
{
   TMOD=0x23;                                    //T0 方式 3 定时，T0 方式 2 定时
   TL0=206;                                      //设置 TL0 初值
   TH0=6;                                        //设置 TH0 初值
   ET0=1;                                        //允许 T0 中断
   ET1=1;                                        //允许 T1 中断
   EA=1;                                         //允许 CPU 中断
   TR0=1;                                        //启动定时器 TL0
   TR1=1;                                        //启动定时器 TH0
//设置波特率
   SCON=0x40;
   TMOD=0x20;
   TH1=0xe8;
   TL1=0xe8;
   while(1);                                     //等待中断
}
```

7.4　定时器/计数器的编程

可以采用查询法或中断法访问定时器/计数器。编程时需要考虑是否使用中断，如果用中断法，则设置 IE 寄存器，使能对应的定时器/计数器中断；是否需要 GATE；工作于定时还是计数模式，并设置$C/\overline{T}$位。

1．查询法

初始化基本步骤如下：

（1）设置 TMOD 寄存器，选择定时器/计数器工作方式。

（2）根据定时时间或计数的大小，计算初始值，赋值 TH0、TL0（TH1、TL1）。

（3）设置 TR0（TR1），启动对应的定时器/计数器。

（4）循环查询 TF0（TF1）的状态，如果为 1 说明溢出。

（5）如果溢出，进入相应的处理程序，并重新将 TF0（TF1）清零。

C51 程序如下：

```
#include  <reg51.h>        //包含特殊功能寄存器库
void main( )
{   TR0=0;
    TF0=0;                 //软件清 TF0 标志
    TMOD=…;                //设置工作模式
    TL0=…;                 //设置 TL0 初值
    TH0=…;                 //设置 TH0 初值
    TR0=1;                 //启动定时器
     while(1)
     {
       while(!TF0);
       …;
       TL0=…;
       TH0=…;              //定时器重赋初值
       TF0=0;
     }
}
```

2．中断法

主程序初始化定时器/计数器及中断系统，中断服务程序完成特定功能的任务，基本步骤如下：

（1）设置 IE 寄存器，置位相应 ET0 或 ET1 标志位以及 EA 位，使能相关中断。

（2）设置 TMOD 寄存器，选择定时器/计数器工作方式。

（3）根据定时时间或计数的大小，计算初始值，赋值 TH0、TL0（TH1、TL1）。

（4）设置 TR0（TR1），启动对应的定时器/计数器。

（5）编写中断服务程序。

C51 程序如下：

```
#include  <reg51.h>                                //包含特殊功能寄存器库
void  time_int(void)  interrupt  1(或 3)          //定时器中断 1 或 3
```

```
{
  …;                                                  //中断服务程序
  TL0=…;
  TH0=…;                                              //定时器重赋初值
 }
void main( )
{   TR0=0;
    TMOD=…;                                           //设置工作模式
    TL0=…;                                            //设置 TL0 初值
    TH0=…;                                            //设置 TH0 初值
    IE=…;                                             //允许定时器中断
    TR0=1;                                            //启动定时器
    while(1)
     {
       …;                                             //主程序
     }
}
```

【例 7-5】 测量 $\overline{\text{INT0}}$ 引脚正脉冲宽度。

分析：定时器/计数器 0 工作于定时模式，工作方式 1，且置位 GATE 位为 1。正脉冲如图 7-7 所示。

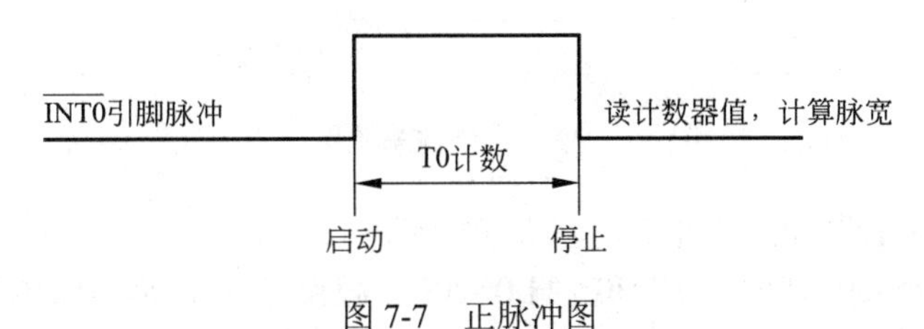

图 7-7　正脉冲图

C 语言程序如下：

```
#include<reg51.h>          //包含 51 单片机寄存器定义的头文件
sbit ui=P3^2;  //将 ui 位定义为 P3.0 (INT0) 引脚，表示输入电压
void main(void)
  {
         TMOD=0x09;         //TMOD=0000 1010B,使用定时器 T0 的模式 1，GATE 置 1
         EA=1;              //开总中断
         ET0=0;             //不使用定时器 T0 的中断
         TH0=0;             //计数器 T0 高 8 位赋初值
         TL0=0;             //计数器 T0 低 8 位赋初值
         while(ui);
         TR0=1;             //启动 T0
         while(!ui) ;       //INT0 为低电平，T0 不能启动
         TR0=0;
         while(ui) ;        //在 INT0 高电平期间，等待，计时
         P1=TH0;
         P2=TL0;
   }
```

汇编程序如下：

```
INT00: MOV TMOD,#09H
       MOV TL0,#00H
       MOV TH0,#00H
LOP1:  JB P3.2,LOP1
       SETB TR0             ;位操作指令，起动定时器 T0
```

```
LOP2:  JB P3.2,LOP2
LOP3:  JB P3.2,LOP2
       CLR TR0
       MOV A,TL0
       MOV B,TH0
```

【例 7-6】 设计自动罐装药粒生产线，要求每瓶罐装药粒 50 片，若装满 100 瓶，则点亮 P1.0 口的 LED 给出一个装箱信号（同时使装箱执行机构动作），然后停止计数。

硬件电路如图 7-8 所示，生产线上装有传感装置，每检测到 1 粒经过就发送 1 个脉冲信号，从而实现计数。

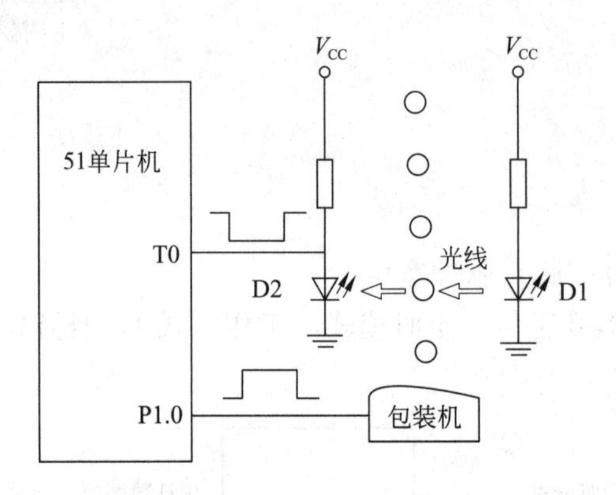

图 7-8 单片机硬件系统示意图

采用定时器 T0 工作方式 2 计数，因而 TMOD=6。

计数初始值= $2^8-50=206$，则 TH0= TL0=206。假设 P1.0 口输出低电平点亮 LED。

C 语言程序如下：

```
#include  <reg51.h>                    //包含特殊功能寄存器库
unsigned Piece,Bottle;
sbit LED=P1^0;                         //进行位定义
sbit Relay=P1^1;                       //进行位定义
void  time0_int(void)  interrupt  1
{
//中断服务程序
   Bottler+=Bottler;
}

void main( )
{
  TMOD=6;                              //T0 计数器，方式 2
  TL0=206;                             //设置 TL0 初值
  TH0=206;                             //设置 TH0 初值
  LED=1;                               //熄灭 LED
  ET0=1;                               //允许 T0 中断
  EA=1;                                //允许 CPU 中断
  Bottler=0;                           //循环次数
  TR0=1;                               //启动定时器 T0
  while(1)                             //等待中断
  {
     if(Bottler==100)                  //是否达到 100 瓶
     {
        LED=0;                         //LED 亮
```

```
        Relay=1;                        //执行结构动作，装箱
        TR0=0;                          //停止计数
      }
   }
}
```

7.5　思考与练习

1. 计数/定时器中断发生在（　　）。

A. 送入初值时　　　B. 开始计数时　　　C. 计数允许时　　　D. 计数值为 0 时

2. 计数器 0 的初值为 2FFH，方式 0 时的 TH0 =_______，TL0 =_______，方式 1 时的 TH0 =_______，TL0 =_______。

3. 设 f_{osc}=12MHz，利用定时器 T0（工作在方式 2）在 P1.1 引脚上获取输出周期为 0.4ms 的方波信号，定时器溢出时采用中断方式处理，试编写 T0 的初始化程序及中断服务程序。

4. 设 f_{osc}=12MHz，试编写一段程序，对定时器 T1 初始化，使之工作在方式 2，产生 200μs 定时，并用查询 T1 溢出标志的方法，控制 P1.1 输出周期为 2ms 的方波。

5. 设系统时钟频率为 12MHz，试编程实现 P1.1 引脚上输出周期为 1s、占空比为 20% 的脉冲信号。

第 8 章　51 单片机串行接口

通信是指计算机与外界的信息传输，既包括计算机与计算机之间的传输，也包括计算机与外部设备之间的信息交换。在数据通信中，按每次传送的数据位数，通信方式可分为并行通信和串行通信。

在计算机和终端之间的数据传输通常是靠电缆或信道上的电流或电压变化实现的。如果一组数据的各数据位在多条线上同时被传输，这种传输方式称为并行通信。并行通信时数据的各个位同时传送，可以字或字节为单位并行进行。并行通信速度快，但用的通信线多、成本高，故不宜进行远距离通信。计算机或 PLC 各种内部总线就是以并行方式传送数据的，微机与并行接口打印机、磁盘驱动器之间也是采用并行通信。

串行通信是指数据的二进制代码在一条物理信道上以位为单位按时间顺序逐位传输的方式。使用一条数据线，将数据一位一位地依次传输，每一位数据占据一个固定的时间长度。其只需要少数几条线就可以在系统间交换信息，特别适合计算机与计算机、计算机与外设之间的远距离通信。串行传输时，发送端逐位发送，接收端逐位接受，同时对所接受的字符进行确认，所以收发双方要采取同步措施。

单片机内部有一个全双工的串行接口，可以实现单片机与其他外部设备（如变频器）的通信，可以与计算机之间进行信息交换。

8.1　串行通信基础

在串行通信中，数据信息、控制信息一位接一位地依次传送，收发双方共同遵守统一的通信协议。在通信之前一定要先设置好通信协议，通信协议的内容包括数据格式、同步方式、传输速率、校验方式、波特率、命令码等。根据发送与接收设备时钟的配置情况和编码格式，串行通信可以分为异步通信和同步通信。

8.1.1　异步通信

异步通信是指通信的发送和接收设备分别使用各自的时钟控制数据的发送和接收过程。为使双方的收发协调，要求发送和接收设备的时钟尽可能一致。

异步传送的特点是数据在线路的传送不连续。数据是以字符为单位组成字符帧进行传送的，各个字符可以连续传送，也可以间断传送，如图 8-1 所示。

字符帧由发送端一帧一帧地发送，每一帧数据位均是低位在前高位在后，通过传输线，由接收端一帧一帧地接收。发送端和接收端可以由各自独立的时钟控制数据的发送和接收，这 2 个时钟彼此独立，互不同步，接收端根据字符帧格式判断发送端是何时开始发送，何

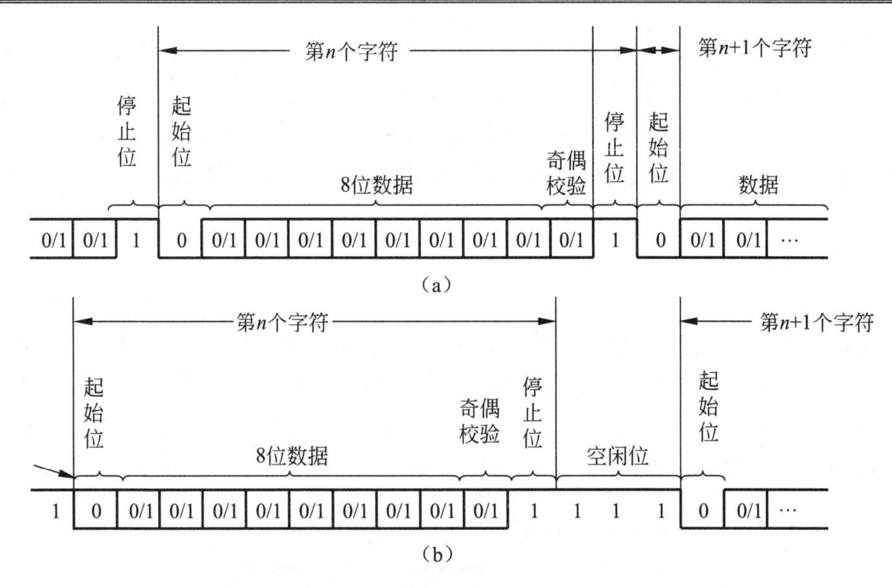

图 8-1　异步通信方式

时结束发送的。

字符帧也叫数据帧，由 4 部分组成，即起始位、数据位、奇偶校验位和停止位。如图 8-1 所示是异步传送的字符帧格式，首先是一个起始位（0），然后是 5~8 位数据位（低位在前高位在后），随后是奇偶校验位（可省略），最后是停止位（1）。

1．起始位

位于字符帧开始，用于表示发送的字符开始到达。起始位占用 1 位，用低电平表示，用来通知接收设备一个待接收的字符开始到达。线路上在不传送字符时应保持为 1。接收端不断检测线路的状态，若连续为 1 以后又测到一个 0，就知道发来一个新字符，应马上准备接收。字符的起始位还被用作同步接收端的时钟，以保证以后的接收能正确进行。在串行通信中，2 个相邻字符帧之间可以没有空闲位，也可以有若干空闲位。

2．数据位

起始位之后的是数据位，长度可以是 5 位、6 位、7 位或 8 位，并且低位在前，高位在后。

3．奇偶校验位

数据位之后是奇偶校验位，占 1 位。如果用户规定不进行奇偶校验，这一位可以省略。也可以用这一位代表字符帧传送信息的性质（地址/数据等）。需要进行奇偶校验时，在串行通信发送数据时，数据位后跟随奇偶校验位。奇校验时，数据中 1 的个数与校验位 1 的个数之和应为奇数；偶校验时，数据中 1 的个数与校验位 1 的个数之和应为偶数。接收字符时，校验 1 的个数，若发现不一致，则说明传输数据过程中出现了差错。

4．停止位

位于字符帧最后，表示传送字符的结束，而且必须是高电平，可以是 1 位、1.5 位或 2 位。接收端收到停止位后，直到上一字符已传送完毕，同时为接收下一个字符做好准备。

只要再接收到 0，就是新的字符的起始位。若停止位以后不是紧接着传送下一个字符，则使线路电平保持为高电平（逻辑 1）。

异步通信的特点是不要求收发双方时钟的严格一致，实现容易，设备开销较小，但每个字符要附加 2~3 位起止位，各帧之间还有间隔，因此传输效率不高。

8.1.2　同步通信

同步通信时要建立发送方时钟对接收方时钟的直接控制，使双方达到完全同步。在数据开始传送前，用同步字符标识数据传输的开始，通常为 1～2 个同步字符，并由时钟来实现发送端和接收端同步。即检测到规定的同步字符后，双方就按照同步时钟连续传输数据，直到通信告一段落，如图 8-2 所示。

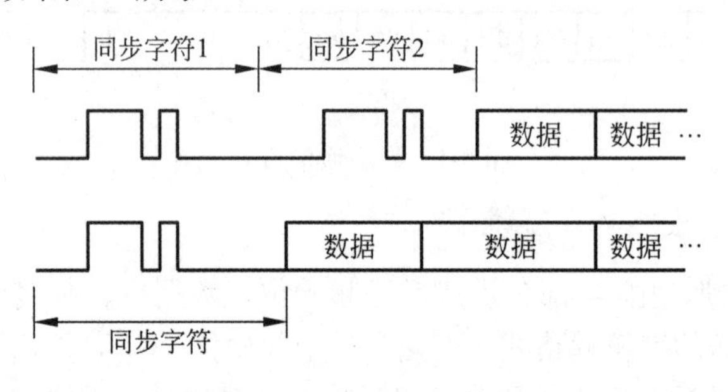

图 8-2　同步通信方式

数据的传输是连续的，一般以数据块为单位进行，数据与数据之间没有间隔空隙，直到数据传输完毕才停止。需要注意的是，一旦传输开始，如果发送端发现待发送的数据没有准备好，会使用同步字符临时填充，直到待发送数据准备好才继续发送数据。

同步通信时要建立发送方时钟对接收方时钟的直接控制，使双方达到完全同步。此时，传输数据位之间的距离均为“位间隔”的整数倍，同时传输字符间不留间隙，既保持位同步关系，也保持字符同步关系。发送方对接收方的同步可以通过 2 种方法实现，即外同步和内同步。

1．外同步

在发送端和接收端之间提供单独的时钟线路，发送端在每个比特周期都向接收方发送一个同步脉冲。接收端根据这些同步脉冲完成接收。长距离传输时，同步信号会发生失真，所以外同步方法仅适用于短距离传输。

2．内同步

利用特殊的编码（如曼彻斯特编码）让发送端传输的数据信号携带同步时钟信号。

同步通信可以提高传输速率，但硬件结构比较复杂。

8.1.3　串行通信的传输方向

在串行通信中，数据通常是在 2 个站（如微机、终端）之间进行传输。串行通信是有方向性的，即互相通信的设备分为发送端和接收端。根据数据流的方向及对线路的使用方式，串行通信可以分为 3 种基本传输方式，即单工方式、半双工方式和全双工方式，如图 8-3 所示。

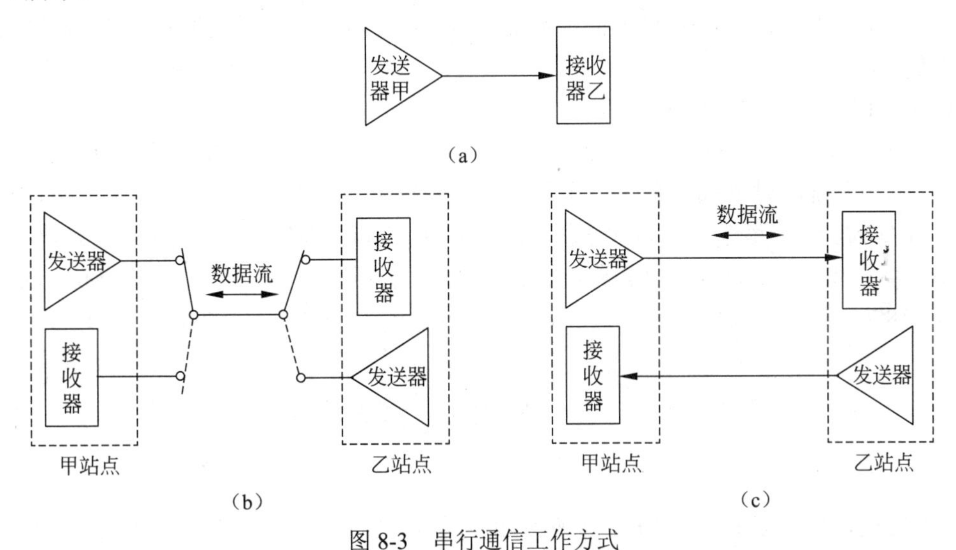

图 8-3　串行通信工作方式

（a）单工方式；（b）半双工方式；（c）全双工方式

1. 单工方式

在传输线路上，数据仅能沿一个方向传输，不能反向传输，如图 8-3（a）所示。这种方式用途较窄，仅适用于一些简单的通信场合。

2. 半双工方式

允许数据双向传送，但需要分时进行，即每次只能是一个站点发送，另一个站点接收，通信双方不同时发送或接收。但发送端和接收端可以转化，通过切换通信线路中的收/发开关控制传送方向，如图 8-3（b）所示。

3. 全双工方式

这是一种双向通信方式，有两根传输线，通信双方可以同时进行发送和接收，允许数据同时进行双向传输，如图 8-3（c）所示。

8.1.4　串行通信的传输速率

串行通信的传输速率可以用比特率或波特率表示。比特率（Bit Rate）表示每秒钟传送的二进制数据的位数，单位为 b/s。波特率表示每秒钟传送的符号数，单位为波特（baud）。对于 1 次发送 1 位的装置，如 PC 和 MCS-51 单片机的串行口，比特率和波特率是一样的，即 1baud=1b/s。在具有调制解调器的通信中，需要把位组合成复合符号的形式传送，此时两个传送速率是不一样的。如果 1 个符号携带 2 位信息，则比特率就是波特率的 2 倍。例如，工作在 1200b/s 下的标准 PC 调制解调器每次编码 2 位，即每秒传送 600 个字符，所以传送速率为 1200b/s 或 600baud。在不含调制解调器的计算机串行通信中，由于比特率和波特率的值相同，习惯用波特率描述信息的传输速率。

【例 8-1】 波特率计算。

单片机串行通信时，数据传送的速率是 120b/s，而每个字符按照规定的格式包含 10 位，则其传送的波特率为：

10 位 × 120b / s = 1200b / s

此例中，10 位中真正有效的数据位只有 7 位，有效数据位的传输速率是 840b/s。

波特率和系统的时钟频率有关。串行口的工作频率通常为时钟频率的 12 分频、16 分频或者 64 分频。波特率越高，串行通信的速率越快，但对硬件的要求也就越高。异步通信的传送速率在 50～19200b/s 之间。国际上规定了一些标准波特率，常见的有 110b/s、600b/s、1200b/s、1800b/s、2400b/s、4800b/s、9600b/s、19.2kb/s、38.4kb/s、57.6kb/s、115.2kb/s 等。

8.2　51 单片机串行口

在串行通信中，数据是一位一位地按顺序传送的，而计算机内部的数据是并行传送的，通用异步接收/发送器（Universal Asynchronous Receiver/Transmitter，UART）就是完成并—串或串—并变换的硬件电路。

51 单片机内部有一个采用异步通信方式的可编程全双工串行通信接口，通过软件编程，该接口可以用作 UART，也可以用作同步移位寄存器。其帧格式可有 8 位、10 位和 11 位。

8.2.1　串行口结构

51 单片机串行口通过引脚 RXD（P3.0，串行口数据接收端）和引脚 TXD（P3.1，串行口数据发送端）与外部设备进行串行通信。如图 8-4 所示为 51 单片机串行口内部结构图，其中有 2 个数据缓冲寄存器 SBUF，一个 9 位的输入移位寄存器、串行控制寄存器 SCON 和波特率发生器等。

串行发送时，从片内总线发送 SBUF 写入数据，单片机硬件将这个字节转换成串行数据通过引脚 TXD（P3.1）发出，发送完成后使发送中断标志 TI=1。如果允许中断，CPU 在执行中断服务程序时实现下一帧数据发送；如果禁止中断，可以通过查询 TI 位的状态判断是否发送完毕。为了保持最大的传输速率，一般不需要双缓冲，而且发送时 CPU 是主动的，不会产生写重叠的问题。

在串行口允许接收（REN=1），单片机接收其他设备传送过来的串行数据时，通过引脚 RXD（P3.0）进入，接收一帧数据进入 9 位移位寄存器。如果满足接收中断标志位 RI=0 的条件（在方式 1、2 和 3 中还需要同时满足另外附加条件），则将移位寄存器中的数据装载到 SBUF 中，同时使 RI=1，等待 CPU 读取。如果允许中断，CPU 在执行中断服务程序时再接收下一帧数据；如果禁止中断，可以通过查询 RI 位的状态判断是否接收完毕。由于在接收缓冲寄存器之前还有移位寄存器，从而构成了串行接收的双缓冲结构。在前一个字节被从接收缓冲器 SBUF 读出之前，第二个字节可开始被接收，串行输入至 9 位移位寄存

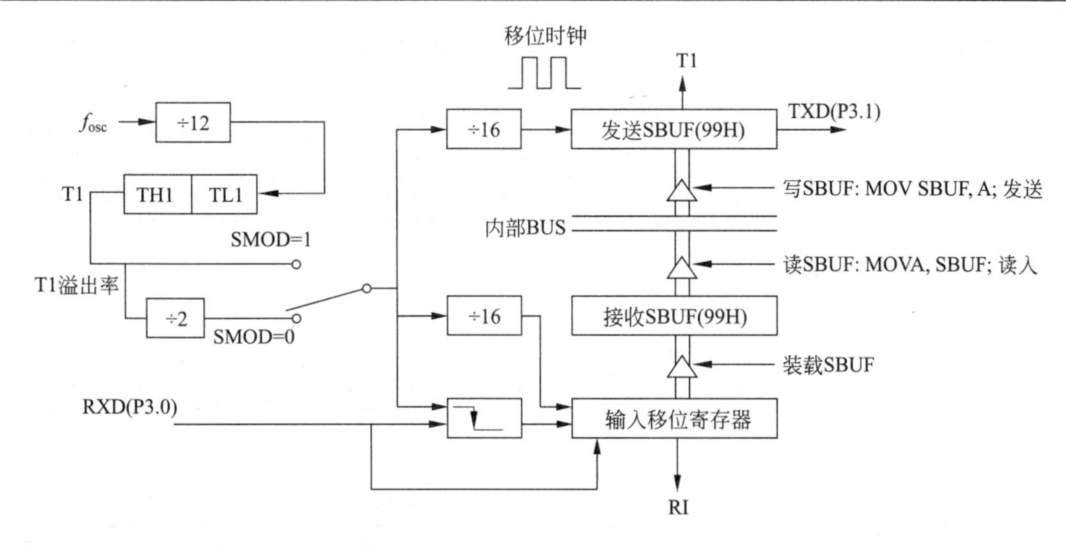

图 8-4　51 单片机内部串行口结构图

器，但是在第二个字节接收完毕而前一个字节仍未读取时，会丢失前一个字节。接收器双缓冲结构可以避免在接收到下一帧数据之前，CPU 未能及时响应接收寄存器的前一帧中断请求，未将前一帧数据读走，而导致两帧数据重叠的问题。

8.2.2　串行数据缓冲寄存器 SBUF

串行数据缓冲寄存器 SBUF 是两个物理上独立的发送缓冲寄存器和接收缓冲寄存器，两者共用一个地址 99H，可同时发送和接收数据，以便 51 单片机以全双工方式进行通信。

发送缓冲器只能写入，不能读出；接收缓冲器只能读出，不能写入。对 SBUF 进行读操作时，访问接收缓冲器；对 SBUF 进行写操作时，访问发送缓冲器。

通过串口发送一个字节的数据时，只要编程将这个字节写入 SBUF 寄存器即可。

【例 8-2】 单片机通过串行口发送数据 0xef。

C 语言程序如下：

```
SBUF=0xef;
```

单片机自动将 0xef 转换成串行数据格式发送出去。

当通过单片机串口接收一个字节的数据时，从 SBUF 寄存器中读出数据即可。

【例 8-3】 单片机通过串行口接收数据。

C 语言程序如下：

```
unsigned char recdata;
Recdata=SBUF;
```

单片机接收串行通信数据，并存放到变量 recdata 中。

8.2.3　串行口控制寄存器 SCON

SCON（Serial Controller）用于设定串行的口工作方式及接收和发送控制，字节地址为

98H，可以按位寻址，位地址范围为98H～9FH。SCON的各位定义及地址如表8-1所示。

表8-1 SCON定义及地址

位地址	9FH	9EH	9DH	9CH	9BH	9AH	99H	98H
位符号	SM0	SM1	SM2	REN	TB8	RB8	TI	RI

下面对各位定义进行说明。

1．SM0、SM1

串行口工作方式选择位，两个选择位对应4种通信方式，如表8-2所示。其中，f_{osc}是晶体振荡频率。

表8-2 串行口工作方式选择位

SM0	SM1	方式	说明	波特率
0	0	0	8位同步移位寄存器	$f_{osc}/12$
0	1	1	10位UART	可变，由定时器T1溢出率控制
1	0	2	11位UART	$f_{osc}/64$或$f_{osc}/32$
1	1	3	11位UART	可变，由定时器T1溢出率控制

2．SM2

允许方式2和方式3进行多机通信控制位。

在方式0中，SM2必须为0。

在方式1中，如果SM2=1，则只有收到有效的停止位时才会将RI置1。若没有接收到有效的停止位，则RI清零。

在方式2和方式3中，如果SM2=1，则允许多机通信。若接收到的第9位数据为0，则RI为0，不激活接收中断，接收到的数据丢失；若接收到的第9位数据为1，则RI置1，向CPU发出中断请求，将接收到的8位数据装入SBUF中，同时第9位数据装入RB8中。如果SM2=0，则不论收到的第9位数据为1还是为0，都会将接收到的8位数据装入SBUF中，同时将第9位数据装入RB8，并置位RI，产生中断请求。

多个单片机串行通信，即当一个主机与多个从机通信时，首先所有从机的SM2位都置1，主机首先发送即将与之通信的从机的地址帧信息，为了表明该数据为地址帧，其第9位数据应为1（即主机的TB8=1）。根据上述协议，所有从机都将接收到该地址帧信息。当从机接收到地址帧后，判断此地址是否与自己的地址相符。如果是，说明主机将与之通信，则被寻址的从机随后改变自己的SM2为0，准备与主机通信。主机发送完地址帧后，紧跟着发送数据帧，即第9位数据为0。由于被寻址的从机SM2为0，从而能接收到主机发来的数据帧，而未被寻址的从机因SM2仍为1，就不能接收主机后续发来的数据帧信息。当主机与某从机通信完毕后，该从机又将自己的SM2置1，恢复到原来的状态，等待主机的下一次寻址和通信。

3．REN

允许串行接收位，由软件置位或清零。清零时禁止串行接收，置位时允许串行接收。

4．TB8

发送数据的第 9 位。在方式 2 或方式 3 中，发送数据的第 9 位放入 TB8，由软件置位或复位。在双机通信时，可做奇偶校验位；在多机通信中，该位用于表示地址帧还是数据帧。一般来说，1 表示地址帧，0 表示数据帧。

5．RB8

接收数据的第 9 位。在方式 2 或方式 3 中，接收到的第 9 位数据（奇偶位或地址/数据标识位）放入 RB8 中。若 SM2=1，RB8=1 表示接收到的信息是地址帧，RB=0 表示接收到的信息是数据帧。在方式 1 中，如果 SM2=0，RB8 接收到的是停止位，在方式 0，不使用 RB8。

6．TI

发送中断标志位。在方式 0 中，串行数据第 8 位发送结束时由硬件置位；在其他方式中，串行发送停止位的开始时由硬件置位。因此，TI=1 意味着一帧信息发送结束，表明发送缓冲器 SBUF 已空，可申请中断，CPU 继续发送下一帧数据。可以用中断的方式来发送一个数据，在中断资源不允许或者程序需要的时候，也可以用软件查询该位 TI 的状态以获得数据是否发送完毕的信息。发送中断被响应后，TI 不会自动清零，必须用软件清零。

7．RI

接收中断标志位。在方式 0 中，接收完第 8 位数据后，该位由硬件置位；在其他方式中，在接收到停止位的中间时，该位由硬件置位。因此，RI=1 表示一帧数据接收结束，并已装入接收 SBUF 中，可申请中断，由 CPU 取走数据。RI 状态既可供软件查询使用，也可请求中断。同 TI 一样，CPU 响应中断后，RI 也不能自动清零，必须由软件清零。

串行发送中断标志 TI 和接收中断标志 RI 是同一个中断源，因此 CPU 响应串行口中断时，事先并不知道是 TI 还是 RI 产生的中断请求，必须在中断服务程序中进行判别，这也是 TI 和 RI 在响应中断时不能自动清零的原因。

复位时，SCON 的所有位均清零。

【例 8-4】 设置单片机串行口工作在方式 1，可以接收串行数据。

C 语言程序如下：

```
SCON=0x52;
```

单片机接收串行通信数据，各位设置为 SM0=0，SM1=1，REN=1，TI=1。

8.2.4　电源控制寄存器 PCON

PCON（Power Controller）不能位寻址，字节地址为 87H，它主要是为 CHMOS 型 8051 单片机的电源控制而设置的专用寄存器。在 HMOS 型 8051 单片机中，PCON 除了最高位以外，其他位都是虚设的。PCON 寄存器格式如表 8-3 所示，其中与串行通信有关的只有 SMOD 位。

表 8-3　PCON 定义及地址

D7	D6	D5	D4	D3	D2	D1	D0	位序号
SMOD	—	—	—	GF1	GF0	PD	IDL	位符号

（1）SMOD：串行口波特率系数控制位。工作方式 1、方式 2、方式 3 串行通信的波特率与 2^{SMOD} 成正比。当 SMOD=1 时，串行通信波特率增加一倍；当 SMOD=0 时，串行口波特率为正常设定值。单片机复位时，SMOD=0。

（2）GF1、GF0：在 89 系列单片机中，为通用标志位。

（3）PD：在 89 系列单片机中，PD 为 1 表示进入掉电模式。

（4）IDL：在 89 系列单片机中，IDL 为 1 表示进入空闲模式。当 PD 和 IDL 同时为 1 时，掉电模式优先。

8.2.5　波特率的设定

不同工作方式下的波特率设定方法如下。

1．方式0的波特率

工作方式 0 的波特率是一定的，为单片机晶振的 12 分频，即 $f_{osc}/12$。每个机器周期发送或接收一位数据。

2．方式2的波特率

工作方式 2 的波特率取决于 SMOD 的值和振荡频率 f_{osc} 的值，其公式表示为：

$$波特率 = \frac{2^{SMOD}}{64} \times f_{osc}$$

SMOD 值为 1 或 0。当 SMOD 为 0 时，波特率为 $f_{osc}/64$；当 SMOD 为 1 时，波特率为 $f_{osc}/32$。

【例 8-5】 串行口工作在工作方式 2，石英振荡器频率为 12MHz，SMOD=1，求波特率为多少？

$$波特率 = \frac{2^{SMOD}}{64} \times f_{osc} = 375\text{kb/s}$$

3．方式1和方式3的波特率

方式 1 和方式 3 的波特率是可变的，由单片机定时器 T1 作为波特率发生器。波特率计算公式为：

$$波特率 = \frac{2^{SMOD}}{32} \times 定时器T1溢出率$$

T1 的溢出率取决于振荡频率 f_{osc}(计数速率 = 振荡频率 $f_{osc}/12$)和 T1 预置的初值。若 T1 工作于方式 1，则 T1 的溢出率 $= \dfrac{f_{osc}}{12 \times (2^{16} - 计数初值)}$。定时器 T1 一般选用工作方式 2，因为方式 2 为自动重装入初值的 8 位定时器/计数器模式，这样可以避免通过程序反复装入定时初值所引起的定时误差，使波特率更加稳定，所以适合做波特率发生器。此时波特率的计算公式为：波特率 $=\dfrac{2^{\mathrm{SMOD}}}{32}\times\dfrac{f_{\mathrm{osc}}}{12\times(256-\text{计数初值})}$。

【例 8-6】 51 单片机系统晶振频率为 11.0592MHz，串口通信工作在串口工作方式 1，选用定时器/计数器 T1 工作方式 2 作为波特率发生器，波特率为 2400b/s，求 T1 的计数初值是多少？

设计数初值为 X，取 SMOD=0，则 $2^{\mathrm{SMOD}}=1$，则定时器每计（$256-X$）个数溢出一次。则 T1 的计数初值 X 为

$$X=256-\frac{2^{\mathrm{SMOD}}}{32}\times\frac{f_{\mathrm{osc}}}{12\times\text{波特率}}=256-\frac{11.0592\times10^{6}}{32\times12\times2400}=244=\text{0F4H}$$

所以 TH1 和 TL1 的初值（TH1）=（TL1）=0F4H。

表 8-4 列出了串口方式 1、T1 工作方式 2 常用的波特率及初值。

表 8-4　定时器 T1 工作方式 2 常用波特率及初值

波特率/(b • s^{-1})	晶振/MHz	初值		误差/%	晶振/MHz	初值		误差（12MHz)/%	
		SMOD=0	SMOD=1			SMOD=0	SMOD=1	SMOD=0	SMOD=1
300	11.0592	0A0H	40H	0	12	98H	30H	0.16	0.16
600	11.0592	0D0H	0A0H	0	12	0CCH	98H	0.16	0.16
1200	11.0592	0E8H	0D0H	0	12	0E6H	0CCH	0.16	0.16
1800	11.0592	0F0H	0E0H	0	12	0EFH	0DDH	2.12	–0.79
2400	11.0592	0F4H	0E8H	0	12	0F3H	0E6H	0.16	0.16
3600	11.0592	0F8H	0F0H	0	12	0F7H	0EFH	–3.55	2.12
4800	11.0592	0FAH	0F4H	0	12	0F9H	0F3H	–6.99	0.16
7200	11.0592	0FCH	0F8H	0	12	0FCH	0F7H	8.51	–3.55
9600	11.0592	0FDH	0FAH	0	12	0FDH	0F9H	8.51	–6.99
14400	11.0592	0FEH	0FCH	0	12	0FEH	0FCH	8.51	8.51
19200	11.0592	—	0FDH	0	12	—	0FDH	—	8.51
28800	11.0592	0FFH	0FEH	0	12	0FFH	0FEH	8.51	8.51

由表 8-4 可以看出，当单片机系统选用时钟频率为 11.0592MHz 的晶振时，能够非常准确地计算出 T1 定时的计数初值。常用的波特率通常按规范取为 1200b/s、2400b/s、4800b/s、9600b/s 等，若单片机晶振的频率为 12MHz 或 6MHz，计算出的 T1 计数初值将不是一个整数，这样通信时会产生累积误差，进而产生波特率误差，影响串行通信的同步性能。波特率越高，误差越大。解决的方式就是调整晶振的时钟频率，通常采用 11.0592MHz 晶振。

8.3　串行口工作方式

51 单片机的全双工串行口可编程为 4 种工作方式，即方式 0、方式 1、方式 2 和方式 3。方式 0 主要用于扩展并行输入/输出口，方式 1、方式 2 和方式 3 可用作串行通信。

8.3.1 方式 0

方式 0 是同步移位寄存器方式，串行通信数据通过 RXD 引脚输入或输出，TXD 引脚输出同步移位脉冲。每次接收或发送的数据是 8 位，没有起始位和停止位，8 位传输时低位 LSB（D0）在先。这种方式不适用于两个 51 单片机之间的直接数据通信，但可以通过外接移位寄存器来实现单片机的 I/O 接口扩展。

1. 扩展输出

在发送过程中，当执行一条将数据写入发送缓冲器 SBUF（99H）的指令时，启动串行数据的发送。由 TXD 引脚输出 12 分频的移位脉冲，SBUF 中的 8 位数据一位一位地通过 RXD 引脚串行输出，发送完毕置中断标志 TI = 1。

写 SBUF 指令在 S6P1 处产生一个正脉冲，在下一个机器周期的 S6P2 处数据的最低位输出到 RXD 引脚上；在发送有效期间的每个机器周期，发送移位寄存器右移一位，左边补 0，8 位数据由低位至高位一位一位地顺序通过 RXD 线输出，在“写 SBUF”有效后的第 10 个机器周期的 S1P1 将发送中断标志 TI 置位。时序如图 8-5 所示。

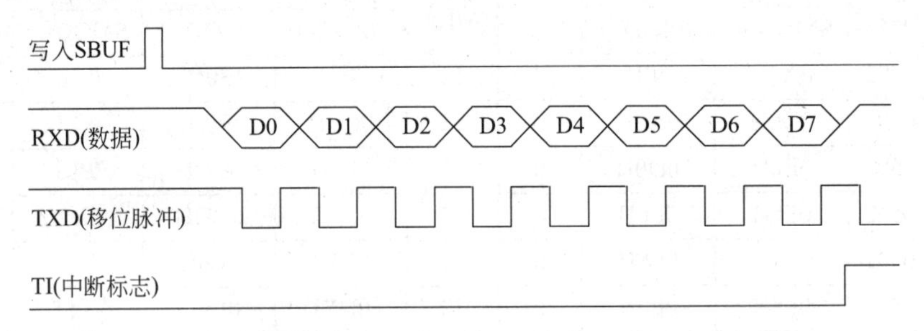

图 8-5 工作方式 0 扩展输出工作时序

74LS164 可用于完成数据的串并转换，数据由 74LS164 并行输出，采用 74LS164 扩展并行输出口，连接如图 8-6 所示。

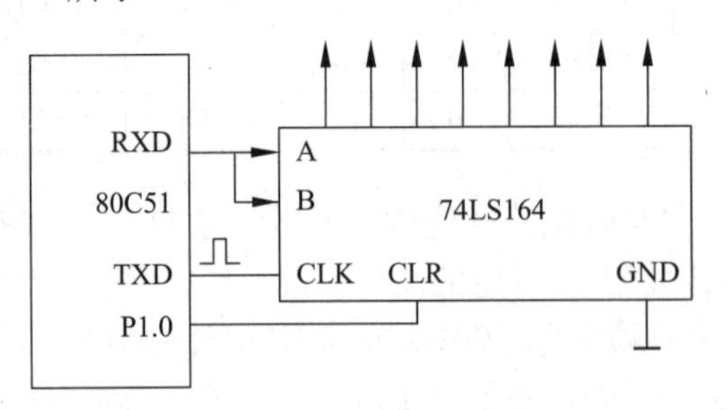

图 8-6 74LS164 扩展并行输出口连接图

2. 扩展输入

当 REN = 1 且接收中断标志 RI = 0 时，启动一个接收过程。此时产生一个正脉冲，在下一个机器周期的 S3P1～S5P2，TXD 引脚输出低电平的移位时钟。在此机器周期的 S5P2 对 P3.0 脚采样，并在本机器周期的 S6P2 通过输入移位寄存器将采样值移位接收；在同一个机器的 S6P1 到下一个机器周期的 S2P2，输出移位时钟为高电平。于是，在移位脉冲控制下，接收移位寄存器中的内容每一个机器周期左移一位，RXD 引脚数据从低位到高位一位一位地接收。在启动接收过程将 SCON 中的 RI 清零之后的第 10 个机器周期的 S1P1，RI 被置位。这一帧数据接收完毕，可进行下一帧接收。在继续接收下一帧之前，要将收到的数据及时读走。时序图如图 8-7 所示。

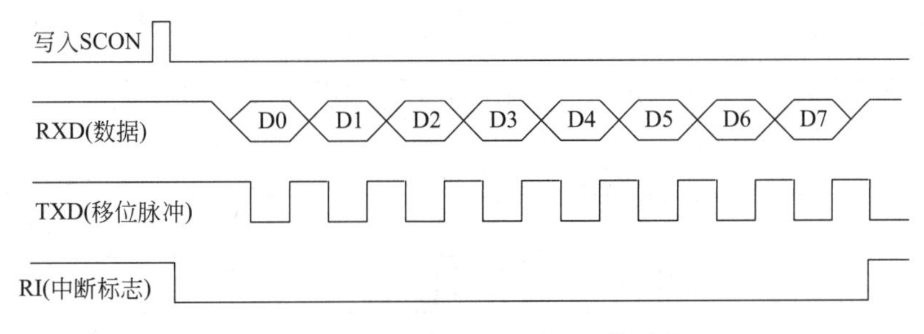

图 8-7　工作方式 0 扩展输入工作时序

74LS165 是并入串出移位寄存器，Q_H 端为 74LS165 的串行输出端，经 RXD 引脚（P3.0）输入至 89C51，连接图如图 8-8 所示。

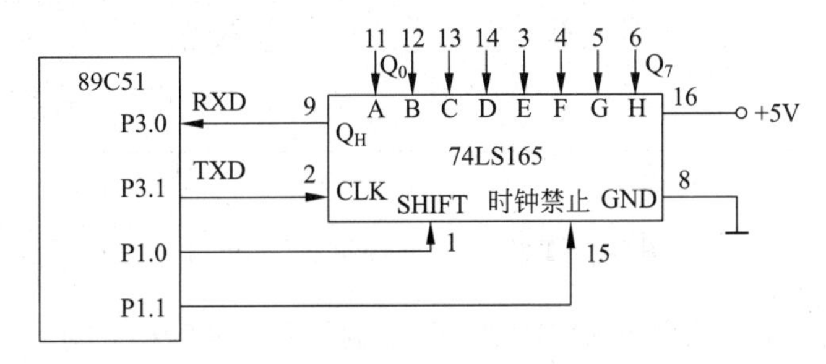

图 8-8　74LS165 扩展并行输入口连接图

串行控制寄存器 SCON 中的 TB8 和 RB8 在方式 0 中未用，每当发送或接收完 8 位数据时，由硬件将 TI 或 RI 置 1。CPU 响应 TI 或 RI 中断时，不会自动清除其标志，必须由软件清零。在方式 0 下，SM2 必须为 0。

8.3.2　方式 1

串行口方式 1 是 10 位的串行异步通信方式，其一帧数据格式设有 1 个起始位（低电平）、8 个数据位、1 个停止位（高电平），共 10 位。在该方式下，串口通过 TXD 引脚发送数据，RXD 引脚接收数据，如图 8-9 所示。

方式 1 发送时，数据从引脚 TXD（P3.1）端输出，如图 8-9（a）所示。当执行数据写入发送缓冲器 SBUF 的命令时，就启动串行数据发送。在执行写入 SBUF 指令时，也将 1 写入发送移位寄存器的第 9 位。数据从低位到高位依次从右边移出，同时左边高位补 0。当最高数据位移至发送移位寄存器的输出端时，先前装入第 9 位的 1 正好在最高位数据的左边。在第 10 个机器周期，发送控制器进行最后一次移位，清除发送信号 SEND，同时使 TI 置 1，通知 CPU 可以发送下一个数据。

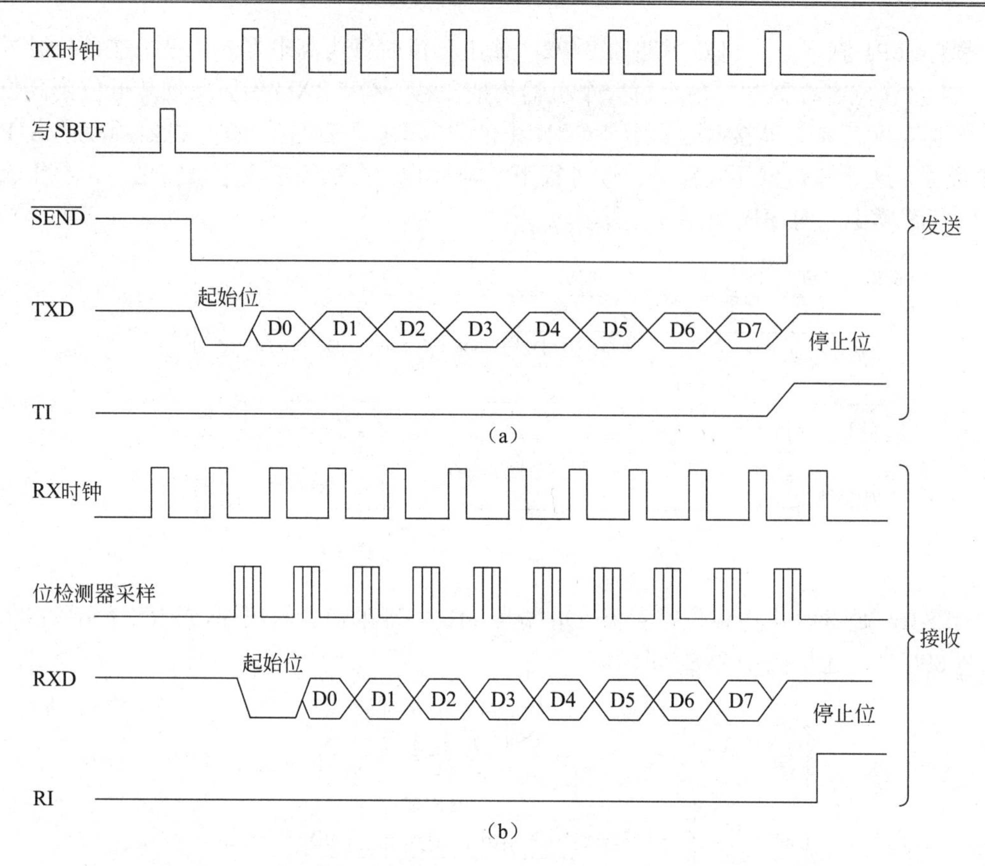

图 8-9　工作方式 1 的波特率产生电路

方式 1 接收时，数据从引脚 RXD（P3.0）端输入，如图 8-9（b）所示。当 REN = 1 且 RI 清零时，若在 RXD 引脚检测到起始位（RXD 上检测到一个 1 到 0 的跳变，即起始位）立即启动一次接收过程，同时复位 16 分频计数器，使输入位的边沿与时钟对齐，并将 1FFH（即 9 个 1）写入接收移位寄存器。单片机串口接收该帧的其他位，接收到的位从右向左依次移入输入移位寄存器。在进行最后一次移位时，必须同时满足以下两个条件：

（1）RI = 0，即上一帧数据接收完成时，RI = 1 发出的中断请求已被响应，SBUF 中数据已被取走。

（2）SM2 = 0 或收到的停止位为 1。

这两个条件若有一个不满足，接收到的数据就不能装入 SBUF，这意味着该帧信息将会丢失。若二者都满足，则将接收到的数据装入串行口的 SBUF，停止位装入 RB8，并置位 RI。

为了保证接收数据准确无误，在 RXD 引脚检测每一位数据时，接收控制器以波特率 16 倍的速率对 RXD 引脚进行检测（即每一位时间分成 16 等份），对每一位时间的第 7、第 8、第 9 个计数状态连续对 RXD 采样三次，采用多数表决法，取其中两次或两次以上相同的采样值被接受。这样能较好地消除干扰的影响。

8.3.3　方式 2

串行口方式 2 是 11 位的串行异步通信方式，其一帧数据格式设有 1 个起始位（低电平）、8 个数据位、1 个可编程位（第 9 位）、1 个停止位（高电平），共 10 位。发送时，第 9 数据位（TB8）可以设置为 1 或 0，也可将奇偶校验位装入 TB8，从而进行奇偶校验；接收时，第 9 数据位进入 SCON 的 RB8，如图 8-10 所示。

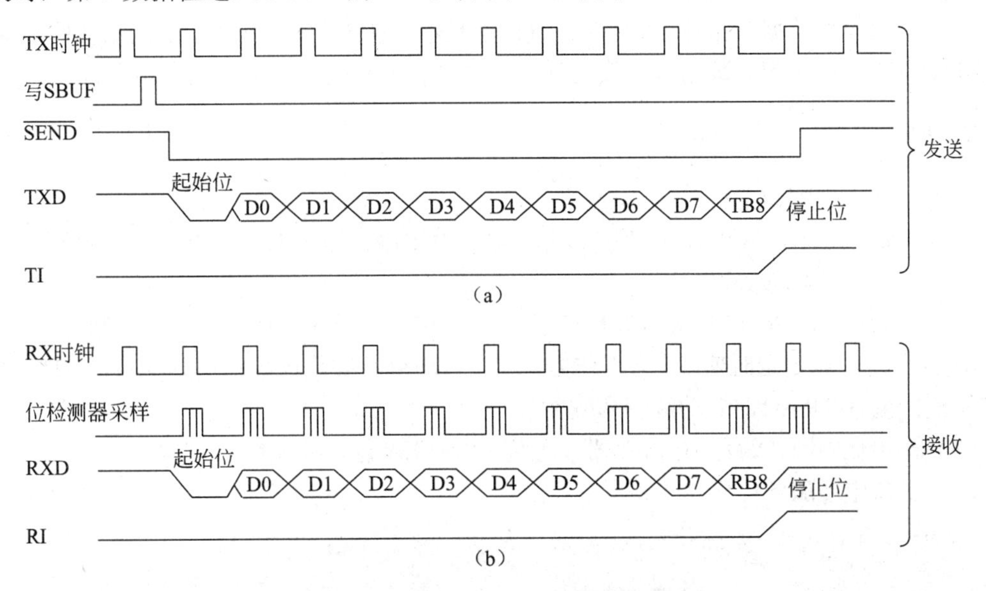

图 8-10　工作方式 2 的波特率产生电路

发送前，先根据通信协议由软件设置 TB8（如作奇偶校验位或地址/数据标志位），然后将要发送的数据写入 SBUF(MOV SBUF,A)，即可启动发送过程。串行口硬件自动把 TB8 直接发送到移位寄存器第 9 位数据位的位置，再逐一发送出去。发送完毕，使 TI＝1，如图 8-10（a）所示。其他过程与方式 1 相同。

方式 2 的接收过程与方式 1 基本类似。不同之处在于串行口接收的前 8 位数据送入 SBUF，第 9 位数据送入 RB8，如图 8-10（b）所示。

8.3.4　方式 3

与工作方式 2 完全相同，工作方式 3 是 11 位为一帧的串行通信方式，不同的是波特率的设置。工作方式 2 的波特率只有固定的两种，而工作方式 3 的波特率则可由程序根据需要设定。

8.4　串行口应用实例

51 单片机串行通信的编程过程可分为查询法和中断法。

1. 查询法

基本步骤如下：

（1）初始化串口。编程 SCON 控制寄存器，设定串行通信的工作方式和各控制位；编程 PCON 寄存器中的 SMOD 位。

（2）初始化定时器 T1。根据波特率以及 SMOD，计算出 TH1、TL1 的初始值；编程 TMOD 寄存器，设定定时器 T1 为工作方式 2（自动重新装载计数初值）；编程 TH1、TL1 的初始值；编程 TR1 = 1，启动波特率发生器。

（3）串口收发数据。循环查询 RI 或 TI 的状态，如果为 1，则说明发送或接收成功；从 SBUF 中读出接收到的数据或继续发送下一个数据；同时清状态标志 RI 或 TI。

2．中断法

主程序基本步骤如下：

（1）初始化串口。编程 SCON 控制寄存器，设定串行通信的工作方式和各控制位；编程 PCON 寄存器中的 SMOD 位。

（2）初始化定时器 T1。根据波特率以及 SMOD，计算出 TH1、TL1 的初始值；编程 TMOD 寄存器，设定定时器 T1 为工作方式 2（自动重新装载计数初值）；编程 TH1、TL1 的初始值；编程 TR1=1，启动波特率发生器。

（3）初始化中断。编程 IE 寄存器，置位 ES 和 EA 位，使能串口中断。

编写串口中断服务程序如下：

```
void serial(void) interrupt4 using m
{
…                   //串口中断服务程序
}
```

8.4.1 串行口方式 0 应用

MCS-51 串行接口的方式 0 工作于同步移位寄存器模式，主要用于 I/O 扩展用途。

【例 8-7】 用 51 单片机串行口外接串入/并出寄存器 74LS164 扩展 8 位并行口，并行输出端接 8 个发光二极管，要求发光二极管从左到右依次点亮，并不断循环。设发光二极管为共阴极接法。

1．硬件设计

外接串入/并出转换的移位寄存器芯片 74LS164，如图 8-11 所示为使用 74LS164 和 51 单片机串行接口实现的并行端口扩展电路。时钟频率为 f_{osc} / 12，振荡频率为 11.0592MHz。74LSl64 将 51 单片机串行口线 P3.0（RXD）的串行数据转换成 8 位并行数据，引脚 P3.4 和 P3.5 定义为输入线，从而可实现发光二极管依次点亮。

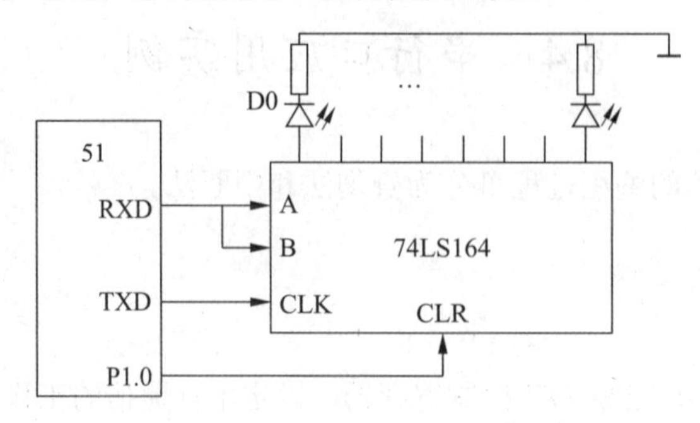

图 8-11　串行口扩展

2. 软件设计

汇编语言参考程序如下：

```
        ORG 0000H                ;主程序引导入口
        AJMP MAIN                ;主程序入口
        ORG 0023H                ;串行口中断矢量地址
        AJMP SBP                 ;串行口中断服务程序入口
        ORG 0100H                ;主程序地址
MAIN:   SETB ES                  ;允许串行口中断
        SETB EA                  ;允许总中断
        MOV SCON,#00H            ;串行口初始化方式 0
        MOV A,#80H               ;LED0 点亮数据
        CLR P1.0                 ;关闭并行输出
        MOV SBUF,A               ;输出串行数据
LOOP:   SJMP $                   ;等待中断
_SBR:   SETB P1.0                ;启动并行输出
        ACALL Delay1s            ;延迟 1s
        CLR TI                   ;清发送标志
        RR A                     ;循环右移一位，点亮下一个 LED
        CLR P1.0                 ;关闭并行输出
        MOV SBUF,A               ;输出串行数据
        RETI                     ;中断返回
Delay1s: MOV R6,#10              ;延时子程序
Delay0: MOV R5,#200
Delay1: MOV R4,#230
Delay2: DJNZ R4, Delay2
        DJNZ R5, Delay1
        DJNZ R6, Delay0
        RETI
        END
```

C51 语言程序由主程序 main()、中断服务程序 Serial_IO()和延时程序 delayxs()组成。程序如下：

```
#include<reg51.h>
#define uchar unsigned char
#define uint unsigned int
sbit P1_0=P1^0;
uchar led=0x80,
void delayxs(unsigned int x);          /*延迟 xs 子程序*/
{
    unsigned int i,j,k;
    for(k=x;k>0;k--)
      for(i=1000;i>0;i--)
          for(j=115;j>0;j--);          /*延时 1ms*/
}
void main()
{
   SCON =0x00;                         /*设置串口工作在方式 0*/
   ES=1;
   EA=1;
   P1_0=0;                             /*关闭并行输出*/
   SBUF=led                            /*串口发送数据*/
   while(1)                            /*等待中断*/
}
```

```
void Serial_IO(void) interrupt 4        /*串口中断服务程序*/
{
   P1_0=1;                               /*开放 74LS164 并行输出*/
   Delayxs(1)
   TI=0;
   led=(led>>1)|(led<<7)                 /*串口发送数据移位*/
    SBUF=led;
}
```

8.4.2 串行口方式 1 应用

方式 1 通常用于标准的串行通信。

【例 8-8】 利用串口方式 1 实现串行 RS232 协议与以太网通信协议的转换。

1. 硬件设计

使用 8051 外扩以太网芯片 RTL8019，实现串行 RS232 协议与以太网通信协议的转换，如图 8-12 所示为该扩展应用的示意图，晶振频率为 22.1184MHz。程序的功能主要是将串口接收的数据从 RTL8019 发出，同时将 RTL8019 接收的数据从串口发出，实现 2 个协议的转换。

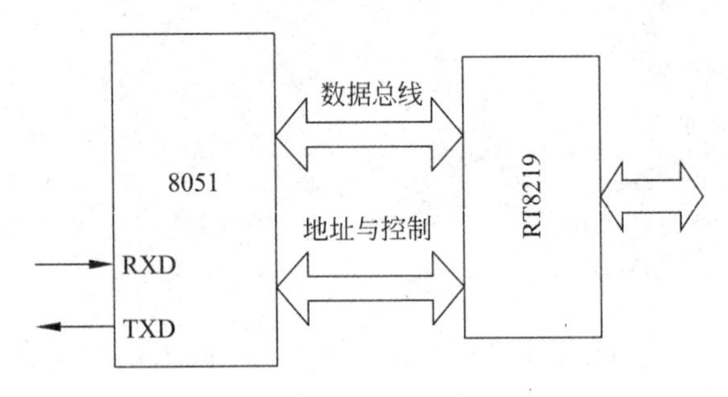

图 8-12 实现 RS232 及以太网协议转换图

2. 软件设计

主函数将 51 的串口初始化为工作方式 1，将 RTL8019 芯片初始化后，主程序进入循环结构，重复监听以太网的工作状态，进行 Arp、Udp 以及 Ping 相关的操作。同时串口工作在中断模式，根据中断标志位完成接收和发送操作。程序如下：

```
#include<reg51.h>
#include<...>                                              /*其他头文件略*/

main()
{

/*变量定义略*/
...
...
//RTL8019 芯片初始化
My_Ip_Address.dwords = IP_SETTING;                         /*IP 地址定义*/
Gateway_Ip_Address.dwords = GATEWAY_SETTING;               /*网关设定*/
```

```
Mask_Ip_Address.dwords=IP_MARK_SETTING;     /*掩码设定*/
…
Serial_Init();                                       //串口初始化，在 global.c 中定义
Interrupt_Init();                                    //中断初始化，在 global.c 中定义

while(1)
{
if(Tcp_Timeout)
Process_Tcp_Timeout();          //处理 TCP 超时，Tcp_Timeout 标志在中断中置位
Gateway_Arp_Request();          //对网关的 IP 进行解析
…
for(i=0;i<5;i++)
{
if(Rec_NewPacket())                                    //检查是否有新的数据包收到
{
if(RxdNetBuff.EtherFrame.NextProtocal==0x0806) //表示收到 arp 请求包
{
if(RxdNetBuff.ArpFrame.Operation==0x0001)       //表示收到 ARP 请求报文
{
Arp_Answer();//对 ARP 请求报文进行回答
}
else if( RxdNetBuff.ArpFrame.Operation==0x0002)     //收到 ARP 回答报文
{
Arp_Process();                                         //对 ARP 回答报文进行处理
}
}
else if(RxdNetBuff.EtherFrame.NextProtocal==0x0800)    //表示收到 IP 数据报
if((RxdNetBuff.IpFrame.VerandIphLen&0xf0)==0x40)       //表示收到 IPv4 数据
if(VerifyIpHeadCrc())                                  //IP 首部校验和正确
{
switch(RxdNetBuff.IpFrame.NextProtocal)
{
case 1://表示收到的 IP 数据报为 ICMP 查询报文
if(RxdNetBuff.IcmpFrame.type==8)                       //表示收到 ping 包
{
Ping_Answer();//PING 回答
}
break;
case 6: //表示收到 TCP 报文
Process_Tcp(); break;
case 0x11://表示收到 UDP 报文
Process_Udp(); break;
default:;
}
}
}
}
}
}
}


void Serial_Init()
{
tmod = tmod & 0x0f;
tmod = tmod | 0x20;                                    /*设置波特率*/
th1  = 0xfa;
//th1  = 0xfd;
tr1  = 1;
```

```
pcon = pcon | 0x00;
sm0 = 0;
sm1 = 1;                                        /*运行在工作方式1*/
sm2 = 0;
tr1 = 1;
ren = 1;                                        /*允许接收*/
ti  = 1;
}
void Interrupt_Init(void)                       /*初始化中断*/
{
//定时器0允许中断
et0 = 1;
ea = 1;
et1 = 0;                  //禁止定时器1中断
ps = 1;                   //设置串行口高优先级
es = 1;
ea = 1;                   /*允许串口中断，回调void serial(void) interrupt 4*/
}
void serial(void) interrupt 4
{
    unsigned char temp;
    if(ti)
    {   //串口发送中断处理
        ti=0;
         if(ComTxdRead!=ComTxdWrite)            /*发缓区有数据,继续发送数据*/
        {
            ResetFlag=0;
            sbuf=ComTxdBuf[ComTxdRead];
                ComTxdRead++;
            if(ComTxdRead==COM_TXD_BUFF_SIZE)
            ComTxdRead=0;
            ComTxdBufempty=0;
            }
        else ComTxdBufempty=1;
    }

    if (ri)
    {                                           /*串口接收中断处理*/
        ri=0;
        temp=sbuf;
          ComRxdBuf[ComRxdWrite]=temp;
          ComRxdWrite++;
          if(ComRxdWrite==COM_TXD_BUFF_SIZE)    /*接收缓冲区已满*/
            ComRxdWrite=0;
            ResetFlag=0;                        /*看门狗清零*/
    }
}
```

8.4.3 串行口方式2和方式3应用

前面介绍过，方式2和方式3是9位UART方式，第9位可以用作校验位或者地址位。在实现同型号单片机之间的常见速率的串口通信时，方式2和方式3除了波特率发生器不同，发送接收部分的结构、过程完全相同。如果振荡频率相同，那么选择方式2可以用相同的配置更简单地实现串口通信，而且可以节省计数器资源。

在实际应用中，这两种方式与方式 0 和方式 1 使用主要的区别集中在第 9 位的操作上。如果作为校验位，那么在准备发送数据时，先计算发送数据的校验位，填入 TB8 中，然后将待发数据写入 SBUF，启动发送过程。接收时，要先计算接收到的 8 位数据的校验位，然后与 RB8 中的第 9 位比较是否相同。如果相同，则认为接收的数据正确，将 8 位数据保存在接收缓冲区中；否则可以根据需要，由程序控制向主程序报告错误或者将数据舍弃。

【例 8-9】 主从结构的单片机通信系统收发程序设计。

主机先向从机发送 1 帧信息，从机接收主机发来的地址，并与本机的地址相比较。若不相同，则仍保持 SM2＝1 不变并将其抛弃。若标志位相同，则使 SM2＝0，准备接收主机发来的数据信息。通信双方的晶振均为 11.0592MHz。程序如下：

```
#include<reg51.h>
…
unsigned char rbuffer;
int index;
main()
{
    index=0xf5;                        /*待发数据内容*/
    SCON=0xc0;                         /*工作方式 3*/
    TMOD=0x20;
    TH1=0xfd;                          /*设置波特率为 9600b/s*/
    TR1=1;
    ET1=0;
    ES=1;
    EA=1;
    TB8=1;
    SBUF=index;                        /*写入 SBUF，启动发送*/
}
void send(void) interrupt 4            /*发送中断响应函数*/
{
    TI=0;
    TB8=0;                             /*设置数据帧标志*/
}
void receive(void) interrupt 4
{
    RI=0;
    if(RB8==1)                         /*如果标志位正确，设置 SM2 并接受数据*/
    {
        if(SBUF==0xf5) SM2=0;
        return;
    }
    rbuffer=SBUF;
    SM2=1;                             /*设置 SM2，准备下一次通信*/
}
```

8.5　思考与练习

1. 在串行通信中工作方式________是 11 位异步通信方式。

2. MCS-51 串行口控制寄存器 SCON 中 SM2、TB8、RB8 有何作用？主要在哪几种方式下使用？

3. 下列有关串行同步通信与异步通信的比较中，错误的是（　）。

A. 它们采用的是相同的数据传输方式，但采用不同的数据传输格式

B. 它们采用的是相同的数据传输格式，但采用不同的数据传输方式

C. 同步方式适用于大批量数据传输，而异步方式则适用于小批量数据传输

D. 同步方式对通信双方同步的要求高，实现难度大，而异步方式的要求则相对较低

4. 帧格式为1个起始位、8个数据位和1个停止位的异步串行通信方式是（　　）。

A. 方式0　　　　B. 方式1　　　　C. 方式2　　　　D. 方式3

5. 串行通信有_____、_____和_____共3种数据通路形式。

6. 简述单片机多机通信的原理。

7. 若异步通信接口按方式3传送，已知每分钟传送3600个字符，其波特率是多少?

8. 什么是异步串行通信?

9. 利用库函数_getkey编写一函数，实现从单片机串行口接收数据的C51程序，把接收的数据存放在片内数据存储器从0x40开始的区域，遇到回车符CR（ASCII码值是0x0d）结束。

10. 利用库函数scanf编写一函数，实现从单片机串行口接收数据的C51程序，把接收的数据存放在片外数据存储器从0x240开始的区域，遇到回车符CR（ASCII码值是0x0d）结束。

11. 利用库函数putchar编写一函数，实现从单片机串行口发送数据的C51程序，发送的数据存放在片内数据存储器从0x50开始的区域，遇到回车符CR（ASCII码值是0x0d）结束。

12. 当串行口按工作方式3进行串行数据通信时，假定波特率为1200b/s，第9位数据作奇偶校验位，以中断方式传送数据，试编写通信程序。

第 9 章　并行 I/O 接口的扩展

I/O（输入/输出）接口是单片机与外部设备（简称外设）交换信息的桥梁。单片机目前广泛地应用于测控领域。在多数应用中，包括键盘、显示器、ADC、DAC 及各种执行接口等，由于 51 单片机的 I/O 资源有限，这些接口不能满足众多的外部设备，为此就需要扩展 I/O 口。

I/O 接口可以分为并行接口和串行接口。并行 I/O 接口用于并行传送 I/O 数据，以 CPU 字长（通常是 8 位、16 位或 32 位）为传输单位，一次传送一个字长的数据，各位同时进行传送，其特点是速度快、效率高，适用于近距离传送。串行 I/O 接口用于串行传送 I/O 数据，这种方式是将数据一位接一位地顺序传送，其特点是通信线路简单，成本低但速度慢，适用于远距离传送。

9.1　I/O 接口电路功能

1. 接口电路功能

CPU 和外部设备之间的数据输入/输出传送十分复杂，进行数据交换时存在不少问题。

（1）速度不匹配：外部设备的工作速度要比 CPU 慢许多，而且由于种类的不同，它们之间的速度差异也很大。例如，硬盘的传输速度就要比打印机快很多，而开关的速度则更慢，几秒、几分钟才会有数据的变化。

（2）时序不匹配：各个 I/O 设备都有自己的定时控制电路，并以自己的速度传输数据，无法与 CPU 的时序取得统一。

（3）信息格式不匹配：外部设备种类繁多，既有机械式的，又有机电式的，还有电子式的。不同种类外部设备性能各异，存储和传送信息的格式也各不相同，无法按统一格式进行。例如，可以分为串行和并行，也可以分为二进制格式、ACSII 编码和 BCD 编码等。

（4）信息类型不匹配：不同的 I/O 设备采用的信号类型不同。既有电压信号，又有电流信号；既有数字信号，又有模拟信号。

由于外部设备的操作十分复杂，无法实现外部设备与 CPU 直接进行同步数据传送，而必须在 CPU 和外设之间设置一个接口电路，用于对 CPU 与外设之间的数据传送进行协调。故接口电路应具有以下功能。

（1）实现和不同外设的速度匹配。

不同外设的工作速度差别很大，但大多数外设的速度很慢，无法和 μs 量级的单片机速度相比。MCS-51 和外设间的数据传送方式有同步、异步、中断 3 种。无论采用哪种数据传送方式来设计 I/O 接口电路，单片机只能在确认外设已为数据传送做好准备的前提下才能进行 I/O 操作。要知道外设是否准备好，就需要 I/O 接口电路与外设之间传送状态信息，以实现单片机与外设之间的速度匹配。

单片机 I/O 端口只能收发逻辑电平的数字信号，而各种外部设备种类各异，信号电平各异，控制信号千差万别。因此，如何将单片机与各种外部设备相连，是单片机应用的重点和难点。

（2）输出数据锁存。

由于单片机的工作速度快，数据在数据总线上保留的时间十分短暂，无法满足慢速外设的数据接收。所以，在扩展的 I/O 接口电路中应具有数据锁存器，以保证输出数据能为接收设备接收。数据输出锁存应成为 I/O 接口电路的一项重要功能。

（3）输入数据三态缓冲。

输入设备向单片机输入数据时，要经过数据总线，但数据总线上面可能“挂”有多个数据源，为了传送数据时，不发生冲突，只允许当前时刻正在进行数据传送的数据源使用数据总线，其余的数据源应处于隔离状态，为此要求接口电路能为数据输入提供三态缓冲功能。

2. 接口电路端口编址

接口电路是指与外设之间连接的硬件电路，每个接口电路中包含一组寄存器，与外设之间交换信息时，不同的信息存入接口中的不同寄存器中，一般称这些寄存器为 I/O 端口或 I/O 口。使用端口实际上是对寄存器进行读写操作，通常有三种寄存器：数据寄存器，用于保存输入/输出数据；状态寄存器，用于保存外设的状态信息；命令寄存器，用于保存来自 CPU 有关数据传送的控制命令。

正如每个存储单元都有一个物理地址一样，每个端口也有一个地址与之相对应，该地址称为端口地址。CPU 与外设之间的输入/输出操作实际上就是对 I/O 接口中各端口寄存器进行读/写操作。

常用的有两种 I/O 端口编址方式。

（1）独立编址方式。

所谓独立编址，就是把 I/O 端口寄存器地址空间和存储器地址空间分开进行编址，不占用存储器的地址空间。访问 I/O 端口有专用 I/O 控制信号和 I/O 指令。

（2）统一编址方式。

所谓统一编址，就是把系统中的 I/O 端口和存储器统一进行编址。I/O 端口占用存储器的地址空间，每个 I/O 端口视为一个存储单元，直接使用访问数据存储器的指令进行 I/O 端口操作。其优点是无须专门 I/O 指令，I/O 地址范围不受限制；缺点是存储器地址空间缩小，地址译码复杂。

51 单片机采用统一编址方式对扩展的 I/O 口和外部数据存储器进行编址。在这种方式下，接口电路中 I/O 端口地址与存储单元地址长度相同。51 单片机 I/O 端口和外部数据存储器共同拥有 64KB 的空间，至于 I/O 端口和外部数据存储器具体占用哪些单元，要根据具体的接口电路而定。访问 I/O 端口采用访问外部 RAM 的指令 MOVX，同时使能相应的控制信号 $\overline{RD}$ 和 $\overline{WR}$ 。I/O 口的输入指令有 MOVX A, @DPTR 和 MOVX A, @Ri；I/O 口的输出指令有 MOVX @DPTR, A 和 MOVX @Ri, A。

9.2　简单并行 I/O 接口扩展

51 系列单片机并行 I/O 接口的扩展方法灵活多样，可以分为两类，即采用不可编程芯片和采用可编程并行接口芯片进行扩展。当所需扩展的外部 I/O 口数量不多时，可以使用常规的逻辑电路、锁存器进行扩展,常常采用三态缓冲器扩展输入口，用数据锁存器扩展输出口。这一类的外围芯片一般价格较低，而且种类较多，常用的不可编程芯片主要有 74LS377、74LS245、74LS373、74LS244、74LS273、74LS577、74LS573、CD4014、CD4094 等。

9.2.1　简单并行输入口扩展

扩展输入口要求接口芯片具有数据缓冲功能，常用于扩展输入口的典型芯片有 74LS244、74LS245。

74LS245 是一种三态输出的 8 路双向总线收发器/驱动器，无锁存功能，其引脚图如图 9-1 所示。

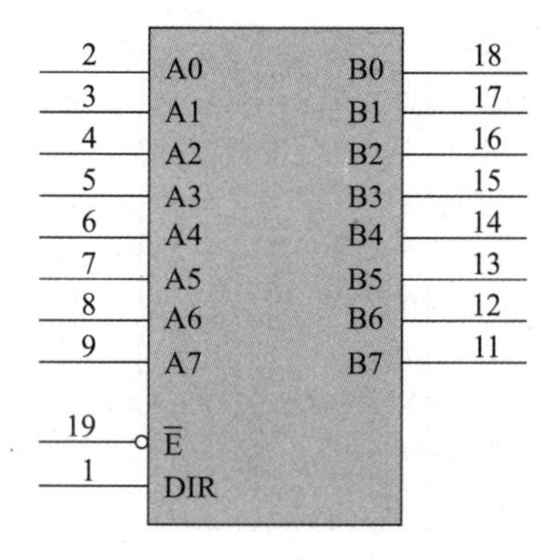

图 9-1　74LS245 引脚图

74LS245 的 $\overline{OE}$ 端和 DIR 端是控制端，当它的 $\overline{OE}$ 端为低电平时，如果 DIR 为高电平，则 74LS245 将 A 端数据传送至 B 端；如果 DIR 为低电平，则 74LS245 将 B 端数据传送至 A 端。在其他情况下不传送数据，并输出高阻态。74LS245 可双向传输数据，既可以用于输入口的扩展，也可以用于输出口的扩展。如图 9-2 所示，使用了一片 74LS245 扩展并行输入口，如果将未使用的地址线都置为 1，则可以得到该片 74LS245 的地址为 7FFFH。

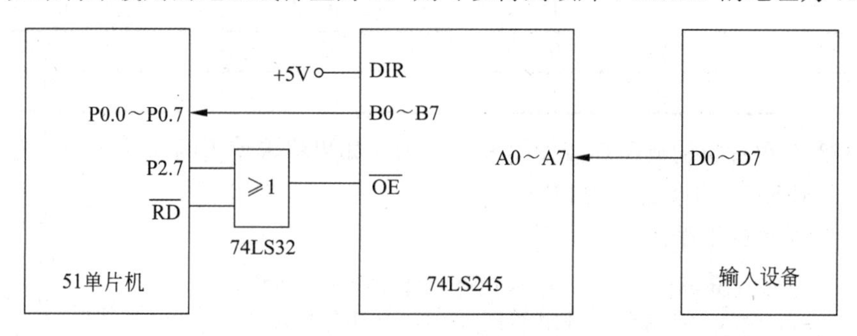

图 9-2　74LS245 扩展并行输入接口示意图

则读取该输入设备数据，采用汇编语言：

```
MOV     DPTR,#7FFFH        ;74LS245 端口地址
MOVX    A,@DPTR            ;读指令，选通 74LS245 芯片执行输入功能
```

通过以上指令，CPU 将输入设备的数据通过数据总线 P0 口送入到寄存器 A 中。

C51 语言实现上述功能的指令如下：

```
#include absacc.h             /*访问外部 I/O 端口头文件*/
unsigned char a;
a=XBYTE[0x7fff];
```

9.2.2　简单输出口扩展

简单输出口扩展主要用于数据保存，因此简单输出口的扩展就是扩展数据锁存器。典型的芯片有 74LS377、74LS273、74LS373、74LS573 等。

74LS373 是一个 8D 三态同相锁存器，内部有 8 个相同的 D 触发器，其引脚分布和逻辑功能表如图 9-3 和表 9-1 所示。当 $\overline{OE}$=0 且 G=1 时，D 端数据被锁存；当 $\overline{OE}$=0 时，输出为高阻状态。

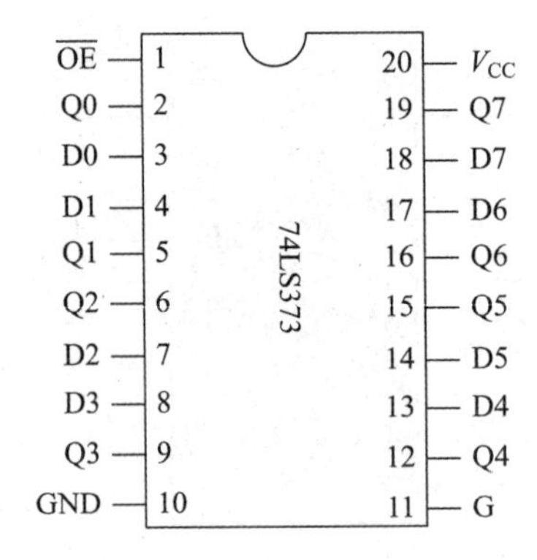

图 9-3　74LS373 引脚图

表 9-1　74LS373 逻辑功能表

输入			输出
$\overline{OE}$	G	D	Q
0	1	1	1
0	1	0	0
0	0	×	不变
1	×	×	高阻

74LS373 与单片机的典型连接如图 9-4 所示，如果将未使用的地址线都置为 1，则可以得到该片 74LS373 的地址为 7FFFH。

实现输出数据的汇编语言：

```
MOV     DPTR,#7FFFH        ;74LS373 端口地址
MOV     A,#DATA            ;输出数据 DATA 送入累加器 A
MOVX    @DPTR,A            ;选通 74LS373 芯片，数据输出
```

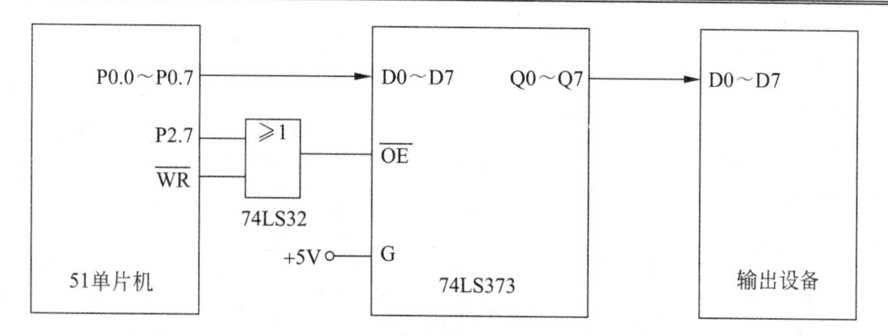

图 9-4　74LS373 扩展并行输出接口示意图

C51 语言实现上述功能的指令如下：

```
#include absacc.h        /*访问外部 I/O 端口头文件*/
unsigned char a=DATA;
XBYTE[0x7fff]=a;
```

【例 9-1】 如图 9-5 所示，输入设备是 8 个按键开关，输出设备是 8 个 LED，由 74LS273 的每一位输出将按键开关状态通过发光二极管显示出来。

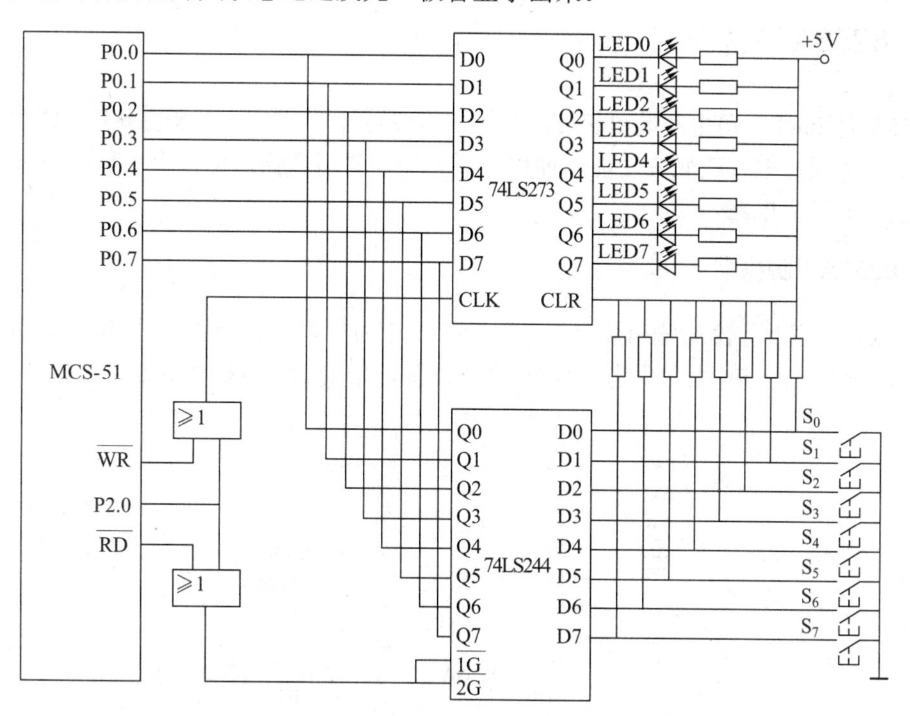

图 9-5　例 9-1 硬件连接示意图

实现该功能的汇编语言参考程序如下：

```
        ORG 0
        MOV DPTR,#0FEFFH        ;指向输入输出口端口地址
LOOP:   MOVX A,@DPTR            ;读入按键开关状态送入 A 中
        MOVX  @DPTR,A           ;将数据写入 74LS273 端口
        SJMP    LOOP            ;循环
        END
```

实现该功能的 C51 语言参考程序如下：

```
#include <absacc.h>
main()
{
    while(1)
    {
        unsigned char a;
        a=XBYTE[0xfeff]
        XBYTE[0xfeff]=a;
    }
}
```

9.3 可编程并行接口芯片 8255

所谓可编程的接口芯片是指其功能可由微处理机的指令来改变的接口芯片。利用编程的方法，可以使一个接口芯片执行不同的接口功能。

9.3.1 8255A 芯片介绍

8255A 是 Intel 公司生产的可编程并行 I/O 接口芯片，具有 3 个 8 位并行 I/O 口，3 种工作方式，可通过编程改变其功能，使用灵活方便，通用性强，可作为单片机与多种外围设备连接时的接口电路。

1. 8255A引脚排列

8255A 可编程并行输入/输出接口芯片是 Intel 公司生产的标准外围接口电路。它采用 NMOS 工艺制造，用单一＋5V 电源供电，具有 40 条引脚，采用双列直插式封装，如图 9-6 所示。

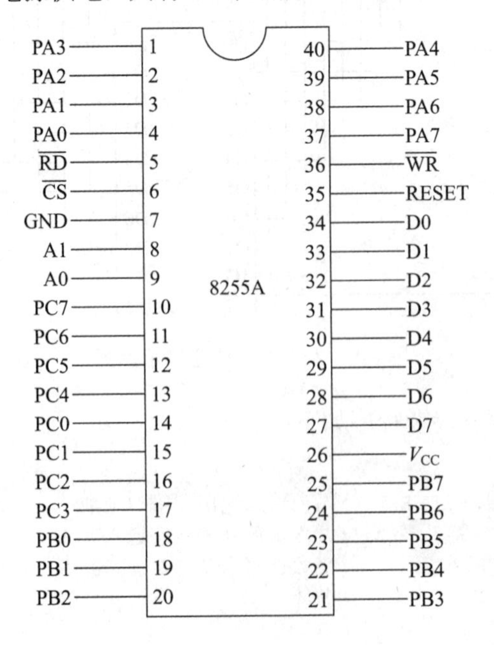

图 9-6　8255A 芯片引脚图

它有 A、B、C 3 个端口共 24 条 I/O 线，可以通过编程的方法来设定端口的各种 I/O 功能。

下面介绍 8255A 的引脚功能如下。

（1）D7～D0：三态双向数据线，传送数据以及控制字。

（2）PA7～PA0：A 口输入/输出线。

（3）PB7～PB0：B 口输入/输出线。

（4）PC7～PC0：C 口输入/输出线。

（5）$\overline{CS}$：片选信号线，低电平有效，表示本芯片被选中。

（6）$\overline{RD}$：读出信号线，低电平有效，控制从 8255A 读。

（7）$\overline{WR}$：写入信号线，低电平有效，控制向 8255A 写。

（8）A1、A0：地址线，用来选择 8255A 内部的 4 个端口。

（9）RESET：复位信号，高电平有效。

（10）V_{CC}：+5V 电源。

（11）GND：地线。

2．8255A内部结构

8255A 的内部逻辑结构图如图 9-7 所示。

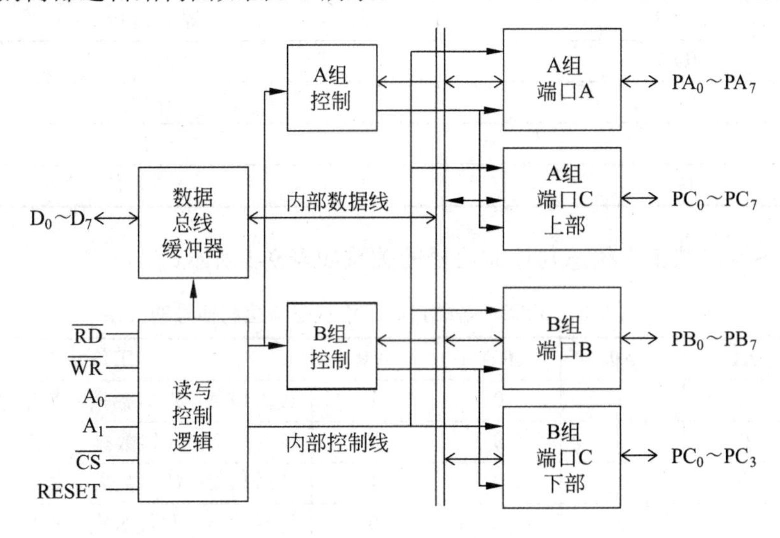

图 9-7　8255A 的逻辑结构图

1）外设数据端口

8255A 有 3 个 8 位数据端口。

（1）端口 A：PA0～PA7。

- 常作数据端口，功能最强大。
- 输入输出数据都锁存。
- 支持工作方式 0、1、2。

（2）端口 B：PB0～PB7。

- 常作数据端口。
- 输入不锁存，输出锁存。
- 支持工作方式 0、1。

（3）端口C：PC0～PC7。

- 分2个4位，每位可独立操作，可作数据、状态和控制端口。
- 输入不锁存，输出锁存。
- 仅支持工作方式0。
- 控制最灵活，最难掌握。

2）A组和B组控制电路

A组和B组，也可根据CPU的命令字对端口C的每一位实现按位“复位”或“置位”。

A组控制电路控制端口A和端口C的高4位（PC7～PC4）。

B组控制电路控制端口B和端口C的低4位（PC3～PC0）。

3）数据缓冲器

双向8位缓冲器用于传送单片机和8255A间的控制字、状态字和数据字。

4）读写控制逻辑

这部分是接收读写命令和选择8255A的读写地址端口等的控制电路。地址线A1、A0与端口的对应关系如表9-2所示。

表9-2　端口地址

A1 A0	端口地址
00	A口
01	B口
10	C口
11	控制口

8255A各端口的工作状态与控制信号的关系如表9-3所示。

表9-3　8255A各端口的工作状态与控制信号的关系

CS	A1	A0	RD	WR	工作状态
0	0	0	0	1	读端口A：A口数据→数据总线
0	0	1	0	1	读端口B：B口数据→数据总线
0	1	0	0	1	读端口C：C口数据→数据总线
0	0	0	1	0	写端口A：总线数据→A口
0	0	1	1	0	写端口B：总线数据→B口
0	1	0	1	0	写端口C：总线数据→C口
0	1	1	1	0	写控制字：总线数据→控制字口
1	×	×	×	×	数据总线为三态

3．8255A的控制字

8255A有两个控制字：方式控制字和C口置复位字。用户通过程序可以把这两个控制字写到8255A的控制字寄存器，以设定8255A的工作方式和C口各位的状态。

1）8255A方式控制字

8255A方式控制字如图9-8所示，最高位为1是方式控制字的标志。

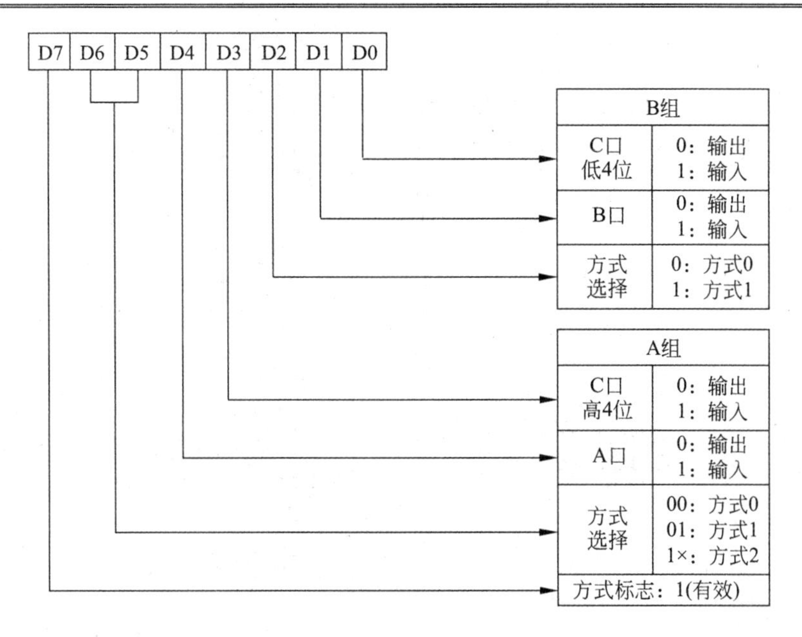

图 9-8　8255A 工作方式控制字

2）C 口置复位控制字

8255A 的 C 口置复位控制字如图 9-9 所示，最高位为 0 是置复位控制字的标志。

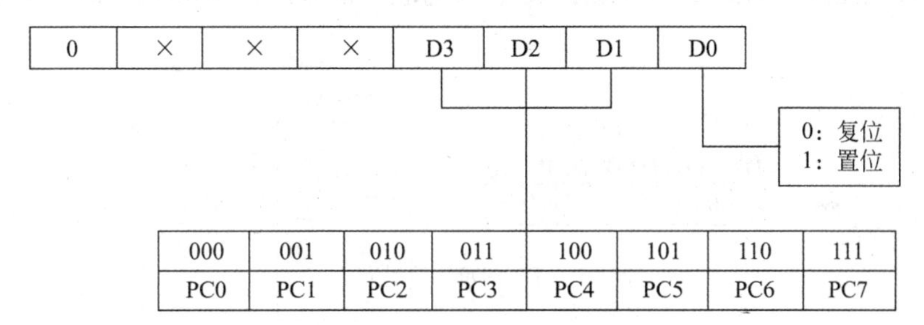

图 9-9　C 口置复位控制字

4．8255A的工作方式

8255A 有 3 种工作方式：方式 0、方式 1、方式 2。

1）方式 0

方式 0 是基本输入/输出方式。这种方式不需要任何选通信号，A 口、B 口、C 口中任何一个端口都可以设定为基本输入/输出方式。作为输入口时，输入数据不锁存；作为输出口时，输出数据被锁存。这种方式适用于以无条件传送和查询方式传输数据的设备接口电路。

2）方式 1

方式 1 是选通输入/输出方式。A 口、B 口可由编程设定为选通输入/输出方式，C 口的大部分位用来作为输入/输出的控制和同步信号。A 口和 B 口的输入数据或输出数据都被锁存。这种方式适用于采用查询和中断方式的接口电路。

A 口和 B 口工作于方式 1 作为输入，C 口作为联络信号，分别如图 9-10（a）和图 9-10（b）所示。

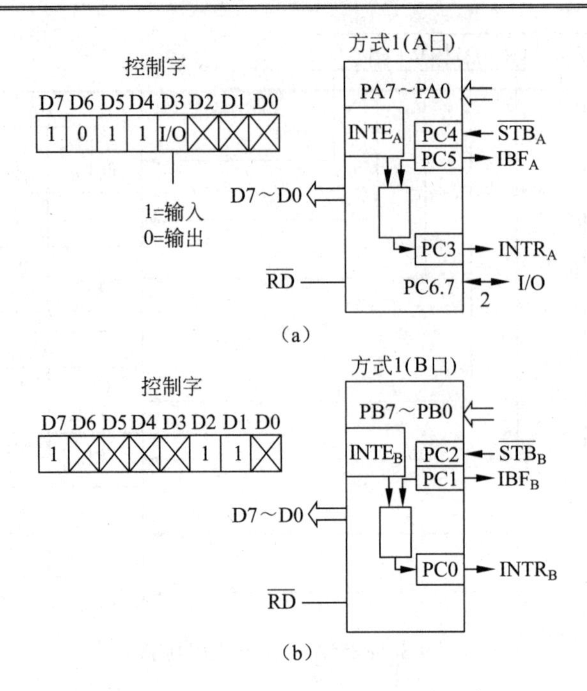

图 9-10　A 口和 B 口作为输入工作于方式 1 下

A 口和 B 口工作于方式 1 作为输出，C 口作为联络信号，分别如图 9-11（a）和图 9-11（b）所示。

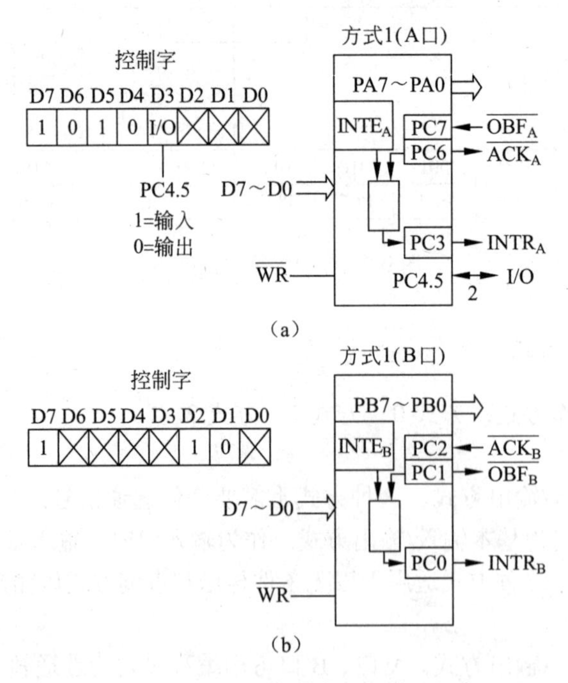

图 9-11　A 口和 B 口作为输出工作于方式 1 下

3）方式 2

方式 2 是双向数据传送方式。只有 A 口才能选择这种工作方式，这时 A 口为双向三态数据总线口，既能发送数据，又能接收数据。在这种方式下，C 口的 PC3～PC7 作为 A 口输入/输出的控制同步信号，如图 9-12 所示。这时 B 口和 PC0～PC2 可编程为方式 0 和方式 1 工作。

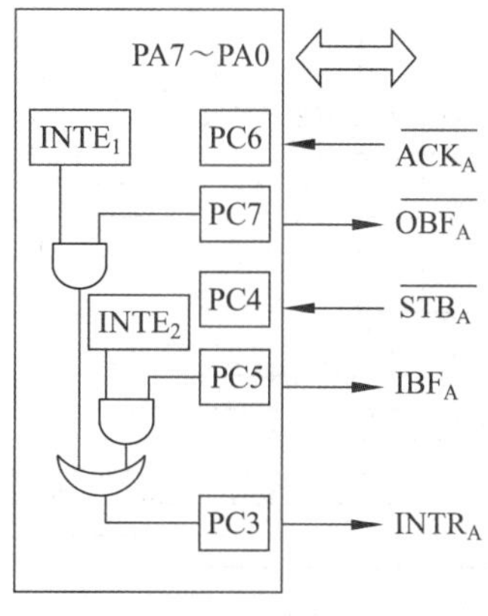

图 9-12　A 口工作方式 2

9.3.2　8255A 的初始化编程

8255A 初始化的内容就是向控制寄存器写入工作方式控制字或 C 口置位/复位控制字。由于两个控制字的标志位不同，这个控制字可按同一地址写入且不受先后顺序限制。

【例 9-2】 对 8255A 各端口进行设置：A 口为方式 1 输入，B 口为方式 0 输出，C 口高 4 位（PC7～PC4）为输出、低 4 位（PC3～PC0）为输入。编写实现上述要求的初始化程序。

工作方式控制字可设置为 1011 0001B，即 B1H。端口 A、B、C 和控制字的地址分别为 00、01、10 和 11。

初始化程序段为：

```
MOV        R1,#03H         ;8255A 控制寄存器地址
MOV        A,#0B1H         ;8255A 工作方式控制字
MOVX      @R1,A            ;工作方式控制字写入 8255A 控制口
```

【例 9-3】 设 8255A 控制字寄存器地址为 00F3H，要求将 PC1 置 1，PC3 清零。

```
MOV   DPTR,  #00F3H
MOV   A,     #03H
MOVX  @DPTR, A
MOV   A,     #06H
MOVX  @DPTR, A
```

9.3.3　单片机和 8255A 的接口及程序设计

由于 8255A 是 Intel 公司专为其主机配套设计制造的标准化外围接口芯片，因此它与 51 单片机的连接是比较简单方便的。

8255A 和单片机的接口十分简单，只需要一个 8 位的地址锁存器即可。锁存器 74LS373 用来锁存单片机 P0 口输出的低 8 位地址信息，高 8 位地址由单片机 P2 口直接输出。

如图 9-13 所示为单片机扩展 8255A 实例，下面对连线进行说明。

（1）数据线：8255A 的 8 根数据线 D0～D7 直接和单片机 P0 口一一对应相连。

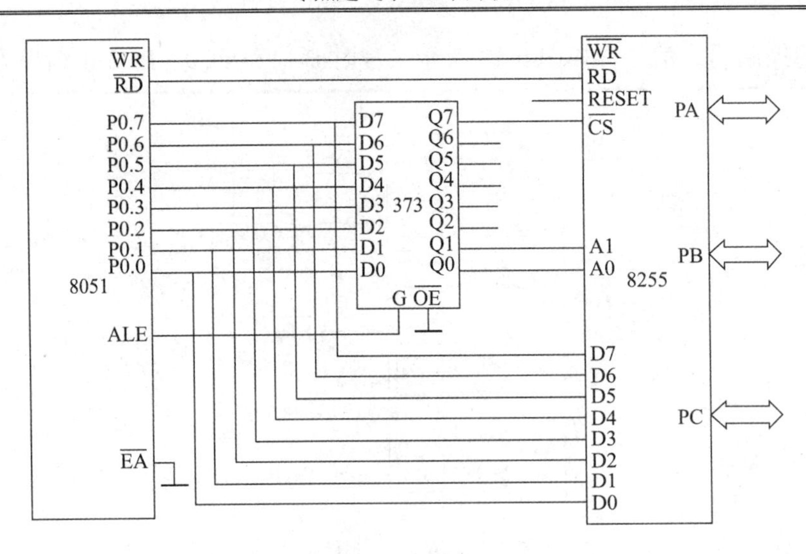

图 9-13　8051 和 8255A 接口电路

（2）控制线：$\overline{RD}$、$\overline{WR}$、ALE 的连接如图 9-13 所示，8255A 的复位线 RESET 与单片机的复位端相连，在图中未画出。

（3）地址线：8255A 的片选信号 $\overline{CS}$ 和 A1、A0 与单片机的地址线相连，接法不唯一。图中采用由 P0.7 和 P0.1、P0.0 经地址锁存器 74LS373 后提供的方式。当系统要同时扩展外部存储器时，就要和存储器芯片的片选端一起经地址译码电路来获得，以免发生地址冲突。

（4）8255A 的 I/O 口线：可以根据用户需要连接外部设备。

【例 9-4】 如图 9-14 所示，如果在 8255A 的 B 口接有 8 个按键，A 口接有 8 个发光二极管，则编写程序能够完成按下某一按键，相应的发光二极管发光的功能。

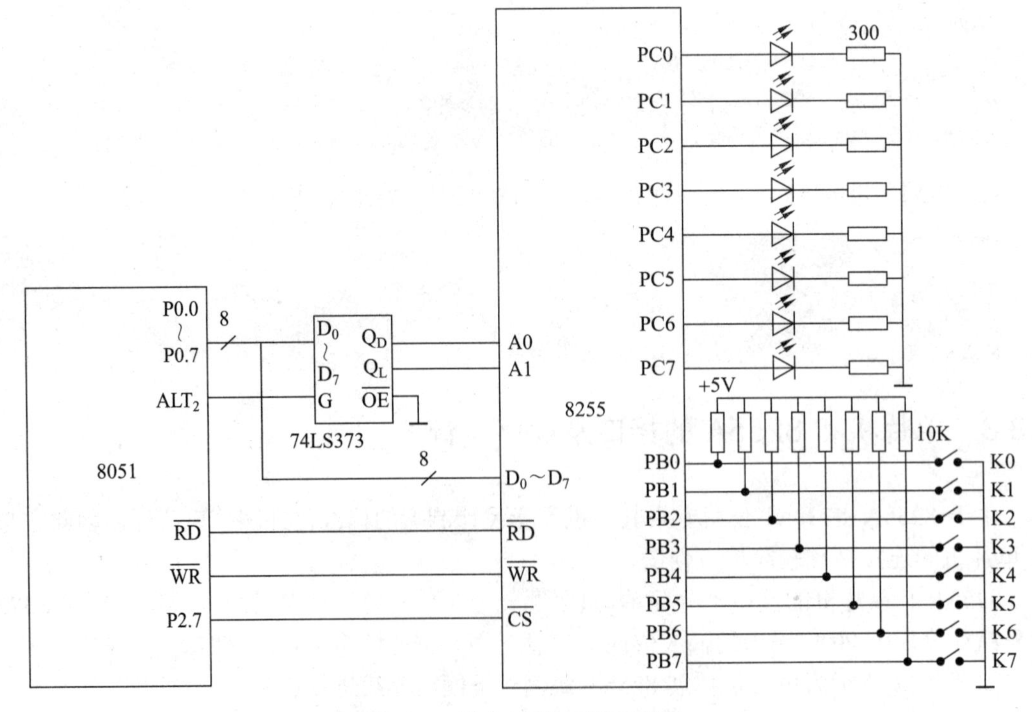

图 9-14　例 9-4 硬件连接示意图

1. 8255A的可编址端口的地址确定

采用线选法，利用高 8 位地址线的最高位（即 P2.7）作为线选信号，A1、A0 则与地址的最低 2 位（即 P0.1 和 P0.0）相连。

假设没有连接的地址线状态为 0，则 8255A 各端口的地址如下：

P2.7	P2.6	P2.5	P2.4	P2.3	P2.2	P2.1	P2.0	P0.7	P0.6	P0.5	P0.4	P0.3	P0.2	P0.1	P0.0		
A15	A14	A13	A12	A11	A10	A9	A8	A7	A6	A5	A4	A3	A2	A1	A0		
0	0	0	0	0	0	0	0	0	0	0	0	0	0	0	0	A 口	0000H
0	0	0	0	0	0	0	0	0	0	0	0	0	0	0	1	B 口	0001H
0	0	0	0	0	0	0	0	0	0	0	0	0	0	1	0	C 口	0002H
0	0	0	0	0	0	0	0	0	0	0	0	0	0	1	1	控制寄存器	0003H

8255A 的端口地址 PA 口为 0000H，PB 口为 0001H，PC 口为 0002H，控制寄存器端口为 0003H。

2. 程序设计

汇编程序如下：

```
PORTA   EQU    0000H                  ;PORT A 地址
PORTB   EQU    0001H                  ;PORT B 地址
PORTC   EQU    0002H                  ;PORT C 地址
CWRDDR  EQU    0003H                  ;控制字地址
        ORG  0000H
        LJMP  START
        ORG  0030H
START:  MOV DPTR，#CWRDDR             ;指向 8255A 的控制口
        MOV A，#83H
        MOVX @DPTR,A                  ;向控制口写控制字，A 口输出，B 口输入
LOOP:   MOV  DPTR，#PORTB             ;指向 8255A 的 B 口
        MOVX  A,@DPTR                 ;检测按键，将按键状态读入 A 累加器
        CPL A
        MOV DPTR，#PORTA              ;指向 8255A 的 A 口
        MOVX @DPTR,A                  ;驱动 LED 发光
        SJMP LOOP
        END
```

C 程序如下：

```
#include<reg51.h>              //包含 51 头文件，使用单片机寄存器
#include<absacc.h>             //访问片外地址
#define uchar unsigned char
#define PA XBYTE[0x0]          //定义 PA 口地址
#define PB XBYTE[0x1]          //定义 PB 口地址
#define PC XBYTE[0x2]          //定义 PC 口地址
#define CONTROL XBYTE[0x3]  //定义 8255A 控制寄存器地址
uchar temp;
void main(void)                //主函数
{
```

```
    CONTROL=0x83;              //向控制寄存器写控制字，A 口输出，B 口输入
    while(1)
    {
        temp=PB;               //读取 PB 口的状态，并赋值给临时变量
        PA=~temp;              //将 PB 口状态取反送给 PA 口发光二极管 LED 显示
    }
}
```

在程序中，用 # include<absacc.h>即可使用其中定义的宏来访问绝对地址，包括 CBYTE、XBYTE、PWORD、DBYTE、CWORD、XWORD、PBYTE、DWORD。用 XBYTE 定义的目的是将外部电路不同的功能变成不同的地址，在程序里面直接对地址赋值，就能使外部电路实现需要的功能。另外，在编译的时候会产生 MOVX 指令，这样可以操作 WR 和 RD 引脚，以实现特定的功能。至于用 XBYTE 定义的地址是多少，得根据实际的外围电路的连接来确定，不可以随便写。

9.4 思考与练习

1. 通常并行接口应具有哪些功能？
2. 8255A 由哪几个主要部分组成？
3. 若 8255A 端口 A 工作在方式 2（双向），则端口 B 能工作在哪种方式？
4. 若 B 口工作在方式 1 的输出状态时，应执行哪个操作，可禁止它产生中断请求信号？
5. 画图实现用两片 74HC573 芯片扩展 51 单片机的 P1 端口，实现用 6 个按键控制 6 位发光二极管的点亮。
6. 若 8255 芯片的片选端与 8031 的 P2.7 相连，A1A0 端与地址总线 A1A0 相连，现要求 8255 工作在方式 0，A 口作为输入，B 口作为输出，且将 C 口的第 6 位 PC5 置 1，请编写初始化工作程序。

第 10 章　存储器的扩展

单片机的特点是体积小，功能全，系统结构紧凑，硬件设计灵活。对于简单的应用，单片机最小系统即能满足要求。所谓最小系统是指在最少的外部电路条件下，形成一个可独立工作的单片机应用系统。

在很多复杂的应用情况下，单片机内的 RAM、ROM 和 I/O 接口数量有限，不够使用，这就需要进行扩展。单片机系统的扩展主要是存储器、I/O 接口、A/D 转换器、D/A 转换器等，这样可以驱动更多种类的外部设备，满足应用系统的需要。

10.1　单片机系统总线结构

单片机的扩展通常采用总线结构形式。所谓总线，就是连接计算机 CPU 与各部件的一组公共信号线。51 单片机使用的是并行总线结构，按功能分为三组：地址总线、数据总线和控制总线。整个扩展系统以单片机为核心，通过总线把各扩展部件连接起来，其情形犹如各扩展部件“挂”在总线上，如图 10-1 所示。

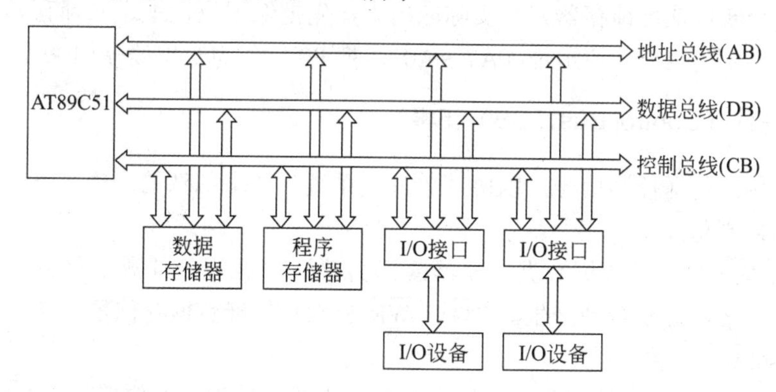

图 10-1　单片机扩展结构原理图

单片机系统的扩展是建立在地址总线（AB）、数据总线（DB）和控制总线（CB）基础上的，这些总线都是并行的，能够理想地匹配 CPU 的处理速度。任何单片机之外的芯片和硬件资源必须通过总线与单片机相连，才能被单片机有效地管理，成为系统的有机组成部分。

单片机与其他微型计算机不同，芯片本身没有提供专用的地址线和数据线，在进行系统扩展时，需要借用单片机的 I/O 接口“构造”系统的三总线，如图 10-2 所示。

1．数据总线（Data Bus，DB）（8根）

数据总线用于单片机与存储器之间或者单片机与 I/O 接口之间传输数据。数据总线的

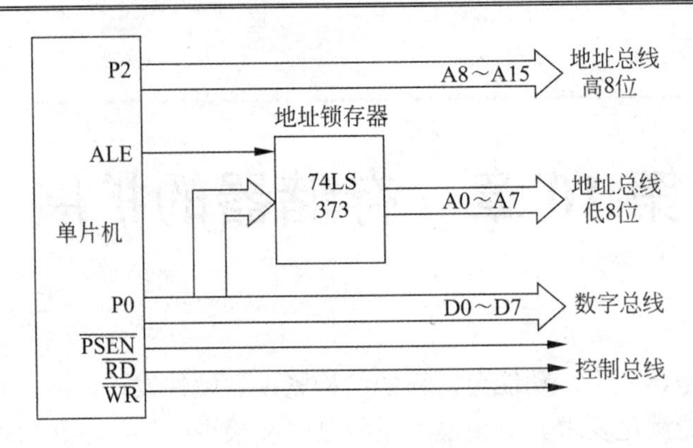

图 10-2　单片机扩展总线构造示意图

位数与单片机处理数据的字长是一致的，为 8 位，由 P0 口提供。数据总线是双向的。

2．地址总线（Address Bus，AB）（16根）

P2 口提供高 8 位地址（A15～A8），P0 口提供低 8 位地址（A7～A0），形成 16 位地址总线。地址总线的位数决定了单片机可扩展存储量大小，容量 Q 与地址线根数 N 满足关系式 $Q=2^N$，故单片机系统的寻址范围最大达到 64KB。地址信息总是由 CPU 发出的，以便进行存储单元和 I/O 口的选择，因此地址总线是单向的。在实际应用中，高位地址线并不固定为 8 位，可以根据需要，从 P2 口最低位开始连续引出几根口线作为地址线。如果扩展存储器容量小于 256B，则不需要使用 P2 口构成高位地址。

由于 P0 口分时复用，既用作低 8 位地址总线，又用作数据总线，因此构造地址总线时需要增加一个 8 位地址锁存器。在实际应用中，先把低 8 位地址送入锁存器暂存，再由地址锁存器给系统提供低 8 位地址（A7～A0），把 P0 口作为数据线使用。

3．控制总线（Control Bus，CB）（5根）

控制总线用来传送控制信号，以协调单片机系统中各个部件的工作。下面介绍单片机与扩展相关的控制总线。

（1）$\overline{RD}$、$\overline{WR}$ 为片外扩展数据存储器读、写信号，当执行外部数据存储器操作 MOVX 指令时，这两个信号分别自动产生。$\overline{RD}$、$\overline{WR}$ 分别与扩展数据存储器及 I/O 端口的读写控制引脚 $\overline{OE}$ 和 $\overline{WE}$ 相接。

（2）$\overline{EA}$ 为片外 ROM 选择信号，用于选择片内或片外程序存储器。当 $\overline{EA}$ =0 时，访问片外程序存储器。

（3）$\overline{PSEN}$ 为外部 ROM 读选通信号，当执行访问片外程序存储器 MOVC 指令时，该信号自动生成。$\overline{PSEN}$ 引脚与扩展程序存储器的读出引脚 $\overline{OE}$ 相接。

（4）ALE 为地址锁存允许，用于选通地址锁存器。通常在 P0 口输出地址期间，用下降沿触发锁存器锁存低 8 位地址，即 ALE 必须与地址锁存器的触发端相连。

图 10-2 中的地址锁存器常用带三态输出的 74LS373、74LS573 或者 8282 实现，芯片引脚及其连接如图 10-3 所示。

根据时序，当 P0 口输出有效的低 8 位地址时，ALE 信号正好处于正脉冲顶部到下降沿时刻。为此，应选择高电平或下降沿选通的地址锁存器，通常使用 74LS373 或 8282 作

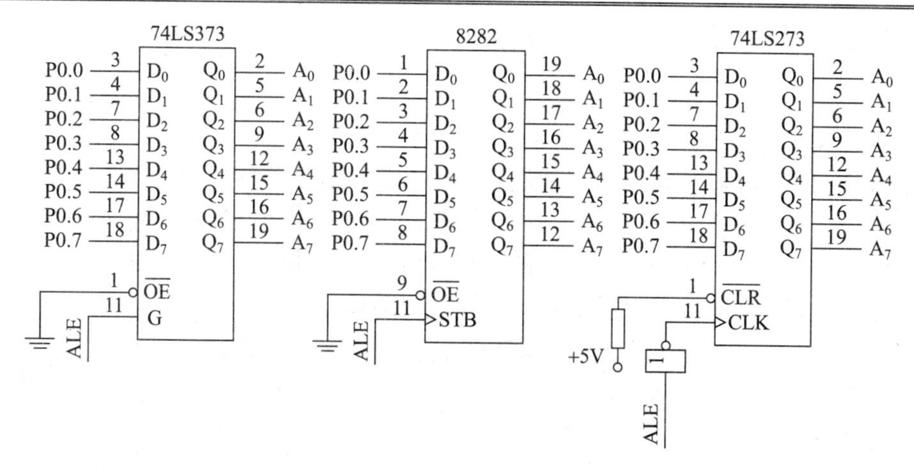

图 10-3　地址锁存器引脚分布图

为地址锁存器。如果选用 74LS273、74LS377 等上升沿锁存器，要在 ALE 引脚加反相器后接 CLK。

74LS373 是一个典型的 TTL 带三态输出的 8 位地址锁存器，每个锁存位的结构如图 10-4 所示。

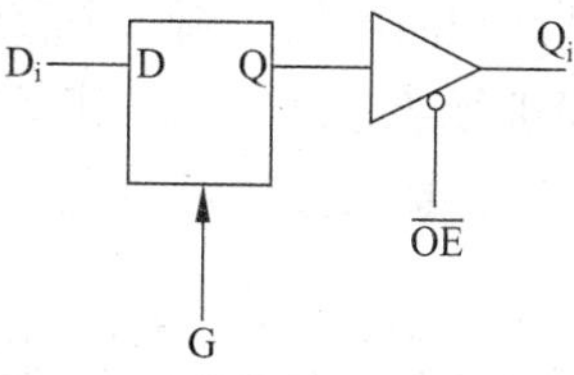

图 10-4　74LS373 每个锁存位（i=0～7）的原理图

74LS373 为 8D 锁存器，有 8 个输入端（D7～D0）、8 个输出端（Q7～Q0）、1 个输入选通端（G）、1 个三态控制端（$\overline{\text{OE}}$）、1 个接地端（GND）、1 个电源端（V_{CC}）。

74LS373 的工作原理如下：

输入选通信号 G 为高电平时，输出 Q7～Q0 复现输入 D7～D0 的状态；G 为下跳沿时，D7～D0 的状态被锁存到 Q7～Q0 上。当把 ALE 与 G 相连后，ALE 的下跳沿正好把 P0 端口上此时出现的 PC 寄存器指示的低 8 位指令地址 A7～A0 锁存在 74LS373 的输出端 Q7～Q0 上。

10.2　地址译码方法

存储器扩展的核心问题是存储器的编址问题。

10.2.1　编址方法

存储器扩展的核心问题是存储器的编址问题。常用的编址方法有两种，分别是线选法和译码法。

1. 线选法

线选法就是将多余的地址总线（即除去存储容量占用的地址总线）中的某一根地址线作为选择某一片存储器或某一个功能部件接口芯片的片选信号线。一定会有一些这样的地址线，否则就不存在所谓的“选片”的问题了。每一块芯片均需占用一根地址线，这种方法适用于存储容量较小、外扩芯片较少的小系统，其优点是不需地址译码器，节省硬件，成本低。缺点是外扩器件的数量有限，地址空间利用率低，而且地址空间是不连续的。

2. 译码法

由于线选法中一根高位地址线只能选通一个部件，每个部件占用了很多重复的地址空间，从而限制了外部扩展部件的数量。所谓译码法就是使用地址译码器对系统的片外地址进行译码，将译码输出作为存储器芯片的片选信号。该方法的特点是可以减少各部件所占用的地址空间，以增加扩展部件的数量，缺点是电路连接复杂。

译码法又分为全地址译码法和部分译码法，采用译码器电路。

（1）全地址译码：全部地址线都参加译码；地址与存储单元一一对应，也就是一个存储单元只占用一个地址，不存在地址重叠。

（2）部分译码：当存储器容量小于可寻址的存储空间时，可使用部分地址线参加译码。该方法常用于不需要全部地址空间的寻址能力，但采用线选法地址线又不够用的情况。

采用部分译码法时，由于未参加译码的高位地址与存储器地址无关，因此存在地址重叠问题，也就是一个存储单元占用了几个地址。如 1 根地址线空闲不接，则一个存储单元占用 2（2^1）个地址；2 根地址线空闲不接，则一个存储单元占用 4（2^2）个地址；3 根地址线空闲不接，则一个存储单元占用 8（2^3）个地址；以此类推。当选用不同的高位地址线进行部分译码时，其译码对应的地址空间也不同。

分析设计地址译码电路时，译码关系如图 10-5 所示。

A15	A14	A13	A12	A11	A10	A9	A8	A7	A6	A5	A4	A3	A2	A1	A0
X	0	1	0	0	—	—	—	—	—	—	—	—	—	—	—

图 10-5　地址译码关系

从图中可以看出，有 1 根地址线 A15 未接，说明为部分译码，每个存储单元占用 2 个地址。片内地址线有 11 根 A10～A0，片外参与译码地址线有 4 根。芯片所占用的地址范围如下：

A15 为 0 时，所占地址为 0010 0000 0000 0000～0010 0111 1111 1111，即 2000H～27FFH。

A15 为 1 时，所占地址为 1010 0000 0000 0000～1010 0111 1111 1111，即 A000H～A7FFH。

分析结果显示，芯片占用了 2 组，这 2 组地址在使用中同样有效。

10.2.2　74LS138（3-8 译码器）

常用的译码器有 74LS139（双 2-4 译码器）、74LS138（3-8 译码器）、74LS154（4-16 译码器）、GAL16V8 和 GAL20V8 等。

74LS138 为 3-8 线译码器，74LS138 引脚如图 10-6 所示。它有 3 个地址输入端（C、B、A）、3 个控制端（$\overline{E1}$、$\overline{E2}$、E3）和 8 个输出端（Y7～Y0），其引脚分布如图 10-6 所示，其真值表如表 10-1 所示。

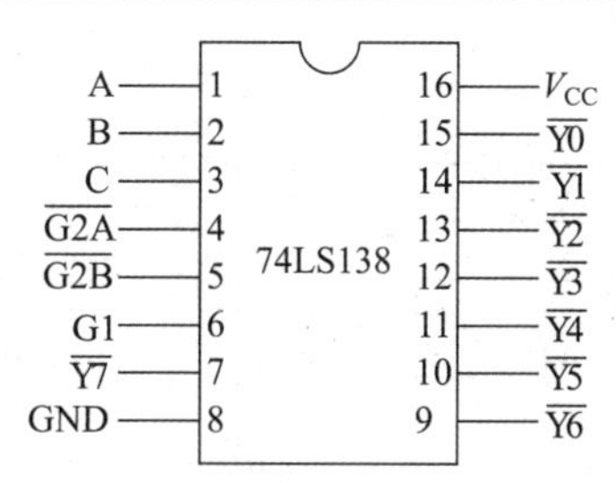

图 10-6　74LS138 引脚及说明

表 10-1　74LS138 译码器真值表

输入						输出							
G1	$\overline{G2A}$	$\overline{G2B}$	C	B	A	$\overline{Y7}$	$\overline{Y6}$	$\overline{Y5}$	$\overline{Y4}$	$\overline{Y3}$	$\overline{Y2}$	$\overline{Y1}$	$\overline{Y0}$
1	0	0	0	0	0	1	1	1	1	1	1	1	0
1	0	0	0	0	1	1	1	1	1	1	1	0	1
1	0	0	0	1	0	1	1	1	1	1	0	1	1
1	0	0	0	1	1	1	1	1	1	0	1	1	1
1	0	0	1	0	0	1	1	1	0	1	1	1	1
1	0	0	1	0	1	1	1	0	1	1	1	1	1
1	0	0	1	1	0	1	0	1	1	1	1	1	1
1	0	0	1	1	1	0	1	1	1	1	1	1	1
其他状态			×	×	×	1	1	1	1	1	1	1	1

利用 74LS138 可以把一块存储器空间分成 8 个连续的小块。例如，利用 74LS138 可把 64KB 的外部 RAM 分成 8 个 8KB 的空间，如图 10-7 所示。

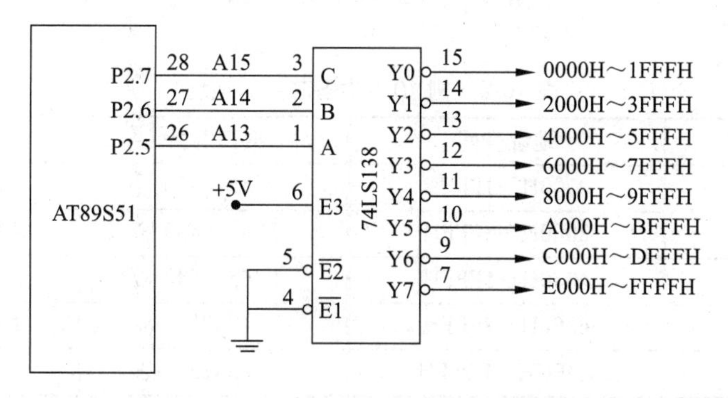

图 10-7　产生 8 个 8KB 的译码电路

那么，用 74LS138 能不能产生 4KB 的空间呢？答案是肯定的，这时相当于把 32KB 的空间分成了 8 块。例如，把高 32KB 的空间分成 8 个 4KB 存储器块，连接方法如图 10-8 所示。

依此类推，如果 74LS138 的 C、B、A 引脚分别接到地址总线的 A2、A1 和 A0，则译出的地址为 0000H～0007H。1 片 74LS138 只能产生 8 个片选信号，当单片机应用系统外围接口芯片很多时，可以采用多片 74LS138（74LS139 或 74LS154 等）分级进行译码。

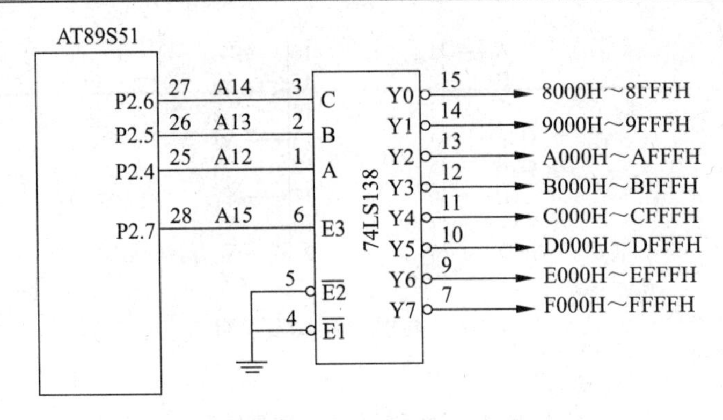

图 10-8　8 个 4KB 的译码电路

【例 10-1】 设某单片机应用系统有 4 片 SRAM 6264、4 片 8255、1 片 8279、和 1 片 DAC0832，试用 74LS138 设计译码电路。

由于系统有 10 个外围芯片，故用两个译码器实现，具体电路如图 10-9 所示；各芯片地址如表 10-2 所示。

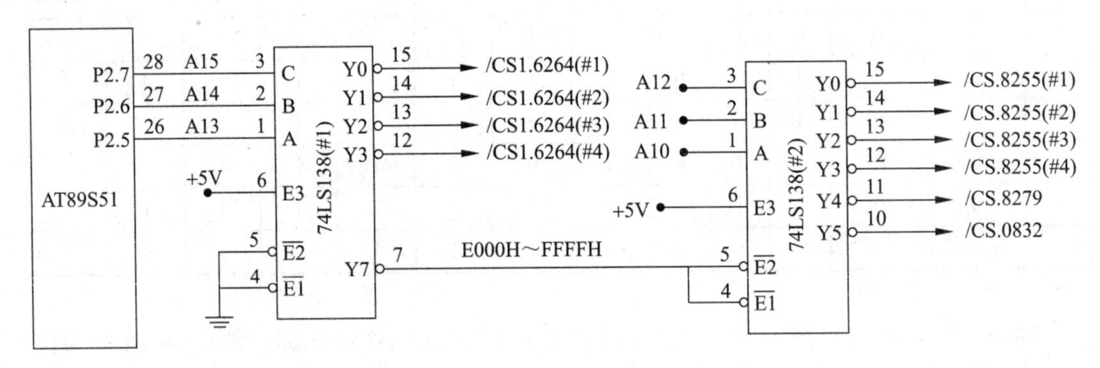

图 10-9　例 10-1 的译码电路

表 10-2　例 10-1 中各芯片的地址

接口芯片	地址空间	接口芯片	地址空间
6264（#1）	0000H～1FFFH	8255（#2）	E7FCH～E7FFH
6264（#2）	2000H～3FFFH	8255（#3）	EBFCH～EBFFH
6264（#3）	4000H～5FFFH	8255（#4）	EFFCH～EFFFH
6264（#4）	6000H～7FFFH	8279	F3FEH～F3FFH
8255（#1）	E3FCH～E3FFH	0832	F7FFH

【例 10-2】 假设系统包含一片 SRAM HM6264（8KB）、一片 Flash 存储器 AT29C256（32KB）、一片用于连接打印机的并行接口芯片 8255、一片键盘显示器接口芯片 8279、一片实现 D/A 转换的芯片 DAC0832、一片用于系统时钟芯片 DS12887，请用 74LS138 设计一个译码电路。

74LS138 译码器总是把一块存储器空间平均分为 8 份，从数量上看，系统总共扩展了 6 个外围芯片，而 74LS138 有 8 个输出端，但仅用一片 74LS138 不可能实现上述系统的译码功能。如果 A15、A14、A13 分别接 74LS138 的 C、B、A 端，则 8 个输出分别占用了

8KB 的空间，而 AT29C256 为 32KB，它就需要 74LS138 的 4 条输出线。除了 AT29C256 外，还有 5 个外围芯片。因此，为了实现上述系统的译码，可以用 74LS138 和一些“与非门”共同组成译码电路，如图 10-10 所示，芯片地址如表 10-3 所示。

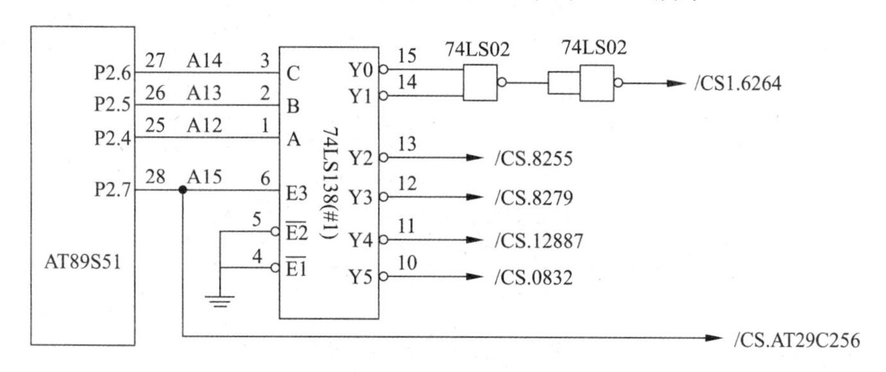

图 10-10　例 10-2 的译码电路

表 10-3　例 10-2 中各芯片地址

接口芯片	地址空间	接口芯片	地址空间
AT29C256	0000H～7FFFH	8279	B000H～BFFFH
HM6264	8000H～9FFFH	DS12887	C000H～CFFFH
8255	A000H～AFFFH	DAC0832	D000H～DFFFH

10.2.3　可编程逻辑器件

用专用的译码器进行译码时，不存在地址重叠的问题，但由于输出地址间隔固定，在许多情况下仍是很不方便。在例 10-2 中，虽然只有 6 个外围芯片，但由于 8255、8279、DS12887 以及 DAC0832 各占用了 4KB 空间，需要两片集成电路（74LS138 和 74LS02）才能完成译码，这是使用专用译码电路的缺陷。在实际的单片机应用系统中，有一种更好的译码方法，用一片集成电路即可完成上述系统的译码，那就是使用可编程逻辑器件 GAL16V8 或 GAL20V8。

GAL（Generic Array Logic）器件是一种采用 E2CMOS 工艺制造的可编程逻辑器件（Programmable Logic Device，PLD）。它采用电擦除工艺，使整个器件的逻辑功能可重新配置，具有实现组合逻辑电路和时序逻辑电路的多种功能，即通过编程可实现多种门电路，如触发器、寄存器、计数器、比较器、译码器、多路开关等功能，在电路中可取代 74LS 系列或 CD4000 系列的 CMOS 芯片。GAL 具有集成度高、速度快、功耗低等优点。在电路设计中使用 GAL 芯片可以简化电路设计，降低功耗和成本，提高电路的可靠性和灵活性，同时可实现硬件加密，以防止抄袭硬件设计。

GAL 的内部结构主要由输入缓冲器、可编程的“与门”阵列（Programmable AND Array）、输出反馈输入缓冲器、输出逻辑宏单元 OLMC（Output Logic Macrocell）以及输出缓冲器 5 个部分组成。通过对“与门”阵列和 OLMC 编程实现各种不同的功能。目前，常用的 GAL 芯片有 GAL16V8 和 GAL20V8 系列，GAL16V8 有 20 个引脚，GAL20V8 有 24 个引脚，它们的引脚分布如图 10-11 所示。

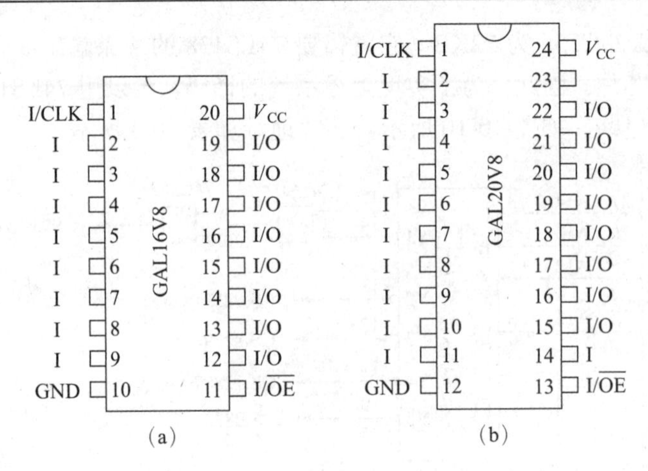

图 10-11　GAL 芯片引脚分布

（a）GAL16V8 引脚分布；（b）GAL20V8 引脚分布

GAL16V8 最多可有 16 个输入，而 GAL20V8 最多可有 20 个输入，它们最多只能有 8 个输出。作为时序电路时，第一脚为输入时钟引脚。

1．设计GAL芯片

设计 GAL 芯片可以实现单片机系统的译码功能，下面介绍设计步骤。

（1）根据实际系统的要求确定所用 GAL 芯片的型号。

（2）确定 GAL 芯片每个输出引脚的地址范围。

（3）选定一种对 GAL 进行设计的软件，如 FM、ABEL、CUPL、Protel 等，按照一定的语法规则编写指定 GAL 功能的源程序（*.PLD）文件。

（4）对*.PLD 文件进行编译，生成熔丝文件（*.JED）。

（5）模拟调试 GAL 的功能。

（6）用编程器将正确的*.JED 写入 GAL 芯片。

2．源程序（*.PLD）文件格式和语法结构

FM（FASTMAP）是最早出现的用于 GAL 设计的软件。由于它简单易学，虽然功能较弱，但完全可以满足一般的设计要求 FM 编译软件认可的用户 GAL 源文件（*.PLD）为一个 ASCII 码文件，以行为基本单位，可分成 5 个部分：芯片类型选择、用户信息、引脚定义、逻辑方程式定义、结束和注释关键字。

1）芯片类型选择

必须起始于第 1 行、第 1 列，以大写字母 PLD 开头，说明 GAL 的型号，对于 GAL16V8 为 PLD16V8，对于 GAL20V8 为 PLD20V8。

2）用户信息

这一部分对 GAL 的功能无本质影响，位于文件的 2～4，第 2 行为设计者版权说明，第 3 行为日期，第 4 行为电子标签等信息。

3）引脚定义

从第 5 行开始是器件的引脚定义。从第一个引脚开始，为器件的每个引脚定义一个名字，直到最后一个引脚。其中，不用的引脚用 NC 表示，电源和地分别用 VCC 和 GND 表

示。每个引脚定义的名字长度不得超过 8 个字符，引脚之间用空格分隔，一行写不完可以换行。

4）逻辑方程式定义

方程式的左边是输出引脚，方程式的右边是逻辑表达式，这一部分紧跟在引脚定义之后，为引脚定义的每个输出引脚指定一个逻辑表达式，每个表达式可含有 3 种运算符。

- "*"：表示"与"运算。
- "+"：表示"或"运算。
- "/"：表示"非"运算。

每个逻辑表达式由多个"项"相"或"而成，项数不多于 8 个；每个"项"由引脚定义的输入引脚相"与"而成。输出表达式的格式为：

```
输出引脚 = 表达式
```

5）结束和注释关键字

结束关键字 DESCRIPTION 后面可以跟一些说明文字。

【例 10-3】假设系统包含一片 SRAM 6264（8KB）、一片 Flash 存储器 AT29C256（32KB）、一片用于连接打印机的并行接口芯片 8255、一片键盘显示器接口芯片 8279、一片实现 A/D 转换的芯片 DAC0832、一片用于系统时钟芯片 DS12887，请用 GAL16V8 设计一个译码电路，要求各芯片地址如表 10-4 所示。

表 10-4　芯片地址分配

接口芯片	地址空间	接口芯片	地址空间
AT29C256	0000H~7FFFH	8279	B000H~BFFFH
6264	8000H~9FFFH	DS12887	C000H~CFFFH
8255	A000H~AFFFH	DAC0832	D000H~DFFFH

使用 GAL16V8 进行译码，源程序如下：

```
PLD16V8              ;选择 GAL16V8
Tsinghua University;用户信息
Date 3-8-2006        ;日期
TeacherWU            ;电子签名
A15 A14 A13 A12 A11 A10 A9 A8 A7 GND A6              ;引脚定义
CS6264 CSAT256 CS8255CS8279CS12887CS0832NCNCVCC      ;引脚定义
/CS6264=A15*/A14*/A13       ;8000H-9FFFH
/CSAT256=/A15               ;0000H-7FFFH
/CS8255=A15*/A14*A13*/A12*A11*A10*A9*A8*A7*A6     ;AFC0H ~ AFFFH
/CS8279=A15*/A14*A13*A12*A11*A10*A9*A8*A7*A6      ;BFC0H ~ BFFFH
/CS12887=A15*A14*/A13*/A12*A11*A10*A9*A8          ;CF00H ~ CFFFH
/CS0832=A15*A14*/A13*A12*A11*A10*A9*A8*A7*A6      ;DFC0H ~ DFFFH
DESCRIPTION
```

由 GAL16V8 组成的译码电路如图 10-12 所示。

随着半导体存储器的不断发展，大容量、高性能、低价格的存储器不断推出，这就使得存储器的扩展变得更加方便，译码电路也越来越简单了。

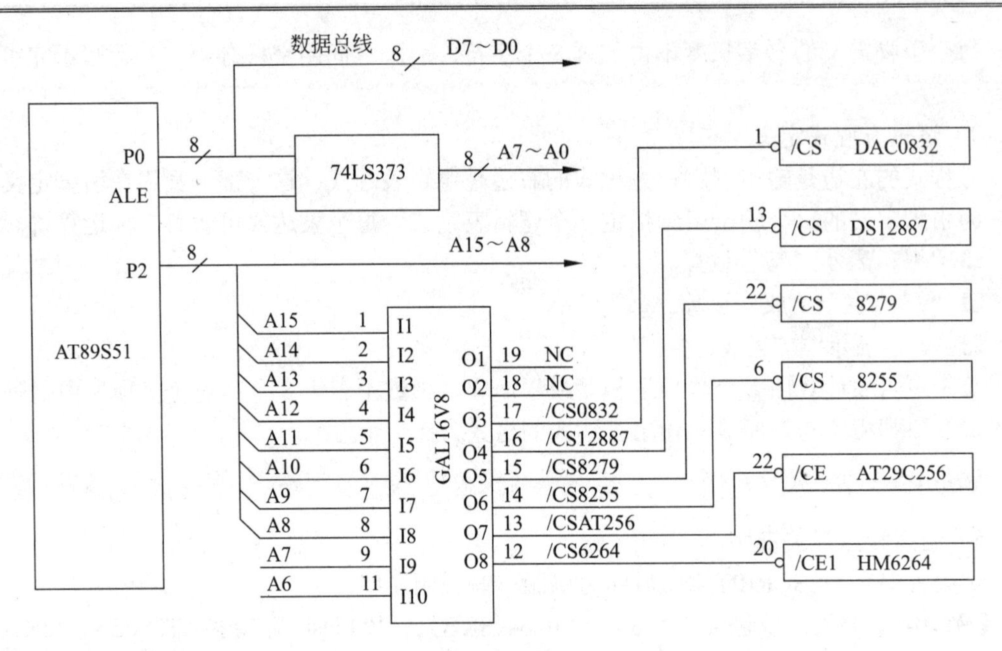

图 10-12 GAL16V8 实现的译码电路

10.3 程序存储器扩展

按照制造工业不同，存储器可分为双极型晶体管存储器和 MOS 型存储器电路 2 种。双极型存储器的闪存速度快，但集成度低、功耗大；MOS 型存储器的集成度高、功耗低，但速度较慢。按照功能不同，存储器可分为随机存取存储器（RAM）、只读存储器（ROM）和可读写 ROM 3 大类。按照数据传送方式不同，分为并行和串行 2 种。

51 系列 8 位单片机片内程序存储器的类型及容量如表 10-5 所示。

表 10-5 MCS-51 系列单片机片内程序存储器一览表

单片机型号	类型	片内程序存储器容量/KB
8031	无	—
8051	ROM	4
8751	EPROM	4
8951	Flash	4

没有内部 ROM 或者程序较长、片内 ROM 容量不够时，用户必须在单片机外部扩展程序存储器。

10.3.1 常用程序存储器芯片

程序存储器通常采用只读存储器（ROM）芯片，常态只读，非易失，断电 ROM 中信息不丢失。按照制造工艺的不同，ROM 可分为掩膜 ROM、可编程 ROM（PROM）、光可擦除的可编程 ROM（EPROM）、电可擦除的可编程 ROM（E^2PROM、EPROM）和闪速擦写 ROM（Flash ROM）。

掩膜 ROM 在制造过程中由生产芯片的厂家通过掩膜工艺编程，永久不可更改，适合大批量生产。PROM 用户可用专门的编程器一次性编程写入，空白片通常全 1，存储单元电路由熔丝相连，当加入写脉冲后，某些存储单元熔丝熔断，信息永久写入，不可再次改写。E^2PROM 是电信号编程，紫外线擦除的只读存储器芯片，编程加写脉冲后，某些存储单元的 PN 结表面形成浮动栅，阻挡通路，实现信息写入，用紫外线照射可驱散浮动栅，原有信息全部擦除，便可再次编程。E^2PROM 是电信号编程、电信号擦除的 ROM 芯片，可在线擦除，既可全片擦除，也可字节擦除，又能失电保存信息，具备 RAM、ROM 的优点，但写入时间较长。Flash ROM 又称闪烁存储器，简称闪存，是在 EPROM 和 E^2PROM 的基础上发展起来的一种只读存储器，读写速度很快，存取时间可达 70ns，存储容量可达 16～128MB，改写次数从 1 万次到 100 万次，大有取代 E^2PROM 的趋势。

扩展程序存储器常用的是 EPROM、E^2PROM 和 Flash ROM。EPROM（Erasable Programmable Read Only Memory）的典型芯片是 Intel 公司的 27 系列产品，按照存储容量不同，有多种型号，如 2716（2K×8b）、2732（4K×8b）、2764（8K×8b）、27128（16K×8b）、27256（32K×8b）、27512（64K×8b）等。如图 10-13 所示为 Intel 公司生产的几种 EPROM 引脚图。

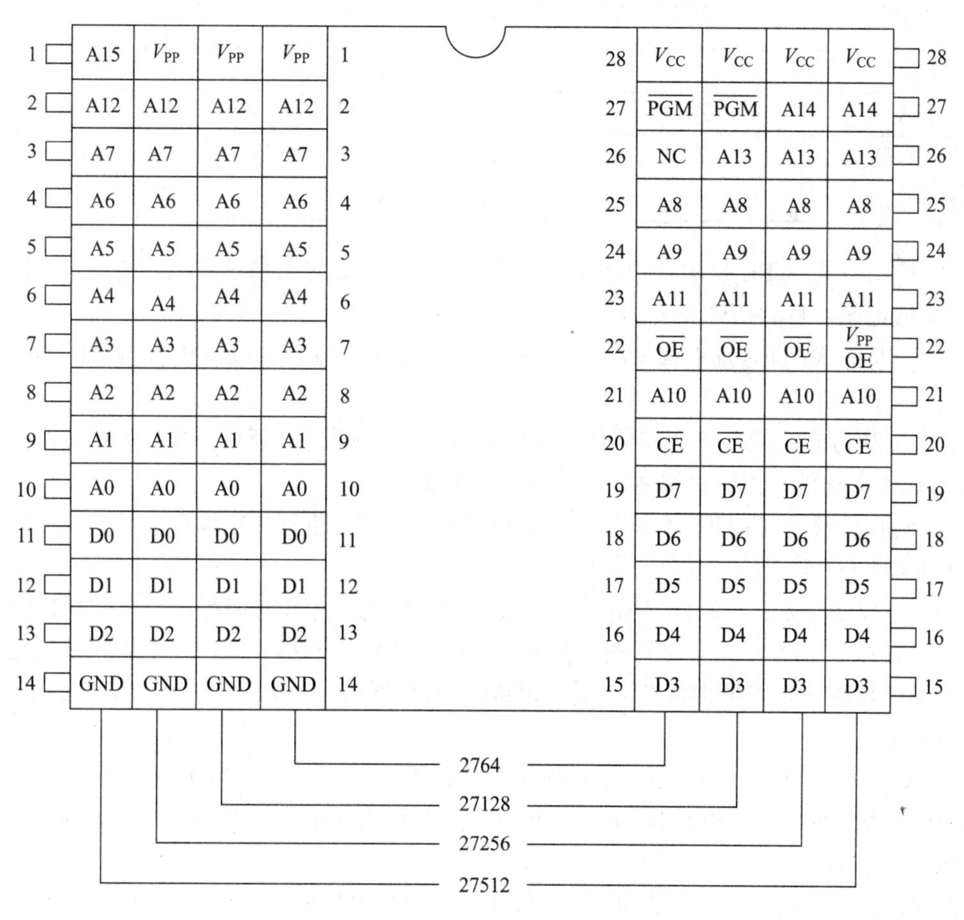

图 10-13　常用的 EPROM 引脚

其中，A0～A15 是地址线引脚；D0～D7 是数据线引脚；$\overline{CE}$ 是片选信号输入端，低电平有效；$\overline{OE}$ 是读选通信号输入端，低电平有效；$\overline{PGM}$ 是编程脉冲的输入端，高电平有效；V_{pp} 是编程时编程电压（+12V 或+25V）输入端，正常使用时采用+5V 电源；V_{CC} 采用+5V 的芯片工作电压；GND 是数字地；NC 是无用端。

典型的 E^2PROM 芯片有 Intel 公司的 28 系列，如 2816（2K×8b）、2864（8K×8b）、28256（32K×8b）、28C010（128K×8b）等，采用+5V 电可擦除。典型的 Flash ROM 芯片有 Intel 公司的 28F256（32K×8b）、28F516（64K×8b）等。存储器单元容量是由地址线决定的，若某存储器有 n 根地址线，则存储容量为 2^n。

EPROM 中存储的内容擦除后可以重新写入新的程序，即编程。EPROM 可以反复编程这一特点为用户调试和修改程序带来很大的方便。EPROM 的编程过程包括擦除和编程。擦除后或者第一次使用的芯片，每一个存储单元的内容都是 FFH。不同型号、不同厂家生产的 EPROM 芯片编程电压 V_{PP} 是不同的，一定要根据芯片要求的电压来编程，避免烧坏芯片。

EPROM 的工作方式由 $\overline{OE}$ 、$\overline{CE}$ /PGM 及 V_{PP} 各信号状态组合确定，如表 10-6 所示。

表 10-6　EPROM 的工作方式

方式	引脚			
	$\overline{CE}$ /PGM	$\overline{OE}$	V_{PP}	D7～D0
读出	低	低	+5V	程序读出
未选中	高	×	+5V	高阻
编程	正脉冲	高	+25V	程序写入
程序校验	低	低	+25V	程序读出
编程禁止	低	高	+25V	高阻

（1）读出方式：CPU 从 EPROM 中读取代码，为单片机应用系统的工作方式。此时 $\overline{CE}$、$\overline{OE}$ 均为低电平，V_{PP}＝5V。

（2）维持方式：即未选中状态，此时 $\overline{CE}$ 为高电平，数据输出为高阻状态，功耗下降 75%，处于低功率维持状态。

（3）编程方式：把程序代码固化到 EPROM 中。V_{PP} 端加+25V 高压，$\overline{OE}$ 高电平。每当 $\overline{CE}$ /PGM 端出现脉冲时，写入一个存储单元信息。

（4）编程校验方式：即检查编程写入的信息是否正确，通常紧跟编程之后。V_{PP}＝+25V，$\overline{CE}$ 及 $\overline{OE}$ 为低电平。

（5）编程禁止方式：2716 不但可单片编程，也允许多片同时编程，可以把同样的信息并行写入多片 2716 中。多片编程时，若要写入各片的数据不尽相同，可使某片或某几片芯片处于编程状态或编程禁止状态，当 $\overline{CE}$ /PGM 信号加低电平时，该芯片处于编程禁止状态，不写入数据。

MCS-51 单片机访问外部 ROM 的操作时序分两种，即执行非 MOVX 指令的时序和执行 MOVX 指令的时序。执行非 MOVX 指令访问片外 ROM 的时序如图 10-14 所示，执行 MOVX 指令的时序如图 10-15 所示。

51 系列单片机的 CPU 在访问片外 ROM 的一个机器周期内，信号 ALE 出现两次（正脉冲），ROM 选通信号也两次有效。这说明在一个机器周期内，CPU 会两次访问片外 ROM，

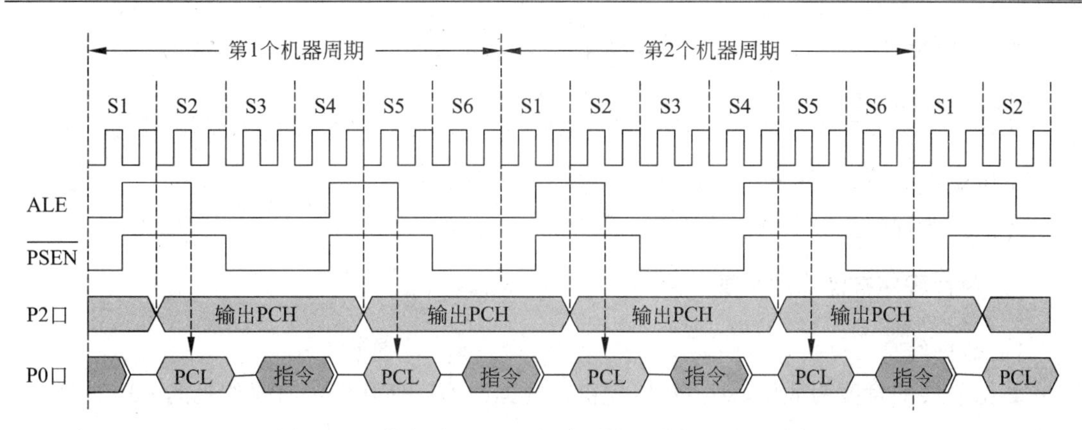

图 10-14　执行非 MOVX 指令时访问外部 ROM 时序

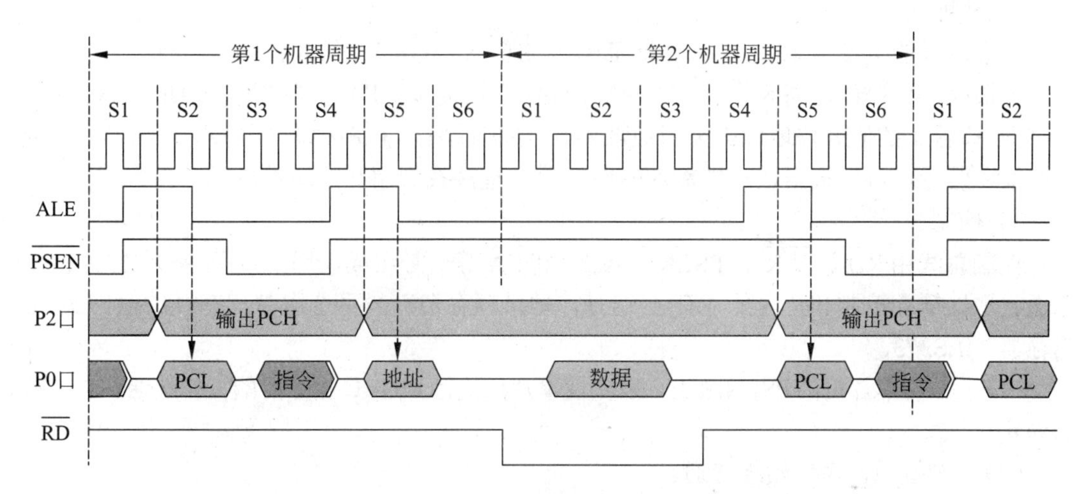

图 10-15　执行 MOVX 指令时访问外部 ROM 时序

也即在一个机器周期内可以处理两个字节的指令代码，所以在 80C51 系列单片机指令系统中有很多单周期双字节指令。

下面介绍访问外部数据存储器的操作过程。

（1）从第 1 次 ALE 有效到第 2 次 ALE 开始有效期间，P0 口送出外部 ROM 单元的低 8 位地址，P2 口送出外部 ROM 单元的高 8 位地址，并在有效期间读入外部 ROM 单元中的指令代码。

（2）在第 2 次 ALE 有效后，P0 口送出外部 RAM 单元的低 8 位地址，P2 口送出外部 RAM 单元高 8 位地址。

（3）在第 2 个机器周期，第 1 次 ALE 信号不再出现，此时失效，并在第 2 个机器周期的 S1P1 时，$\overline{RD}$ / $\overline{WR}$ 信号开始有效，从 P0 口读入选中 RAM 单元中的内容。

10.3.2　典型的 EPROM 接口电路

51 单片机 8031 子系列无片内 ROM，故必须扩展片外程序存储器才能应用。其他子系列单片机有片内 ROM，不必扩展片外 ROM 即可工作。当容量不够用时，必须扩展片外 ROM。

扩展 ROM 单元芯片与片内 ROM 共用一个存储空间，统一编址。通过查表指令

```
MOVC  A,@A+DPTR
MOVC  A,@A+PC
```

可以实现对 ROM 单元的读操作。

下面说明程序存储器的扩展方法。

1. 单片程序存储器的扩展

1）数据线

数据总线的宽度为 8 位，由 P0 口提供，数据线 D7～D0 直接与单片机的 P0 口对应位相连。

2）地址线

地址总线的宽度为 16 位，可寻址范围达 216，即 64KB。低 8 位（A7～A0）由 P0 口经地址锁存器后提供，高 8 位（A15～A8）由 P2 口提供。P0 口是数据、地址分时复用，所以 P0 口输出的低 8 位地址必须用地址锁存器进行锁存。程序存储器 ROM 芯片内部集成着地址译码器，可以根据从片外输入的地址信号直接找到相应的地址单元。

3）控制线

控制总线由 $\overline{RD}$ 、 $\overline{WR}$ 、 $\overline{PSEN}$ 、ALE 和 $\overline{EA}$ 等信号组成，用于读/写控制片外 ROM 选通、地址锁存控制和片内外 ROM 选择。地址锁存器一般可选用带三态缓冲输出的 8D 锁存器 74LS373。

（1）$\overline{OE}$ 与单片机的 $\overline{PSEN}$ 相连，以实现单片机执行 MOVC 指令时的工作选通和与 CPU 的同步。

（2）$\overline{CE}$ 接地，表示始终选通。

（3）单片机的 ALE 与 74LS373 的触发端 G 相连，以实现 P0 口的分时复用。

（4）单片机的 $\overline{EA}$ 端接地，表示始终使用片外 ROM。

【例 10-4】 为 51 单片机系统扩展 1 片 EPROM 27128，并分析所扩展芯片的单元地址范围。

27128 有 14 条地址线（A13～A0），低 8 位通过锁存器 74LS373 与 P0 口连接，高 6 位（A13～A8）直接与 P2 口的 P2.0～P2.5 连接。锁存器的锁存使能端 G 必须和单片机的 ALE 引脚相连。

27128 的 8 位数据线直接与单片机的 P0 口相连。

因为系统中只扩展了 1 个程序存储器芯片，那么 $\overline{CE}$ 可以直接接地，如图 10-16 所示，或者采用线选法由高位地址线 P2.6 提供片选信号 $\overline{CE}$，如图 10-17 所示，低电平有效。$\overline{PSEN}$ 与 $\overline{OE}$ 直接相连，在执行访问片外程序存储器指令时，$\overline{PSEN}$ 出现负脉冲使 27128 输出使能，可以读取程序。

从图 10-16 中可以看出，P2 口有 P2.6 和 P2.7 没有用，其状态任意。芯片所占用的地址范围如下：

```
XX00 0000 0000 0000～XX11 1111 1111 1111B
```

没有用到的 P2.7 和 P2.6 有 4 种组合，不同组合时 27128 对应的地址范围如表 10-7 所示。

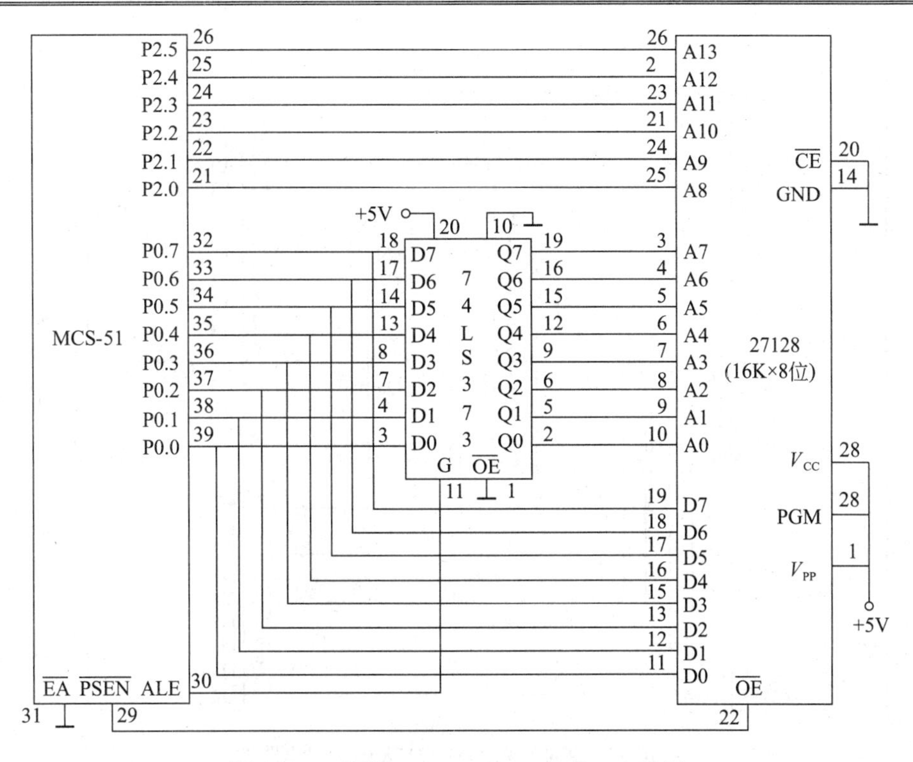

图 10-16　外扩 EPROM 27128 的接口电路图

表 10-7　例 10-4 地址范围

P2.7	P2.6	地址范围
0	0	0000H～3FFFH
0	1	4000H～7FFFH
1	0	8000H～BFFFH
1	1	C000H～FFFFH

由表 10-7 可知，27128 的地址范围不唯一。在表中所给出的地址范围内都能访问到 27128 芯片。为了使地址唯一，可以使 P2.7 和 P2.6 有固定的值，如全部接地，则 27128 的地址只能是 0000H～3FFFH，16KB。

从图 10-17 中可以看出，P2.7 没有用，其状态任意。芯片所占用的地址范围如下：

```
X000 0000 0000 0000～X011 1111 1111 1111B
```

27128 对应的地址范围是 0000H～3FFFH 和 8000H～BFFFH。

2．扩展多片EPROM电路

如果需要扩展多片存储器，则必须使各个芯片的地址范围不重叠。

硬件电路按如下方式连接：

（1）各 ROM 芯片的数据线并行连接。

（2）各芯片的地址线并行连接。例如，2764 芯片内有 8KB ROM 单元，共有 13 根地址线。

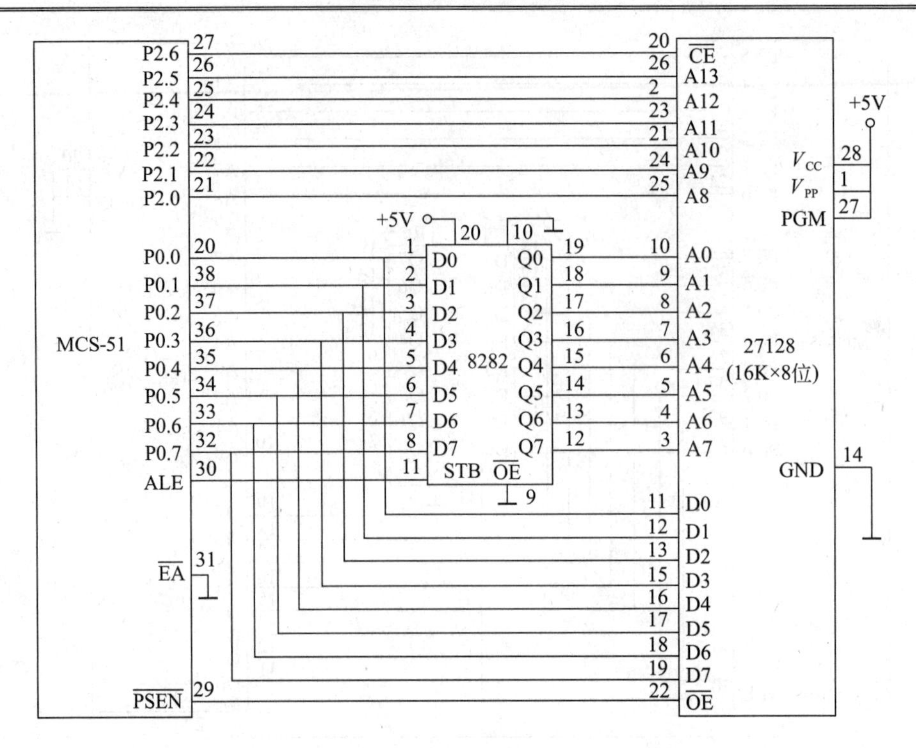

图 10-17　外扩 EPROM 27128 的接口电路图

（3）各芯片的控制信号 $\overline{\mathrm{PSEN}}$ 并行连接。

（4）各芯片的片选信号 $\overline{\mathrm{CE}}$ 是不同的，需要分别产生。

【例 10-5】 为 51 单片机系统扩展 24KB 的程序存储器，并分析所扩展芯片的单元地址范围。

P0 口提供低 8 位地址和 8 位数据，P2.0～P2.4 提供高 5 位地址，P2.5、P2.6 和 P2.7 分别作为 3 片 6264 芯片的片选信号端，低电平有效，每一时刻只能有 1 个芯片被选通。采用线选法扩展 3 片 2764 的原理如图 10-18 所示。地址范围如表 10-8 所示。

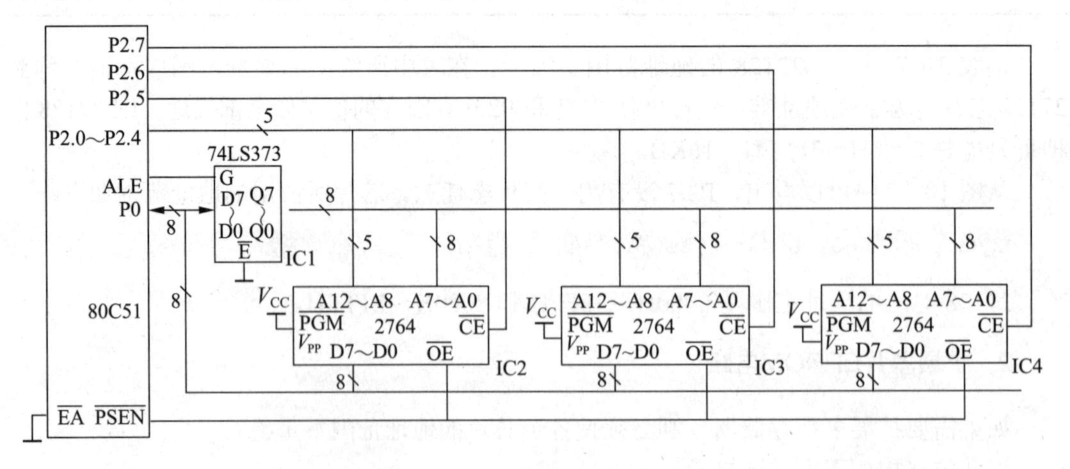

图 10-18　线选法扩展 3 片 2764

由表 10-8 可知，此时每个存储器芯片的地址范围是唯一的，但各芯片的地址范围不连续，这将给存储程序带来很大的不便。在多片存储芯片扩展中，地址范围不连续是线选法的另一个缺点。

表 10-8　线选法扩展的 3 片 2764 的地址范围

P2.7	P2.6	P2.5	选中芯片	地址范围
1	1	0	IC2	0C000H～0DFFFH
1	0	1	IC3	0A000H～0BFFFH
0	1	1	IC4	6000H～7FFFH

为了使各存储器芯片的地址范围连续，可以采用译码法。如图 10-19 所示为利用译码法扩展的 3 片 2764 芯片组成的 24KB 的程序存储器的示意图。各芯片的地址范围如表 10-9 所示。由表 10-9 可以看出，采用译码法可以得到地址范围连续的存储器。

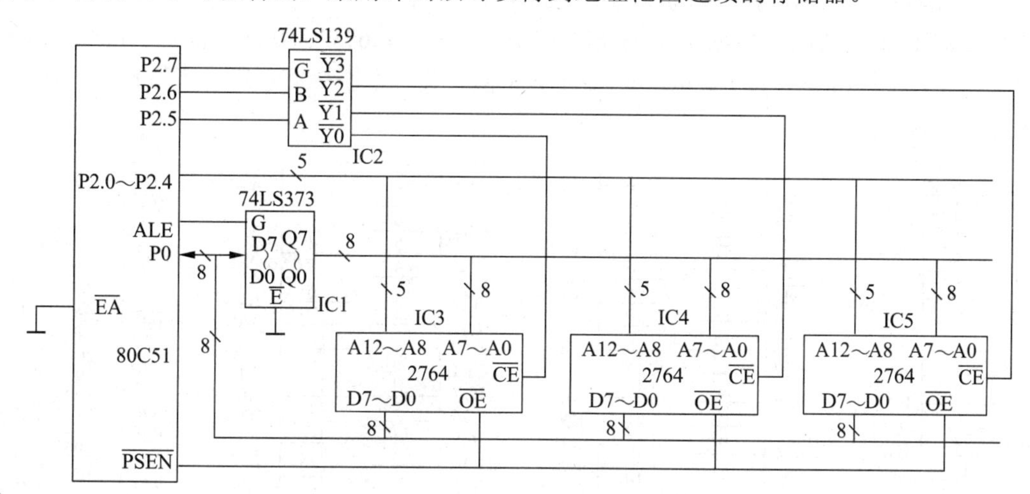

图 10-19　译码法扩展 3 片 2764

表 10-9　译码法扩展的 3 片 2764 的地址范围

P2.7	P2.6	P2.5	选中芯片	地址范围
0	0	0	IC3	0000H～1FFFH
0	0	1	IC4	2000H～3FFFH
0	1	0	IC5	4000H～5FFFH

使用译码法时，如果有多余的高位地址线，为了确保芯片的地址范围唯一，多余的地址线应具有固定的电平，如全部接地。

10.4　数据存储器扩展

数据存储器 RAM 用来存放各种数据，CPU 可以随时对 RAM 进行读或写操作。断电后，RAM 中的信息将丢失。

RAM 可分为静态 RAM（Static Random Access Memory，SRAM）和动态 RAM（Dynamic

Random Access Memory，DRAM）。SRAM中的内容在加电期间存储的信息不会丢失；而DRAM在加电使用期间，当超过一定时间（约2ms）时，其存储的信息会自动丢失。为了保持存储信息不丢失，必须设置刷新电路，每隔一定时间对DRAM进行一次刷新。一般情况下，SRAM用于仅需要小于64KB数据存储器的小系统，DRAM经常用于需要大于64KB的大系统。

10.4.1 常用的静态RAM（SRAM）芯片

MCS-51单片机扩展片外数据存储器的地址线也是由P0口和P2口提供的，因此最大寻址范围为64KB（0000H～FFFFH）。SRAM虽然集成度低、功耗高，但由于和单片机的接口电路比较简单，因而在单片机系统扩展中广泛采用。

常见的Intel公司的SRAM芯片有6116（2K×8位）、6232（4K×8位）、6264（8K×8位）、62128（16K×8位）、62256（32K×8位）等。如图10-20所示为Intel公司生产的几款RAM的引脚图。

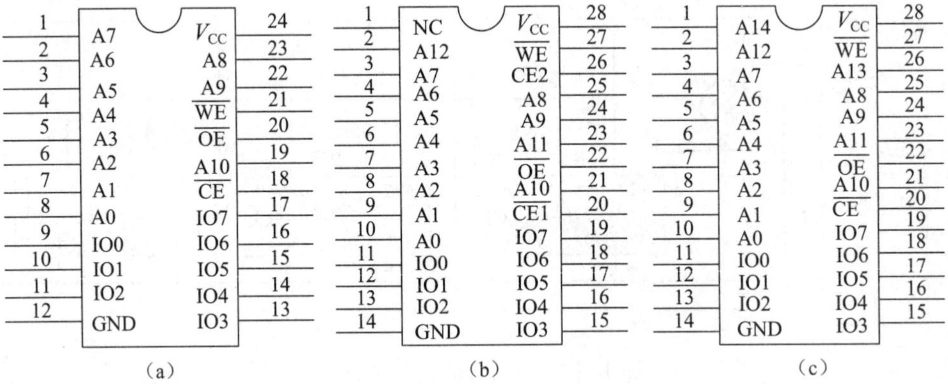

（a）　（b）　（c）

图10-20　Intel公司生产的RAM芯片引脚图

（a）6116；（b）6264；（c）62256

1．6116

6116是2K×8b的静态随机存储器芯片，采用CMOS工艺制作，单一+5V电源，额定功耗为160mW，典型存取时间为200ns，有24个引脚，采用双列直插式封装。其引脚功能如下。

（1）A10～A0：11位地址线；共有2048个单元。

（2）IO7～IO0：8位数据线。

（3）$\overline{\text{CE}}$：片选信号，低电平有效。

（4）$\overline{\text{OE}}$：输出控制。在$\overline{\text{CE}}$为低电平时，$\overline{\text{OE}}$为低电平，把A10～A0所指定的单元的内容从数据线IO7～IO0输出。

（5）$\overline{\text{WE}}$：写入控制。在$\overline{\text{CE}}$为低电平时，$\overline{\text{WE}}$为低电平，把数据线IO7～IO0输入的数据写入到A10～A0指定的单元。

6116的工作方式如表10-10所示。

表 10-10　6116 工作方式

$\overline{CE}$	$\overline{OE}$	$\overline{WE}$	工作方式	功能
L	H	L	写	将单片机中的内容通过数据线 I/O0～I/O7 写出到地址 A10～A0 所对应的单元中
L	L	H	读	将选中地址单元中的内容通过数据线 I/O0～I/O7 读入单片机
H	×	×	未选中	数据端口 I/O0～I/O7 呈高阻态

2．6264

6264 是 8K×8 位的静态随机存储器芯片，单一+5V 电源，额定功耗为 200mW，典型存取时间为 200ns，有 28 个引脚，采用双列直插式封装。其引脚功能如下。

（1）A12～A0：地址输入线。

（2）IO7～IO0：双向三态数据线。

（3）$\overline{CE}$：片选信号输入，低电平有效。

（4）$\overline{OE}$：读选通信号输入线，低电平有效。

（5）$\overline{WE}$：写选通信号输入线，低电平有效。

（6）CE2：高电平有效选通端。

（7）NC：空脚。

（8）V_{CC}：+5V 工作电源供电。

（9）GND：接地。

6264 的工作方式如表 10-11 所示。

表 10-11　6264 的工作方式

$\overline{CE1}$	CE2	$\overline{OE}$	$\overline{WE}$	工作方式	功能
H	×	×	×	未选中	数据端口 IO0～IO7 呈高阻态
×	L	×	×	未选中	数据端口 IO0～IO7 呈高阻态
L	H	H	H	输出禁止	数据端口 IO0～IO7 呈高阻态
L	H	L	H	读	数据输出
L	H	H	L	写	数据输入
L	H	L	L	写	数据输入

3．62256

62256 是 32K×8 位的静态随机存储器芯片，单一+5V 电源，有 28 个引脚，采用双列直插式封装。

62256 的工作方式如表 10-12 所示。

表 10-12　62256 的工作方式

$\overline{CE}$	$\overline{OE}$	$\overline{WE}$	工作方式	功能
L	H	L	写	将单片机中的内容通过数据线 I/O0～I/O7 写出到地址 A14～A0 所对应的单元中
L	L	H	读	将所选地址单元中的内容通过数据线 I/O0～I/O7 读入单片机
H	×	×	未选中	数据端口 I/O0～I/O7 呈高阻态

10.4.2　典型的外扩数据存储器的接口电路

51 系列 8 位单片机内部只有 128B 的数据存储器 RAM，当应用中需要更多的 RAM 时，只能在片外扩展。可扩展的最大容量为 64KB。

单片机与数据存储器的连接方法和程序存储器连接方法大致相同。

地址线的连接、数据线的连接、ALE 的连接都与程序存储器连法相同。

控制线的连接主要有下列控制信号：

- 存储器读信号 $\overline{OE}$ 和单片机读信号 $\overline{RD}$ 相连，即和 P3.7 相连。
- 存储器写信号 $\overline{WE}$ 和单片机写信号 $\overline{WR}$ 相连，即和 P3.6 相连。

访问内部或外部数据存储器时，应分别使用 MOV 及 MOVX 指令。

外部数据存储器通常设置 2 个数据区。

（1）低 8 位地址线寻址的外部数据区。此区域寻址空间为 256B。CPU 可以使用下列读写指令来访问此存储区。

读存储器数据指令：MOVX　A，@Ri

写存储器数据指令：MOVX　@Ri，A

由于 8 位寻址指令占字节少，程序运行速度快，所以经常采用。

（2）16 位地址线寻址的外部数据区。当外部 RAM 容量较大，要访问的 RAM 地址空间大于 256 个字节时，则要采用如下 16 位寻址指令。

读存储器数据指令：MOVX　A，@DPTR

写存储器数据指令：MOVX　@DPTR，A

由于 DPTR 为 16 位的地址指针，故可寻址 RAM 为 64KB。

扩展的外部数据存储器通过地址总线、数据总线和控制总线与 MCS-51 单片机相连，由 P2 口提供存储单元地址的高 8 位、P0 口经过锁存器提供地址的低 8 位，P0 口也分时提供双向的数据总线。显然，程序存储器与外部数据存储器使用同一地址总线，它们的地址空间是完全重叠的。但由于单片机访问外部程序存储器时，由 $\overline{PSEN}$ 控制对外部程序存储器单元的读取操作，而外部数据存储器的读写由 MCS-51 单片机的 $\overline{RD}$（P3.7）和 $\overline{WR}$（P3.6）控制，它们不会同时有效，故各自独立的 64KB 地址空间，即使程序存储器和数据存储器的单元地址完全相同，也不会造成访问冲突。

51 单片机的外部数据存储器的最大寻址空间为 64KB，即 0000～0FFFFH。由于 51 单片机的外部数据存储器和外部 I/O 口是统一编址的，它们共同占用这一地址空间。

【例 10-6】 现有 2 片 8K×8 位存储器芯片 6264，采用线选法进行扩展，分析存储器的地址空间。

采用线选法扩展 2 片 6264 的原理图如图 10-21 所示。

地址线为 A0～A12，用线选法扩展 2 片 6264，剩余地址线为 2 根，故每片 6264 有 4 段地址空间。2 片 6264 对应的地址空间如表 10-13 所示。

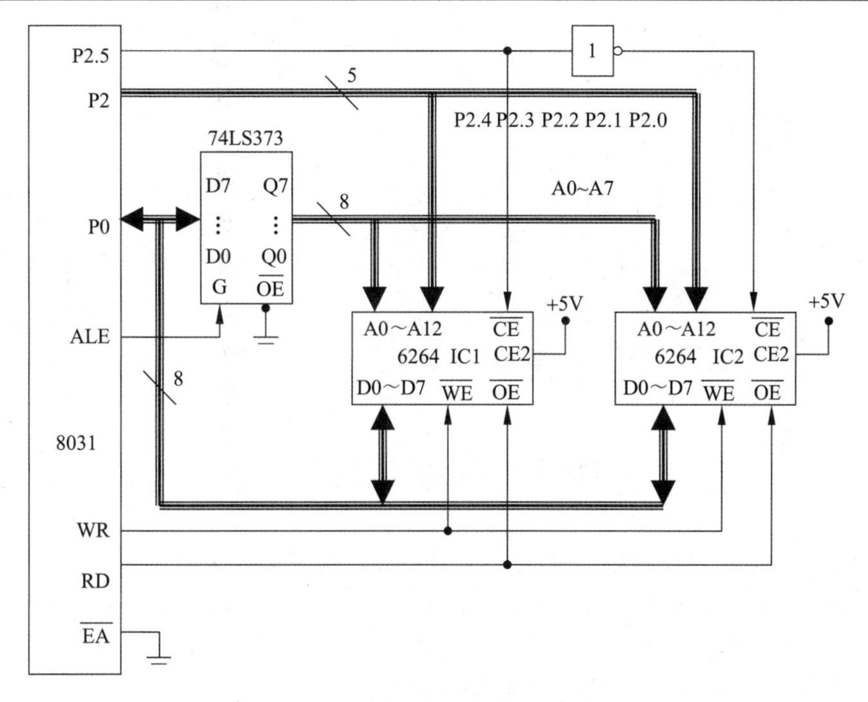

图 10-21　线选法扩展 6264 外部数据存储器电路

表 10-13　2 片 6264 对应地址空间

A15	A14	A13	A12	A11	A10	A9	A8	A7～A0		A12	A11	A10	A9	A8	A7～A0	存储器
P2.7	P2.6	P2.5	P2.4	P2.3	P2.2	P2.1	P2.0	P0		P2.4	P2.3	P2.2	P2.1	P2.0	P0	IC1
X	X	0	0	0	0	0	0	0	～	1	1	1	1	1	1	
000B			0000H~1FFFH													
010B			4000H~5FFFH													
100B			8000H~9FFFH													
110B			C000H~DFFFH													
X	X	1	0	0	0	0	0	0	～	1	1	1	1	1	1	IC2
001B			2000H～3FFFH													
011B			6000H～7FFFH													
101B			A000H～BFFFH													
111B			E000H～FFFFH													

【例 10-7】 编写程序将片外 RAM 中 5000H～50FFH 单元全部清零。

用 DPTR 作为数据区地址指针，同时使用字节计数器。

汇编程序如下：

```
        MOV DPTR,#5000H          ;设置数据块指针的初值
        MOV R7,#00H              ;设置块长度计数器初值
        CLR    A
LOOP:   MOVX @DPTR，A            ;把某一单元清零
        INC  DPTR                ;地址指针加 1
```

```
        DJNZ R7,LOOP                ;数据块长度减1，若不为0则继续清零
HERE:   SJMP HERE                   ;执行完毕，原地踏步
```

C语言程序如下：

```
int i;                      //定义整型变量
char xdata *P;              //定义外部存储器指针
P=0x5000;                   //指针指向地址单元为0x5000
for(i=0;i<256;i++)          //循环32次
{
*P=0;                       //把零写入外部存储单元
P++;                        //片外RAM地址加1
}
```

10.5 思考与练习

1. 在51系统中扩展存储器，I/O口在构造三总线时是如何分工？

2. 用2K×8位的数据存储器芯片扩展64K×8位的数据存储器需要多少根地址线？

3. 假定一个存储器有4096个存储单元，其首地址为0，则末地址为多少？

4. 6根地址线和11根地址线各可选多少个地址？

5. 用2K×4位的数据存储器芯片扩展4K×8位的数据存储器需要多少片？地址总线是多少位？画出连线图。

6. 采用图10-22所示的扩展2片2764芯片，分别写出两片芯片的地址范围。

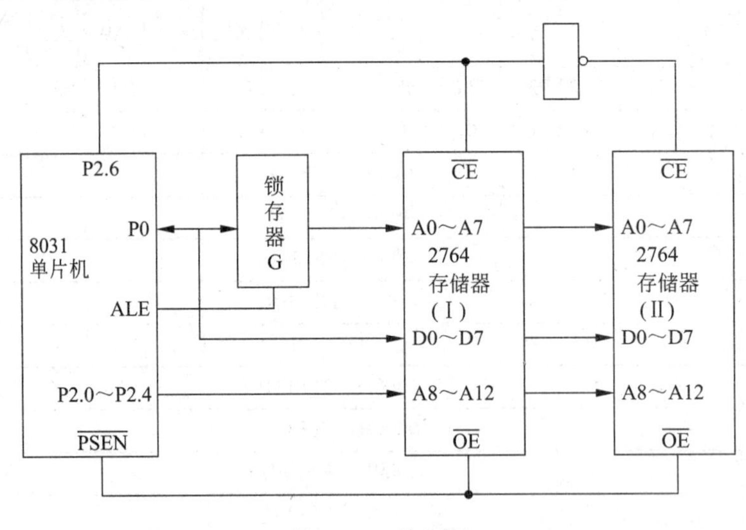

图10-22 练习图

7. 将8051外部扩展2KB EPROM，同时扩展16KB RAM作数据存储器，采用的2716是2KB的EPROM芯片，6264是8KB的RAM芯片，74LS373是8位锁存器。请画出连接示意图，写出地址分布。

第 11 章　输 入 设 备

单片机系统要进行人机交互就必须有输入设备和输出设备，通过输入设备用户可以向系统输入信息或控制系统的运行。简单的输入设备有开关、按钮和按键，它们可以实现一些简单的控制功能；而复杂一点的输入设备就是键盘，它能够实现向单片机输入数据、传送命令等功能，是实现人机对话的纽带，是单片机应用系统不可缺少的重要输入设备。

11.1　键 盘 概 述

键盘由一组规则排列的按键组成，一个按键实际上就是一个开关元件，即键盘是一组规则排列的开关。根据按键结构、原理的不同，它主要分为 2 类：一类是触点式开关按键，如机械式开关、导电橡胶式开关等；另一类是无触点式开关按键，如电气式按键、磁感应按键等。前者价格便宜，后者使用寿命长、安全性好，但比较贵。

目前，单片机应用系统中常见的是触点式开关按键。如图 11-1（a）所示为机械式开关。当按键按下时，上板和下板接触；当手松开时，回复弹簧的弹力将使按键弹起，上板和下板切断。如图 11-1（b）所示为导电橡胶式触点按键，触点的结构是通过导电橡胶相连。键盘内部有一层凸起带电的导电橡胶，每个按键都对应一个凸起。按下时，把下面的触点接通；不按时，凸起部分会弹起。此种按键在数字系统中得到了大量的应用，如很多手机系统、数码设备以及 PDA 都使用了这种按键作为键盘按键。

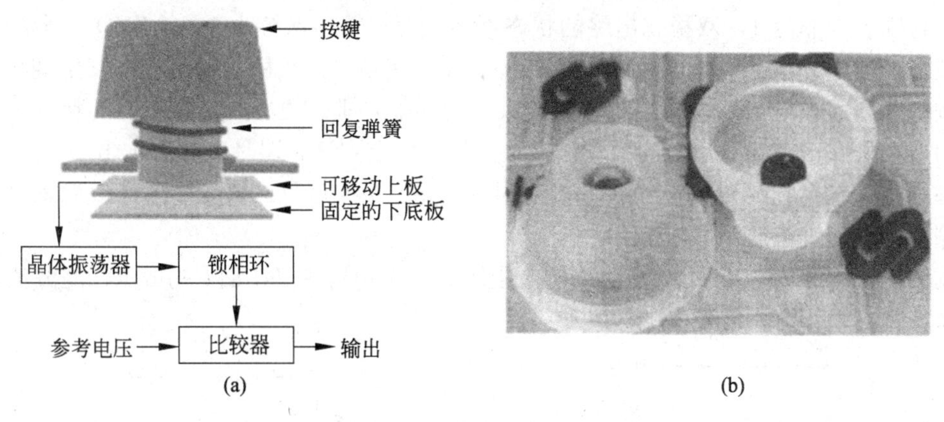

图 11-1　触点式开关按键

（a）机械式触点按键；（b）橡胶式触点按键

11.1.1　按键去抖动

在单片机系统中，键盘采用的按键为机械式弹性按键。由于机械触点的弹性作用，在按键按下和释放的时候均会产生一连串的抖动，其抖动过程如图 11-2 所示。人是感觉不到这种抖动的，但单片机是完全可以感应到的，因为计算机处理的速度是在微秒级的，而机械抖动的时间至少是毫秒级，对计算机而言，这已是一个很“漫长”的过程了。

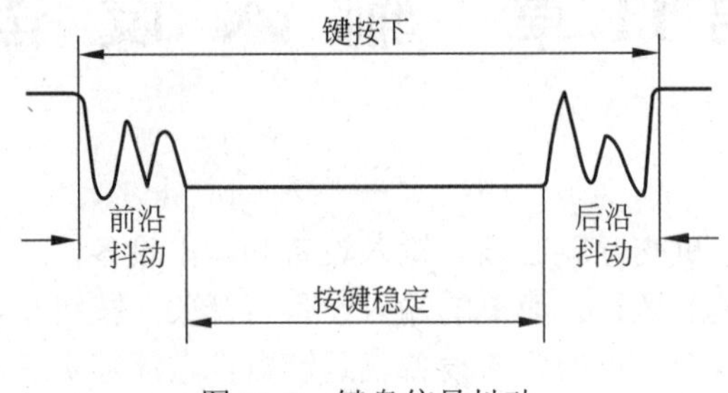

图 11-2　键盘信号抖动

抖动时间的长短由按键的机械特性决定，一般为 5～10ms。在抖动过程中，由于引起了电平信号的波动，会使 CPU 误解为多次按键操作，引起误处理。因此，为了确保 CPU 对一次按键动作只确认一次，必须采取措施消除抖动的影响。按键的消抖通常采用硬件和软件两种消除方法。

1．硬件消抖

硬件消抖是采用硬件电路的方法对键盘的按下抖动及释放抖动进行消抖，经过消抖使按键的电平信号只有两种稳定的输出状态。常用的硬件消抖电路有触发器消抖电路、滤波消抖电路两种，硬件去抖方法只适用于按键数目较少的情况。

触发器消抖电路如图 11-3 所示，用两个与非门构成一个 R-S 触发器，触发器一旦翻转，触点抖动不会对其产生任何影响。

按键未按下时，a=0，b=1，输出 Q=1。按键按下时，因按键的机械弹性作用的影响，使按键产生抖动。当开关没有稳定到达 b 端时，因与非门 2 输出为 0 反馈到与非门 1 的输入端，封锁了与非门 1，双稳态电路的状态不会改变，输出保持为 1，输出 Q 不会产生抖动的波形。当开关稳定到达 b 端时，因 a=1，b=0，使 Q=0，双稳态电路状态发生翻转。当释放按键，开关未稳定到达 a 端时，因 Q=0，封锁了与非门 2，双稳态电路的状态不变，输出 Q 保持不变，消除了后沿的抖动波形。当开关稳定到达 a 端时，因 a=0，b=0，使 Q=1，双稳态电路状态发生翻转，输出 Q 重新返回原状态。由此可见，键盘输出经双稳态电路之后，输出已变为规范的矩形方波。

滤波消抖电路如图 11-4 所示，用两个电阻、一个电容和 74LS14 构成 RC 滤波消抖电路，保证输出端不会出现电平的波动。

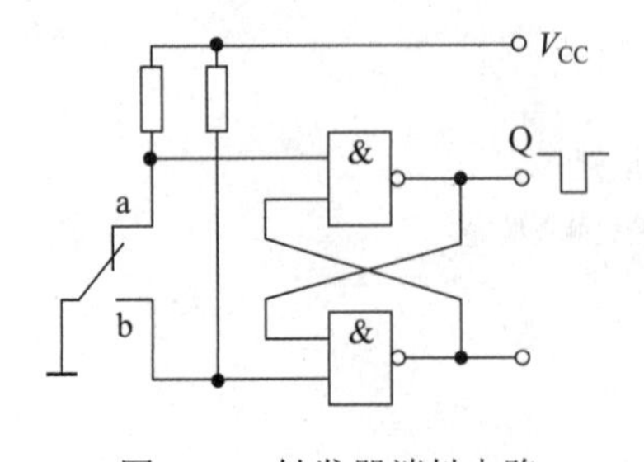

图 11-3　触发器消抖电路

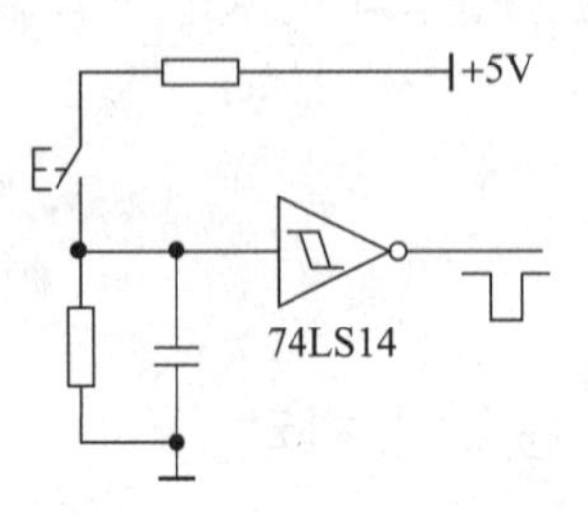

图 11-4　滤波消抖电路

2．软件消抖

当按键较多时，硬件消抖无法完成，这时就采用软件消抖的方法。软件消抖其实很简单，就是在单片机获得端口为低电平（按键按下时）的信息后，不是立即认定按键已被按下，而是延时 10ms 或更长一些时间后再次检测该端口，如果仍为低，说明此键的确被按下了，这实际上是避开了按键按下时的抖动时间；而在检测到按键释放后（端口为高电平时）再延时 10ms，消除后沿的抖动，然后对按键进行处理。软件消抖是采用延时的方法把抖动的时间抛掉，等电压稳定之后再读取按键的状态。由于抖动时间与整个按键操作时间相比很小，延时不会对按键状态的判断产生什么影响。软件消抖省去了硬件电路，变得更加经济实用。

11.1.2　键盘的分类

键盘是单片微型计算机系统中最常用的一种输入设备。一般有两类键盘：编码键盘和非编码键盘。

编码键盘是由硬件电路完成按键识别工作，每按一次键，键盘会自动产生相应的代码，并能同时产生一个选通脉冲通知单片机，还具有处理抖动和多键串联的保护电路。这种键盘使用方便，但按键较多时硬件会比较复杂。

非编码键盘的全部工作，包括按键的识别、按键代码的产生、防止串键和消去抖动等问题都靠程序来实现，故硬件较为简单，价格也便宜，在单片机系统中的应用较为广泛。常用的此类键盘有独立式键盘和矩阵式键盘。

1．独立式键盘

独立式键盘是指各个按键相互独立，每个按键各接一根 I/O 口线，每根 I/O 口线上的按键是否按下不会影响其他 I/O 口线上的工作状态。因此，通过检测 I/O 口线的电平状态可以很容易地判断哪个按键被按下了。独立式键盘的结构图如图 11-5 所示。

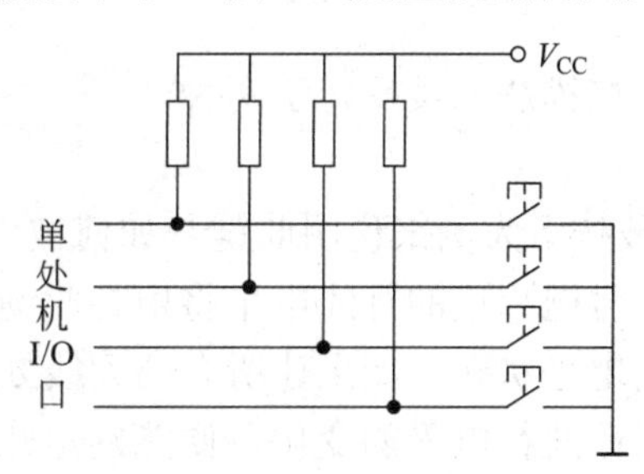

图 11-5　独立式键盘结构图

在单片机控制系统中，往往只需要几个功能键，可采用独立式按键结构。独立式键盘电路配置灵活，软件结构简单，但每个按键需占用一根 I/O 口线。当按键数量较多时，占用的单片机 I/O 口也较多，故此种键盘适用于按键数量较少或操作速度较快的场合。

2．矩阵式键盘

矩阵式键盘又叫行列式键盘。当键盘中按键数量较多时，为了减少键盘与单片机接口时所占用 I/O 口线的数目，通常将按键排列成矩阵形式。在矩阵式键盘中，每条行线和列线在交叉处不直接连通，而是通过一个按键连接（即按键位于行、列的交叉点上），如图 11-6 所示。一个 4×4 的行、列结构可组成 16 个键的键盘，用了 8 根 I/O 接口线，比一个键位用一根 I/O 接口线的独立式键盘少了一半的 I/O 接口线，而且键位越多，这种键盘占 I/O 口线少的优点就越明显。比如，再多加一条线就可以构成 4×5=20 键的键盘，而直接用端口线则只能多出一个键（9 键）。由此可见，在需要的按键数量比较多时，采用矩阵法来连接键盘是非常合理的。

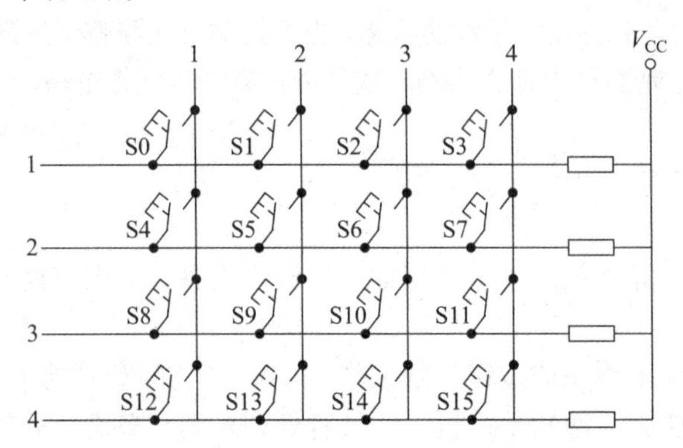

图 11-6　矩阵式键盘结构

矩阵式结构的键盘显然比独立式键盘复杂一些，识别也要复杂一些。在图 11-6 中，键盘的行线一端经上拉电阻接+5V 电源，另一端接单片机的输入口；各列线的一端接单片机的输出口，另一端悬空。无按键按下时，行线处于高电平状态；当有按键按下时，行线电平状态将由与此行线相连的列线的电平决定。列线的电平如果为低，则行线电平为低；列线的电平如果为高，则行线的电平亦为高。这一点是识别行列式键盘按键是否按下的关键所在。由于行列式键盘中行、列线为多键共用，各按键均影响该键所在行和列的电平，各按键彼此将相互发生影响，因此必须将行、列线信号配合起来并作适当的处理，才能确定闭合键的位置。

常用的键位置判别方法有扫描法和线反转法两种。

1）扫描法

下面以图 11-6 中 3 号键被按下为例来说明此键是如何被识别出来的。

当 3 号键被按下时，与 3 号键相连的行线电平将由与此键相连的列线电平决定，而行线电平在无按键按下时处于高电平状态。如果让所有的列线处于低电平，很明显，按键所在行电平将被接成低电平，根据此行电平的变化，便能判定此行一定有键被按下。但还不能确定是 3 号键被按下，因为如果 3 号键没按下，而是同一行的键 0、1 或 2 其中之一被按下，均会产生同样的效果。所以，行线处于低电平只能得出某行有键被按下的结论。为进一步判定到底是哪一列的键被按下，可采用扫描法来识别。即在某一时刻只让 1 条列线处于低电平，其余所有列线处于高电平。当第 1 列为低电平，其余各列为高电平时，因为是 3 号键被按下，所以第 1 行仍处于高电平状态；而当第 2 列为低电平，而其余各列为高电平时，同样我们会发现第 2 行仍处于高电平状态；直到让第 4 列为低电平，其余各列为高电平时，第 1 行的电平将由高电平转换到第 4 列所处的低电平，据此可判断第 1 行第 4 列交叉点处的按键，即 3 号键被按下。

根据以上分析可知采用扫描法识别按键的步骤。

（1）判断键盘中是否有键按下。

将全部列线置低电平，然后检测各行线的状态。只要有一行的电平为低，则表示键盘中有键被按下，而且闭合的键位于这一低电平行线上；若所有行线均为高电平，则表示键盘中无键按下。

（2）判断闭合键所在的位置。

在确认有键按下后，即可进入确定具体闭合键的过程。其方法是：依次将列线置为低电平（即在置某一列线为低电平时，其余各列为高电平），检测各行线的电平状态，若某行为低，则该行线与置为低电平的列线交叉处的按键就是闭合的按键。

扫描法采用逐行（列）扫描的方法获得键的位置。若被按下的键位于最后一行（列），则要经过多次扫描才能最后获得此按键所处的行列值，耗费的时间比较长，因而使用扫描法的效率不是很高。

2）线反转法

线反转法通过两次输出和两次读入可完成键的识别，比扫描法要简单。无论被按键是处于何处，只需经过两步即可获得被按键的位置，线反转法的原理如图 11-7 所示。

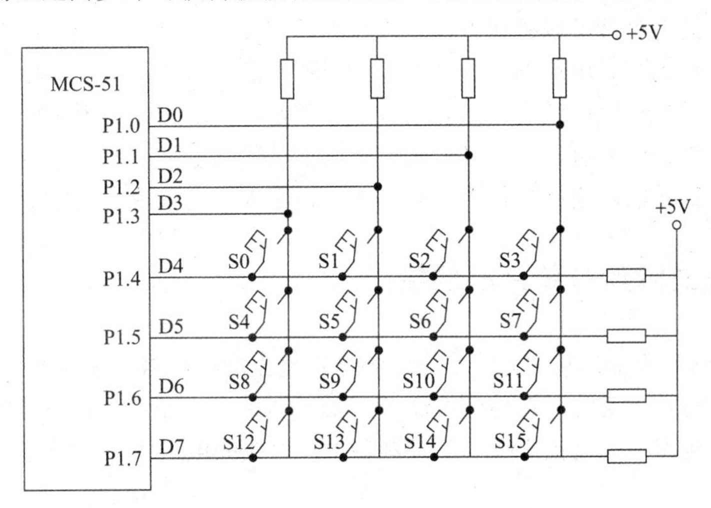

图 11-7　线反转法原理图

如图 11-7 所示，用 1 个 8 位 I/O 口构成 1 个 4×4 的矩阵键盘，采用查询方式进行工作，下面介绍线反转法的具体操作步骤。

（1）把行线编程为输入线，列线编程为输出线，并使输出线输出为全低电平，然后读行的状态，如果有键按下，则按键所在的行为低电平。

（2）与步骤（1）相反，把列线编程为输入线，行线编程为输出线，并使输出线输出为全低电平，如果有键按下，则按键所在的列为低电平。

结合上述 2 步的结果，可确定按键所在行和列，从而识别出所按的键。

假设 3 号键被按下，那么步骤（1）即在 D0～D3 输出全为 0，然后读入 D4～D7 位，结果为 D4=0，而 D5、D6 和 D7 均为 1。第 1 行出现电平的变化，说明第 1 行有键按下。步骤（2）让 D4～D7 输出全为 0，然后读入 D0～D3 位，结果为 D0=0，而 D1、D2 和 D3 均为 1。第 4 列出现电平的变化，说明第 4 列有键按下。综合上述分析，即第 1 行第 4 列的按键闭合，此按键即是 3 号键。由此可见，线反转法非常简单适用。

3. 键盘的编码

对于独立式键盘来说，由于按键的数目比较少，可根据实际需要灵活编码。对于矩阵式键盘来说，每个按键的行号和列号是唯一确定的，所以常常采用依次排列键号的方式对键盘进行编码。以 4×4 键盘为例，键号可以编码为 01H，02H，03H，…，0EH，0FH，10H 共 16 个。编码相互转换可通过计算或查表的方法实现。

在计算机中，每个键都对应一个处理子程序，得到闭合键的键码后，就可以根据键码转相应的键处理子程序，去执行该键对应的操作，实现该键所设定的功能。

11.2 键盘与单片机的接口

键盘与单片机的接口有查询方式和中断方式。查询方式比较简单，可靠性比较高，但是效率低；而中断方式效率比较高，系统资源占用比较少，同时可以保证实时性的要求。独立式和矩阵式的键盘都可以接成查询方式和中断方式。

键盘与单片机的接口电路的主要功能是实现对按键的识别，即在键盘中找出被按的是哪个键。在单片机中实现按键信号的有效办法通常是检查 I/O 口是否有低电平发生，也可以用高电平，但因为单片机在复位时所有引脚都是呈现高电平，所以一般还是以低电平为好。确定了被按键之后，通过执行中断服务或子程序来实现该键的功能。

11.2.1 独立式键盘与单片机的接口

如图 11-8（a）所示为查询方式工作的独立式键盘接口电路，按键直接与 8051 的 I/O 口线相接。当没有按下键时，对应的 I/O 接口线输入为高电平；当按下键时，对应的 I/O 接口线输入为低电平。通过读 I/O 口，判断各 I/O 口线的电平状态，即可以识别出按下的

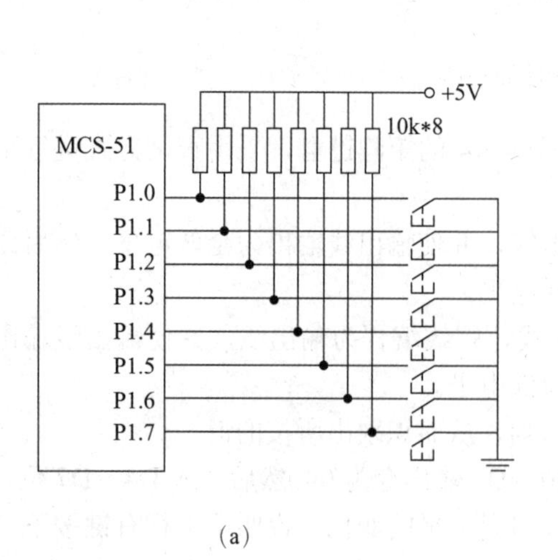

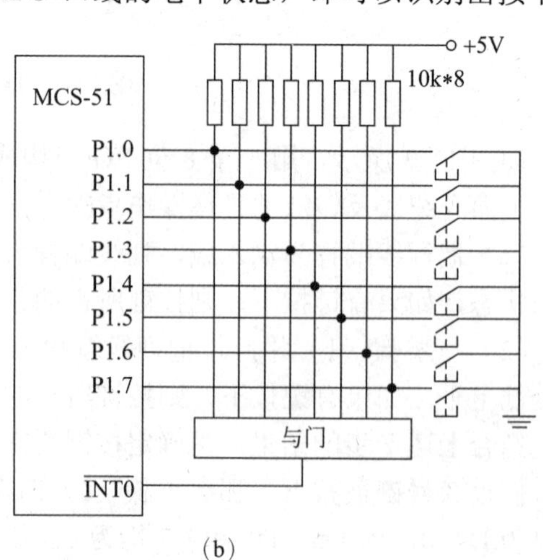

图 11-8 独立式键盘接口电路

（a）查询方式；（b）中断方式

键。如图 11-8（b）所示为中断方式工作的独立式键盘接口电路，只要有一个键按下，与门的输出即为低电平，向 8051 发出中断请求，在中断服务程序中通过执行判键程序，判断是哪一个键按下。

在上述独立式键盘电路中，各按键均采用了上拉电阻，这是为了保证在按键断开时，各 I/O 口线上有确定的高电平。如果输入口线内部已有上拉电阻，则外电路的上拉电阻可省去。

1．查询方式的程序设计

查询方式在工作时通过执行相应的查询程序来判断有无键按下，是哪一个键按下。采用查询方式编程的方法是：先逐位查询每条 I/O 口线的输入状态，如某一条 I/O 口线输入为低电平，则可确认该 I/O 口线所对应的按键已按下，然后转向该键的功能处理程序。

程序代码如下：

```
        #include <reg51.h>
        #include <absacc.h>
        #define uchar unsigned char  //定义无符号字符型变量
        #define uint unsigned int    //定义无符号整型变量
        sbit  anjian1=P1^0;
        sbit  anjian2=P1^1;
        sbit  anjian3=P1^2;
        sbit  anjian4=P1^3;
        sbit  anjian5=P1^4;
        sbit  anjian6=P1^5;
        sbit  anjian7=P1^6;
        sbit  anjian8=P1^7;
   uchar key_scan()
   {
        uint key = 0;
        if(P1&0xff!=0xff)   //如果有键按下
            {
                delay10ms();   //延时消抖
                if(P1&0xff!=0xff)
                    {
                     if (anjian1==0)  //如果第 1 行有键按下
                         {
                            key=1;
                         }
                     if (anjian2==0)  //如果第 2 行有键按下
                         {
                            key=2;
                         }
                     if (anjian3==0)  //如果第 3 行有键按下
                         {
                            key=3;
                         }
                     if (anjian4==0)  //如果第 4 行有键按下
                         {
                            key=4;
                         }
                     if (anjian5==0)  //如果第 5 行有键按下
                         {
                            key=5;
                         }
```

```
                    if (anjian6==0)   //如果第 6 行有键按下
                        {
                            key=6;
                        }
                    if (anjian7==0)   //如果第 7 行有键按下
                        {
                            key=7;
                        }
                    if (anjian8==0)   //如果第 8 行有键按下
                        {
                            key=8;
                        }
                }
        }
    return(key);
}
    void delay10ms()
    {
        unsigned char i,j;
        for(i=0;i<10;i++)
        for(j=0;j<120;j++)     //延时 1ms
        {
    ;
        }
    }
```

2. 中断方式的程序设计

中断方式需要占用单片机的一个外部中断源，只要有键按下就会发出中断请求，CPU响应中断，查询各按键对应 I/O 端口的状态。中断方式的实时性好，效率高。

程序代码如下：

```
        #include <reg51.h>
        #include <absacc.h>
        #define uint unsigned int             //定义无符号整型变量
        sbit  anjian1=P1^0;
        sbit  anjian2=P1^1;
        sbit  anjian3=P1^2;
        sbit  anjian4=P1^3;
        sbit  anjian5=P1^4;
        sbit  anjian6=P1^5;
        sbit  anjian7=P1^6;
        sbit  anjian8=P1^7;
        sbit  INT0P32 = P3^2;
        uint flage;   //按键标志
void service_int0() interrupt 0 using 0      //当有按键按下时，触发中断
{
        delay10ms();
        if(INT0P32 == 0x00)                   //有键按下
        {
                flage = 1;
        }
        else
        {
                flage = 0;
        }
}
```

```
void main()
{
        uint i;
        EX0=1;                                          //开 INT0 中断
        EA=1;                                           //开总中断
        while(1)
        {
             if (flage ==1)
             {
                   if (anjian1==0)
                   {
                          i=1;
                          flage =0;
                   }
                   if (anjian2==0)
                   {
                          i=2;
                          flage =0;
                   }
                   if (anjian3==0)
                   {
                          i=3;
                          flage =0;
                   }
                   if (anjian4==0)
                   {
                          i=4;
                          flage =0;
                   }
                   if (anjian5==0)
                   {
                          i=5;
                          flage =0;
                   }
                   if (anjian6==0)
                   {
                          i=6;
                          flage =0;
                   }
                   if (anjian7==0)
                   {
                          i=7;
                          flage =0;
                   }
                   if (anjian8==0)
                   {
                          i=8;
                          flage =0;
                   }
             }
        }
        flage =0;
}
void delay10ms()
{
        unsigned char i,j;
        for(i=0;i<10;i++)
        for(j=0;j<120;j++)                              //延时 1ms
        {
             ;
        }
}
```

11.2.2 矩阵式键盘与单片机的接口

矩阵式键盘比独立式键盘复杂，但其与单片机的接口同样可以用查询以及中断的方式实现连接。

如图 11-9 所示为查询方式工作的矩阵式键盘接口电路，单片机通过定时器定时的形式查询按键状态，也可以在程序中随机查询，或者当 CPU 空闲的时候通过查询键盘状态来响应用户的键盘输入。

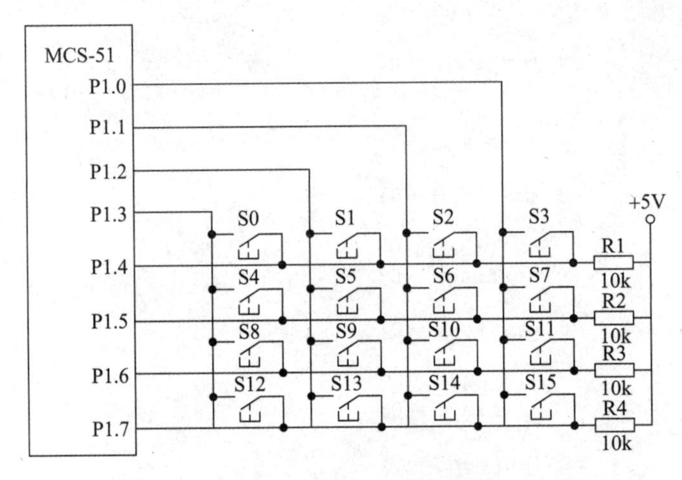

图 11-9　查询方式工作的矩阵式键盘接口电路

如图 11-10 所示为中断方式工作的矩阵式键盘接口电路，P1.4～P1.7 置高电平，依次置 P1.0～P1.3 为低电平，当有键被按下时，INT0 引脚为低电平，于是单片机产生外部中断。在中断服务程序中通过读取 P1.4～P1.7 的电平就可以判断是哪个键被按下。

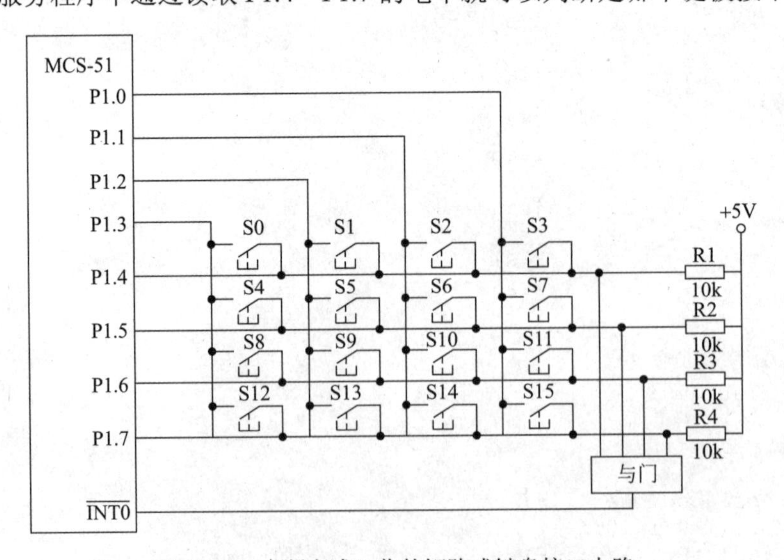

图 11-10　中断方式工作的矩阵式键盘接口电路

无论是独立式键盘，还是矩阵式键盘，都要按照一定的步骤进行工作，以保证不会出现差错，其具体过程如下。

（1）判断键盘中是否有键按下。

（2）按键去抖动，再次判断是否有键按下。

（3）如果有键按下，判断按键的具体位置，获得按键所在的行和列的编码。

（4）等待按键释放，在按键的过程中可能会出现两个或两个以上按键同时被按下的情况。这时可以采用两种方法进行处理。第一种是只识别闭合的第一个按键，对其余键均不识别，当键释放后，才读下一个键值；第二种方法是依次识别按键，当前面所识别的按键释放后，再对其他闭合的按键识别。

（5）执行按键处理程序，每一个按键都有各自的功能意义，识别按键后就要执行按键所要实现的功能。

【例 11-1】 设计 3×2 矩阵式按键，按下某个按键，便在流水灯上点亮相应指定的灯。采用查询方式设计矩阵式键盘接口电路的硬件和软件。

1．硬件设计

查询方式矩阵式键盘接口电路设计如图 11-11 所示。

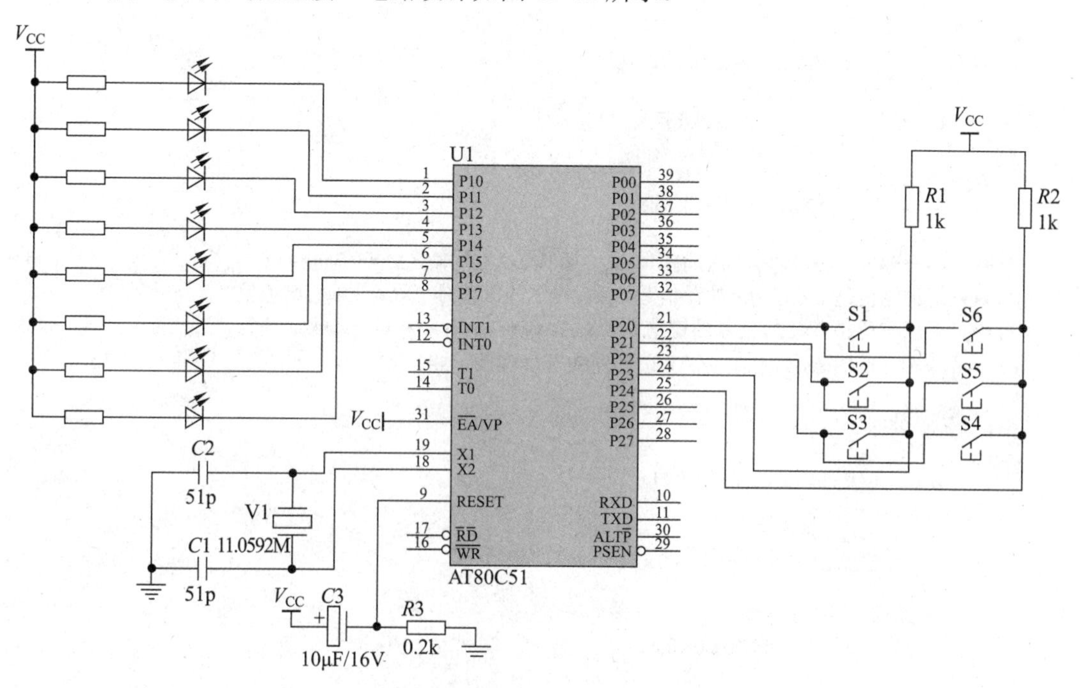

图 11-11　矩阵式键盘接口电路

2．矩阵式按键编程分析

下面分析 3×2 矩阵且 P2 其余口设置为 1 的情况。

1）查询是否有按键按下

首先，单片机发送行扫描码 F8H，即 P20～P22 输出 0，P23、P24 为 1，然后检测 P23、P24 输入的列信号。若有一列信号不为“1”，即 P2 不为 F8，则表示有按键按下，否则无按键按下。

2）查询按下键的行值和列值

列值：P2 口返回的值，异或 F8H，即可得到相应的列值。

行值：要确定键所在的行，需要逐行扫描。首先，使P20为0，P21～P27为1，即发送行扫描码FEH，然后检测输入的列信号，若P23和P24全为1，表示不在第1行；那么使P21为0，P20、P22～P27为1，即发送行扫描码FDH，再检测输入的列信号，判断P23和P24是否全为1，若全为1，表示不在第2行；继续让P22为0，P20、P21、P23～P27为1，即发送行扫描码FBH，扫描第3行，直至到行扫描完毕。若不全为1，该行扫描码取反，就得到行值。

3）按下键的键值

键值=列值+行值，可以利用键值赋予每个按键相应的功能。其实，可以预先推出每个按键的键值（每个按键所对应的行和列的位都为1），然后校验自己所编写的程序是否正确。

3. 软件设计

查询方式矩阵式键盘接口电路程序设计如下：

```
#include <reg51.h>
#include <intrins.h>
#define uchar unsigned char
#define uint unsigned int
void delayms(void)    //去抖动
{
       uchar i;
       for(i=200;i>0;i--){};
}
//*********** P20～P22为行输出，P23和P24为列输入***********//
//***s1的键值是0X9，s2的键值是0XA，s3的键值是0XC，s4的键值是0X14**//
//***s5的键值是0X12，s6的键值是0X11*********************//
uchar kbscan(void)      //3行2列的键盘程序
{
       uchar a,b;
       P2=0xf8;
       if ((P2&0xf8)!=0xf8)
       {
          delayms();
          if ((P2&0xf8)!=0xf8)
          {
             a=0xfe;
             while((a&0x8)!=0)
             {
                P2=a;
                if ((P2&0xf8)!=0xf8)
                {
                   b=P2&0x18;
                   b|=0xe7;
                   return((~b)+(~a));  //返回键值
                }
                else
                a=(a<<1)|0x01;
             }
          }
       }
       return(0);
}
```

```
void main(void)
{
        uchar key;
        while(1)
        {
         key=kbscan();
         switch(key)
         {
             case 10:
             P1=0xfe;
             break;
             case 12:
             P1=0xfd;
             break;
             case 20:
             P1=0xfb;
             break;
             case 18:
             P1=0xf7;
             break;
             case 17:
             P1=0xef;
             break;
             case 9:
             P1=0xdf;
             break;
             default:
             break;
         }
        }
        P1=0x00;
}
```

11.2.3　串行口扩展键盘接口

当 89C51 的串行口未作它用时，使用 89C51 的串行口来扩展键盘接口是一个很好的键盘接口设计方案。利用单片机的串行口实现键盘接口的硬件电路如图 11-12 所示。该电路设置 AT89C51 单片机串行口工作方式为 0（移位寄存器方式），串行口外接 74LS164 移位寄存器构成键盘接口，把 AT89C51 的 RXD 作为 74LS164 的串行数据输入端，TXD 作为

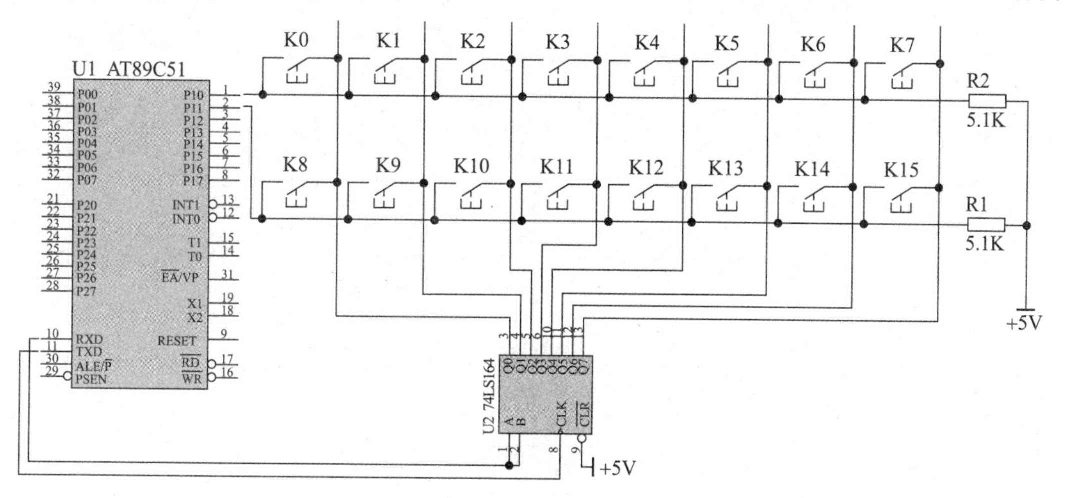

图 11-12　单片机的串行口实现键盘接口电路

移位时钟脉冲的输入端与8脚相连。在移位时钟的作用下，串行口发送缓冲器SBUF的数据一位一位地移入到74LS164中。P00和P01作为键盘的输入线，通过上拉电阻与+5V电源相接，74LS164的Q0～Q7作为键盘的输出线。

该电路用到了一个重要的芯片74LS164，它是TTL单向8位移位寄存器，可实现串行输入、并行输出的功能。其中A、B（第1、2脚）为串行数据输入端，两个引脚按逻辑“与”运算规律输入信号。CLK（第8脚）为时钟输入端，可连接到串行口的TXD端。每一个时钟信号的上升沿加到CLK端时，移位寄存器移一位，当经历8个时钟脉冲后，8位二进制数全部移入74LS164中。$\overline{CLR}$（第9脚）为复位端，当它为低电平时，Q0～Q7输出端均为低电平，只有当它为高电平时，时钟脉冲才起作用。Q0～Q7为并行输出端，可作为键盘的输出线。V_{CC}、GND分别为芯片的电源和接地端。

键盘接口电路的程序流程图如图11-13所示，主要完成串行口的初始化和按键扫描工

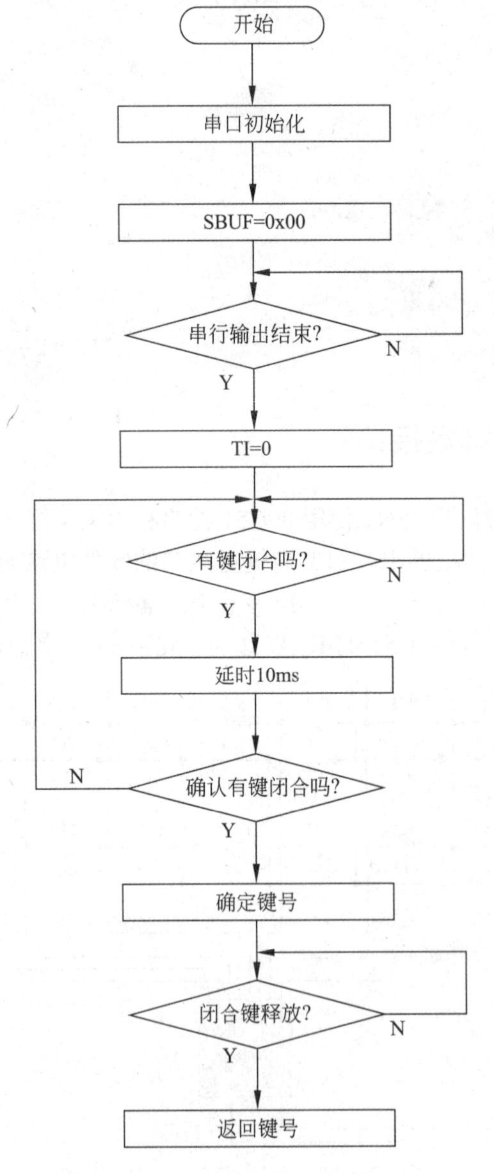

图11-13　键盘接口电路的程序流程图

作。在初始化过程中，主要完成了单片机串行工作方式的设定，设定其工作方式为 0。在进行按键扫描工作时，首先应该利用单片机的串行口输出数据，使得列线输出全为低电平，然后判断是否有键按下；如果有键按下，进行按键消抖，然后利用串行口依次输出各列为低电平，其余为高电平，以判断按键的具体位置；确定按键的具体位置后，等待按键释放，返回按键值。

程序代码如下：

```
#include <reg51.h>
#define uchar unsigned char
#define uint unsigned int
uchar key_scan();               //按键扫描子程序
void delay10ms();               //延时程序
uchar key_free();               //等待按键释放程序
void key_deal();                //键处理程序
sysem_initial();                //初始化程序
//****************主程序****************
void main()
{
    sysem_initial();
    while(1)
    {
        key_scan();
        uchar key_free();
        key_deal();
    }
}
//****************初始化程序****************
void sysem_initial()
{
    PCON=0x00;
    SCON=0x18;                  //选择串行工作方式 0
    ES=0;                       //禁止串行口中断
}
//****************扫描按键程序****************
uchar key_scan()
{
    unsigned char key,Rankcode;
    int i,j;
    SBUF=0x00;                  //使扫描键盘的 74LS164 输出为 00H，所有列线为低电平
    while(TI!=1)                //串行输出完否？
    TI=0;                       //清零
    P1=0x03;                    //所有行线为高电平
    if(P1&0x03!=0x03)           //如果有键按下
    {
        delay10ms();            //延时
        for(i=0;i<8;i++)
        {
            if(P1&0x03!=0x03)                   //确实有键按下
            {
                Rankcode=0xFE;                  //扫描第一列
                SBUF=Rankcode;                  //输出列值
                while(TI!=1)
                TI=0;
                if(P1&0x03==0x01)               //如果第一行有键闭合
                {
```

```
                        j=0;
                    }
                    else if(P1&0x03==0x02)          //如果第二行有键闭合
                    {
                        j=1;
                    }
                    key=j*8+i;                      //计算键值
                }
            If((j==0) || (j==1))
            break;                                  //如果扫描到按键，退出
            Rankcode=(Rankcode<<1)|0x01;            //否则，开始扫描下一列
            }
    }
return(key);                                        //返回键值
}
//****************释放按键程序****************
uchar key_free()
{
    key=key_scan();
    SBUF=0x00;                                      //所有列线为低电平
    P1=0x03;                                        //所有行线为高电平
    while(TI!=1)
    TI=0;
    while(P1&0x03!=0x03)                            //如果仍有键按下，等待按键释放
    return(key);                                    //返回键值
}
//****************延时程序****************
void delay10ms()
{
    unsigned char i,j;
    for(i=0;i<10;b++)
    for(j=0;j<120;j++)                              //延时 1ms
    {    ;
    }
}
```

11.3　思考与练习

1. 键盘功能是什么？如何消除按键抖动？请编写按键去抖程序。
2. 独立式按键和矩阵式按键分别具有什么特点？适用于什么场合？
3. 除采用查询方式识别键盘外，还可以采用哪种方式？
4. 请说明矩阵式键盘按键按下的识别原理。
5. 请根据图 11-11 的键盘接口电路，编写识别 K9 按键被按下并得到其键号的程序。

第12章 输出设备

输出设备是人机交互的重要部分，用户通过输出设备的显示可以知道系统的运行状态。在不同的应用场合，对显示输出设备的要求是不一样的。在简单的系统中，发光二极管作为指示灯来显示系统的运行状态；在一些大型系统中，需要处理的数据比较复杂，常用字符、汉字或图形的方式来显示结果，这时常使用数码管和液晶显示设备来实现。

12.1 发光二极管

发光二极管（Light-Emitting Diode，LED）在系统中通常用作信号灯。通过LED可以直观地看出系统某些开关量的状态，如阀门的打开/关闭、汽车中各种灯的亮灭、电机的启动/停止等。常用的发光二极管的外形如图12-1所示。

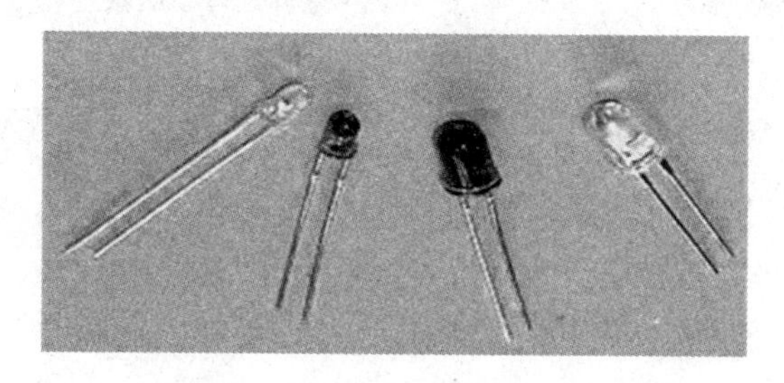

图12-1 常用的发光二极管的外形

发光二极管与普通二极管一样具有单向导电性。只要加在发光二极管两端的电压超过了它的导通电压（一般为1.7～1.9V），它就会导通。当流过它的电流的时间超过一定数值时（一般为2～3ms），它就会发光，发光的颜色有多种，例如红、绿、黄等。它具有工作电压低、耗电少、响应速度快、抗冲击、耐振动、性能好以及轻而小的特点，被广泛应用于显示电路中。

在实际应用中，通常系统中有多个发光二极管，它们的连接方式有两种：共阳极连接和共阴极连接。它们的一般电路连接如图12-2所示。

图12-2中，接在51单片机P2口的8个发光二极管的正极通过8个限流电阻都接在了V_{CC}上，这种接法叫LED的共阳极接法。接在51单片机P1口的8个发光二极管的负极都接在了GND上，这种接法叫LED的共阴极接法。在这种接法中，因为单片机I/O口的驱动能力有限，一般也就几个毫安，所以为了增加其驱动能力，每个LED都加了一个上拉电阻。这样当P1口输出低电平时，8个LED不导通，上拉电阻电流灌进单片机；而当P1口输出高电平时，8个LED导通，而且上拉电阻的电流也通过8个LED流向GND。这自然增加了流过LED的电流，它们会更加明亮。

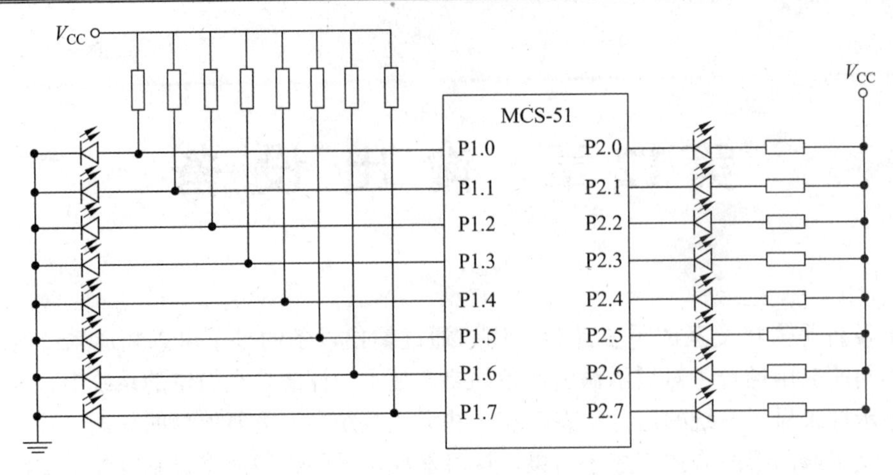

图 12-2　发光二极管的共阳极连接和共阴极连接

【例 12-1】 设计程序使如图 12-2 所示的共阳极的 8 个发光二极管都分别轮流导通。

程序代码如下：

```
#include <reg51.h>
#include <absacc.h>
#define uchar unsigned char          //*定义无符号字符型变量
#define uint unsigned int            //*定义无符号整型变量
void delayms(uint ms)                //*毫秒延时子函数
{
     uint i,j;
     for (j=0;j<ms;j++)
     {
            for(i=0;i<69;i++);
     }
}
void main()                          //*主函数
{
    uint i,ab;
    while(1)
          {
               P1=0xfe;              //*设置初始值
               delayms(1000);        //*延时 1S
               ab=0x01;
               for(i=0;i<8;i++)
               {
                      ab=ab<<1;      //向左移动一位
                      P1=~ab;
                      delayms(1000);
               }
          }
}
```

12.2　LED 接口

发光二极管 LED 在工作时只有 2 种状态，即熄灭或者点亮。把 LED 按照一定的结构排列就可以组成比较复杂的显示设备。当某一个发光二极管导通的时候，相应的一个点或一条线被点亮，控制不同组合的二极管导通就能显示各种字符。在单片机系统中，通常用 LED 来显示各种数字或符号。由于它具有显示清晰、亮度高、使用电压低、寿命长的特点，因此使用非常广泛。

12.2.1　LED 的结构与工作原理

常用的 LED 为 8 段（或 7 段，8 段比 7 段多了一个小数点 dp 段）。8 段 LED 由 8 个发光二极管组成，其中 7 个长条形的发光管排列成一个“日”字形，另一个圆点形的发光管在显示器的右下角作为显示小数点用。通过这些发光二极管的亮、灭能够显示各种数字和一些简单字符。

LED 根据公共端的连接方式，可分为共阴极和共阳极 2 种，如图 12-3 所示。共阴极是将发光二极管的阴极连接在一起，并将此公共端接地，当某个发光二极管的阳极为高电平时，该二极管被点亮，相应的段被显示；共阳极是将发光二极管的阳极连接在一起，并将此公共端接+5V 电源，当某个发光二极管的阴极为低电平时，该二极管被点亮，相应的段被显示。

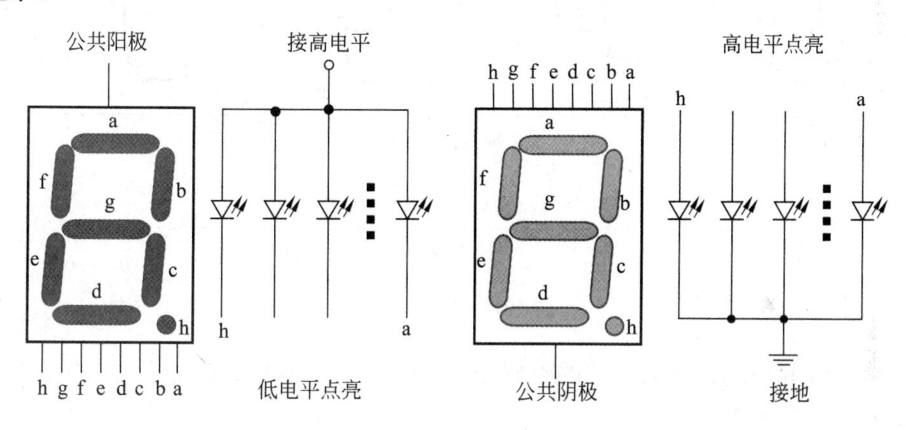

图 12-3　LED 内部结构

共阳极连接的数码管的每个段笔画是用低电平 0 点亮的，要求驱动功率很小；而共阴极连接的数码管的每段笔画是用高电平 1 点亮的，要求驱动功率较大。因此数码管常采用共阳极接法，而且在使用时通常每个段要串一个数百欧姆的限流电阻。

无论采用共阳极，还是共阴极接法，都需要通过控制显示器各段的亮灭来实现相应字符的显示。每段的亮灭状态用 1 和 0 表示，这样就可用一个字节的 8 位对应显示器的 8 段，该字节的值就是所显示字符的段码值，如表 12-1 所示。

表 12-1　显示器的 8 段所对应的字节位

段码位	D7	D6	D5	D4	D3	D2	D1	D0
显示段	dp	g	f	e	d	c	b	a

8 个笔画段 h（在许多书中用 dp 来表示，其实是一个意思）g、f、e、d、c、b、a 对应于一个字节（8 位）的 D7、D6、D5、D4、D3、D2、D1、D0，于是用 8 位二进制码就可以表示欲显示字符的字形代码。例如，对于共阴 LED，当公共阴极接地（零电平），阳

极各段为 01110011 时，显示器就显示 P 字符，即 P 字符的字形码是 73H；如果是共阳极 LED，公共阳极接高电平，显示 P 字符的字形代码应为 10001100（8CH），也就是与 73H 的各位相反。

12.2.2 LED 的工作方式

在实际应用中，通常将 n 个独立的 LED 显示器拼接在一起组成 n 位 LED，n 位显示器包括 n 根位选线和 n×8 根段选线。如图 12-4 所示为一个 4 位 LED。段选线控制显示字符的字型，而位选线为 LED 显示器各位的选通端，它控制着 LED 显示器各位的亮灭。

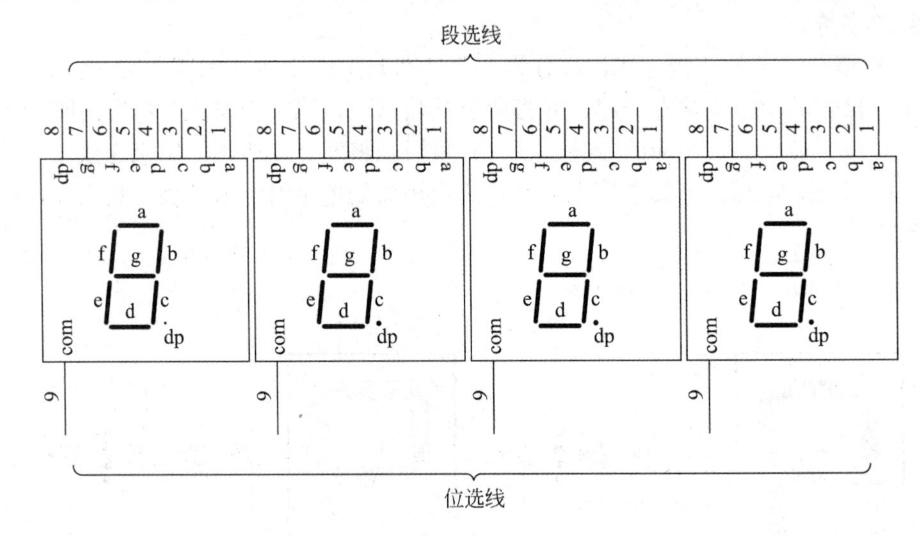

图 12-4　4 位 LED

根据位选线和段选线连接方法的不同，可使 LED 显示器有 2 种不同的工作方式：静态显示方式和动态显示方式。

1. 静态显示方式

静态显示方式是指 LED 各位的段选线相互独立，但其位选线共同固定接地（共阴极）或接+5V（共阳极）。LED 各位的 8 个字段分别与 8 位 I/O 口输出相连。当显示某一字符时，相应的发光二极管恒定导通或恒定截止，持续显示该字符，直到 I/O 口输出新的段码，所以称之为静态显示。

采用静态显示方式，较小的电流即可获得较高的亮度，且显示不闪烁。此外，程序运行占用 CPU 时间少，系统不用频繁扫描显示子程序，只有在需要更新显示内容时，才去执行显示更新子程序。其缺点是硬件电路复杂，成本高，只适合于显示位数较少的场合。如图 12-5 所示为一个 4 位静态 LED 显示器电路。

由于各位分别由一个 8 位的数据输出口控制段码线，故在同一时间里，每一位显示的字符可以各不相同，但这种显示方式占用口线较多。若用 I/O 口线接口，则要占用 4 个 8 位 I/O 口；若用锁存器（如 74LS373）接口，则要用 4 片 74LS373 芯片。如果显示器的位数增多，则需要增加锁存器。因此，在显示位数较多的情况下，一般采用动态显示方式。

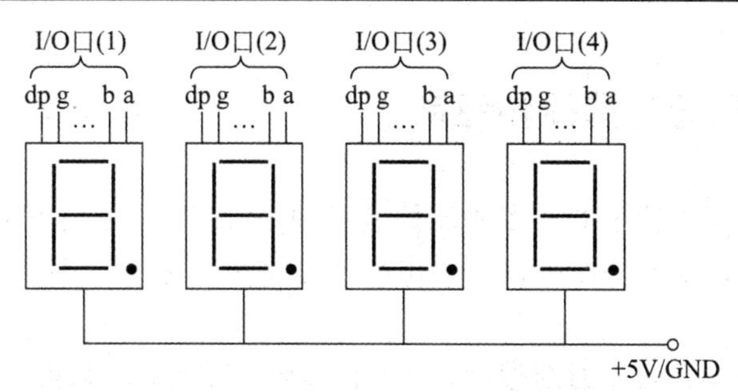

图 12-5　4 位静态 LED 显示器电路

2．动态显示方式

动态显示方式是使用最为广泛的一种显示方式。其接口电路是把各位数码管的 8 根段选线相应并联在一起，由一个 8 位的 I/O 口控制，形成段码线的多路复用；各数码管的位选线由另外的 I/O 口线分别控制，形成各位的分时选通。如图 12-6 所示为一个 4 位 8 段 LED 动态显示器电路。其中段选线占用一个 8 位 I/O 口，而位选线占用一个 4 位 I/O 口。由于段选线并联，8 位 I/O 口输出的段码对于各个显示器来说都是相同的。因此，在同一时刻，如果各位数码管位选线都处于选通状态，4 位数码管将显示相同的字符。若要各位数码管能够同时显示出与本位相应的显示字符，就必须采用动态显示方式，即在某一时刻，只让某一位的位选线处于选通状态，而其他各位的位选线处于关闭状态，同时，段选线上输出相应位要显示的字符的段码。这样，在同一时刻，4 位 LED 中只有选通的那 1 位显示出字符，而其他 3 位则是熄灭的。同样，在下一时刻，只让下一位的位选线处于选通状态，而其他各位的位选线处于关闭状态，在段选线上输出将要显示字符的段码，则同一时刻，只有选通位显示出相应的字符，而其他各位则是熄灭的。如此循环下去，就可以使各位显示出将要显示的字符。虽然这些字符是在不同的时刻分别显示，但由于人眼的视觉暂留现象及发光二极管的余辉效应，只要每位显示间隔时间足够短，就可以给人以同时显示的感觉。这个间隔时间应根据具体情况来确定，不能太短，也不能太长，太短会使得发光二极管导通时间不够，显示不清楚，太长则会使各位不能同时显示，且会占用较多的 CPU 时间。

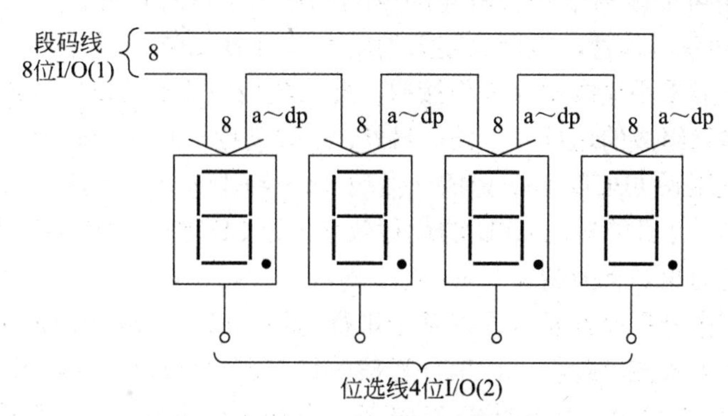

图 12-6　4 位 8 段 LED 动态显示电路

采用动态显示方式比较节省 I/O 口，硬件电路也较静态显示简单，但其软件设计较复杂，而且在显示位数较多时，CPU 要依次扫描，占用 CPU 较多时间。

动态显示时，显示器的亮度不如静态显示，且与导通电流、点亮时间和间隔时间的比例有关，因此需调整电流和时间参数，以获得较理想的显示。

12.2.3 LED 数码管的选择和驱动

数码管是工业控制中使用非常多的一种显示输出设备，通过它可以很容易地显示控制系统中的一些数字量，如一些温度仪表、电梯楼层显示、电子万年历等系统中都经常使用数码管进行显示。

由于受单片机口线驱动能力的限制，采用直接驱动的方法，只能连接小规格的 LED 数码管。目前，市场上有一种高亮度的数码管，每段工作电流为 1～2mA，当 LED 全亮时，工作电流在 10～20mA，是普通数码管的 1/10，正好能用单片机的口线直接驱动。在条件允许的情况下，应尽量采用这种 LED 数码管作为显示器件。

如果想用更高亮度或更大尺寸的数码管来作为显示器件，如户外的电子钟、大型广告牌等，就必须采用适当的扩展电路来实现与单片机的接口，常用的接口元件可以是三极管、集成电路和专用芯片，如图 12-7 所示。

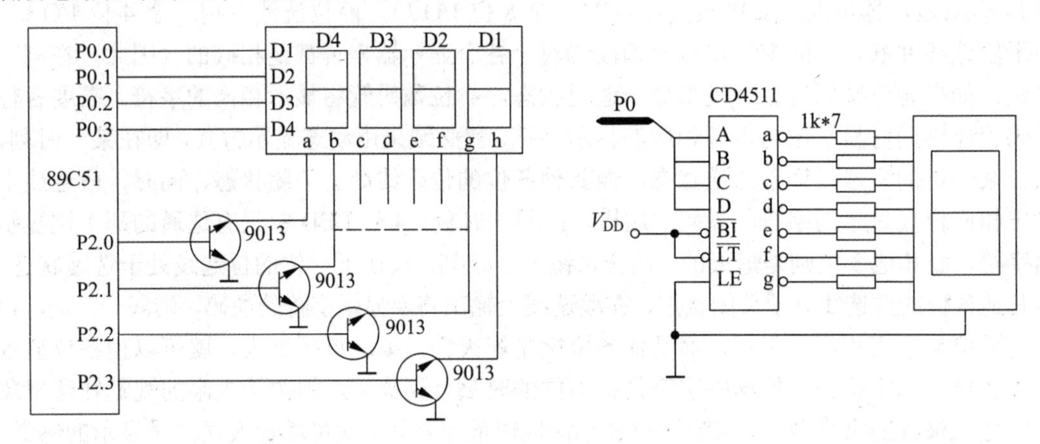

图 12-7　数码管驱动电路

三极管的规格可以根据数码管所需的驱动电流大小进行选择，电流比较小的可以用 9013、8550 等小功率晶体管，电流比较大的则可以用 BU208 等大功率三极管。当显示器的位数较多时，一般采用集成电路来作接口，此类集成电路有 2003、7406、75452 等，它们就是由多路晶体管组成的达林顿电路。另外，可以使用一种叫译码/驱动器的芯片。这种芯片能将二—十进制码（BCD 码）译成 7 段码（a～g）以驱动数码管，采用这种芯片的最大好处是编程简单，并且能提高 CPU 的运行效率，如 CD4511、74LS47 就是此类芯片。不过，它们的驱动能力也是有限的。

近几年来，国内外厂商开发了许多基于串行总线（SPI）方式的 LED 接口芯片。这些芯片采用 SPI 总线方式与单片机进行串行通信，具有占用单片机口线少，程序易于实现的特点，如美信的 MAX7219、力源的 PS7219 等。有些芯片还集成了键盘控制器，可以实现键盘和显示的双重功能，如 zlg7289。

12.2.4 数码管的软件译码和硬件译码

数码管与 51 单片机的连接方式有 2 种，即软件译码和硬件译码。

1. 硬件译码

硬件译码采用专门的译码/驱动硬件电路或芯片来控制数码管显示所需的字符。硬件译码的驱动功率较大，软件编程简单，直接传送要显示的数据即可，但是字型固定，比如，只有 7 段，只可译数字。74LS48/CD4511 是“BCD 码→7 段共阴译码/驱动”芯片，74LS47 是“BCD 码→7 段共阳译码/驱动”芯片。由于外加了专门的译码芯片，硬件译码的成本要比软件译码高一些，但是译码工作由硬件来实现，因此软件设计就会比较简单，会降低 CPU 的负荷。

2. 软件译码

软件译码是指通过软件实现译码来控制数码管显示所需的字符。软件译码成本低，但驱动功率较小，软件编程较复杂，显示数据需要对应段代码编码值才能显示，段代码编码表如表 12-2 所示。

汇编语言编写时，采用查表程序完成，应用 MOVC A，@A+DPTR 指令，并建立数据表：

TAB: DB 3FH,06H,5BH,4FH,66H,6DH,7DH,07H,7FH,6FH

C 语言可以建立数组 B[]=[0X3F,0X06,0X5B,0X4F,0X66,0X6D,0X7D,0X07,0X7F,0X6F]显示相对应数组元素来实现。

表 12-2　8 段 LED 数码管段代码编码表

字形	0	1	2	3	4	5	6	7	8	9	黑
共阳	0C0	0F9	0A4	0B0	99	92	82	0F8	80	90	0FF
共阴	3F	06	5B	4F	66	6D	7D	07	7F	6F	00

12.2.5　数码管应用设计

【例 12-2】 设计 10s 计时器。

一位采用共阳极接法的数码管，它所显示的数码从 0 开始，每一秒钟加 1，直到 9，然后清零重新计时，即实现的功能是 10s 计时。

1. 硬件设计

采用软件译码连接方式的 10s 计时器的硬件电路如图 12-8 所示。

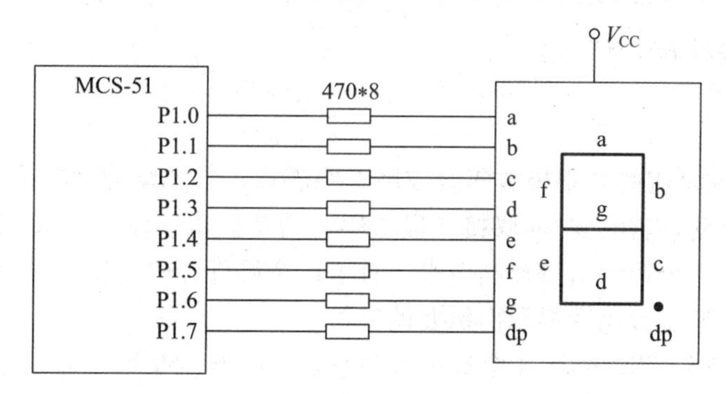

图 12-8　10s 计时器的电路图

2. 软件设计

根据共阳极数码管的显示原理，要使数码管显示出相应的字符，必须使 P1 口输出的数据（即输入到数码管每个字段发光二极管的电平）符合想要显示的字符要求。这个从目标输出字符反推出数码管各段应该输入数据的过程称为字形编码。

要实现 10s 计时器，只要利用 TIMER1 产生 50ms 的定时中断，中断 20 次即为 1s，在每次 1s 到的时候依次把 0～9 数字的字形编码送到 P1 口即可使数码管形成 10s 计时器了。

程序代码如下：

```
#include<reg51.h>
#define uchar unsigned char
#define uint unsigned int
#define CYCLE 50000
uchar code table[]={0XC0,0XF9,0XA4,0XB0,0X99,0X92,0X82,0XF8,0X80,0X90} ;
//*定义字形 0～9 编码表
uchar counter ;                //*定义字形编码查表变量
void main(void)
{
  TCON=0X10 ;                  //*TIMER1 工作在 MODE1
  TH1=(65536-CYCLE)/256;       //*设定 TIMER1 每隔 CYCLEμs 中断一次
  TL1=(65536-CYCLE)%256;
  TR1=1;
  IE=0X88;
  counter=0X00;                //*设定字形编码查表变量初值为 0
  while(1);                    //*等待中断
}
void timer1(void) interrupt 3 using 1
{
  static uchar s_Counter;
  if(++s_Counter>=20)          //*判断 1s 到否
  {
    P1=table[counter];         //*将秒值的字形编码送到 P1 口
    if(++counter>=10)
    {
      counter=0;
    }
    s_Counter=0;
  }
  TH1=(65536-CYCLE)/256;       //*设定 TIMER1 每隔 CYCLEμs 中断一次
  TL1=(65536-CYCLE)%256;
}
```

【例 12-3】 设计 60s 计时器。

1. 硬件设计

74LS47 是一款常用的共阳极数码管专用译码芯片。它实现的功能是从 BCD 码到 7 段数码管的译码和驱动。它的 a～g 脚接 7 段数码管的 7 段数字段，而 A、B、C、D 引脚接单片机的数据线，3 个控制引脚接高电平。有了这个硬件译码逻辑，只要输入相应数字，就可以用单片机来控制数码管显示出所要的字符了。

采用 1 块 74LS47 芯片驱动 4 个数码管动态显示从 0～59 数字并循环，每个数字之间时间间隔为 1s 的硬件电路如图 12-9 所示。

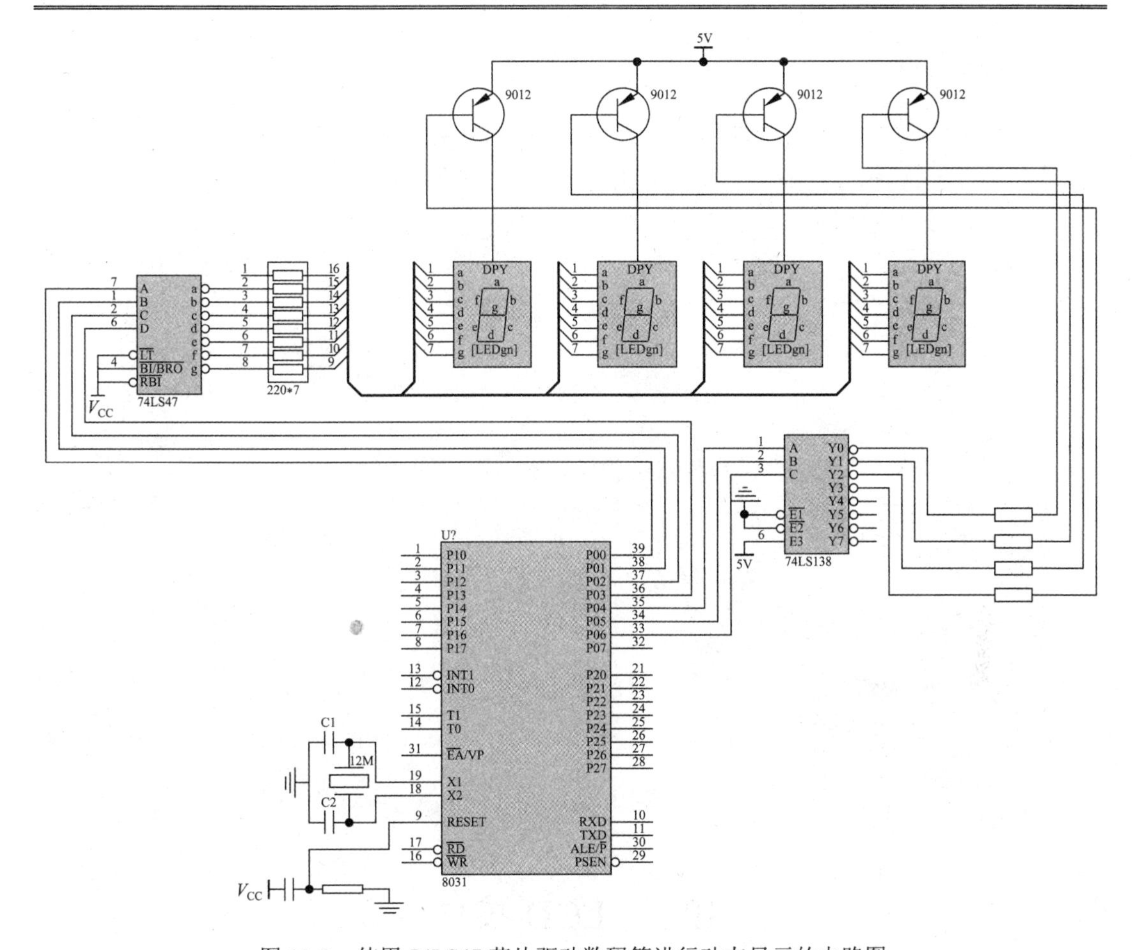

图 12-9　使用 74LS47 芯片驱动数码管进行动态显示的电路图

2．软件设计

程序代码如下：

```
#include <reg51.h>
#include <absacc.h>
#include <intrins.h>
#define uchar unsigned char
#define uint unsigned int
uint jishu,xianshi;
void delayms(uint ms)  //*毫秒延时子函数
{
  uint i,j;
  for (j=0;j<ms;j++)
  {
    for(i=0;i<69;i++);
  }
}
void start(void)  //*定时器初始化子函数
{
   TMOD=0X01;
   TH0=0x3c;
   TL0=0xb0;
   EA=1;
```

```
    ET0=1;
    TR0=1;
}
void HANLONG_t0() interrupt 1 using 1   //*定时器 T0 中断
{
    jishu++;   //*计算
    if (jishu>=20)
    {
        xianshi++;
        jishu=0;
        if (xianshi>=60)
        {
            xianshi=0;
        }
    }
    TH0=0x3c;  //*不是采用方式 2，所以需要定时初值重新加载
    TL0=0xb0;
}
void main()
{
    start();
    while(1)
    {
        P0=xianshi/10+16;
        delayms(1);
        P0=xianshi%10;
        delayms(4);
    }
}
```

12.3 LCD 接口

液晶显示器（Liquid Crystal Display，LCD）是一种低压微功耗的平板型显示器件，在高速处理系统中经常采用。LCD 能够显示大量的信息，如文字、曲线、图形、动画等，已成为各种便携式电子信息产品的理想显示器。在一些电池供电的单片机产品中，LCD 更是必选的显示器件。

12.3.1 LCD 工作原理

LCD 内部结构如图 12-10 所示。液晶材料被封装在两片透明导电电极之间，当其在电场的作用下发生位置的变化时，会通过遮挡或通透外界光线而产生显示效果。将电极做成各种字母、数字或图形等，当电极的电平状态发生变化时，就会出现不同的显示内容。

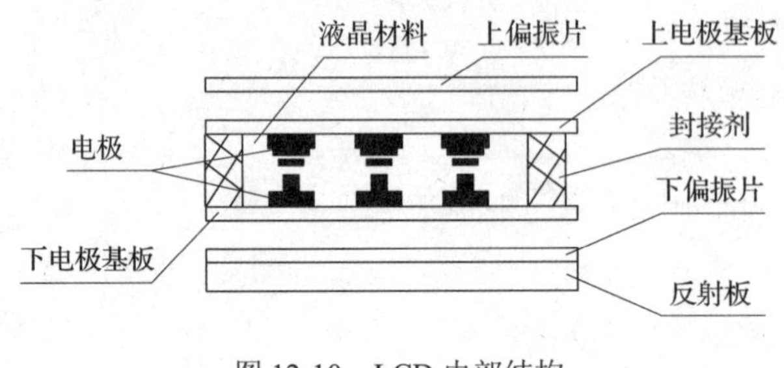

图 12-10　LCD 内部结构

1. LCD的特点

下面介绍LCD的特点。

（1）低压低功耗：工作电压为3～5V，工作电流只有几μA/cm^2。

（2）被动显示：液晶本身不发光，而是靠调制外界光进行显示。因此适合人的视觉习惯，不易使人的眼睛疲劳。

（3）显示信息量大：LCD的像素可以很小，相同面积上可以容纳更多的信息。

（4）无电磁辐射：显示期间不会产生电磁辐射，对环境无污染，有利于人体健康。

（5）寿命长：LCD器件本身无老化问题，寿命很长。

2. LCD的分类

当前市场上的LCD种类繁多。按显示图案的不同，通常可分为笔段型LCD、点阵字符型LCD和点阵图形型LCD。

1）笔段型

笔段型LCD以长条状组成的字符显示。该类显示器主要用于数字显示，也可用于显示西文字母或某些字符，已广泛用于电子表、数字仪表、计算器中。

2）字符型

点阵字符型LCD显示模块专门用来显示字母、数字、符号等点阵型字符。它一般由若干个5×8或5×11点阵组成，每一个点阵显示一个字符。这类模块一般应用于数字仪表等电子设备中。

3）图形型

点阵图形型LCD是在平板上排列多行多列的矩阵形式的晶格点，点的大小可根据显示的清晰度来设计。它根据要求基本可以显示所有能显示的数字、字母、符号、汉字、图形，甚至是动画。这类LCD的应用越来越广泛，目前广泛应用于手机、笔记本电脑等一切需要根据具体情况显示大量信息的设备中。

对于上述类型的LCD，要实现正常工作，需要设计控制/驱动装置。控制主要是负责与单片机通信、管理内/外显示RAM、控制驱动器和分配显示数据；驱动主要是根据控制器要求驱动LCD进行显示。常用的笔段式LCD控制/驱动器是HOLTEK生产的HOLTEK系统驱动器，如HT1621（控/驱），为128段显示、4线SPI接口；常用的字符型LCD控制/驱动器，如HD44780（控/驱），为2行8字符显示、4/8位PPI接口。

3. LCD显示模块LCM

在实际应用中，为了使用方便，简化结构，一般使用液晶显示模块LCM。LCM是把LCD控制器、驱动器、背景光源、显示器等部件通过印制电路板构造成一个整体，作为一个独立部件使用，如图12-11所示。其特点是功能较强、易于控制、接口简单，在单片机系统中应用较多。这种液晶显示模块可直接与单片机等微处理器相连，通过微处理器的控制引脚实现对LCM的显示控制，大大简化了硬件电路。

LCM可分为3类，分别是段式LCM、字符型LCM和图像型LCM。

常用的段式LCM有4位串行段式液晶显示器EDM1190A，外观如图12-12所示。它由LCD、驱动电路、8位CPU接口电路构成，共有4个引脚（1～4），其中V_{DD}、V_{SS}

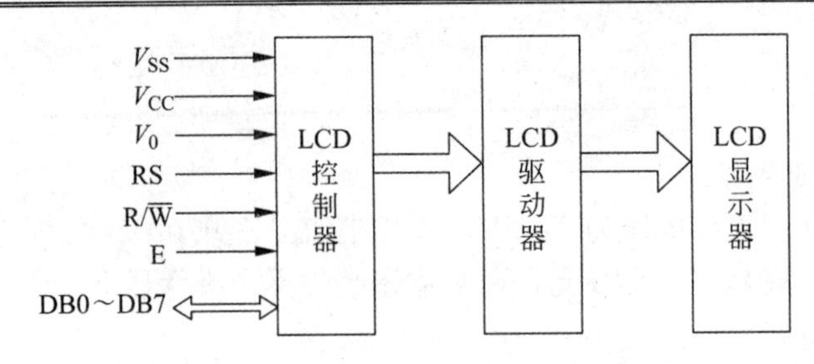

图 12-11　LCM 的组成

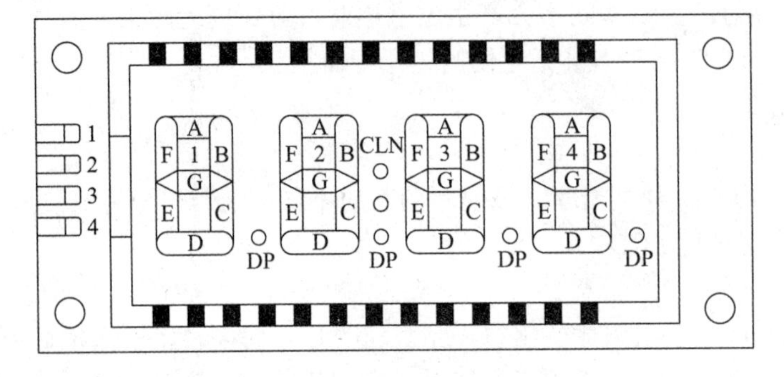

图 12-12　EDM1190A 的外观

为主电源和接地端，串行时钟引脚 4 与单片机的 P15 相连，串行数据引脚 2 与 P12 相连，二者共同实现显示数据的输送，其电路如图 12-13 所示。此外，常用的还有 6 位段式 LCM EDM809A 等。

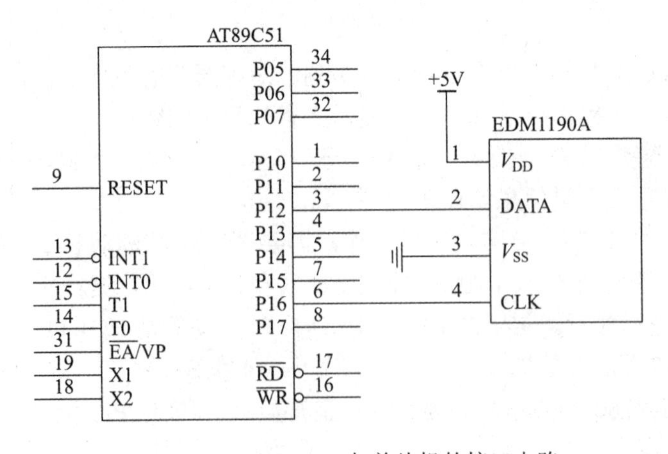

图 12-13　EDM1190A 与单片机的接口电路

常用的字符型 LCM 有 HD44780 字符显示模块，它有 14 个引脚，其中，8 个数据引脚（D0～D7），3 个控制引脚 R/W（读/写信号）、RS（寄存器选择信号）、E（片使能信号），3 个电源引脚 V_{DD}（主电源）、V_{SS}（接地）、V_0（LCD 驱动电压），每个 HD44780 控制的字符可达每行 80 个，具有驱动 16×40 点阵的能力，其与单片机的接口电路如图 12-14 所示。

12.3.2　OCM12864 液晶显示模块

OCM12864 是 128×64 点阵型液晶显示模块，可显示各种字符及图形，可与 CPU 直接

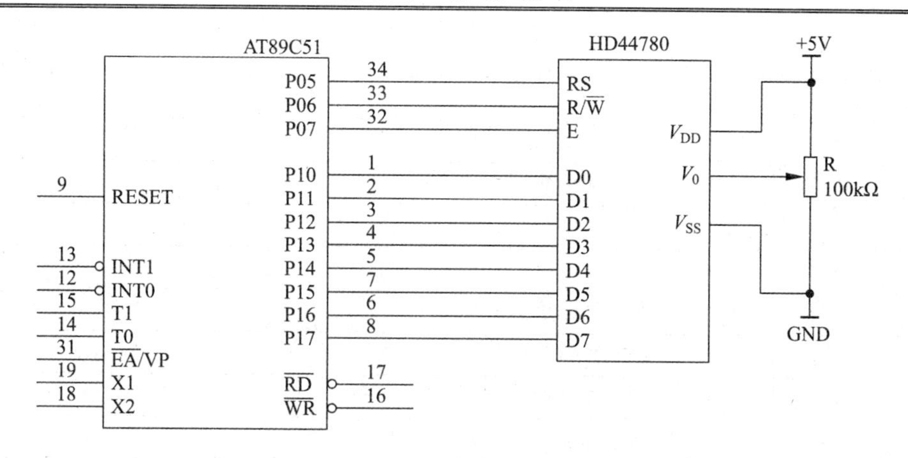

图 12-14　HD44780 与单片机的接口电路

接口，具有 8 位标准数据总线、6 条控制线及电源线，采用 KS0108 控制 IC。

1．最大工作范围

（1）逻辑工作电压（V_{CC}）：4.5～5.5V（12864-3、12864-5 可使用 3V 供电）。
（2）电源地（GND）：0V。
（3）工作温度（Ta）：0～55℃（常温）/ –20～70℃（宽温）。
（4）保存温度（Tstg）：–30～80℃。

2．电气特性（测试条件Ta=25，V_{DD}=5.0+/–0.25V）。

（1）输入高电平（V_{ih}）：最低 3.5V。
（2）输入低电平（V_{il}）：最高 0.55V。
（3）输出高电平（V_{oh}）：最低 3.75V。
（4）输出低电平（V_{ol}）：最高 1.0V。
（5）工作电流：5.0mA 最高（注：不开背光的情况下）。

3．接口说明

12864-1、12864-2、12864-5 接口说明如表 12-3 所示。

表 12-3　12864-1、12864-2、12864-5 接口说明

引脚号	引脚	方向	说明
1	V_{SS}	—	逻辑电源地
2	V_{DD}	—	逻辑电源+5V
3	V_0	I	LCD 调整电压，应用时接 10k 电位器可调端
4	RS	I	数据\指令选择。高电平：数据 D0～D7 将送入显示 RAM； 低电平：数据 D0～D7 将送入指令寄存器执行
5	R/W	I	读\写选择。高电平：读数据；低电平：写数据
6	E	I	读写使能，高电平有效，下降沿锁定数据
7	DB0	I/O	数据输入/输出引脚

续表

引脚号	引脚	方向	说明
8	DB1	I/O	数据输入/输出引脚
9	DB2	I/O	数据输入/输出引脚
10	DB3	I/O	数据输入/输出引脚
11	DB4	I/O	数据输入/输出引脚
12	DB5	I/O	数据输入/输出引脚
13	DB6	I/O	数据输入/输出引脚
14	DB7	I/O	数据输入/输出引脚
15	CS1	I	片选择信号，高电平时选择左半屏
16	CS2	I	片选择信号，高电平时选择右半屏
17	/RET	I	复位信号，低电平有效
18	VEE	O	LCD 驱动，负电压输出，对地接 10k 电位器
19	LEDA	—	背光电源，LED+（5V）
20	LEDK	—	背光电源，LED–（0V）

12864-3 接口说明如表 12-4 所示。

表 12-4　12864-3 接口说明

引脚号	引脚	方向	说明
1	/CS1	I	片选择信号，低电平时选择左半屏
2	/CS2	I	片选择信号，低电平时选择右半屏
3	V_{SS}	—	逻辑电源地
4	V_{DD}	—	逻辑电源
5	V_0	I	LCD 调整电压，接 10kB 电位器的中端
6	RS	I	数据/指令选择。高电平：数据 D0～D7 将送入显示 RAM；低电平：数据 D0～D7 将送入指令寄存器执行
7	R/W	I	读/写选择。高电平：读数据；低电平：写数据
8	E	I	读写使能，高电平有效，下降沿锁定数据
9	DB0	I/O	数据输入/输出引脚
10	DB1	I/O	数据输入/输出引脚
11	DB2	I/O	数据输入/输出引脚
12	DB3	I/O	数据输入/输出引脚
13	DB4	I/O	数据输入/输出引脚
14	DB5	I/O	数据输入/输出引脚
15	DB6	I/O	数据输入/输出引脚
16	DB7	I/O	数据输入/输出引脚
17	/RET	I	复位信号，低电平有效
18	VEE	O	LCD 驱动负电压输出，对地接一个 10kB 电位器
19	LEDA	—	背光电源，LED+（5V）
20	LEDK	—	背光电源，LED–（0V）

4．指令描述

1）显示开/关设置

CODE： R/W	RS	DB7	DB6	DB5	DB4	DB3	DB2	DB1	DB0
L	L	L	L	H	H	H	H	H	H/L

功能：设置屏幕显示开/关。

DB0=H，开显示；DB0=L，关显示。不影响显示 RAM（DDRAM）中的内容。

2）设置显示起始行

CODE： R/W	RS	DB7	DB6	DB5	DB4	DB3	DB2	DB1	DB0
L	L	H	H	行地址（0～63）					

功能：执行该命令后，所设置的行将显示在屏幕的第一行。显示起始行是由 Z 地址计数器控制的，该命令自动将 A0～A5 位地址送入 Z 地址计数器，起始地址可以是 0～63 范围内任意一行。Z 地址计数器具有循环计数功能，用于显示行扫描同步，当扫描完一行后自动加 1。

3）设置页地址

CODE： R/W	RS	DB7	DB6	DB5	DB4	DB3	DB2	DB1	DB0
L	L	H	L	H	H	H	页地址（0～7）		

功能：执行本指令后，下面的读写操作将在指定页内，直到重新设置。页地址就是 DDRAM 的行地址，页地址存储在 X 地址计数器中，A2～A0 可表示 8 页，读写数据对页地址没有影响。除本指令可改变页地址外，复位信号（RST）可把页地址计数器内容清零。

4）设置列地址

CODE： R/W	RS	DB7	DB6	DB5	DB4	DB3	DB2	DB1	DB0
L	L	L	H	列地址（0～63）					

功能：DDRAM 的列地址存储在 Y 地址计数器中，读写数据对列地址有影响，在对 DD RAM 进行读写操作后，Y 地址自动加 1。

5）状态检测

CODE： R/W	RS	DB7	DB6	DB5	DB4	DB3	DB2	DB1	DB0
H	L	BF	L	ON/OFF	RST	L	L	L	L

功能：读忙信号标志位（BF）、复位标志位（RST）以及显示状态位（ON/OFF）。

（1）BF=H：内部正在执行操作。

（2）BF=L：空闲状态。

（3）RST=H：正处于复位初始化状态。

（4）RST=L：正常状态。

（5）ON/OFF=H：表示显示关闭。

（6）ON/OFF=L：表示显示开。

6）写显示数据

CODE：

R/W	RS	DB7	DB6	DB5	DB4	DB3	DB2	DB1	DB0
L	H	D7	D6	D5	D4	D3	D2	D1	D0

功能：写数据到 DDRAM。DDRAM 是存储图形显示数据的，写指令执行后 Y 地址计数器自动加 1。D7～D0 位数据为 1 表示显示，数据为 0 表示不显示。写数据到 DD RAM 前，要先执行“设置页地址”及“设置列地址”命令。

7）读显示数据

CODE：

R/W	RS	DB7	DB6	DB5	DB4	DB3	DB2	DB1	DB0
H	H	D7	D6	D5	D4	D3	D2	D1	D0

功能：从 DDRAM 读数据。读指令执行后 Y 地址计数器自动加 1。从 DDRAM 读数据前要先执行“设置页地址”及“设置列地址”命令。

设置列地址后，首次读 DDRAM 中数据时，需连续读操作 2 次，第 2 次才为正确数据。读内部状态则不需要此操作。

12.3.3 LCD 应用举例

【例 12-4】 利用 OCM12864 显示如图 12-15 所示的界面。

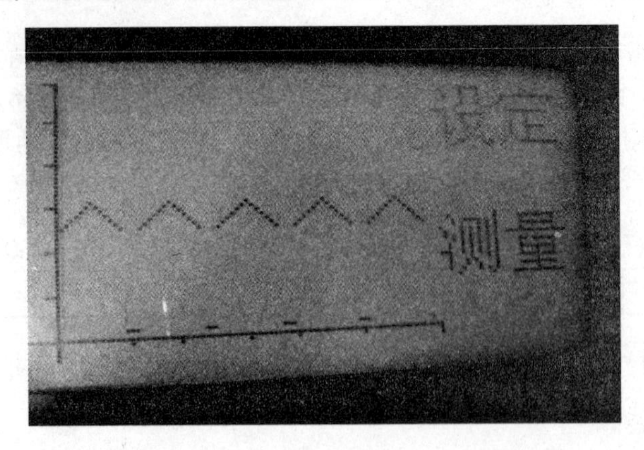

图 12-15　OCM12864 液晶显示的界面

1. 硬件设计

OCM12864 液晶显示模块与单片机的一般接口电路如图 12-16 所示。

2. 软件设计

程序代码如下（并口显示）：

```
#pragma SMALL
#include <reg52.h>
#include <absacc.h>
#include <intrins.h>
```

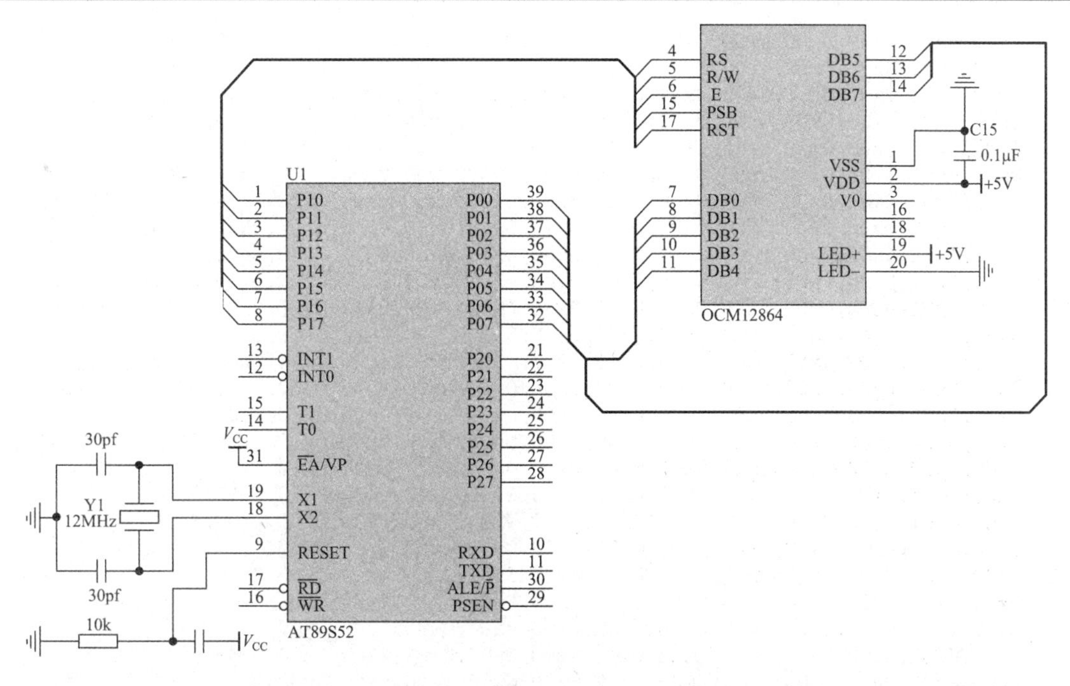

图 12-16　OCM12864 液晶显示模块与单片机的接口电路

```
#include <math.h>
#define TURE 1                   //*FLASH 判断忙标志
#define FALSE 0
#define uchar unsigned char
#define uint unsigned int
#define ulong unsigned long
//*************** LCD OCMJ4*8C 地址数据端口定义***************
sbit   rs=P1^0;
sbit   rw=P1^1;
sbit   e=P1^2;
#define lcd_bus  P2              // *LCD 数据口
sbit   psb= P1^3;                //*H=并口; L=串口;
sbit   rst= P1^4;                //*Reset Signal 低电平有效
uchar x1,y,x,shd;
uchar i,j,z1,z2;
uint  z,zz,fz;
uchar w[]={0x24,0x25,0x26,0x27,0x28,0x29,0x2a,0x29,0x28,0x27,0x26,0x25,
0x24,0x0d,0xd,0xd};
uchar code tab31[]={
"设定"
"测量"
};
//***************初始图片***************
#define x3    0x80
#define x2    0x88
#define h     0x80
uchar code tab32[]={
//***************坐标系 宽度×高度=128×64 ***************
0x00,0x07,0x00,0x00,0x00,0x00,0x00,0x00,0x00,0x00,0x00,0x00,0x00,0x00,0x00,0x00,
0x00,0x01,0x00,0x00,0x00,0x00,0x00,0x00,0x00,0x00,0x00,0x00,0x00,0x00,0x00,0x00,
0x00,0x01,0x00,0x00,0x00,0x00,0x00,0x00,0x00,0x00,0x00,0x00,0x00,0x00,0x00,0x00,
```

```
0x00,0x01,0x00,0x00,0x00,0x00,0x00,0x00,0x00,0x00,0x00,0x00,0x00,0x00,0x00,0x00,
0x00,0x01,0x00,0x00,0x00,0x00,0x00,0x00,0x00,0x00,0x00,0x00,0x00,0x00,0x00,0x00,
0x00,0x01,0x00,0x00,0x00,0x00,0x00,0x00,0x00,0x00,0x00,0x00,0x00,0x00,0x00,0x00,
0x00,0x01,0x00,0x00,0x00,0x00,0x00,0x00,0x00,0x00,0x00,0x00,0x00,0x00,0x00,0x00,
0x00,0x01,0x00,0x00,0x00,0x00,0x00,0x00,0x00,0x00,0x00,0x00,0x00,0x00,0x00,0x00,
0x00,0x01,0x00,0x00,0x00,0x00,0x00,0x00,0x00,0x00,0x00,0x00,0x00,0x00,0x00,0x00,
0x00,0x07,0x00,0x00,0x00,0x00,0x00,0x00,0x00,0x00,0x00,0x00,0x00,0x00,0x00,0x00,
0x00,0x01,0x00,0x00,0x00,0x00,0x00,0x00,0x00,0x00,0x00,0x00,0x00,0x00,0x00,0x00,
0x00,0x01,0x00,0x00,0x00,0x00,0x00,0x00,0x00,0x00,0x00,0x00,0x00,0x00,0x00,0x00,
0x00,0x01,0x00,0x00,0x00,0x00,0x00,0x00,0x00,0x00,0x00,0x00,0x00,0x00,0x00,0x00,
0x00,0x01,0x00,0x00,0x00,0x00,0x00,0x00,0x00,0x00,0x00,0x00,0x00,0x00,0x00,0x00,
0x00,0x01,0x00,0x00,0x00,0x00,0x00,0x00,0x00,0x00,0x00,0x00,0x00,0x00,0x00,0x00,
0x00,0x01,0x00,0x00,0x00,0x00,0x00,0x00,0x00,0x00,0x00,0x00,0x00,0x00,0x00,0x00,
0x00,0x01,0x00,0x00,0x00,0x00,0x00,0x00,0x00,0x00,0x00,0x00,0x00,0x00,0x00,0x00,
0x00,0x01,0x00,0x00,0x00,0x00,0x00,0x00,0x00,0x00,0x00,0x00,0x00,0x00,0x00,0x00,
0x00,0x01,0x00,0x00,0x00,0x00,0x00,0x00,0x00,0x00,0x00,0x00,0x00,0x00,0x00,0x00,
0x00,0x07,0x00,0x00,0x00,0x00,0x00,0x00,0x00,0x00,0x00,0x00,0x00,0x00,0x00,0x00,
0x00,0x01,0x00,0x00,0x00,0x00,0x00,0x00,0x00,0x00,0x00,0x00,0x00,0x00,0x00,0x00,
0x00,0x01,0x00,0x00,0x00,0x00,0x00,0x00,0x00,0x00,0x00,0x00,0x00,0x00,0x00,0x00,
0x00,0x01,0x00,0x00,0x00,0x00,0x00,0x00,0x00,0x00,0x00,0x00,0x00,0x00,0x00,0x00,
0x00,0x01,0x00,0x00,0x00,0x00,0x00,0x00,0x00,0x00,0x00,0x00,0x00,0x00,0x00,0x00,
0x00,0x01,0x00,0x00,0x00,0x00,0x00,0x00,0x00,0x00,0x00,0x00,0x00,0x00,0x00,0x00,
0x00,0x01,0x00,0x00,0x00,0x00,0x00,0x00,0x00,0x00,0x00,0x00,0x00,0x00,0x00,0x00,
0x00,0x01,0x00,0x00,0x00,0x00,0x00,0x00,0x00,0x00,0x00,0x00,0x00,0x00,0x00,0x00,
0x00,0x01,0x00,0x00,0x00,0x00,0x00,0x00,0x00,0x00,0x00,0x00,0x00,0x00,0x00,0x00,
0x00,0x01,0x00,0x00,0x00,0x00,0x00,0x00,0x00,0x00,0x00,0x00,0x00,0x00,0x00,0x00,
0x00,0x07,0x00,0x00,0x00,0x00,0x00,0x00,0x00,0x00,0x00,0x00,0x00,0x00,0x00,0x00,
0x00,0x01,0x00,0x00,0x00,0x00,0x00,0x00,0x00,0x00,0x00,0x00,0x00,0x00,0x00,0x00,
0x00,0x01,0x00,0x00,0x00,0x00,0x00,0x00,0x00,0x00,0x00,0x00,0x00,0x00,0x00,0x00,
0x00,0x01,0x00,0x00,0x00,0x00,0x00,0x00,0x00,0x00,0x00,0x00,0x00,0x00,0x00,0x00,
0x00,0x01,0x00,0x00,0x00,0x00,0x00,0x00,0x00,0x00,0x00,0x00,0x00,0x00,0x00,0x00,
0x00,0x01,0x00,0x00,0x00,0x00,0x00,0x00,0x00,0x00,0x00,0x00,0x00,0x00,0x00,0x00,
0x00,0x01,0x00,0x00,0x00,0x00,0x00,0x00,0x00,0x00,0x00,0x00,0x00,0x00,0x00,0x00,
0x00,0x01,0x00,0x00,0x00,0x00,0x00,0x00,0x00,0x00,0x00,0x00,0x00,0x00,0x00,0x00,
0x00,0x01,0x00,0x00,0x00,0x00,0x00,0x00,0x00,0x00,0x00,0x00,0x00,0x00,0x00,0x00,
0x00,0x01,0x00,0x00,0x00,0x00,0x00,0x00,0x00,0x00,0x00,0x00,0x00,0x00,0x00,0x00,
0x00,0x07,0x00,0x00,0x00,0x00,0x00,0x00,0x00,0x00,0x00,0x00,0x00,0x00,0x00,0x00,
0x00,0x01,0x00,0x00,0x00,0x00,0x00,0x00,0x00,0x00,0x00,0x00,0x00,0x00,0x00,0x00,
0x00,0x01,0x00,0x00,0x00,0x00,0x00,0x00,0x00,0x00,0x00,0x00,0x00,0x00,0x00,0x00,
0x00,0x01,0x00,0x00,0x00,0x00,0x00,0x00,0x00,0x00,0x00,0x00,0x00,0x00,0x00,0x00,
0x00,0x01,0x00,0x00,0x00,0x00,0x00,0x00,0x00,0x00,0x00,0x00,0x00,0x00,0x00,0x00,
0x00,0x01,0x00,0x00,0x00,0x00,0x00,0x00,0x00,0x00,0x00,0x00,0x00,0x00,0x00,0x00,
0x00,0x01,0x00,0x00,0x00,0x00,0x00,0x00,0x00,0x00,0x00,0x00,0x00,0x00,0x00,0x00,
0x00,0x01,0x00,0x00,0x00,0x00,0x00,0x00,0x00,0x00,0x00,0x00,0x00,0x00,0x00,0x00,
0x00,0x01,0x00,0x00,0x00,0x00,0x00,0x00,0x00,0x00,0x00,0x00,0x00,0x00,0x00,0x00,
0x00,0x01,0x00,0x00,0x00,0x00,0x00,0x00,0x00,0x00,0x00,0x00,0x00,0x00,0x00,0x00,
0x00,0x07,0x00,0x00,0x00,0x00,0x00,0x00,0x00,0x00,0x00,0x00,0x00,0x00,0x00,0x00,
0x00,0x01,0x00,0x00,0x00,0x00,0x00,0x00,0x00,0x00,0x00,0x00,0x00,0x00,0x00,0x00,
0x00,0x01,0x00,0x00,0x00,0x00,0x00,0x00,0x00,0x00,0x00,0x00,0x00,0x00,0x00,0x00,
0x00,0x01,0x00,0x00,0x00,0x00,0x00,0x00,0x00,0x00,0x00,0x00,0x00,0x00,0x00,0x00,
0x00,0x01,0x00,0x00,0x00,0x00,0x00,0x00,0x00,0x00,0x00,0x00,0x00,0x00,0x00,0x00,
0x00,0x01,0x00,0x00,0x00,0x00,0x00,0x00,0x00,0x00,0x00,0x00,0x00,0x00,0x00,0x00,
0x00,0x01,0x00,0x00,0x00,0x00,0x00,0x00,0x00,0x00,0x00,0x00,0x00,0x00,0x00,0x00,
0x00,0x01,0x00,0x00,0x00,0x00,0x00,0x00,0x00,0x00,0x00,0x00,0x00,0x00,0x00,0x00,
0x00,0x01,0x00,0x00,0x00,0x00,0x00,0x00,0x00,0x00,0x00,0x00,0x00,0x00,0x00,0x00,
0x00,0x01,0x00,0x00,0x00,0x00,0x00,0x00,0x00,0x00,0x00,0x00,0x00,0x00,0x00,0x00,
0x00,0xff,0xff,0xff,0xff,0xff,0xff,0xff,0xff,0xff,0xff,0xff,0x00,0x00,0x00,0x00,
0x00,0x01,0x00,0x02,0x00,0x80,0x02,0x00,0x80,0x02,0x00,0x01,0x00,0x00,0x00,0x00,
0x00,0x01,0x00,0x00,0x00,0x00,0x00,0x00,0x00,0x00,0x00,0x01,0x00,0x00,0x00,0x00,
0x00,0x01,0x00,0x00,0x00,0x00,0x00,0x00,0x00,0x00,0x00,0x00,0x00,0x00,0x00,0x00,
0x00,0x01,0x00,0x00,0x00,0x00,0x00,0x00,0x00,0x00,0x00,0x00,0x00,0x00,0x00,0x00,
};
```

```
//*********************************************
//          初始化延时子程序
//*********************************************
void inidelay()
{
 unsigned int j;
 for (j=1260;j>0;j--);
}
//*********************************************
//          显示延时子程序
//*********************************************
void lcddelay()
{
 uchar j;
 for (j=100;j>0;j--);
}
//*********************************************
//          LCD写指令子程序
//*********************************************
void enable_lcd()
{
 rs=0;           //*写指令时序
 rw=0;
 e=1;
 _nop_();
 _nop_();
 e=0;
 lcddelay();     //*调显示延时子程序
}
//*********************************************
//          LCD写数据子程序
//*********************************************
void data_lcd()
{
 rs=1;           //*写数据时序
 rw=0;
 e=1;
 _nop_();
 _nop_();
 e=0;
 lcddelay();     //*调显示延时子程序
}
//*********************************************
//          向LCD写数据子程序
//*********************************************
void wr_data(uchar da)
{
 lcd_bus=da;
 data_lcd();
}
//*********************************************
//          向LCD写指令子程序
//*********************************************
void wr_command(uchar comm)
{
 lcd_bus=comm;
 enable_lcd();
}
```

```
//**********************************************
//          显示波形点子程序
//**********************************************
void show_wave_p(uchar x,uchar y,uchar z1,uchar z2)
{
 wr_command(0x34);       //*开启扩充指令，绘图显示关
 wr_command(y);          //*设定 Y 地址
 wr_command(x);          //*设定 X 地址
 wr_command(0x30);       //*开启基本指令
 wr_data(z2);
 wr_data(z1);
 wr_command(0x36);       //*开启扩充指令，绘图显示开
}
//****************显示汉字****************
void chn_disp1 (uchar code *chn)
{
 uchar i,j;
 wr_command(0x30);
 wr_command(0x86);
 j=0;
 for (i=0;i<4;i++)
 wr_data(chn[j*4+i]);
 wr_command(0x8e);
 j=1;
 for (i=0;i<4;i++)
 wr_data(chn[j*4+i]);
}
//****************显示图形****************
void img_disp (uchar code *img)
{
 uchar o,p;
 chn_disp1(tab31);
 for(p=0;p<32;p++)
 {
   for(o=0;o<8;o++)
    {
        wr_command(0x34);
        wr_command(h+p);
        wr_command(x3+o);
        wr_command(0x30);
        wr_data(img[p*16+o*2]);
        wr_data(img[p*16+o*2+1]);
    }
 }
 for(p=32;p<64;p++)
 {
  for(o=0;o<8;o++)
  {
    wr_command(0x34);
    wr_command(h+p-32);
    wr_command(x2+o);
    wr_command(0x30);
    wr_data(img[p*16+o*2]);
    wr_data(img[p*16+o*2+1]);
  }
 }
 wr_command(0x36);
}
//**********************************************
```

```
//          LCD 初始化子程序
//**********************************************
void init_lcd()
{
 lcd_bus=0x01;          //*清屏
 rs=0;
 rw=0;
 e=1;
 _nop_();
 _nop_();
 e=0;
 inidelay();
 wr_command(0x0c);      //*整体显示开
}
//**********************************************
//          清除显示存储器子程序
//**********************************************
void clr_lcd()
{
 uchar y=0x80,x=0x80,k,k1,k2;
 for(k2=0;k2<2;k2++)
 {
      for(k1=0;k1<32;k1++)
           {
             wr_command(0x34);              //*开启扩充指令，绘图显示关
             wr_command(y);                 //*设定 Y 地址
             wr_command(x);                 //*设定 X 地址
             wr_command(0x30);              //*开启基本指令
             for(k=0;k<8;k++)
               {
                 wr_data(0x00);
                 wr_data(0x00);
               }
             y++;
           }
      y=0x80;
      x=0x88;
 }
}
//**********************************************
//          显示波形子程序
//**********************************************
void show_wave2()
{
 init_lcd();          //*LCD 初始化子程序
     y=0x80;
     zz=0x8000;
     if(w[i]<39)
     {
         x=x1+8;
         y=y+38-w[i];
     }
     else
     {
         x=x1;
         y=y+70-w[i];
     }
       fz=0x8000;
       z=zz >> i;
```

```
        for(j=0;j<i;j++)
        {
            if(w[j]==w[i])
            z=z | fz;
            fz=fz>>1;
        }
            z1=z;
            z2=z>>8;
            show_wave_p(x,y,z1,z2);
}
//****************坐标系变换****************
void bianhuan(void)
{
     show_wave2();
}
//****************************************************
void delay (uint us)   //delay time
{
     while(us--);
}
void delay1 (uint ms)
{
     uint i,j;
     for(i=0;i<ms;i++)
     for(j=0;j<15;j++)
     delay(1);
}
//****************清 DDRAM ****************
void clrram (void)
{
     wr_command(0x30);
     wr_command(0x01);
     delay (180);
}
//****************主程序****************
void main(void)
{
     psb=1;
     rst=1;
     x1=0x81;
     img_disp(tab32);
     do
     {
       for(i=0;i<16;i++)
         {
           bianhuan();
           delay1 (1000);
         }
       x1=x1+1;
       if (x1>=0x86)
        {
           x1=0x81;
           img_disp(tab32);  //*重新刷屏，4s 采一个数据正好同时显示
        }
     }
     while(1);
}
```

12.4　8279 可编程键盘/显示器接口芯片

8279 是 Intel 公司生产的一种通用可编程键盘/显示器接口电路芯片，它能完成监视键盘输入和显示控制 2 种功能。

8279 对键盘部分提供一种扫描工作方式，能对 64 个按键键盘阵列不断扫描，自动消抖，自动识别出闭合的键并得到键号，能对双键或 N 键同时按下进行处理。

显示部分为 LED 或其他显示器提供了按扫描方式工作的显示接口，可显示多达 16 位的字符或数字。

利用 8279 对键盘/显示器的自动扫描，可以减轻 CPU 负担，具有显示稳定、程序简单、不会出现误动作等特点。

12.4.1　8279 可编程芯片简介

1. 8279 功能介绍

8279 既具有按键处理功能，又具有自动显示功能，在单片机系统中应用广泛。键盘输入时，它提供自动扫描功能，能与键盘矩阵相连，接收输入信息，其内部有一个键盘 FIFO（First In First Out）传感器，双重功能的 8×8=64 位 RAM，每次的按键输入都顺序写入 RAM 单元中，读出时按输入的先后顺序执行，先输入的数据先读出；显示输出时，它有 1 个 16×8 位显示 RAM，其内容通过自动扫描，可由 8 或 16 位 LED 数码管显示。

8279 的引脚及引脚功能如图 12-17 所示。

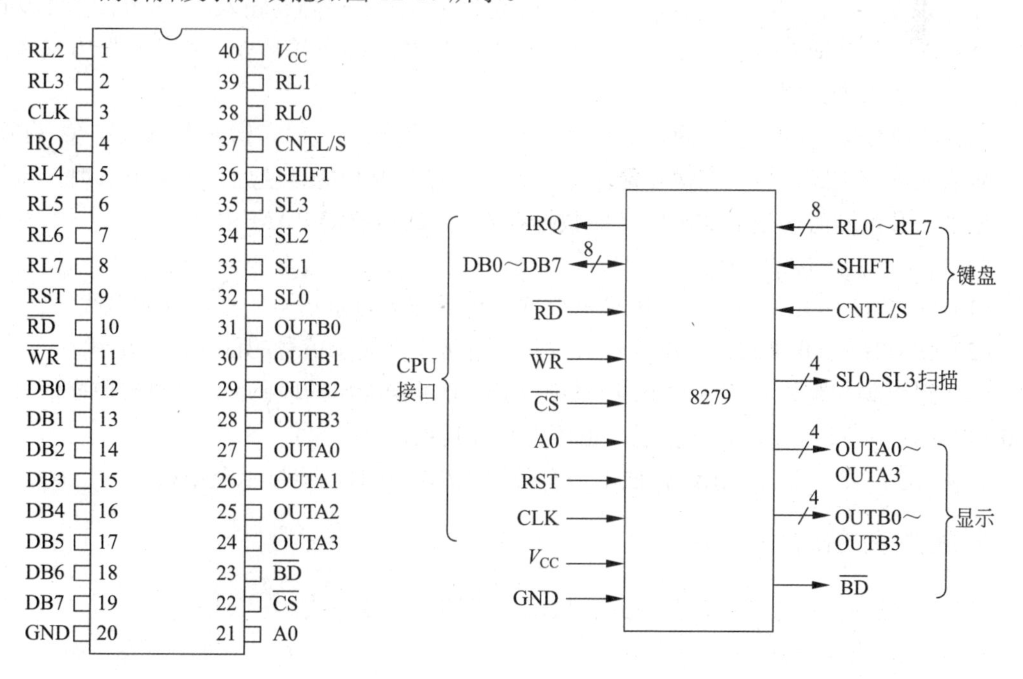

图 12-17　8279 的引脚与引脚功能

8279采用40引脚封装，其引脚功能如下。

1）与CPU的接口引脚

（1）DB0～DB7：数据总线，是双向、三态数据总线。在接口电路中与系统数据总线相连，用以传送CPU和8279之间的数据和命令。

（2）$\overline{CS}$：片选输入线，低电平有效。当$\overline{CS}$=0时，8279被选中，允许CPU对其进行读、写操作，否则被禁止。

（3）A0：缓冲器地址。当A0=1时，CPU写入8279的字节是命令字，从8279读出的字节是状态字；当A0=0时，写入或读出的字节均为数据。

（4）CLK：8279的时钟输入线，用于8279内部时钟，以产生其工作所需时序。

（5）RESET：复位端，高电平有效。当RESET=1时，8279被复位。

（6）IRQ：中断请求输出线，高电平有效。在键盘工作方式中，当键盘RAM（为先进先出方式）中存有按下键的数据时，IRQ为高电平，向CPU提出中断申请。CPU每次从键盘RAM中读出1位数据时，IRQ就变为低电平。如果键盘RAM中还有未读完的数据，IRQ将再次变为高电平，再次提出中断请求。

（7）$\overline{RD}$、$\overline{WR}$：读、写输入控制线，低电平有效。来自CPU的控制信号，控制8279的读、写操作。

2）扫描信号输出引脚

SL0～SL3是扫描输出线。这4条输出线用来扫描键盘和显示器。它们可以编程设定为编码输出，即SL0～SL3外接4~16线译码器，译码器输出16种取1的扫描信号，也可编程设定为译码输出，即由SL0～SL3直接输出4种取1的扫描信号。

3）与键盘连接的引脚

（1）RL0～RL7：回复输入线。它们是键盘或传感器矩阵的行（或列）信号输入线。

（2）SHIFT：移位信号输入线，来自外部键盘或传感器矩阵的输入信号。它是8279键盘数据的次高位（即D6位）的状态，该位状态控制键盘上/下挡功能。在传感器方式和选通方式中，该引脚无用。

（3）CNTL/S：控制/选通输入端，高电平有效。键盘方式时，键盘数据最高位（D7）的信号输入到该引脚，以扩充键功能，通常作为键盘控制功能键使用；选通方式时，当该引脚信号上升沿到时，把RL0～RL7的数据存入FIFO/传感器RAM中。

4）与显示器连接的引脚

（1）OUTA0～OUTA3：（A组显示数据）通常作为显示信号的高4位输出线。

（2）OUTB0～OUTB3：（B组显示数据）通常作为显示信号的低4位输出线。

这2组引脚均是显示信息输出线（如向LED显示器输出的段码），它们与扫描信号线SL0～SL3同步。2组可以独立使用，也可以合并使用。

（3）$\overline{BD}$：显示熄灭输出线，低电平有效。当/BD=0时，将显示全熄灭。

2. 8279的工作方式

8279有三种工作方式：键盘方式、显示方式和传感器方式。

1）键盘工作方式

8279在键盘工作方式时，可设置为双键互锁方式和N键循回方式。

（1）双键互锁方式：若有两个或多个键同时按下，任何一个键的编码信息都不能进入 FIFO RAM 中，直到仅剩下一个键闭合。

（2）N 键循回方式：一次按下任意个键均可被识别，按键值按扫描次序被送入 FIFO RAM 中。

2）显示方式

8279 的显示方式又可分为左端入口和右端入口方式。

显示数据只要写入显示 RAM，则可由显示器显示出来，因此显示数据写入显示 RAM 的顺序，决定了显示的次序。

左端入口方式即显示位置从显示器最左端 1 位（最高位）开始，以后显示的字符逐个向右顺序排列；右端入口方式即显示位置从显示器最右端 1 位（最低位）开始，已显示的字符逐个向左移位。但无论左右入口，后输入的总是显示在最右边。

3）传感器方式

传感器方式是把传感器的开关状态送入传感器 RAM 中。当 CPU 对传感器阵列扫描时，一旦发现传感器状态发生变化，就发出中断请求（IRQ 置 1），中断响应后转入中断处理程序。

3．8279的命令字及其格式

8279 是可编程接口芯片。编程就是 CPU 向 8279 写入命令控制字，8279 共有 8 条命令，通过这些命令设置工作寄存器，以选择各种工作方式。命令寄存器共 8 位，格式为：

D7	D6	D5	D4	D3	D2	D1	D0
命令类型			命令内容				

8279 的一条命令由 2 部分组成。一部分表征命令类型，为命令特征位，由命令寄存器高 3 位（D7～D5）决定。D7～D5 的状态可组合出 8 种形式，对应 8 类命令。另一部分为命令的具体内容，由 D4～D0 决定。每种特征所代表的命令如表 12-5 所示。

表 12-5　8279 命令特征表

D7	D6	D5	代表的命令类型
0	0	0	键盘/显示命令
0	0	1	时钟编程命令
0	1	0	读 FIFO/传感器 RAM 命令
0	1	1	读显示器 RAM 命令
1	0	0	写显示命令
1	0	1	显示禁止/熄灭命令
1	1	0	清除命令
1	1	1	结束中断/出错方式设置命令

下面详细说明各种命令中 D4～D0 各位的设置方法，以便确定各种命令字。

1）键盘/显示命令

命令字中的低 3 位（D0、D1、D2）用来控制键盘工作方式的选择。

特征位 D7 D6 D5=000。

D4、D3 用来设定 4 种显示方式，D2～D0 用以设定 8 种键盘/显示扫描方式，分别如表 12-6 和表 12-7 所示。

表 12-6　显示方式

D4	D3	显示方式
0	0	8 个字符显示，左端入口方式
0	1	16 个字符显示，左端入口方式
1	0	8 个字符显示，右端入口方式
1	1	16 个字符显示，右端入口方式

表 12-7　键盘/显示扫描方式

D2	**D1**	**D0**	**键盘、显示扫描方式**
0	0	0	编码扫描键盘，双键锁定
0	0	1	译码扫描键盘，双键锁定
0	1	0	编码扫描键盘，N 键轮回
0	1	1	译码扫描键盘，N 键轮回
1	0	0	编码扫描传感器矩阵
1	0	1	译码扫描传感器矩阵
1	1	0	选通输入，编码显示扫描
1	1	1	选通输入，译码显示扫描

表 12-7 中所谓译码扫描指扫描代码直接由扫描线 SL0～SL3 输出，每次只有 1 位是低电平（4 选 1）。所谓编码扫描是指扫描代码经 SL0～SL3 外接译码器输出。

由于键盘最大 8×8=64 个键，由 SL0～SL2 接 3～8 译码器，译码器的 8 位输出作为键盘扫描输出线（列线），RL0～RL7 为输入线（行线）。

8279 最多驱动 16 位显示器，故可由 SL0～SL3 接 4～16 译码器，译码器的 16 位输出作为显示扫描输出线（16 选 1），决定第几位显示。显示字段码由 OUTA0～OUTA3 和 OUTB0～OUTB3 输出。

表 12-5、表 12-6、表 12-7 相互组合可得到各种键盘显示命令。

【例 12-5】 若希望设置 8279 为键盘译码扫描方式、N 键轮回，显示 8 个字符、右端入口方式，确定其命令字。

根据题目要求进行分析，具体的条件如下所示。

- 是键盘/显示命令特征位：D7 D6 D5=000（表 12-5）。
- 8 个字符右端入口显示：D4 D3=10（表 12-6）。
- 键盘译码扫描，N 键轮回：D2 D1 D0=011（表 12-7）。

所以 8 位命令器存器状态 D7～D0=00010011B，即该命令字 13H 送入命令寄存器口地址可满足题目要求。

【例 12-6】 若已知命令字为 08H，判断 8279 工作方式。

因为命令字为 08H，即 D7～D0=00001000B，显然 D7 D6 D5=000，该条命令为键盘/

显示命令，D4 D3=01 为 16 字符左端入口显示方式，D2 D1 D0=000，键盘为编码扫描、双键锁定方式。

2）时钟编程命令

此命令用于确定对外部输入的时钟信号进行分频的分频系数 N。

（1）特征位：D7 D6 D5=001。

（2）D4～D0：用来设定分频系数，分频系数范围在 0～31 之间。通过 N 的确定可对外部时钟进行分频，得到内部时钟频率。例如，在一般的单片机控制中，常将单片机的 ALE 与 8279 的 CLK 相连，但 ALE 输出的脉冲是单片机时钟频率的 1/6，而 8279 工作只需 100kHz 的时钟频率，如果要利用分频系数进行分频，可假设单片机的时钟频率为 12MHz，则分频系数为 20。

【例 12-7】 若 8279 CLK 的输入信号频率为 3.1MHz，确定其控制字。

分频系数应为 31D=1FH，于是 D4～D0=11111，则控制字为 D7～D0=00111111B=3FH。

3）读 FIFO/传感器 RAM 命令

此命令用于确定 CPU 读操作的对象是 8279 中的 FIFO RAM，还是传感器 RAM，并确定 8 个 RAM 字节中哪一个被读。

（1）特征位：D7 D6 D5=010。

（2）D2～D0：为 8279 中 FIFO 及传感器 RAM 的首地址。

（3）D3：无效位。

（4）D4：控制 RAM 地址自动加 1 位。当 D4=1 时，CPU 读完一个数据，RAM 地址自动加 1，准备读下一个单元数据；当 D4=0 时，CPU 读完一个数据，地址不变。

【例 12-8】 欲编程使单片机连续读 8279 内 FIFO/传感器 RAM 中 000～111 单元的数据，设置读命令。

因为要连续读数，地址又连续。所以最好设置为自动加 1 方式，即 D4=1，RAM 内首地址 000（即 D2～D0=000），再加上特征位，所以该命令控制字为 D7～D0=01010000B=50H（无用位 D3 设为 0）。送入 50H 控制字，在执行读命令时，先从 FIFO/传感器 RAM 中 000 单元读数，读完 1 个数，地址自动加 1，又从 001 单元读数。依次类推，直到读完所需数据。

4）读显示 RAM 命令

该命令用来设定要读出的显示 RAM 的地址。

（1）特征位：D7 D6 D5=011。

（2）D4：为控制 RAM 地址自动加 1 位。当 D4=1 时，RAM 地址自动加 1；当 D4=0 时，地址不加 1。

（3）D3～D0：用来设定显示 RAM 中的地址。

【例 12-9】 欲读显示 RAM 中 1000 单元地址，确定命令字。

因为只读 1 个数，地址不需自动加 1，即设置 D4=0，特征位为 011，地址为 1000，所以其控制命令字为 D7～D0=01101000B=68H。

5）写显示 RAM 命令

该命令用来设定要写入的显示 RAM 的地址。

（1）特征位：D7 D6 D5=100。

（2）D4：是地址自动加 1 控制。当 D4=1 时，地址自动加 1；当 D4=0 时，地址不加 1。

（3）D3～D0：是欲写入的RAM地址。若连续写入，则表示RAM首地址。命令格式同读显示RAM。

6）显示器禁止写入/熄灭命令

利用该命令可以控制A、B两组显示器，哪组继续显示，哪组被熄灭。

（1）特征位：D7 D6 D5=101。

（2）D4：无用位。

（3）D3：禁止A组显示RAM写入，D3=1，禁止写入。

（4）D2：禁止B组显示RAM写入，D2=1，禁止写入。

（5）D1：A组显示熄灭控制。D1=1，熄灭；D1=0，恢复显示。

（6）D0：B组显示熄灭控制。D0=1，熄灭；D0=0，恢复显示。

【例12-10】 假设A、B两组灯均已被点亮，现在希望A组灯继续亮，B组灯熄灭，确定其命令字。

根据命令格式，A组灯继续亮，应禁止A组RAM再写入其他数据，故D3=1；B组显示熄灭D0=1，除特征位外，其余位设为0。故其控制命令字为D7～D0=10101001B=A9H。

7）清除（显示RAM和FIFO中的内容）命令

该命令用来清除FIFO RAM和显示缓冲RAM。

（1）特征位：D7 D6 D5=110。

（2）D0：总清除特征位，当D0=1时把显示RAM和FIFO全部清除。

（3）D1：用来置空FIFO RAM，当D1=1时，清除FIFO状态，使中断输出线复位，传感器RAM的读出地址清零。

（4）D4～D2：设定清除显示RAM的方式，清除显示RAM大约需要160μs的时间，在此期间FIFO状态字最高位为1，CPU不能向显示RAM输入数据，如表12-8所示。

表12-8　清除显示RAM方式

D4	D3	D2	清除方式
1	0	X	将全部显示RAM清零
	1	0	将显示RAM置为20H（A组=0010，B组=0000）
	1	1	将显示RAM置为FFH
0	D0=0，不清除；D0=1，仍按上述方式清除		

【例12-11】 将全部显示RAM清零，确定其命令字。

其命令字为D7～D0=11010001B=D1H。

8）结束中断/出错方式设置命令

特征位：D7 D6 D5=111。

当D4=1时（其D3～D0位任意），有2种不同作用。

（1）在传感器方式时，用此命令结束传感器RAM的中断请求。

在传感器工作方式时，每当传感器状态发生变化，扫描电路自动将传感器状态写入传感器RAM，同时发出中断申请，即将IRQ置高电平，并禁止再写入传感器RAM。中断响应后，从传感器RAM读取数据进行中断处理，但中断标志IRQ的撤除分2种情况。若读RAM地址自动加1标志位为0，中断响应后IRQ自动变低，撤销中断申请；若读RAM地址自动加1标志位为1，中断响应后IRQ不能自动变低，必须通过结束中断命令来撤销中断请求。

（2）当设定为键盘扫描 N 键轮回方式时，作为特定错误方式设置命令。

在键盘扫描 N 键轮回工作方式，又给 8279 写入结束中断/错误方式命令，则 8279 将以一种特定的错误方式工作，即在 8279 消抖周期内，如果发现多个按键同时按下，则将 FIFO 状态字中错误特征位置 1，并发出中断请求阻止写入 FIFO RAM。

根据上述 8 条命令可以完成 8279 的初始化设置，确定其工作方式。虽然各命令共用一个命令地址口，但 8279 会根据其特征位自动进行识别，将它们存放到各自的命令寄存器中。在 8279 初始化时把各种命令送入命令地址口，根据其特征位可以把命令存入相应的命令寄存器，执行程序时 8279 能自动寻址相应的命令寄存器。

4．8279的状态字及其格式

状态字主要用来显示 8279 的工作状态。状态字和 8 种命令字共用一个地址口。当 8279 的 A0 引脚为 1 时，从 8279 命令/状态口地址读出的是状态字。其各位意义如下所示。

（1）D7：D7=1 表示显示无效，此时不能对显示 RAM 写入。

（2）D6：D6=1 表示至少有一个键闭合，当工作在特殊错误方式时，表示出现了多键同时按下错误。

（3）D5：D5=1 表示 FIFO RAM 已满，再输入一个字则溢出。

（4）D4：D4=1 表示 FIFO RAM 中已空，无数据可读。

（5）D3：D3=1 表示 FIFO RAM 中数据已满。

（6）D2～D0：FIFO RAM 中字符的个数，最多为 8 个。

显然，状态字主要用于键盘和选通工作方式，以指示 FIFO RAM 中的字符数及有无错误发生。

5．8279数据输入/输出格式

对 8279 输入/输出数据不仅要先确定地址口，而且数据存放也要按一定格式，其格式在键盘和传感器方式有所不同。

1）键盘扫描方式数据输入格式

键盘的行号、列号及控制键位置如下：

D7	D6	D5	D4	D3	D2	D1	D0
CNTL	SHIFT	SL2	SL1	SL0	由 RLx 的 x 决定		

（1）D7：控制键 CNTL 状态。

（2）D6：控制键 SHIFT 状态。

（3）D5 D4 D3：被按键所在列号（由 SL0～SL2 的状态确定）。

（4）D2 D1 D0：被按键所在行号（由 RL0～RL7 的状态确定）。

2）传感器方式及选通方式数据输入格式

此种方式 8 位输入数据为 RL0～RL7 的状态。格式如下：

D7	D6	D5	D4	D3	D2	D1	D0
RL7	RL6	RL5	RL4	RL3	RL2	RL1	RL0

6. 8279译码和编码方式

8279 的内、外译码由键盘/显示命令字的最低位 D0 选择决定。

D0＝1 时选择内部译码，也称为译码方式，SL0～SL3 每时刻只能有一位为低电平。此时 8279 只能接 4 位显示器和 4×8 矩阵式键盘。

D0＝0 时，选择内部编码，也称为编码方式，SL0～SL3 为计数分频式波形输出，显示方式可外接 4～16 译码器，驱动 16 位显示器。键盘方式可接 3～8 译码器，构成 8×8 矩阵式键盘。

12.4.2 8279 与单片机接口应用举例

利用 8279 接口芯片对键盘和显示器进行连接，这样使 8051 端的编程相对容易。在实际应用中，键盘的大小和显示器的位数可以根据具体需要而定。

【例 12-12】 如图 12-18 所示，8279 外接 8×8 键盘、16 位 LED 显示器，由 SL0～SL2 译出键扫描线，由 4～16 译码器对 SL0～SL3 译出显示器的位扫描线，编程读取按键值并显示。

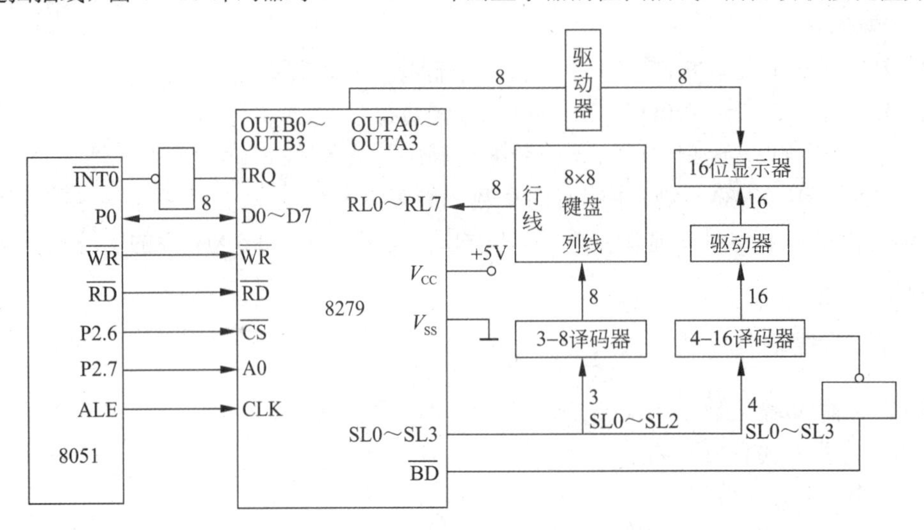

图 12-18　8279 与键盘和显示器的常用接法

编程代码如下：

```
#include <reg51.h>
#include <stdio.h>
#define P8279DataAddr 0x0000            //*a0=0，8279 数据地址
#define P8279CommandAddr 0x8000         //*a0=1，命令地址
#define uchar unsigned char
#define uint unsigned int
uchar keyNumber;                        //*获取的键盘值
Uart_Init();
sbit P26=0xA6;                          //*P2.6 位
sbit P27=0xA7;                          //*P2.7 位
void SendCommand(uchar c8279com);       //*发送命令
void SendData(uchar c8279data);         //*发送数据
uchar GetData();                        //*获得键值
```

```
void Delay();                          //*延时子程序
bit Change_Flag;
void Updata_LED();
main()
{
 Uart_Init();
    P0=0XFF;
    P1=0XFF;
    P2=0XFF;
    P3=0XFF;
    Delay();
    EX0=1;                             //*外部中断 0 允许
EA=1;                                  //*全局中断允许
    SendCommand(0x00);                 //*没有特殊要求，一般可以这样初始化
SendCommand(0x2a);                     //*分频 10
    SendCommand(0xdf);                 //*清屏
    while(1)
    {    ;
    }
}
void Int0_isr() interrupt 0 using 0
{
     SendCommand(0xdf);                //*清屏
SendCommand(0x40);                     //*发出读键盘命令
keyNumbe=GetData();                    //*读键盘
if (keyNumber<0x0f)                    //*按顺序接了 16 个键，返回的键盘码为 0～0X0F
     {
SendCommand(0x80);
SendData(keyNumber);
     keyNumber<<=4;
SendCommand(0x83);                     //*写 LED 命令，在第 3 个数码管上显示
SendData(keyNumber);                   //*写 LED 显示内容
     }
else
 SendCommand(0xd3);                    //*如果按了最后一个键 0X0F，就全屏显示 0
}
Uart_Init()
     {SCON=0x52;                       //*设置串行口控制寄存器 SCON
      TMOD=0x21;                       //*12M 时钟波特率为 2400
      TCON=0x69;                       //*TCON
      TH1=0xf3;                        //*TH1
     }
void SendCommand(uchar P8279com)       //*发送命令字
{
*((uchar xdata *)P8279CommandAddr)=P8279com;
Delay();
}
void SendData(uchar P8279data)         //*发送数据字
{
*((uchar xdata *)P8279DataAddr)=P8279data;
Delay();
}
uchar GetData()                        //*获取键值
{
return*((uchar xdata *) P8279DataAddr);
}
void Delay()
```

```
{
uint i;
for(i=0;i<200;i++);
}
```

程序注解如下：

（1）在程序中分别编制了相应的函数向 8279 发送数据和命令以及获得键盘按键，数据以参数或返回值的形式给出。

（2）在程序中认为 8279 的数据地址为 0X0000，命令地址为 0X8000，要发送命令和数据的具体值要根据实际系统中的参数来设定。

（3）在外部中断 0 的中断服务程序中实现对 8279 获取到的按键值的读取，并进行相关处理和发送显示。

（4）3-8 译码器为数字电路中的常用器件，译码器对 SL2～SL0 进行译码并把译码后的结果反应在 RL7～RL0 上。

（5）在 C 语言中访问外部寄存器时要先进行类型转换（uchar xdata*），如果直接用间接寻址的方式*P8279DataAddr 会发生编译错误。

12.5 打印输出设备

作为特种打印机系列的一个重要组成部分，微型打印机的市场需求日渐扩大，应用也越来越广泛，如商场超市、餐饮、娱乐、金融、邮政、医疗器械、电力系统、税控打印等行业。单片机控制微型打印机输出数字、表格和文本信息，它已渐渐成为单片机应用系统不可分割的组成部分。

12.5.1 微型打印机概述

微型打印机简称微打，是相对于通用打印机而言的，具有处理的票据较窄、整机体积较小、操作电压较低的特点。它是打印机大家族中一个细小而特别的种类。

微型打印机以不同的方式进行分类，得到的结果也不尽相同。表 12-9 列举了比较典型的分类方式和结果。

表 12-9 微型打印机分类

分类方式	类别	备注
用途	专用微型打印机	如专业条码微打、专业证卡微打，通常需驱动，有时候需配套设备
	通用微型打印机	支持多种设备
打印方式	针式微型打印机	打印针撞击色带，将色带的油墨印在打印纸上
	热敏微型打印机	用加热的方式使涂在打印纸上的热敏介质变色
	热转印微型打印机	将碳带上的碳粉通过加热的方式印在打印纸上
传输方式	无线微型打印机	利用红外或蓝牙技术进行数据通信，通常无线微打都带有串口或并口，可以以有线的方式进行数据通信
	有线微型打印机	通过串行或并行的方式进行数据通信

下面以 WH-A7 微型打印机为例，介绍微型打印机的特点、接口、命令，然后给出实际使用时与单片机的硬件连接图以及程序。

WH-A7 系列热敏微型打印机采用 EPSON、SAMSUNG 等国内外知名品牌打印头，由单片机控制，使用与标准打印机接口（Centronic 并行接口或 RS-232 串行接口）兼容的接口电路。自带国标一、二级汉字库，多个西文字库，其中包括 ASCII 字符、德文、法文、俄文、日语片假名。能设置多种格式的汉字、字符，拥有强大的图形自定义、字符自定义打印命令。可以选配 485 接口、USB 接口、无线接口等。

WH-A7 系列热敏微型打印机有如下特点。

（1）支持 3.5～9V 电源（7.2～8.5V 时性能最佳）。

（2）支持 3.3V 低电压系统。

（3）支持电池供电。

（4）静态电流约 3.3mA。

（5）高速和低功耗模式任意选择。

（6）丰富的图形曲线字符打印功能。

（7）液晶屏幕复制功能。

（8）缺纸检测自动记忆打印功能。

（9）支持 ASCII 半角字符集。

（10）西文字符集可旋转打印。

（11）功能设置自动打印提示。

（12）可设置通信模式、波特率、打印方向、打印浓度。

1. WH-A7接口时序

为了驱动 WH-A7 系列打印机，必须了解其工作时序。WH-A7 系列打印机具有并行接口和串行接口两种接口方式以适应不同的需求环境。下面对两种接口时序分别介绍。

1）WH-A7 并行接口时序

微型打印机并行接口一般采用标准的 Centronic 并行接口，总共有 36 根信号线。通过 36 线 D 形插座，经由电缆与主机相连接。实际上，微型打印机通常采用与标准兼容的并行接口，亦即接口信号中作用不大的信号不予考虑，只利用那些最关键的信号线。

WH-A7 系列并行接口热敏微型打印机接口与 CENTRONICS 8 位并行接口兼容，支持 BUSY-$\overline{\text{ACK}}$ 握手协议，接口插座为 IDE26 针插座。并行接口插座引脚序号如图 12-19 所示。

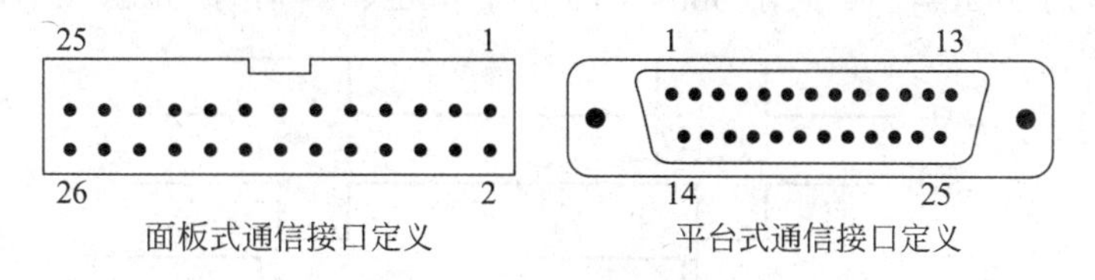

图 12-19　并口通信接口

虽然不同外形的微型打印机的并行接口插座不同，但是并行口打印机均采用以 $\overline{\text{STB}}$、DATA1～DATA8、BUSY 和 $\overline{\text{ACK}}$ 信号为特征的并行接口。只是相同信号的引脚顺序有所不同。WH-A7 系列并行接口信号的构成如表 12-10 所示。

表 12-10 并行接口信号

平台式 引脚号	面板式 引脚号	信号名称	方向	信号种类	信号说明
1	1	$\overline{\text{STB}}$	输入	控制信号	数据选通触发脉冲，上升沿时读入数据
2～8	3、5、7、9、11、13、15、17	DATA1～DATA8	输入	数据信号	这些信号分别代表并行数据的第1～8位信号，每个信号的逻辑为1时为“高”电平，逻辑为0为“低”电平
10	19	$\overline{\text{ACK}}$	输出	状态信号	应答脉冲，“低”电平表示数据已被接收，而且打印机准备好接收下一数据
11	21	BUSY	输出	状态信号	“高”电平表示打印机正“忙”，不能接收数据
13	25	SEL	输出	状态信号	打印机内部经电阻上拉“高”电平，表示打印机在线
15	4	$\overline{\text{ERR}}$	输出	状态信号	打印机内部经电阻上拉“高”电平，表示无故障
14、16、17	2、6、8、26	NC			空脚
8～25	10～24 （偶数）	GND			接地

表中所示信号中最关键的有$\overline{\text{STB}}$、DATA1～DATA8、BUSY和$\overline{\text{ACK}}$，由它们构成打印机的工作时序。其他信号是为了更好地控制和监视打印机的工作，让打印机正确运行，一般应用中，可以不予考虑。根据信号的作用不同，可将它们分为3类，即数据信号、状态信号和控制信号。其中数据和控制信号是主机送往打印机的，而状态信号是打印机送往主机的。

主机在打印机忙线BUSY为低电平时，输出数据，产生选通脉冲信号$\overline{\text{STB}}$，将数据总线上的数据DATA1～DATA8锁存入打印机中。在打印机处理此数据期间，忙线为高电平，此时主机不能向打印机发送数据，否则将被丢弃。打印机处理完此数据或执行完打印操作后，忙线变成低电平，并发出应答$\overline{\text{ACK}}$信号脉冲，表示数据已被接收处理完毕，打印机可以接收下一个数据了。并行打印机的工作时序如图12-20所示。图中标出的几个时间有如下约束：T1需大于0.5μs，T2大于30ns、T3小于40ns、T4小于5ms、T5则约为2ms。

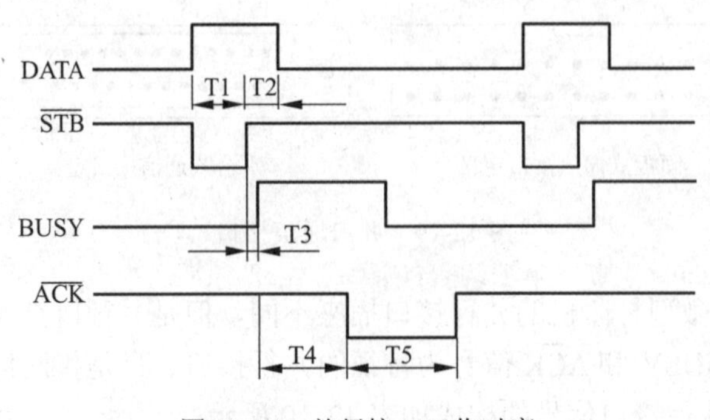

图12-20 并行接口工作时序

2）WH-A7串行接口时序

WH-A7系列微型打印机串行接口和RS-232C标准兼容。在与单片机接口时，存在TTL电平与RS-232C电平的转换问题，通常采用专用芯片实现。

WH-A7系列串行接口微型打印机，有多种不同的接口形式。可以分为Ax型接口、T1型接口和Tx型接口，如图12-21所示。

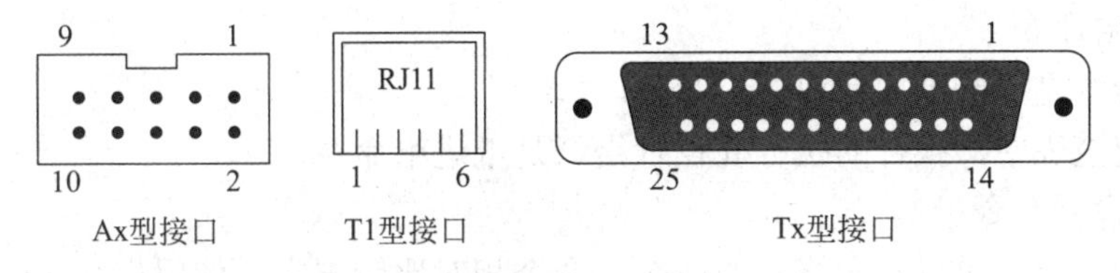

图12-21 串行接口微型打印机接口

串行接口时，数据信号减少为2个（发送信号和接收信号），没有控制信号，状态信号只有忙信号，如表12-11所示。

表12-11 串行接口信号

Tx型	T1型	Ax型	信号名称	方向	信号种类	信号说明
2	2	5	RXD	输入	数据信号	打印机从主计算机接收数据
3	3	3	TXD	输出	数据信号	当使用XON/XOFF握手时，打印机向上位机发送控制码
5	4	2	BUSY	输出	状态信号	该信号高电平时，表示打印机正“忙”，不能接收数据；而当该信号低电平时，表示打印机“准备好”，可以接收数据
4	—	6	BUSY	输出	状态信号	同BUSY(TTL电平时，此引脚为空引脚）
7	5	9	GND			信号地

微型打印机需要接收数据，RXD端是必须使用的，而是否使用TXD则需要考虑用户选择打印机串行通信的握手方式。握手方式有2种：一种是标志控制方式，RXD接收串行数据，使用BUSY输出微型打印机的工作状态；另一种是XON/XOFF协议方式，由TXD发送串行数据，单片机根据接收到的数据是否为11H、13H决定数据的发送。

2．WH-A7热敏微型打印机打印命令

微型打印机作为智能终端，能接收主机发来的命令并完成相应的功能。打印命令实际上是一组组控制代码，至今仍没有统一的标准，各微型打印机的控制代码所代表的打印命令各不相同。

各微型打印机能完成的功能各异，所以其打印命令的丰富程度也不一样。有些微型打印机只有几条命令，而一些宽行打印机有的则有十几条、几十条打印命令，命令越丰富，其功能越强大。

WH-A7系列微型打印机的打印命令非常丰富，有近40条之多。根据命令的功能不同，可以分为10类。

1）字符集命令

字符集命令是选择打印哪种字符集的命令。16点阵的热敏打印机有两种字符集可以选择，而24点阵的热敏微型打印机则只有一种字符集。

在命令速查表中，选择字符集1和选择字符集2是16点阵微型打印机的字符集命令。24点阵微型打印机只有选择字符集1一个命令。

2）纸进给命令

纸进给命令是控制纸如何前进的命令。

在命令速查表中，换行的执行n点行走纸是纸进给命令。

3）格式设置命令

格式设置命令是设置打印格式的命令。命令相对比较丰富，使用也会比较复杂。

在命令速查表中，格式设置命令有设置n点行间距、设置字符间距、设置垂直造表值、执行垂直造表、设置水平造表值、执行水平造表、打印空格或空行、设置右限、设置左限和灰度打印共10个命令。

4）字符设置命令

字符设置命令是对打印字符进行一些效果处理的命令。

在命令速查表中，横向放大、纵向放大、横向纵向放大、允许/禁止下画线打印、允许/禁止上划线打印、允许/禁止反白打印和允许/禁止反向打印命令属于字符设置命令。

5）用户定义字符设置命令

用户自定义字符设置命令是允许用户自己定义字符的命令。

在命令速查表中，用户定义字符设置命令包含3个命令：定义用户自定义字符、替换自定义字符、恢复字符集中的字符。

6）图形打印命令

图形打印命令是允许用户打印比较复杂的图形曲线等的命令。

在命令速查表中，打印点阵图形、打印曲线 1、打印曲线 2（自动补点）、条行码打印这4个命令是图形打印命令。

7）汉字设置命令

汉字设置命令是 16 点阵微型打印机用的，包括进入和退出汉字方式以及其他一些效果的实现。

在命令速查表中，汉字设置命令包括进入汉字方式、退出汉字方式、汉字横向纵向放大、汉字横向放大一倍、取消汉字横向放大、汉字允许/禁止上划线打印、汉字允许/禁止下画线打印、汉字允许/禁止反白打印。

8）初始化命令

初始化命令将实现如下设置：清除打印缓冲区；对16点阵微型打印机，选择字符集1，字符或汉字放大两倍；禁止上画线，下画线和反白打印；面板式打印反向字符，从右向左方向打印；平台式打印正向字符，从左向右方向打印；行间距为3。

在命令速查表中，初始化打印机是初始化命令。

9）数据控制命令

在微型打印机接收到数据控制命令后，将对缓冲区内的命令和字符进行处理，按要求打印缓冲区内的全部字符或汉字，并换行。

在命令速查表中，回车是数据控制命令。

10）自动切刀命令

如果有自动切刀，送完数据后再送入这指令，则启动切刀。

在命令速查表中，自动切刀命令即是自动切刀。

12.5.2 微型打印机的应用

本小节以实例的方式讲述微型打印机的应用。

【例 12-13】 并行 WH-A7 与 51 单片机的接口设计。

1. 硬件设计

从并行接口工作时序（图 12-20）可以看出，产生$\overline{\text{STB}}$选通信号是设计单片机与打印机接口电路的关键。在这里用单片机 P1.0 来控制打印机的选通信号。如图 12-22 所示，微型打印机的接口输入电路有数据锁存器，可以直接与单片机系统的总线 P0 口连接。

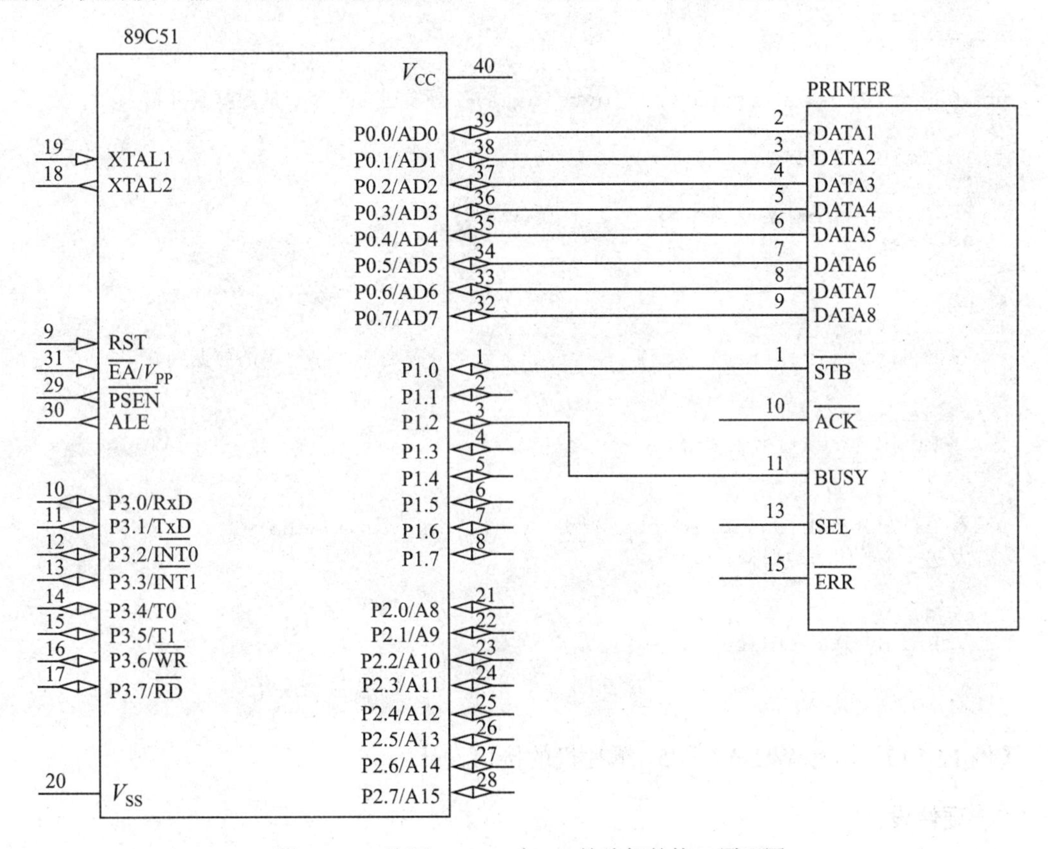

图 12-22 并行 WH-A7 与 51 单片机的接口原理图

2. 软件设计

对微型打印机的操作可以采用查询方式或者中断方式。在这里，选用查询方式。

在编写打印机控制程序时，首先判断 BUSY 忙线信号电平。然后，当输出数据在数据总线上时，产生一个低脉冲选通信号$\overline{\text{STB}}$。

相应程序如下：

```
#include<reg52.h>
#include<intrins.h>
//**************** Hardware configuration ****************
#define PRINTER_DATA P1                //*定义打印机数据线端口
sbit  BUSY = P1^2;                     //*定义打印机忙信号引脚
sbit  nSTB = P1^0;                     //*定义打印机STB信号引脚
#define CR  0x0d
#define LF  0x0a
void PrintByte(unsigned char byte_data); //*定义发送 1 个字节的数据到并口的函数
void PrintString(char *str);             //*定义发送 1 个字符串的数据到并口的函数
void PrintByteN(unsigned char *data_src,unsigned char N);
//*定义发送一个数组的数据到并口的函数
void main(void)
{
  char str[]="Printer demo";
  PrintString("WHKJ Printer");
  PrintByte(CR);
  while(1);
}
void PrintByte(unsigned char byte_data) //*发送 1 个字节的数据到并口
{
  while(BUSY==1){
  }
  PRINTER_DATA=byte_data;
  nSTB=0;
  _nop_();                               //*调整 nSTB 信号脉宽
  nSTB=1;
}
void PrintString(char *str)              //*发送 1 个字符串的数据到并口
{
  while(*str ){
    PrintByte(*(str++));
  }
}
void PrintByteN(unsigned char *data_src, unsigned char N)
//*发送一个数组的数据到并口
{
  while(N--){
    PrintByte(*(data_src++));
  }
}
```

【例 12-14】 串行 WH-A7 与 51 单片机的接口设计。

1. 硬件设计

串行接口时，打印机接口连接器上的输入/输出信号为 RS-232C 电平，在与单片机接口时，存在 TTL 电平与 EIA 电平的转换问题。目前，常用的方式很多，这里采用 MAX232 芯片连接方式。

串行 WH-A7 与 51 单片机的接口方式有两种，在这里选择标志控制方式，如图 12-23 所示。工作时，单片机读取 P3.2 脚的状态，从而判断微型打印机的工作状态，不忙时向微型打印机发送数据。

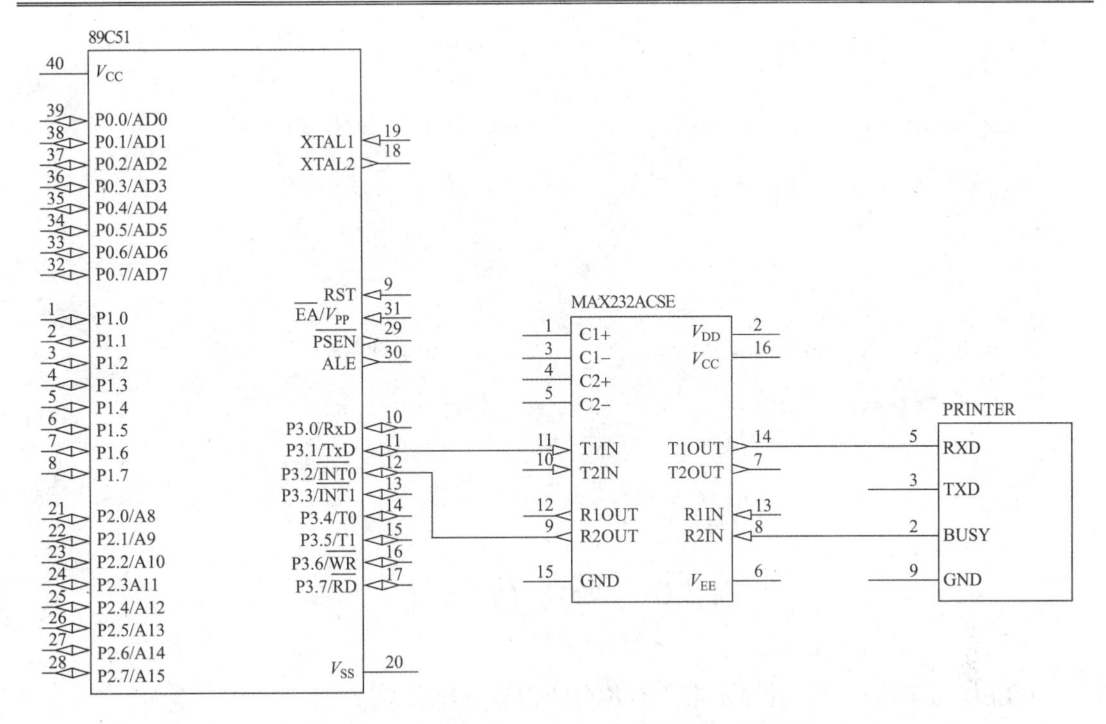

图 12-23 串行 WH-A7 与 51 单片机的接口原理图

2. 软件设计

相应程序如下：

```
#include<reg52.h>
sbit BUSY=P3^2;
void Print_Byte(uchar ch);         //*定义 1 个发送字节数据到串口的函数
void Print_Array(array,n);         //*定义发送 1 个数组的数据到串口的函数
void Print_String(uchar *str);     //*定义 1 个把字符串送到串口的函数
void main()
{
   int i;
   TMOD=0x20;                      //*定时器 1 工作于方式 2
   SCON=0x40;                      //*串口工作于方式 1
   TH1=0xfa;                       //*装入初值，22.1184MHz 的晶振，9600 的波特率
   TL1=0xfa;
   PCON=0x00;                      //*波特率无倍增
   TR1=1;                          //*开启定时器 1 开始工作
   Print_Byte(0x1B);
   Print_Byte(0x38);
   Print_String("我爱北京天安门");
   Print_Byte(13);
   while(1);
}
void Print_Byte(uchar ch)          //*发送字节数据到串口
{
   while(BUSY){
   }
   SBUF=ch;
   while(!TI){
```

```
    }
    TI=0;
}
void Print_Array(array,n)           //*发送一个数组的数据到串口
{
     uchar array[];
     int n;
     int i;
     for(i=0;i<n;i++)
     Print_Byte(array[i]);
}
void Print_String(uchar *str)       //*发送一个字符串到串口
{
     while(*str){
     Print_Byte(*str++);
     }
}
```

12.6 思考与练习

1. LED 显示器有哪两种显示形式？各自的特点是什么？

2. 根据图 12-18 画出利用 8279 外接 4×4 键盘和 8 位 LED 显示器的相应硬件电路，并编写读取按键值并显示的有关程序。

第 13 章　A/D 和 D/A 转换器

在过程控制和数据采集等系统中，经常要对过程参数进行测量和控制，如温度、压力、流量、速度、位等，这些参数都是连续变化的物理量，即模拟量。而单片机只能接收数字信号、时间和数值都离散的量，因此单片机应用系统通常设有模拟量输入通道和输出通道。

13.1　A/D 转换器

一般由传感器检测得到模拟电量，A/D 转换器将模拟电量转换成单片机能处理的数字信号或脉冲信号。

A/D 转换器（Analog to Digital Converter，ADC）是一种把模拟量转换成与输入量成比例的数字量的电子器件。A/D 转换过程主要包括采样、量化与编码 3 个环节，即先对输入的模拟电压信号采样，采样结束后进入保持时间，在这段时间内将采样的电压量转化为数字量，并按一定的编码形式给出转换结果，然后开始下一次采样。A/D 转换器可以分为直接 A/D 转换器和间接 A/D 转换器。直接 A/D 转换器是指输入的模拟信号直接被转换成相应的数字信号；间接 A/D 转换器是将输入的模拟信号先转换成某个中间变量（如时间 T、频率 F 等），然后将中间变量转换为最后的数字量。A/D 转换器的电路结构、工作原理、性能指标差别很大。目前，存在多种 A/D 转换技术，各有特点，常用的转换技术有计数器式、逐次逼近式、双积分式、并行式等。

13.1.1　A/D 转换器的主要参数

下面主要讲述 3 种参数。

1．分辨率（Resolution）

分辨率说明 A/D 转换器对输入模拟信号的分辨能力。A/D 转换器的分辨率以输出二进制的位数表示，一般有 8 位、10 位、12 位、16 位、22 位等。从理论上讲，n 位二进制数输出的 A/D 转换器能区分 2^n 个不同等级的模拟电压，能区分输入模拟电压的最小值为满量程输入（V_{FS}）的 $1/2^n$，即 $V_{FS}/2^n$。当 V_{FS} 一定时，输出位数越多，量化单位越小，则分辨率越高。例如，若 A/D 转换器的 V_{FS} 为 10V，当 A/D 转换器的输出为 8 位、10 位和 12 位数字量时，其可分辨的最小电压分别为 39.06mV、9.77mV 和 2.44mV。当电压的变化低于这些值时，A/D 转换器不能分辨。

2. 转换误差（Conversion Error）

转换误差表示 A/D 转换器实际输出的数字量与理论输出数字量之间的差别，即实际转换点偏离理想特性的误差，常用最低有效位的倍数表示。例如，给出相对误差≤±LSB/2，表明实际输出的数字量和理论上应得到的输出数字量之间的误差小于最低位的一半。

有时也用满量程输出的百分数给出转换误差。例如，A/D 转换器的输出为十进制的 $3\frac{1}{2}$ 位（即所谓的三位半），转换误差为±0.005%V_{FS}，则满量程输出为 1999，最大输出误差小于最低位的 1。

值得指出的是，转换误差是一定电源电压和环境温度下得到的数据，如果条件发生了变化，也将引起附加的转换误差。

3. 转换时间（Conversion Time）

转换时间是指从转换器从接到转换启动信号开始，到输出端得到稳定的数字信号所经过的时间。A/D 转换器的转换时间主要取决于转换电路的类型，不同类型 A/D 转换器的转换时间相差很大。其中，并行 A/D 转换器的转换时间最短，速度最高，仅需几十纳秒；逐次逼近式 A/D 转换器次之，转换时间一般在几十微秒；双积分式 A/D 转换器转换速度最慢，转换时间一般在几十至几百毫秒。

在实际应用中，应从系统的位数、精度要求、输入模拟信号的范围及输入信号极性等方面综合考虑 ADC 的选用。

13.1.2 逐次逼近式 A/D 转换器 ADC0809

ADC0809 是典型的 8 位逐次逼近式 A/D 转换器，带 8 个模拟量输入通道，每个通道的转换时间大约 100μs，引脚如图 13-1 所示。

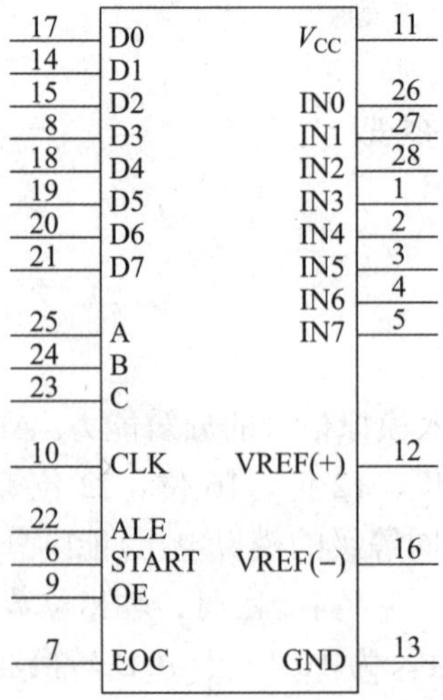

17 D0　　V_{CC} 11
14 D1
15 D2　　IN0 26
8 D3　　IN1 27
18 D4　　IN2 28
19 D5　　IN3 1
20 D6　　IN4 2
21 D7　　IN5 3
　　　　IN6 4
25 A　　IN7 5
24 B
23 C
10 CLK　　VREF(+) 12
22 ALE
6 START　　VREF(−) 16
9 OE
7 EOC　　GND 13

图 13-1　ADC0809 芯片引脚图

1. 引脚功能简介

下面介绍 ADC0809 芯片引脚的功能。

（1）START：A/D 转换启动信号，输入口，高电平有效。

（2）ADDA、ADDB、ADDC：地址输入线，用于选通 8 路模拟输入中的一路，功能如表 13-1 所示。

表 13-1　被选模拟量路数和地址的关系

ADDC	ADDB	ADDA	被选择模拟电压路数
0	0	0	IN0
0	0	1	IN1
0	1	0	IN2
0	1	1	IN3
1	0	0	IN4
1	0	1	IN5
1	1	0	IN6
1	1	1	IN7

（3）ALE：地址锁存允许信号，输入口、高电平有效。

（4）OE：输出允许信号，输入口、高电平有效。

（5）EOC：A/D 转换结束信号，输出口、高电平有效。

（6）IN0～IN7：8 路模拟信号输入端。

（7）CLK：时钟脉冲输入端，典型时钟 640kHz，最大时钟 1.2MHz。一般取自单片机的 ALE 的信号，单片机的 ALE 引脚输出 1/6 振荡频率的正弦信号。如果采用晶振频率是 12MHz，那么 ALE 引脚输出信号的频率为 2MHz，大于 CLK 引脚要求的最大时钟 1.2MHz，所以这时需要对单片机的 ALE 引脚输出信号进行二分频，满足 CLK 引脚输入时钟脉冲信号频率的要求。如果采用晶振频率是 6MHz，这时 ALE 引脚输出信号就不需要分频了。

（8）REF（+）、REF（–）：基准电压。一般与单片机接口时，REF（–）为 0V 或–5V，REF（+）为+5V 或 0V。基准电压选择值根据被测的信号的极性及范围确定，如果被测信号的单极性为正，则 REF（+）= 5V，REF（–）= 0V。如果被测信号的极性为双极性，则 REF（+）= +5V，REF（–）= –5V。

2. ADC0809的工作过程

（1）确定 ADDA、ADDB、ADDC 这 3 位地址选择哪一路模拟信号。

（2）使 ALE=1，使该路模拟信号经选择开关到达比较器的输入端。

（3）启动 START，START 的上升沿将逐次逼近寄存器复位，下降沿启动 A/D 转换。这时 EOC 输出信号变低，指示转换正在进行。

（4）A/D 转换结束，EOC 变为高电平，指示 A/D 转换结束。此时，数据已保存到 8 位锁存器。

【例 13-1】 设计检测幅值为 0～5V 的直流电压信号，并将电压值的显示在数码管上。

1．硬件设计

硬件电路如图 13-2 所示。因为单片机晶振采用 12MHz，所以用 74LS74 进行二分频，数码管显示部分采用动态显示。

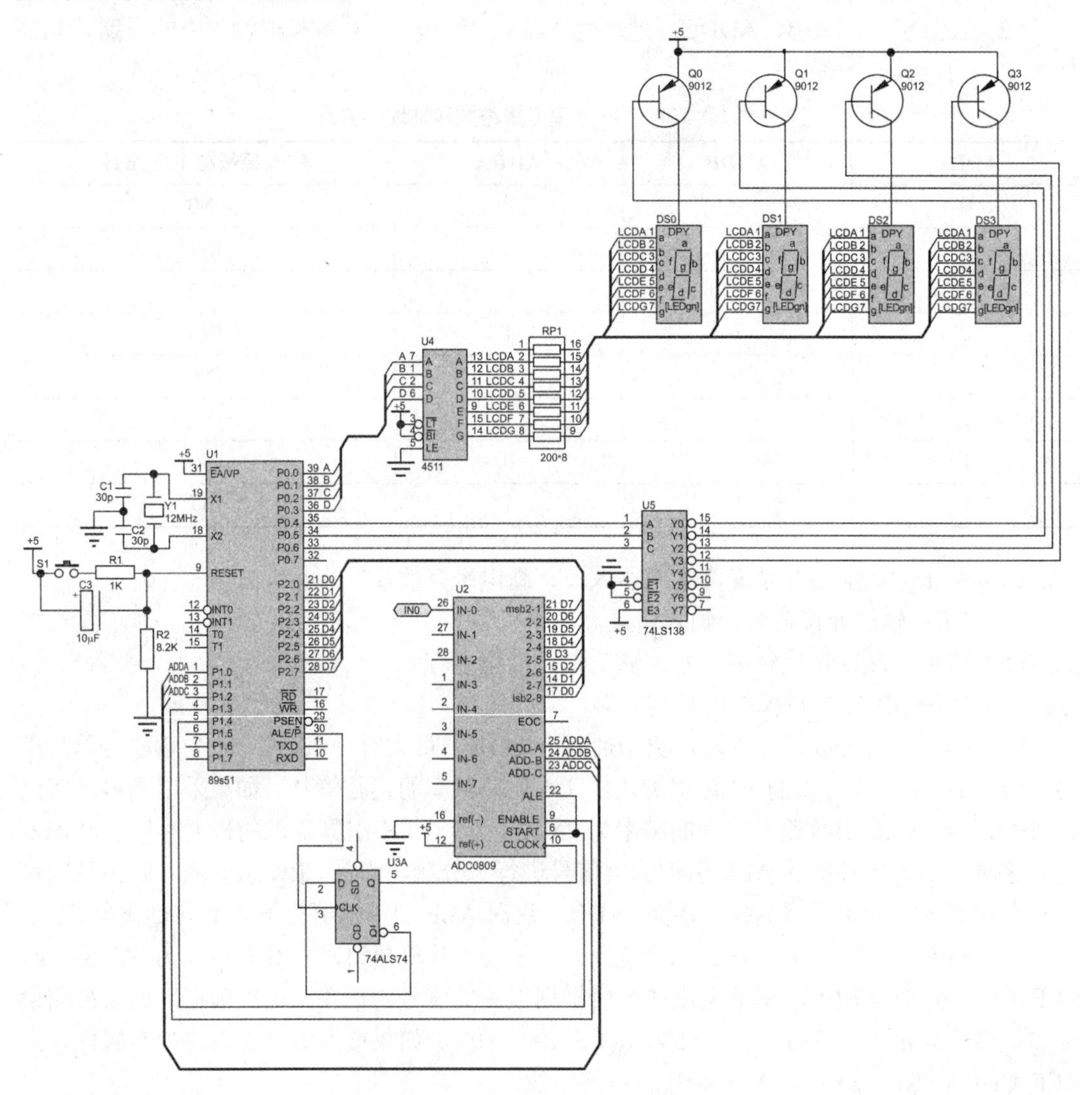

图 13-2　ADC0809 的应用电路

2．软件设计

汇编语言程序代码如下：

```
        org 0000h
        ajmp start
;//************主程序**********************//
start:      call  ad0809        ;调用 AD0809 子程序
loop:       jnb p3.2,loop       ;EOC 是否为高
            setb p1.3           ;OE 使能，转换数据输出
            mov  r7,p2
```

```
        call xianshi      ;调用延时程序
        mov p1,#00h
        sjmp start
;//***********显示子程序*************//
xianshi:
  ;//**** 选择百位***********//
        mov a,r7
        mov b,#100
        div ab
  ;//**** ;选择十位***********//
        mov r2,#20h
        mov p0,r2
        orl a,r2
        mov  p0,a
        acall delay
  ;//*****选择十位************//
        mov a,b
        mov b,#10
        div ab
        mov r2,#10h
        mov p0,r2
        orl a,r2
        mov   p0,a
        acall delay
  ;//**** 选择个位************//
        mov r2,#00h
        mov a,b
        mov p0,r2
        mov   p0,a
        acall delay
        ret
;//****** *个位和十位交替闪烁时间*******//
delay:   mov   r3,#20h          ;延时子程序
del2:    mov   r4,#20h
del1:    nop
         djnz   r4,del1
         djnz   r3,del2
         ret
;//** *****AD0809子程序****************//
ad0809:  mov    p1,#00h         ;选择IN0
        nop;
        setb   p1.4             ;ALE置高,
        setb   P1.5             ;START置高
        lcall  DELAY ;
        clr    p1.5             ;START置低，A/D转换
        ret
        end
```

C语言程序代码如下：

```
#include <intrins.h>
#include <math.h>
#include<reg52.h>

#define uchar unsigned char
#define uint unsigned int
#define ulong unsigned long

uint      dadch,aa;
```

```
uint       b,c,d;
sbit       oe=P1^3;
sbit       start=P1^5;
sbit       ale1=P1^4;
sbit       eoc=P3^2;
sbit       shuwei=P1^6;
#define    ad_bus     P2         //A/D 转换数据口
#define    xianshi     P0
//**********************************************//
void delay100us(void)
{
        uchar t;
        for(t=0;t<200;t++);
}
void delayms(uint ms)             //*毫秒延时子函数
{
        uint i,j;
        for (j=0;j<ms;j++)
        {
             for(i=0;i<69;i++);
        }
}

//**********************************************//
//           A/D 转换子程序
//**********************************************//
void adch()
{
        start=0;
        oe=0;
        _nop_();
        ale1=1;
        start=1;
        delay100us();            //延时 100u
        start=0;
        while(eoc!=1)
        {
               ;
        }
        oe=1;
        dadch=ad_bus;            //读入 A/D 转换数据
}
//**********************************************//
void adxian(void)
{
 //*******数据处理******//
        aa=dadch*5;
        b=aa*10;
        d=b/255;
        c=d%10;

  //*******显示*******//

        xianshi=d/10+16;
        shuwei=0;
        delayms(1);
        shuwei=1;
        xianshi=c;
        delayms(4);
```

```
  //*******************//
        start=0;
        oe=0;
 //*******************//
}

//*****************主函数*******************//
void main(void)
{
        shuwei=1;
        P0=0;
         do
        {
                adch();
                adxian();
        }
         while(1);
}
```

13.1.3　串行 A/D 转换器 ADC0832

ADC0832 是 8 位分辨率、双通道 A/D 转换器，其最高分辨率可达 256 级，转换时间仅为 32μs，转换速度快且稳定性能强。由于体积小、兼容性好，性价比高而深受欢迎，目前有很高的普及率。5V 电源供电时，输入电压可以为 0~5V，其引脚的输入/输出电平与 TTL/CMOS 相兼容，可以与单片机直接连接。如图 13-3 所示为 ADC0832 引脚图，各引脚功能如表 13-2 所示。

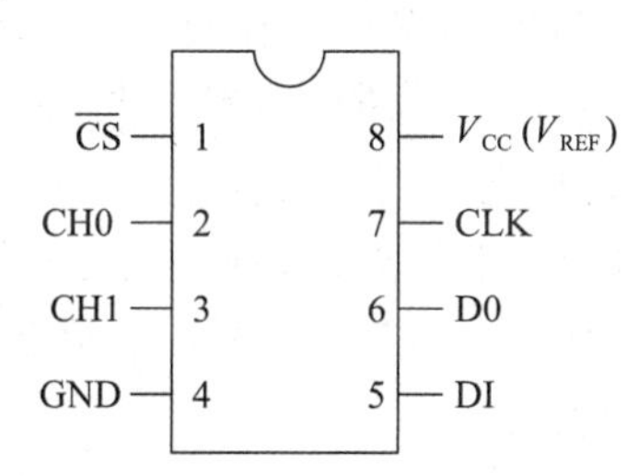

图 13-3　ADC0832 引脚图

1．引脚功能简介

表 13-2　ADC0832 引脚功能

引脚	引脚名字	引脚功能
1	$\overline{CS}$	片选使能，低电平芯片使能
2	CH0	模拟输入通道 0，或作为 IN+/–使用
3	CH1	模拟输入通道 1，或作为 IN+/–使用
4	GND	芯片参考 0 点位地
5	DI	数据信号输入，选择通道控制
6	DO	数据信号输出，转换数据输出
7	CLK	芯片时钟输入
8	$V_{CC}(V_{REF})$	电源/参考电压

【例 13-2】 采用 ADC0832 测量光照强度。

具体连接电路如图 13-4 所示。根据各引脚功能的描述，引脚 8 和引脚 4 是电源输入端，需要接 5V 电源；引脚 2 和引脚 3 是模拟信号输入端。正常情况下，ADC0832 与单片机的接口应为 4 条数据线，分别是 $\overline{CS}$、CLK、DO、DI，但 DO 端与 DI 端在通信时不会同时有效，且与单片机的接口是双向的，所以电路设计时可以将 DO 和 DI 并联在一根数据线上。

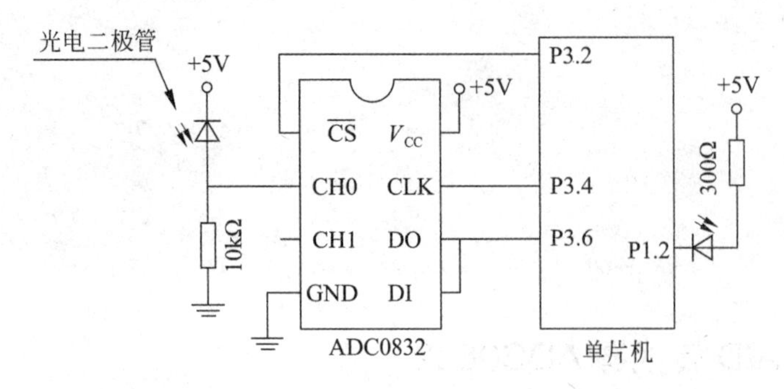

图 13-4 单片机与 ADC0832 的连接电路

传感器是一个光电二极管，工作时两端加反向电压。没有光照时，其反向电阻很大，只有很微弱的反向饱和电流；当有光照时，就会产生很大的反向电流，而且光照越强，该电流就越大。光电二极管的电阻变化，从而引起 CH0 端电压的变化，ADC0832 将该电压值转换并被单片机读取。

工作时序如图 13-5 所示。当 ADC0832 未工作时，其 $\overline{CS}$ 输入端应为高电平，此时芯片禁用，CLK 和 DO/DI 的电平可任意。当要进行 A/D 转换时，$\overline{CS}$ 使能端置于低电平，并且保持低电平直到转换完全结束。此时芯片开始转换工作，同时由处理器向芯片时钟输入端 CLK 输入时钟脉冲，DO/DI 端则使用 DI 端输入通道功能选择的数据信号。在第 1 个时钟脉冲下降之前，DI 端必须是高电平，表示起始信号；在第 2、3 个脉冲下降沿之前，DI 端应输入 2 位数据，用于选择通道功能。

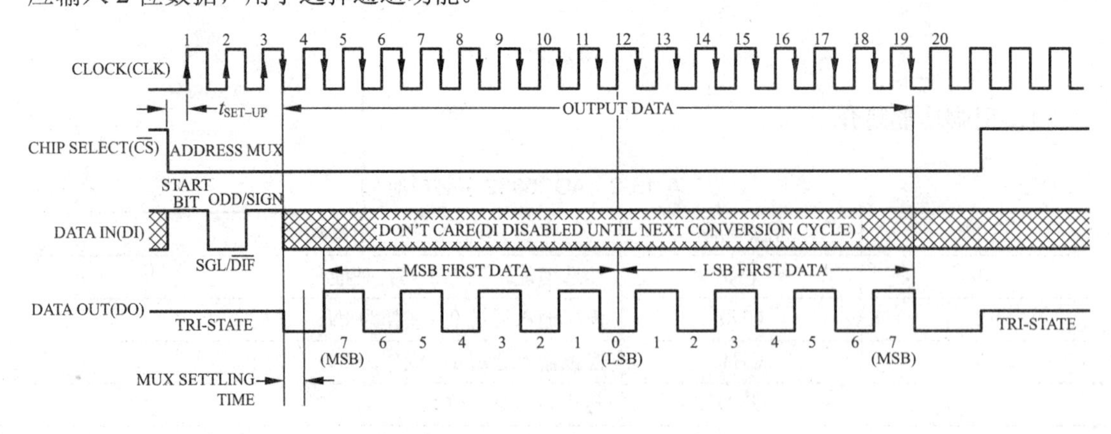

图 13-5 ADC0832 的工作时序图

2. 软件设计

根据时序图，读取 ADC0832 的 C 语言程序代码如下：

```
#include <regx51.h>
/*--------------------------------*/
sbit      CS=P3^2;                          //引脚定义
sbit      CLK=P3^4;
sbit      DI=P3^6;
sbit      DO=P3^7;
sfr       p2=0xA0;
#define   VMAX 5
/*****************************************************/
void delay(int timer)
{
     while(--timer);
}
void pulse(void)
{
     CLK=1;
     Delay(4);
     CLK=0;
}
unsigned char ADC0832(void)
{
    unsigned char i;
    unsigned char a;
    delay(2);
    CS=0;
    a=0x07;                                 //通道选择，07 为 1 通道，06 为 2 通道
     for(i=0;i<4;i++)
     {
            if(!(a&0x01))
               DI=0;
            else
                DI=1;
            a=a>>1;
            pulse();
     }
      a=0x00;
     for(i=0;i<8;i++)
     {
                pulse();
                a=a<<1;
                if(DO)
                a=a+1;
     }
     CS=1;
      return a;
}
/*****************************************************/
void main(void)
{
       unsigned char k;
       k=ADC0832();                         //读取 A/D 转换结果
       if(k>125)P1 2=0;
       else P1 2=1;                         //显示读取结果
}
```

13.2　D/A 转换器

D/A 转换器是将输入的二进制数字信号转换成模拟信号，以电压（或电流）的形式输出。常用的是线性 D/A 转换器，其输出的模拟电压 U 和数字量 D 成正比关系。

$$U_0(I_0)=k\sum_{i=0}^{n-1}D_i2^i$$

其中，D 为位权值，k 为转换比例系数。输出模拟电压（或模拟电流）与输入数字量成正比关系。假设转换比例系数 $k=1$，输入数字量 $n=3$，则输出模拟电压（或模拟电流）为 $U_0(I_0)=D_22^2+D_12^1+D_02^0$，D/A 转换关系如图 13-6 所示。

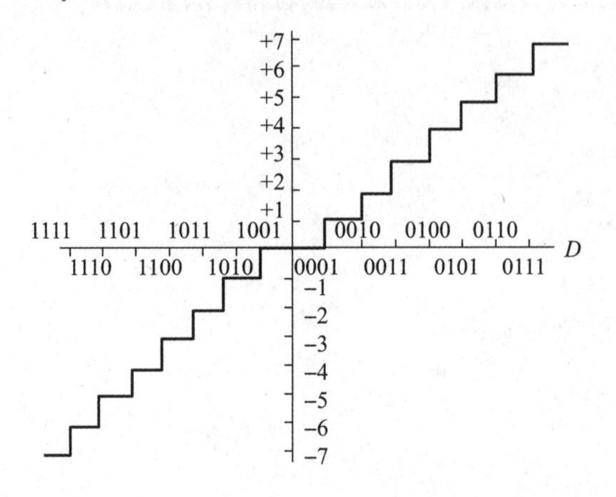

图 13-6　D/A 转换关系

13.2.1　D/A 转换器原理

实现 D/A 转换的电路主要有两种解码网络，即二进制权电阻网络和 T 型电阻网络。

1. 二进制权电阻网络

因为数字量是二进代码按位组合起来的，每一位代码都有一定的“权”。因此，D/A 转换就是要将每一位代码按其“权”的数值转换成为模拟量，然后相加，所得的总和就是与数字量成正比的模拟量。如图 13-7 所示为权电阻译码网络 D/A 转换器电路。

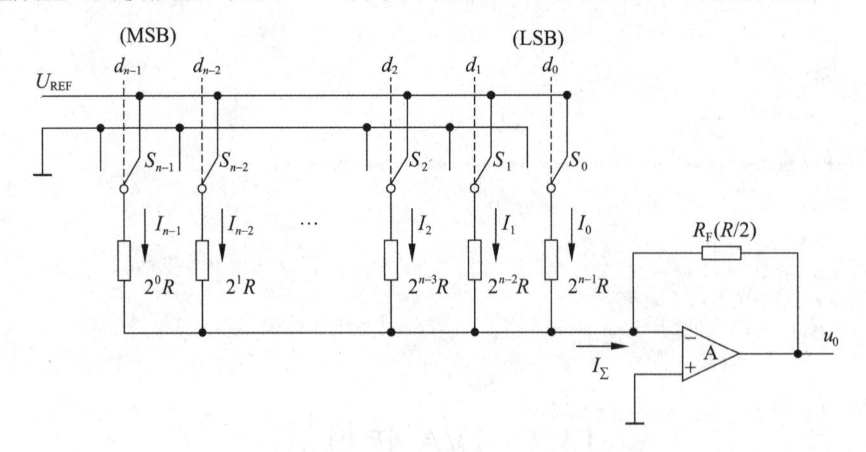

图 13-7　权电阻译码网络 D/A 转换器电路

$d_{n-1}d_{n-2}\cdots d_1d_0$ 是数字量输入，u_0 是模拟量输出，开关 $S_{n-1}S_{n-2}\cdots S_1S_0$ 受输入的数据控制。当对应位为 1 时，该位开关接至 U_{REF}，否则接地。输入与输出的关系如下式：

$$u_0 = -\frac{U_{\text{REF}}}{2^n}\sum_{i=0}^{n-1} d_i 2^i = -\frac{U_{\text{REF}}}{2^n} D_n$$

输出的模拟电压 u_0 与输入的数字量 D_n 成正比，从而实现了从数字量到模拟量的转换。

该电路具有结构简单、精度高、参考电压稳定的特点，但是网络电阻阻值相差较大，制造困难。

2. T型解码网络

T 型解码网络的工作原理如图 13-8 所示。

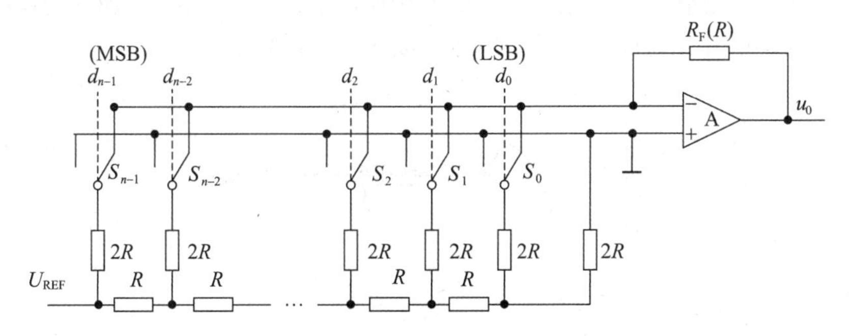

图 13-8　T 型电阻网络 D/A 转换器原理

令 $R_F = R$，则

$$u_0 = -\frac{U_{\text{REF}}}{2^n}\sum_{i=0}^{n-1} d_i 2^i = -\frac{U_{\text{REF}}}{2^n} D_n$$

输出的模拟电压 u_0 与输入的数字量 D_n 成正比，从而实现了从数字量到模拟量的转换。

T 型解码网络有 R 和 $2R$ 这 2 种电阻，而且支路电流流入求和点不存在时间差，是目前集成 D/A 转换器中转换速度较高且使用较多的一种。

13.2.2　D/A 转换器的主要技术指标

D/A 转换器的主要技术指标有如下几种。

1. 分辨率

分辨率用于表征 D/A 转换器对输入微小量变化的敏感程度。

D/A 转换器的分辨率可以用输入数字量的位数 n 表示，也可用 D/A 转换器的最小输出电压（对应于输入数字量最低位增 1 所引起的输出电压增量）与最大输出电压（对应于输入数字量所有有效位全为 1 时的输出电压）之比来表示，即分辨率 $= \frac{\Delta U}{U_{\text{m}}} = \frac{1}{2^n - 1}$。例如，4 位 DAC 的分辨率为 1/(16 – 1) = 1/15 = 6.67%（分辨率也常用百分比来表示）。8 位 DAC 的分辨率为 1/255=0.39%。显然，n 越大，分辨率越高，转换时对输入量的微小变化的反应越灵敏。

2. 转换精度

D/A 转换器的转换精度是指输出模拟电压的实际值与理想值之差，即最大静态转换误差。D/A 转换精度分为绝对和相对转换精度，一般是用误差大小表示。D/A 转换器的转换误差包括零点误差、漂移误差、增益误差、噪声和线性误差、微分线性误差等综合误差。

3. 转换速度

从输入数字量发生突变开始，到输出电压进入与稳定值相差$\pm\frac{1}{2}$LSB 范围内所需要的时间，称为建立时间t_{set}，如图 13-9 所示。建立时间是 D/A 转换速率快慢的一个重要参数。很显然，建立时间越大，转换速率越低。不同型号 D/A 转换器的建立时间一般从几个毫微秒到几个微秒不等。若输出形式是电流，D/A 转换器的建立时间是很短的；若输出形式是电压，D/A 转换器的建立时间主要是输出运算放大器所需要的响应时间。

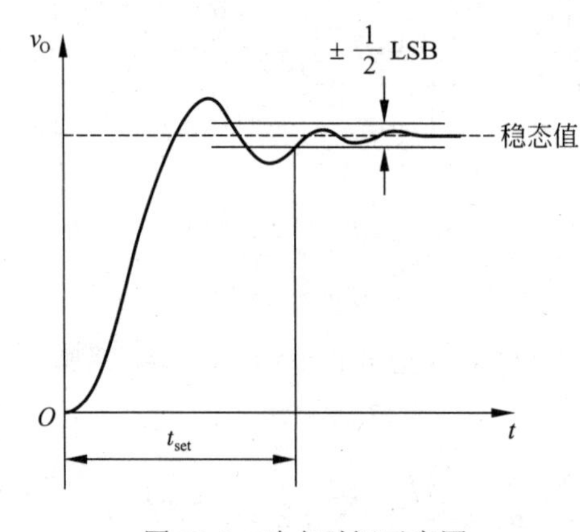

图 13-9 建立时间示意图

4. 温度系数

在输入不变的情况下，输出模拟电压随温度变化产生变化量。一般用满刻度输出条件下温度每升高 1℃，输出电压变化的百分数作为温度系数。

13.2.3 并行 D/A 转换器 DAC0832

DAC0832 是用 CMOS 工艺制造的 8 位单片 D/A 转换器，20 引脚双列直插式封装结构，如图 13-10 所示，其主要特性参数如下所示。

（1）分辨率：8 位。

（2）增益温度系数：0.02%。

（3）单电源供电：电源范围为+5～+15V。

（4）转换速度：约 1μs。

（5）数据输入可采用双缓冲、单缓冲或直通方式。

（6）只需在满量程下调整其线性度。

1. DAC0832的内部结构

DAC0832 的内部结构如图 13-11 所示，由一个 8 位输入寄存器、一个 8 位 DAC 寄存器和一个 8 位 D/A 转换器组成。D/A 转换器采用倒 T 型 R-2R 电阻网络。DAC0832 内部无运放，是电流输出，使用时须外加运放。芯片内部已设置了反馈电阻 R_{fb}，如果运放增益不够，外部还要加反馈电阻。

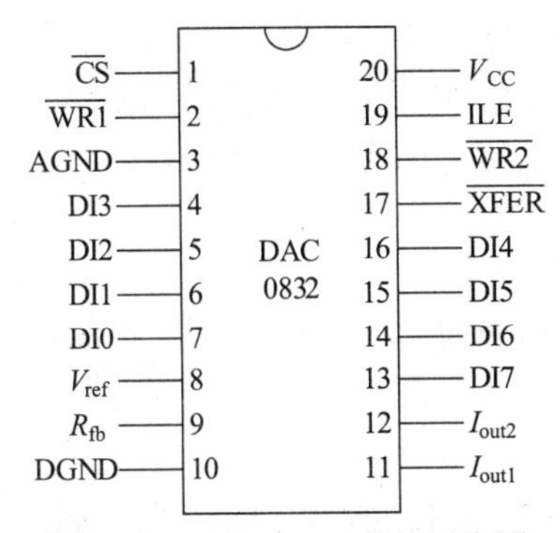

图 13-10　DAC0832 芯片引脚图

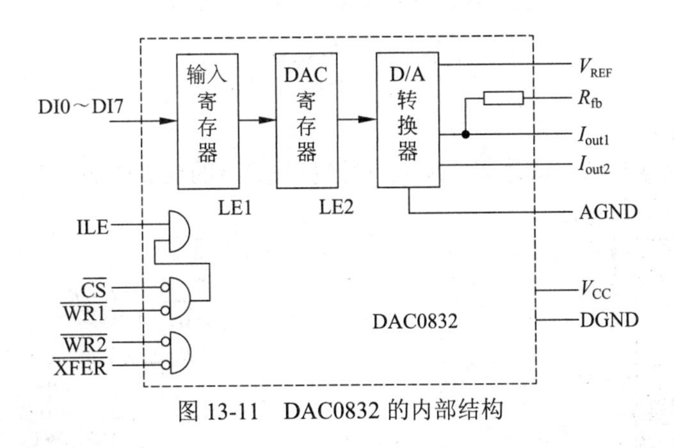

图 13-11　DAC0832 的内部结构

下面介绍 DAC0832 芯片各引脚的功能。

（1）$\overline{WR1}$：输入寄存器的写选通输入端，负脉冲有效，脉冲宽度应大于 500ns。当 $\overline{CS}=0$，ILE = 1 且 $\overline{WR1}$ 有效时，D0～D7 的状态被传送到输入寄存器。

（2）AGND、DGND：模拟地和数字地，是两种不同性质的地。模拟地为模拟信号与基准电源参考地，数字地为工作电源地与数字逻辑地。两地最好在基准电源处连在一起，以提高抗干扰能力。

（3）D0～D7：数据输入端，TTL 电平，有效时间大于 90ns。

（4）ILE：数据输入锁存允许信号，高电平有效。

（5）V_{REF}：基准电压输入，电压范围为–10～+10V。

（6）R_{fb}：反馈电阻端。在芯片内部，此端与 I_{out1} 接有 1 个 15kΩ 的电阻。由于 DAC0832 是电流输出型，而经常需要的是电压信号，因此在输出端通过运算放大器和反馈电阻将输出电流转换为电压。需要注意的是，经常用内部的 R_{fb} 将输出电流转换为电压。

（7）I_{out1}：电流输出 1 端。$I_{out1}=\dfrac{V_{REF}}{15\text{k}\Omega}\times\dfrac{D}{256}$。当 DAC 寄存器中的内容为全 1 时，$I_{out1}$ 为最大值；当为全 0 时，I_{out1} 为 0。

（8）I_{out2}：电流输出 2 端。$I_{out2}=\dfrac{V_{REF}}{15\text{k}\Omega}\times\dfrac{255-D}{256}$。$I_{out1}+I_{out2}=$ 常数，该常数约为 330μA。在单极性输出时，I_{out2} 通常接地。

（9）$\overline{\text{XFER}}$：数据传送控制信号输入端，低电平有效。$\overline{\text{XFER}}$与$\overline{\text{WR2}}$一起控制 DAC 寄存器开通，构成第二级锁存。

（10）$\overline{\text{WR2}}$：DAC 寄存器写选通输入端，负脉冲有效，脉冲宽度应大于 500ns。当$\overline{\text{XFER}}$=0 且$\overline{\text{WR2}}$有效时，输入寄存器的数据被传到 DAC 寄存器中。

（11）V_{CC}：电源输入端，电压范围为+5～+15V。

2. D/A转换器的输出电路

D/A 转换器输出分为单极性和双极性 2 种形式，其输出方式只与模拟量输出端的连接方式有关，而与其位数无关。

1）单极性输出

典型的单极性输出电路如图 13-12 所示，此时 I_{out2} 接地，I_{out1} 接到运算放大器的反相输入端，输出模拟量的电压 V_{out} 与被转换的数字量 D 的关系为

$$V_{out}=-\frac{D}{256}\times V_{REF}$$

2）双极性输出

一般需要两级运算放大器才能实现双极性输出。典型的双极性输出电路如图 13-13 所示。

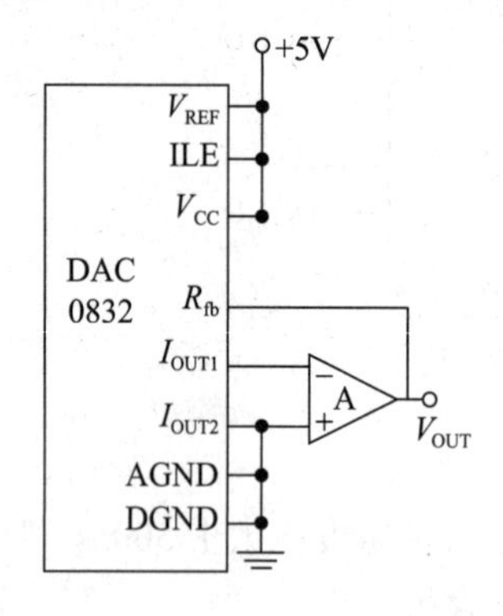

图 13-12　单极性输出电路

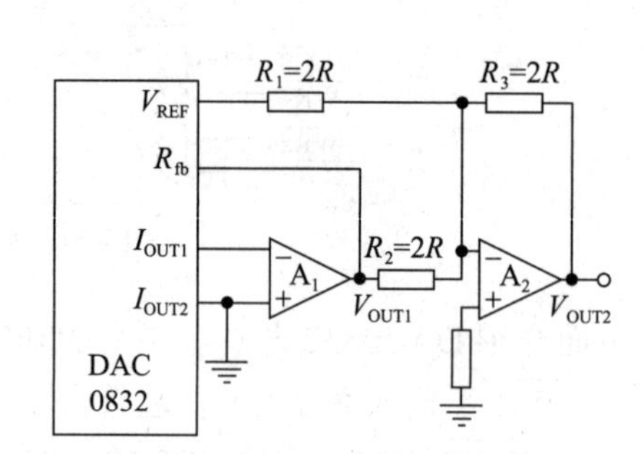

图 13-13　DAC0832 双极性输出电路

由图可求出 D/A 转换器的总输出电压为

$$V_{OUT2}=-\left[\frac{R_3}{R_2}\times V_{OUT1}+\frac{R_3}{R_1}\times V_{REF}\right]$$

当 $R_1=R_2=2R$ 时，

$$V_{OUT2}=-\left(2V_{OUT1}+V_{REF}\right)$$

又因为

$$V_{OUT1}=-\left(\frac{D}{256}\times V_{REF}\right)$$

所以，输出模拟量 V_{OUT2} 与被转换的数字量 D 的关系为

$$V_{OUT2}=\frac{D-128}{128}\times V_{REF}$$

当 $D=0$、80H 和 0FFH 时，V_{OUT2} 的值分别为 $-V_{REF}$、0 和 $\frac{127V_{REF}}{128}$。

3. DAC0832与单片机的接口

根据对 DAC0832 的输入寄存器和 DAC 寄存器的不同控制方法，DAC0832 有 3 种工作方式：直通型、单缓冲型和双缓冲型。

1）直通型

当 DAC0832 芯片的 $\overline{CS}$、$\overline{WR1}$、$\overline{WR2}$ 和 $\overline{XFER}$ 全部接地，而 ILE 接+5V 时，DAC0832 芯片处于直通型工作方式，如图 13-14 所示。数字量一旦输入，就直接进入 D/A 转换器开始转换。此时若让芯片连续转换，只需连续改变数字量输入端的数字信号即可。

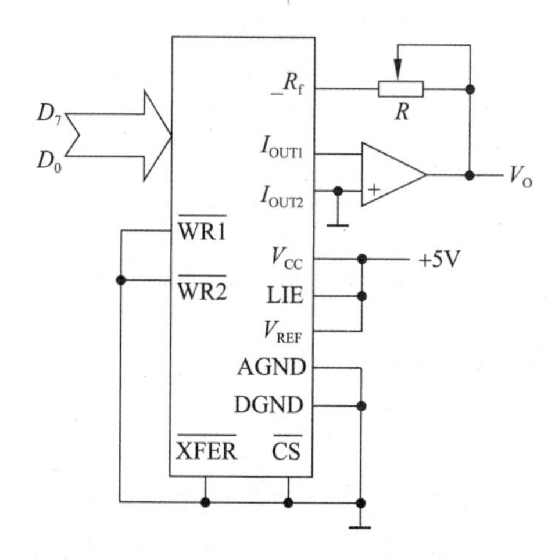

图 13-14　直通工作方式连接示意图

2）单缓冲工作方式

如果只让输入寄存器或 DAC 寄存器直通，即其各自的信号电平满足要求，另一个处于受控的锁存方式，或者两个寄存器同时选通及锁存，这种工作方式称为单缓冲型，如图 13-15 所示。

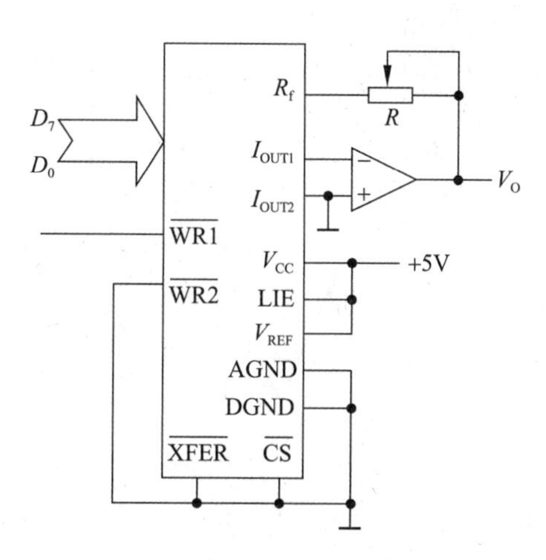

图 13-15　单缓冲工作方式连接示意图

3）双缓冲工作方式

如果输入寄存器和 DAC 寄存器的锁存信号都是受控的，而且两个寄存器的锁存信号不同时有效，则称为双缓冲型，如图 13-16 所示。双缓冲型主要用于同时输出多路模拟信号的场合。

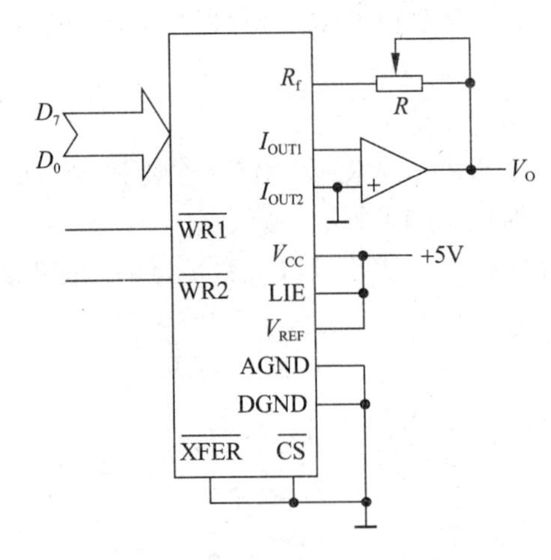

图 13-16　双缓冲工作方式连线图

【例 13-3】 用 DAC0832 设计波形发生器。

1．硬件设计

设计硬件电路图及产生波形（锯齿波、三角波和方波图）如图 13-17 所示。

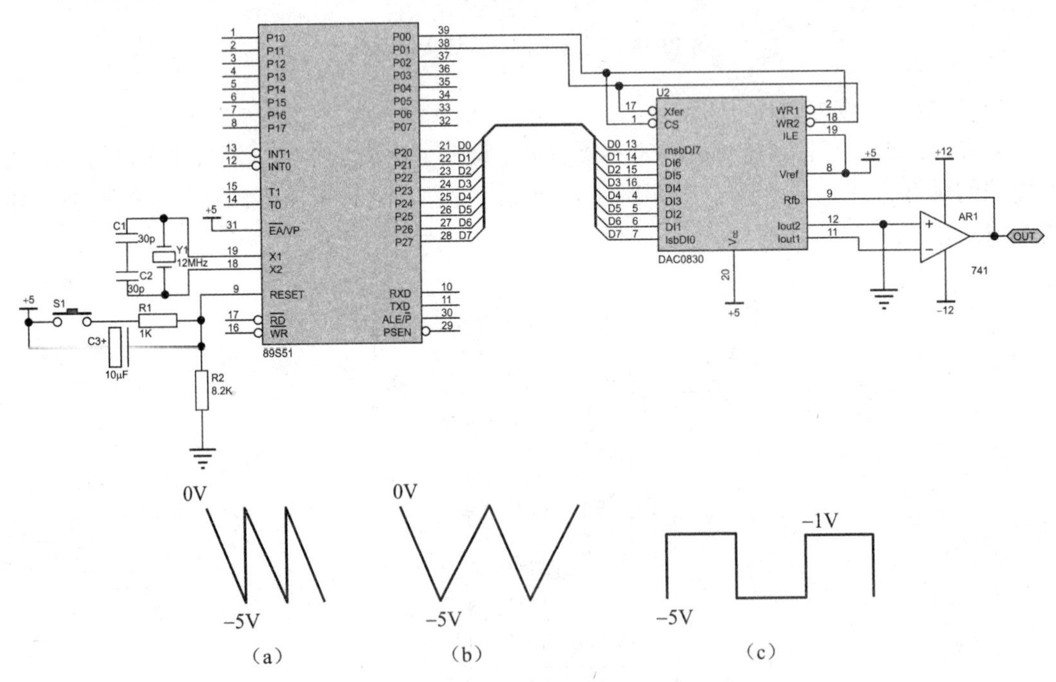

图 13-17　DAC0832 波形发生器硬件电路及产生波形

（a）锯齿波；（b）三角波；（c）方波

2. 软件设计

DAC0832 采用单缓冲单极性的接线方式，它的选通地址为 7FFFH。

1）汇编语言程序代码

（1）锯齿波程序如下：

```
        ORG     0000H
        MOV     DPTR,#7FFFH         ;输入寄存器地址
        CLR     A                   ;转换初值
LOOP:   MOVX    @DPTR,A             ;D/A 转换
        INC     A                   ;转换值增量
        NOP                         ;延时
        NOP
        NOP
        SJMP    LOOP
        END
```

（2）三角波程序如下：

```
        ORG     0100H
        CLR     A
        MOV     DPTR,#7FFFH
DOWN:   MOVX    @DPTR,A             ;线性下降段
        INC     A
        JNZ     DOWN
        MOV     A,#0FEH             ;置上升阶段初值
  UP:   MOVX    @DPTR,A             ;线性上升段
        DEC     A
        JNZ     UP
        SJMP    DOWN
        END
```

（3）方波程序如下：

DAC0832 为单极性模拟电压输出，可得到输出电压 U_0 对输入数字量的关系式为：

$$U_0 = -B\frac{V_{\text{REF}}}{256}$$

上式中：$B = b_7 \times 2^7 + b_6 \times 2^6 + \cdots + b_1 \times 2^1 + b_0 \times 2^0$

当 $U_0 = -1\text{V}$ 且 $V_{\text{REF}} = 5\text{V}$ 时，计算得输入数字量为 33H。

```
        ORG     0200H
        MOV     DPTR,#7FFFH
LOOP:   MOV     A,#33H          ;置上限电平
        MOVX    @DPTR,A
        ACALL   DELAY           ;形成方波顶宽
        MOV     A,#0FFH         ;置下限电平
        MOVX    @DPTR,A
        ACALL   DELAY           ;形成方波底宽
        SJMP    LOOP
        END
```

2）C语言程序代码

锯齿波程序：

```
#pragma SMAll
#include <reg52.h>
#include <absacc.h>
#define uchar unsigned char
#define DAC0832 XBYTE[0X7FFF]
void main()
{
    uchar i;
    while(1)
    {
        for(i=0;i<0xff;i++)
        DAC0832=i;
    }
}
```

三角波程序：

```
#pragma SMAll
#include <reg52.h>
#include <absacc.h>
#define uchar unsigned char
#define DAC0832 XBYTE[0X7FFF]

void main()
{
    uchar i;
    while(1)
    {
        for(i=0; i<0xff; i++)  DAC0832=i;
        for(i=0xff; i>0; i--)  DAC0832=i;
    }
}
```

方波程序：

```
#pragma SMAll
#include <reg52.h>
#include <absacc.h>
#define uchar unsigned char
#define DAC0832 XBYTE[0X7FFF]

void delayms(uint ms)  //*毫秒延时子函数
{
    uint i,j;
    for (j=0;j<ms;j++)
    {
        for(i=0;i<69;i++);
    }
}

void main()
{
    while(1)
    {
        DAC0832=0;
```

```
        Delayms(1);
        DAC0832=0x33;
        Delayms(1);
    }
}
```

13.2.4　串行 D/A 转换器 TLV5618

TLV5618 是带有缓冲基准输入的可编程双路 12 位数/模转换器。DAC 输出电压范围为基准电压的 2 倍，且其输出是单调变化的。该器件使用简单，用 5V 单电源工作，并带有上电复位功能以确保可重复启动。通过 CMOS 兼容的 3 线串行总线可对 TLV5618 实现读写控制，通过单片机输出 16 位数据产生模拟输出。数字输入量的特点是带有施密特触发器，因而具有高噪声抑制能力。由于是串行输入结构，能够节省单片机 I/O 资源，且价格适中，分辨率较高，因此在仪器仪表领域有较为广泛的应用。TLV5618 的引脚图如图 13-18 所示，各引脚功能描述如表 13-3 所示。

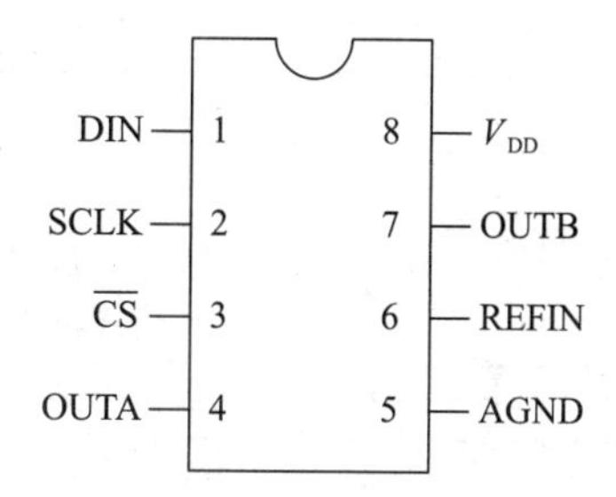

图 13-18　TLV5618 引脚图

表 13-3　TLV5618 引脚功能

编号	引脚名称	说明	编号	引脚名称	说明
1	DIN	串行时钟输入	5	AGND	模拟地
2	SCLK	串行数据输入	6	REFIN	基准电压输入
3	$\overline{CS}$	片选，低电平有效	7	OUTB	DAC 模拟输出 B
4	OUTA	DAC 模拟输出 A	8	V_{DD}	电源正极

单片机与 TLV5618 的连接如图 13-19 所示。

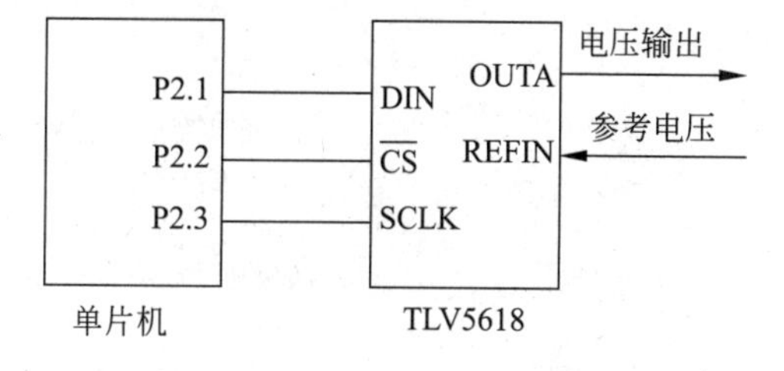

图 13-19　单片机与 TLV5618 的连接示意图

如图 13-20 所示为 TLV5618 的工作时序图。当片选 $\overline{CS}$ 为低电平时，输入数据由时钟定时，以最高有效位在前的方式读入 16 位移位寄存器，其中前 4 位为编程位，后 12 位为数据位，SCLK 的下降沿把数据移入输入寄存器，然后 $\overline{CS}$ 的上升沿把数据送到 DAC 寄存器。可编程位 D15~D12 的功能如表 13-4 所示。

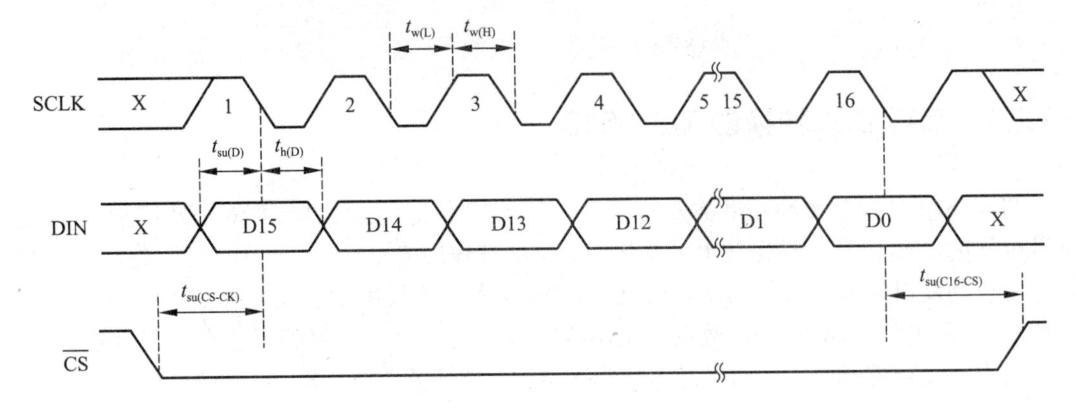

图 13-20　TLV5618 的工作时序图

表 13-4　可编程位 D15～D12 的功能

编程位				器件功能
D15	**D14**	**D13**	**D12**	
1	×	×	×	把串行接口寄存器的数据写入锁存器 A 并用缓冲器锁存数据更新锁存器 B
0	×	×	0	写锁存器 B 和双缓冲锁存器
0	×	×	1	仅写双缓冲锁存器
×	1	×	×	14μs 建立时间
×	0	×	×	3μs 建立时间

【例 13-4】 编程控制 TLV5618 输出三角波电压。

程序的参考电压为 2.5V，参考程序如下：

```
#pragma SMAll
#include <REGX51.H>                              /*单片机头文件*/
#include <intrins.h>
#define uchar unsigned char
#define uint unsigned int
#define Channal_A 1                              /*通道 A  */
#define Channal_B 2                              /*通道 B  */
#define Channal_AB 3                             /*通道 A&B */

sbit DIN=P2^1;                                   /*数据输入端 */
sbit SCLK= P2^3;                                 /*时钟信号 */
sbit CS= P2^2;                                   /*片选输入端，低电平有效 */
/*************进行 D/A 转换函数，Dignum 是要转换的数据**************************/
void DA_conver(uint Dignum)
{
        uint Dig=0;
        uchar i=0;
        SCLK=1;
        CS=0;                                    /*片选有效*/
        for(i=0;i<16;i++)
```

```
        {
              Dig=Dignum&0x8000;
              if(Dig) DIN=1;
                else DIN=0;
              SCLK=0;
              _nop_();
              Dignum<<=1;
              SCLK=1;
              _nop_();
        }
       SCLK=1;
       CS=1;
}

/****************模式、通道选择并进行 D/A 转换函数****************/
/***********Data_A 是 A 通道转换的电压值，Data_B 是 B 通道转换的电压值***********/
/*********Channel:通道选择,其值为 Channel_A、Channel_B 或 Channel_AB***********/
/***************Model 是速度控制位，0: slow mode，1: fast mode****************/

void Write_A_B(uint Data_A,uint Data_B,uchar Channel,bit Model)
{
      uint Temp;
      if(Model)  Temp=0x4000;
      else Temp=0x0000;
      switch(Channel)
      {
       case Channel_A:                                          /* A 通道 */
              DA_conver(Temp|0x8000|(0x0fff&Data_A));
       break;
       case Channel_B:                                          /* B 通道 */
              DA_conver(Temp|0x0000|(0x0fff&Data_B));
       break;
       case Channel_AB:                                         /* A&B 通道 */
              DA_conver(Temp|0x1000|(0x0fff&Data_B));
              DA_conver(Temp|0x8000|(0x0fff&Data_A));
       break;
       default: break;
       }
  }
/****************主函数****************************/
void maink(void)
{
       uint i;
       Write_A_B(0x0355,0x0000,Channel_A,0);                    /*  A 通道  */
       Write_A_B(0x0000,0x0600,Channel_B,1);                    /*  测量 B 通道  */
       while(1);
       {
           for(i=0;i<0x0fff;i++)                                /*  三角波  */
           {
           Write_A_B(0xc000+i,0x0000,Channel_A,0);
           delay(5);                                            /*  延时    */
           }
       }
}
```

13.3 思考与练习

1. 试述 A/D 转换器的种类和特点。

2. 以 DAC0832 为例，说明 D/A 的单缓冲与双缓冲有何不同。

3. 某单片机系统的 P2 口接一 D/A 转换器 DAC0832 输出模拟量，现在要求从 DAC0832 输出连续的三角波，实现的方法是从 P2 口连续输出按照三角波变化的数值，从 0 开始逐渐增大，到某一最大值后逐渐减小，直到 0，然后再从 0 逐渐增大，一直这样输出。试编写一函数，使从 P2 口输出的值产生三角波，并且使三角波的周期和最大值通过入口参数能够改变。

4. 在一个 f_{osc} 为 12MHz 的 51 单片机系统中接有一片 ADC0809，地址为 7FFFH，试编写 ADC0809 初始化程序和定时采样通道 2 的程序（假设采样频率为 1ms/次，每次采样 4 个数据）。

5. 在一个 51 单片机与 DAC0832 组成的应用系统中，DAC0832 的地址为 7FFFH，输出电压为 0～5V。试编写程序产生矩形波，其波形占空比为 1∶4，高电平时电压为 2.5V，低电平时电压为 1.25V 的转换程序。

第 14 章　应用实战案例

本章介绍 WAVE6000 仿真软件的使用方法，重点介绍 DS18B20、红外遥控、直流电动机、RS-232 通信、语音录放和无线通信对应的工作原理及控制方法，并设计典型应用电路以及相应的软件程序。

14.1　仿 真 软 件

本节介绍 WAVE6000 软件如何新建文件和项目，以及程序的下载方法。

14.1.1　新建文件和项目

仿真软件使用 WAVE6000（伟福 6000）。打开“文件”菜单，选择“新建文件”命令，可以建立*.ASM 汇编文件或者*.C 为语言文件（若要使用 C 语言文件，在 C:根目录下建立 COMP51 文件夹，将 COMP51.EXE 文件放入，并单击，可生成支持文件）。存放文件的路径一定要为英文的路径，然后打开“文件”菜单，选择“新建项目”命令，加入刚才建立的文件，放入模块文件，不选择包含文件，最后确认项目的名称与文件名保持一致，不需要加扩展名，软件窗口如图 14-1 所示。

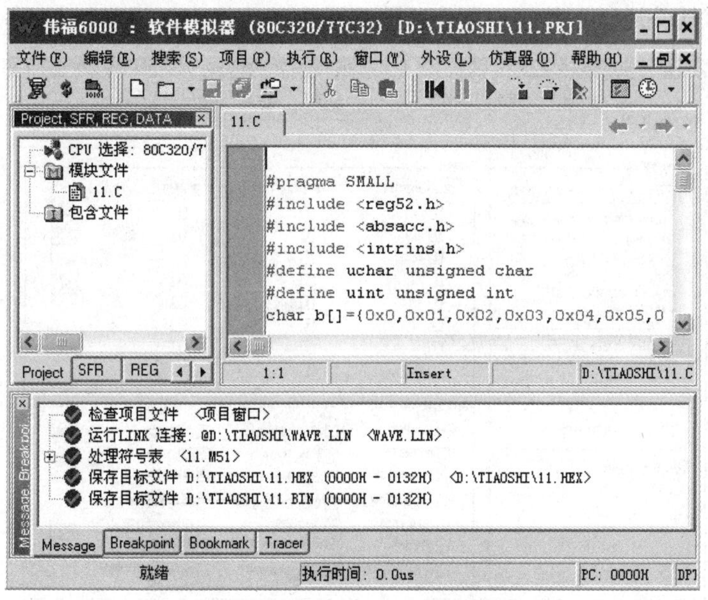

图 14-1　伟福 6000 软件窗口

如图 14-2 所示为观察数据窗口。在模拟调试的时候要用到 CPU 窗口（REG）和数据窗口，其中数据窗口的 DATA 是模拟 CPU 的内部 RAM；CODE 窗口是模拟 CPU 的 64KB 的内外 ROM；XDATA 窗口是模拟 CPU 外部 64KB RAM，在应用 MOVX A，@DPTR 或 MOV @DPTR,A 指令时调试使用；PDATA 窗口是模拟 CPU 外部 256B RAM，在应用 MOVX A,@Ri 或 MOV @Ri,A 指令时调试使用。

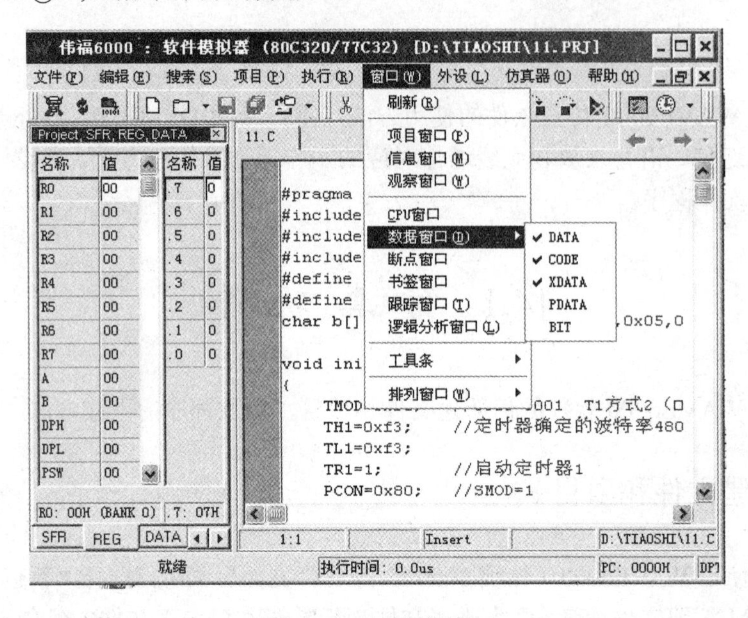

图 14-2　观察数据窗口

14.1.2　下载程序

烧录程序的软件很多，这里使用的烧录软件为 AVR_fighter.EXE，将生成的*.HEX 文件找到，应用该软件通过下载线将程序代码烧录到单片机中，窗口如图 14-3 所示。

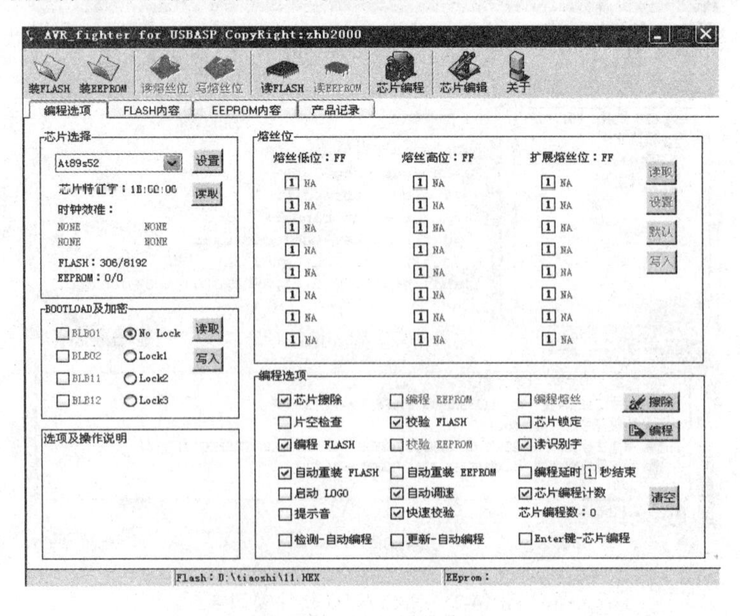

图 14-3　烧录软件窗口

14.2　温度传感器 DS18B20

温度是一种最基本的环境参数，日常生活和工农业生产中经常要检测温度。传统方式是采用热电偶或热电阻，但是由于模拟温度传感器输出为模拟信号，必须经过 A/D 转换环节获得数字信号后才能与单片机等微处理器接口，使得硬件电路结构复杂，制作成本较高。近年来，以 DSl8B20 为代表的新型单总线数字式温度传感器以其突出优点广泛应用于仓储管理、工农业生产制造、气象观测、科学研究以及日常生活中。DSl8B20 集温度测量和 A/D 转换于一体，直接输出数字量，传输距离远，可以很方便地实现多点测量；硬件电路结构简单，与单片机接口几乎不需要外围元件。

14.2.1　单总线概述

1-Wire 总线技术是近年推出的新技术。它将地址线、数据线、控制线合为 1 根信号线，既传输时钟又传输数据，而且数据传输是双向的。允许在这根信号线上挂接多个 1-Wire 总线器件。1-Wire 总线技术具有节省 I/O 资源、结构简单、成本低廉、有广阔的应用空间、便于总线扩展和维护等优点，在分布式测控系统中有着广泛应用。

1-Wire 单总线适用于单个主机系统，能够控制一个或多个从机设备。当只有一个从机位于总线上时，系统可按照单节点系统操作。当多个从机位于总线上时，系统按照多节点系统操作。所有的 1-Wire 总线器件都具有一个共同的特征：在出厂时，每个器件都有一个与其他任何器件互不重复的固定的序列号，通过它自己的序列号可以区分同一总线上的多个器件。

单总线只有一根数据线。设备主机或从机通过一个漏极开路或三态端口，连接至该数据线，这样允许设备在不发送数据时释放数据总线，以便总线被其他设备所使用。单总线端口为漏极开路，单总线通常要求外接一个 4.7～10kΩ的上拉电阻。这样，当总线闲置时，其状态为高电平。

14.2.2　单总线器件——温度传感器 DS18B20

DSl8B20 是世界上第一片支持“单总线”接口的数字式温度传感器，能够直接读取被测物的温度值。

DS18B20 采用 3 脚 TO-92 封装或 8 脚的 SOIC 封装，如图 14-4 所示，可以适应不同的环境需求。下面介绍 DS18B20 各引脚的功能。

（1）GND 为电压地。

（2）DQ 为单数据总线。

（3）V_{DD} 为电源电压。

（4）NC 为空引脚。

DS18B20 单线数字温度传感器，即“一线器件”，其具有独特的优点。

（1）采用单总线的接口方式，与微处理器连接时仅需要一条口线即可实现微处理器与

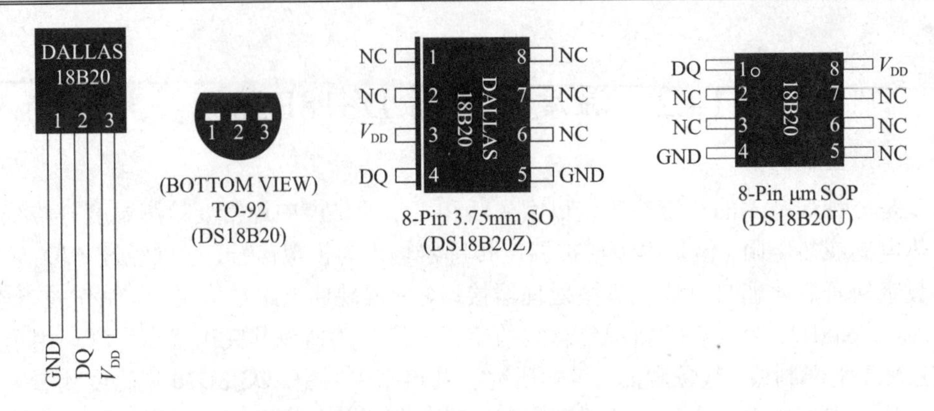

图 14-4　18B20 引脚图

DS18B20 的双向通信。单总线具有经济性好，抗干扰能力强，适合于恶劣环境的现场温度测量，使用方便等优点，使用户可轻松地组建传感器网络，为测量系统的构建引入全新概念。

（2）测量温度范围宽，测量精度高。DS18B20 的测量范围在–55～+125℃、–10～+85℃之内的测量精度可达±0.5℃，稳定度为 1%。

（3）持多点组网功能，在同一根总线上可接多个传感器，实现多点测温，构成多点测温网络，是温度场监控系统的理想选择。此外 DS18B20 是温度—电流传感器，对于提高系统抗干扰能力有很大的帮助。

（4）供电方式灵活，DS18B20 可以通过内部寄生电路从数据线上获取电源。因此，当数据线上的时序满足一定的要求时，可以不接外部电源，从而使系统结构更趋简单，可靠性更高。

（5）测量参数可配置，DS18B20 的测量分辨率可通过程序设定 9～12 位，以上都包括一个符号位，因此对应的温度量化值分别为 0.5℃、0.25℃、0.125℃、0.0625℃，芯片出厂时默认为 12 位的转换精度。

DS18B20 具有微型化、低功耗、抗干扰能力强、更经济、更宽的电压适用范围，易与微处理器接口等优点，可直接将温度转化成串行数字信号供微处理器接收处理。测温电路简单、易于实现，适合于构建测温系统，因此也就被设计者们所青睐。

1．DS18B20的内部存储器

（1）ROM 只读存储器，用于存放 DS18B20 的 ID 编码。开始的 8 位是单线产品系列编码；接下来的 48 位是芯片唯一的序列号，每个 DS18B20 的序列号都不相同；最后 8 位则是前面 56 位的 CRC 码（循环冗余校验码）。DS18B20 共 64 位 ROM，最左边的位为最高位，如表 14-1 所示，数据在出厂时设置，用户不可更改。由于每一个 DS18B20 的 ROM 数据都各不相同，因此微控制器就可以通过单总线对多个 DS18B20 进行寻址，从而实现一根总线上挂接多个 DS18B20。

表 14-1　64 位 ROM

8 位检验 CRC	48 位序列号	8 位工厂代码（10H）

（2）RAM 数据暂存器，用于内部计算和数据存取，数据在掉电后丢失。DS18B20 共 9

个字节 RAM，每个字节 8 位。如表 14-2 所示。第 1、2 字节是温度转换后的数据值信息，第 3、4 字节是高温触发器 TH 和低温触发器 TL 的易失性备份，第 5 字节为配置寄存器，它的内容用于确定温度值的数字转换分辨率，DS18B20 工作时寄存器中的分辨率转换为相应精度的温度数值，以上字节内容每次上电复位时被刷新。

表 14-2　DS18B20 存储器

序号	内容	序号	内容	序号	内容
0	温度的低八位数据	3	低位阈值	6	保留
1	温度的高八位数据	4	配置寄存器	7	保留
2	高温阈值	5	保留（全 1）	8	前八位 CRC 效验值

配置寄存器字节各位的定义如表 14-3 所示。低 5 位一直为 1，TM 是工作模式位，用于设置 DS18B20 在工作模式还是在测试模式，DS18B20 出厂时该位被设置为 0，用户不要去改动；R1 和 R0 用来设置分辨率，决定温度转换的精度位数，如表 14-4 所示。

表 14-3　配置寄存器中的各位定义

第 8 位	第 7 位	第 6 位	第 5 位	第 4 位	第 3 位	第 2 位	第 1 位
TM（0）	R1	R0	1	1	1	1	1

表 14-4　R0、R1 位的设置

R0	R1	温度计分辨率/bit	最大转换时间/ms
0	0	9	93.75
0	1	10	187.5
1	0	11	375
1	1	12	750

出场设置默认 R0、R1 为 11。也就是 12 位分辨率，也就是 1 位代表 0.0625 摄氏度。

2．访问DS18B20的操作顺序

为了保证数据能可靠地传输，任一时刻 1-Wire 总线上只能有一个控制信号或数据。进行数据通信时应符合 1-Wire 总线协议，访问 DS18B20 的操作顺序遵循以下三步：

（1）初始化：单线总线上的所有处理均从初始化序列开始。初始化序列包括总线主机发出复位脉冲，从机送出存在脉冲，使主机知道总线上有从机设备，且准备就绪。

（2）ROM 命令：在总线主机检测到应答脉冲后，就可以发出 ROM 命令，所有 ROM 操作命令均为 8 位。共有 5 种 ROM 命令，分别是读 ROM、搜索 ROM、匹配 ROM、跳过 ROM、报警搜索。对于只有一个温度传感器的单点系统，跳过 ROM 命令特别有用，控制器不必发送 64 位序列号，从而节约了大量时间。对于 1-Wire 总线的多点系统，通常先把每一个单总线器件的 64 位序列号测出，要访问某一个从属节点时，发送匹配 ROM 命令，然后发送 64 位序列号，这时可以对指定的从属节点进行操作。

① 搜索 ROM[F0H]：当系统开始工作时，总线主机必须找出总线上所有从机设备的 ROM 代码，这样主机就能够判断出从机的数目和类型。主机通过重复执行搜索 ROM 循环，

以找出总线上所有的从机设备。如果总线只有一个从机设备，则可以采用读 ROM 命令来替代搜索 ROM 命令。在每次执行完搜索 ROM 循环后，主机必须返回至命令序列的第一步（初始化）。

② 读 ROM[33H]：该命令仅适用于总线上只有一个从机设备。允许主机直接读出从机的 64 位 ROM 代码，无须执行搜索 ROM 过程。如果该命令用于多节点系统，则必然发生数据冲突，因为每个从机设备都会响应该命令。

③ 匹配 ROM[55H]：匹配 ROM 命令跟随 64 位 ROM 代码，从而允许主机访问多节点系统中某个指定的从机设备。仅当从机完全匹配 64 位 ROM 代码时，才会响应主机随后发出的功能命令，其他设备将处于等待复位脉冲状态。

④ 跳过 ROM[CCH]：在单点总线系统中，此命令通过允许总线主机不提供 64 位 ROM 编码而访问存储器操作来节省时间。如果在总线上存在多个从机而且在跳过 ROM 命令之后发出读命令，那么由于多个从机都响应该命令，会在总线上发生数据冲突。

⑤ 报警搜索[ECH]：设置了报警标志的从机响应，该命令的流程与搜索 ROM 命令相同。该命令允许主机设备判断哪些从机设备发生了报警（如最近的测量温度过高或过低）。同搜索 ROM 命令一样，在完成报警搜索循环后，主机必须返回至命令序列的第一步。

（3）功能命令。在主机发出 ROM 命令，以访问某个指定的 DS18B20，接着就可以发出 DS18B20 支持的某个功能命令。这些命令允许主机写入或读出 DS18B20 暂存器、启动温度转换以及判断从机的供电方式。DS18B20 的指令集如表 14-5 所示。

表 14-5　DS18B20 的指令集

指令名称	指令代码	指令功能
温度变换	44H	启动 DS18B20 进行温度转换，转换时间最长为 500ms（典型为 200ms），结果存入 9 字节 RAM 中
读暂存器	0BEH	读内部 RAM 中 9 字节的内容
写暂存器	4EH	发出向内部 RAM 的第 3、4 字节写下限温度数据指令，紧跟该命令之后，传送 2 字节的数据
复制暂存器	48H	将 RAM 中第 3、4 字节的内容复制到 EEPROM 中
重调 EEPROM	0B8H	将 EEPROM 中的内容恢复到 RAM 中的第 3、4 字节
读供电方式	0B4H	读 DS18B20 的供电模式，寄生供电时 DS18B20 发送“0”，外接电源供电 DS18B20 发送“1”
读 ROM	33H	读 DS18B20ROM 中的编码
ROM 匹配(符合 ROM)	55H	发出此命令之后，接着发出 64 位 ROM 编码，访问单总线上与编码相对应的 DS18B20，使之做出响应，为下一步对该 DS18B20 的读写做准备
搜索 ROM	0F0H	用于确定挂接在同一总线上的 DS18B20 的个数和识别 64 位 ROM 地址，为操作各器件做好准备
跳过 ROM	0CCH	忽略 64 位 ROM 地址，直接向 DS18B20 发温度变换命令，适合于单片机工作
警报搜索	0ECH	该指令执行后，只有温度超过设定值上限或下限的片子才做出响应

3. 控制器对DS18B20操作流程

1）初始化时序

控制器（单片机）首先发出一个 480～960μs 的低电平脉冲，然后释放总线变为高电平，并在随后的 480μs 时间内对总线进行检测，如果有低电平出现，说明总线上有器件已做出应答。若无低电平出现，一直都是高电平说明总线上无器件应答。

作为从器件的 DS18B20，在一上电后就一直在检测总线上是否有 480～960μs 的低电平出现。如果有，在总线转为高电平并等待 15～60μs 后将总线电平拉低 60～240μs 做出响应存在脉冲，告诉主机本器件已做好准备。若没有检测到就一直检测等待。DS18B20 的初始化时序如图 14-5 所示。

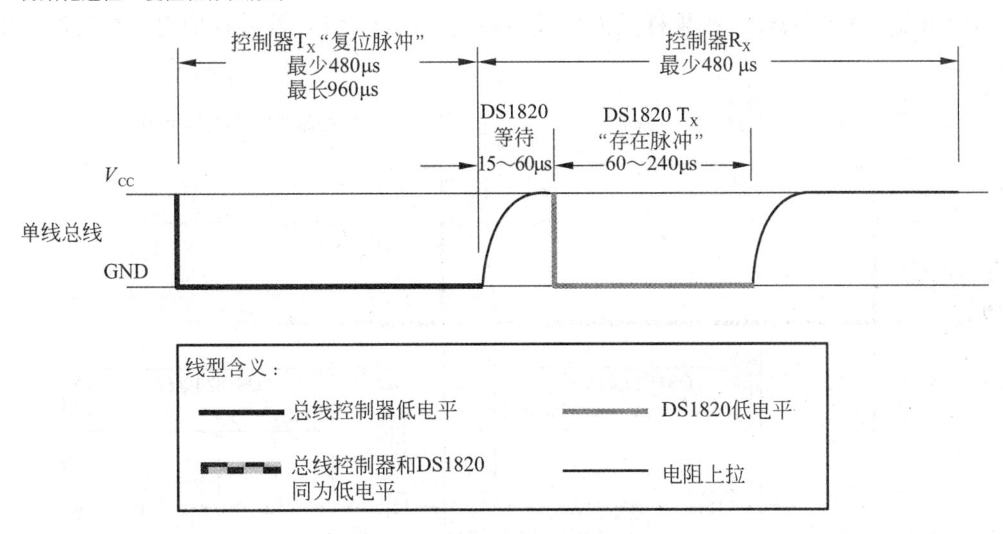

图 14-5　初始化时序图

程序代码如下：

```
/*******************************************************************************
* 函数名         : Ds18b20Init
* 函数功能       : 初始化
* 输入           : 无
* 输出           : 初始化成功返回 1，失败返回 0
*******************************************************************************/
unsigned char Ds18b20Init()
{
    unsigned int i;
    DSIO=0;                 //将总线拉低 480~960μs
    i=70;
    while(i--);             //延时 642μs
    DSIO=1;//然后拉高总线，若 DS18B20 做出反应，会在 15~60μs 后将总线拉低
    i=0;
    while(DSIO)             //等待 DS18B20 拉低总线
    {
        i++;
        if(i>50000)         //等待>50ms
            return 0;       //初始化失败
    }
    return 1;               //初始化成功
}
```

2）写时序

主机发出各种操作命令都是向 DS18B20 写 0 和写 1 组成的命令字节，接收数据时也是从 DS18B20 读取 0 或 1 的过程。因此首先要搞清主机是如何进行写 0、写 1、读 0 和读 1 的。

写操作时序如图 14-6 所示。写周期最少为 60μs，最长不超过 120μs。写周期一开始作为主机先把总线拉低 1μs 表示写周期开始。随后若主机想写 0，则将总线置为低电平；若主机想写 1，则将总线置为高电平。持续时间最少 60μs 直至写周期结束，然后释放总线为高电平至少 1μs 给总线恢复。而 DS18B20 则在检测到总线被拉底后等待 15μs，然后从 15~45μs 开始对总线采样。在采样期内总线为高电平，则为 1；若采样期内总线为低电平，则为 0。

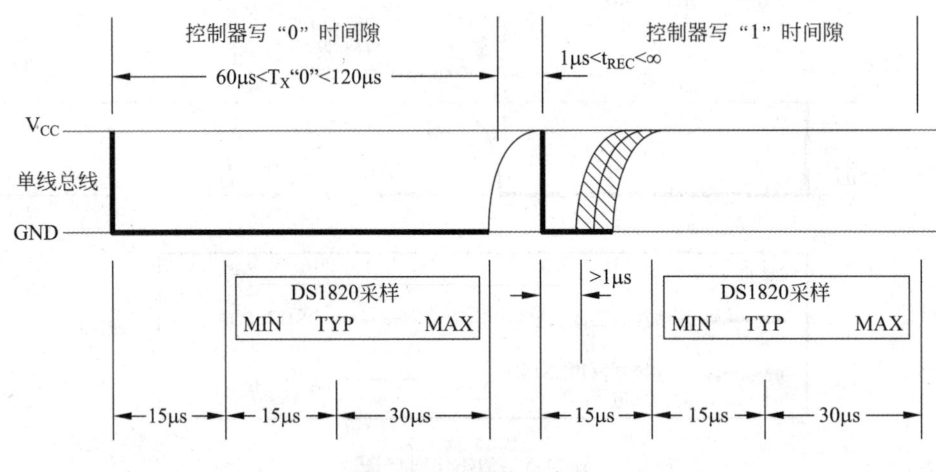

图 14-6　写操作时序图

程序代码如下：

```
/*******************************************************************************
* 函数名         : Ds18b20WriteByte
* 函数功能       : 向 18B20 写入一个字节
* 输入           : com
* 输出           : 无
*******************************************************************************/
void Ds18b20WriteByte(unsigned char dat)
{
    unsigned int i,j;
    for(j=0;j<8;j++)
    {
        DSIO=0;          //每写入一位数据之前先把总线拉低 1μs
        i++;
        DSIO=dat&0x01; //然后写入一个数据，从最低位开始
        i=6;
        while(i--); //延时 68μs，持续时间最少 60μs
        DSIO=1; //然后释放总线，至少 1μs 给总线恢复时间，才能接着写入第二个数值
        dat>>=1;
    }
}
```

3）读时序

对于读数据操作，时序也分为读 0 时序和读 1 时序 2 个过程。

读操作时序如图 14-7 所示。从主机把单总线拉低 1μs 之后就得释放单总线为高电平，以让 DS18B20 把数据传输到单总线上。作为从机，DS18B20 在检测到总线被拉低 1μs 后，便开始送出数据。若是要送出 0，就把总线拉为低电平，直到读周期结束。若要送出 1，则释放总线为高电平。主机在一开始拉低总线 1μs 后释放总线，然后在包括前面的拉低总线电平 1μs 在内的 15μs 时间内完成对总线的采样检测。采样期内总线为低电平，则确认为 0。采样期内总线为高电平，则确认为 1。完成一个读时序过程，至少需要 60μs。

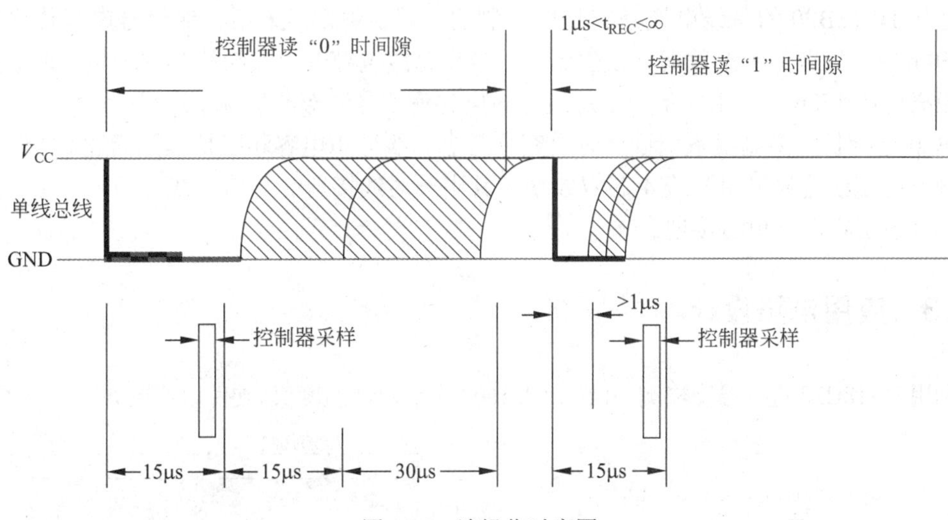

图 14-7　读操作时序图

程序代码如下：

```
/*******************************************************************************
* 函数名         : Ds18b20ReadByte
* 函数功能       : 读取一个字节
* 输入           : com
* 输出           : 无
*******************************************************************************/
unsigned char Ds18b20ReadByte()
{
    unsigned char byte,bi;
    unsigned int i,j;
    for(j=8;j>0;j--)
    {
        DSIO=0;        //先将总线拉低 1μs
        i++;
        DSIO=1;        //然后释放总线
        i++;
        i++;           //延时 6μs 等待数据稳定
        bi=DSIO;       //读取数据，从最低位开始读取
        byte=(byte>>1)|(bi<<7); /*将 byte 右移一位，然后与左移 7 位后的 bi 做与操
                                作，注意移动之后移掉的位补 0 */
        i=4;           //读取完之后等待 48μs，再接着读取下一个数
        while(i--);
    }
    return byte;
}
```

4. DS18B20设计中应注意的几个问题

实际应用中应注意以下几方面的问题，较小的硬件开销需要相对复杂的软件进行补偿，由于 DS18B20 与微处理器间采用串行数据传送，因此，在对 DS18B20 进行读写编程时，必须严格的保证读写时序，否则将无法读取测温结果。

在 DS18B20 的有关资料中均未提及 1-Wire 上所挂 DS18B20 的数量问题，容易使人误认为可以挂任意多个 DS18B20，在实际应用中并非如此。当 1-Wire 上所挂 DS18B20 超过 8 个时，就需要考虑微处理器的总线驱动问题，这一点在进行多点测温系统设计时要加以注意。

连接 DS18B20 的总线电缆是有长度限制的。试验中，当采用普通信号电缆传输长度超过 50m 时，读取的测温数据将发生错误。当将总线电缆改为双绞线带屏蔽电缆时，正常通信距离可达 150m。这主要是由于总线分布电容使信号波形产生畸变造成的。因此，在用 DS18B20 进行长距离测温系统设计时要充分考虑总线分布电容和阻抗匹配问题。实际应用中，测温电缆线建议采用屏蔽 4 芯双绞线，其中一对线接地线与信号线，另一对接 V_{CC} 和地线，屏蔽层在源端单点接地。

14.2.3 应用电路设计

利用 DS18B20 进行温度检测，并在 LCD1602 上显示此温度值，硬件电路图如图 14-8 所示。

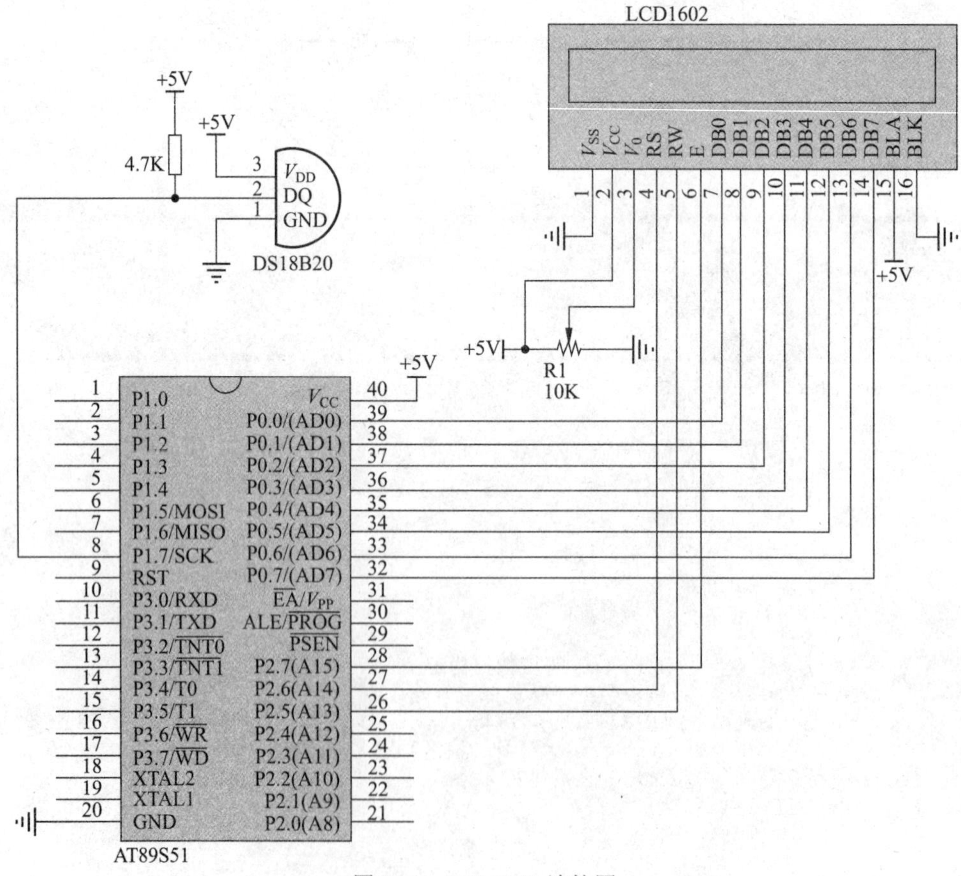

图 14-8　DS18B20 连接图

程序代码如下：

```
/**************************************************************************
* 实验名      : 1602 显示温度                      :
**************************************************************************/
#include<reg51.h>
#include"lcd.h"
#include"temp.h"
void LcdDisplay(int);
/**************************************************************************
* 函数名          : main
* 函数功能        : 主函数
**************************************************************************/
void main()
{
    while(1)
    {
            Ds18b20ChangTemp();
            LcdDisplay(Ds18b20ReadTemp());
            Delay1ms(1000);  //1s 刷一次
    }
}
/**************************************************************************
* 函数名          : LcdDisplay()
* 函数功能        : LCD 显示读取到的温度
* 输入            : v
* 输出            : 无
**************************************************************************/
void LcdDisplay(int temp)    //LCD 显示
{

  unsigned char datas[] = {0, 0, 0, 0, 0}; //定义数组
    float tp;
    LcdInit();                  //初始化 LCD
    if(temp< 0)                 //当温度值为负数
    {
    LcdWriteCom(0x80);          //写地址 80 表示初始地址
     LcdWriteData('-');         //显示负
    //因为读取的温度是实际温度的补码，所以当温度为负数的时候，要将它转换为实际温度
            temp=temp-1;//将读取到的温度值减 1，再取反
            temp=~temp;
            tp=temp;
            temp=tp*0.0625*100+0.5;
    //留两个小数点就*100，+0.5 是四舍五入，因为 C 语言浮点数转换为整型的时候把小数点
    //后面的数自动去掉，不管是否大于 0.5，而+0.5 之后大于 0.5 的就是进 1 了，小于 0.5
    //的就算加上 0.5，还是在小数点后面
}
else
 {
    LcdWriteCom(0x80);          //写地址 80 表示初始地址
     LcdWriteData('+');            //显示正
    tp=temp;     //因为数据处理有小数点，所以将温度赋给一个浮点型变量
                 //如果温度是正的，那么正数的补码就是它本身
    temp=tp*0.0625*100+0.5;
        //留 2 个小数点就*100，+0.5 是四舍五入，因为 C 语言浮点数转换为整型的时候把小
        //数点后面的数自动去掉，不管是否大于 0.5，而+0.5 之后大于 0.5 的就是进 1 了，小
        //于 0.5 的就算加上 0.5，还是在小数点后面
}
```

```
    datas[0] = temp / 10000;
    datas[1] = temp % 10000 / 1000;
    datas[2] = temp % 1000 / 100;
    datas[3] = temp % 100 / 10;
    datas[4] = temp % 10;

    LcdWriteCom(0x82);                  //写地址 80 表示初始地址
    LcdWriteData('0'+datas[0]);         //百位

    LcdWriteCom(0x83);                  //写地址 80 表示初始地址
    LcdWriteData('0'+datas[1]);         //十位

    LcdWriteCom(0x84);                  //写地址 80 表示初始地址
    LcdWriteData('0'+datas[2]);         //个位

    LcdWriteCom(0x85);                  //写地址 80 表示初始地址
    LcdWriteData('.');                  //显示‘.’

    LcdWriteCom(0x86);                  //写地址 80 表示初始地址
    LcdWriteData('0'+datas[3]);         //显示小数点后第 1 位

    LcdWriteCom(0x87);                  //写地址 80 表示初始地址
    LcdWriteData('0'+datas[4]);         //显示小数点后第 2 位

    LcdWriteCom(0x88);                  //写地址 80 表示初始地址
    LcdWriteData('C');                  //显示 C 即℃
}
/************************此部分是对 18B20 的操作*********/
 temp.c 文件
#include"temp.h"
/*******************************************************************************
* 函数名         : Delay1ms
* 函数功能       : 延时函数
* 输入           : 无
* 输出           : 无
*******************************************************************************/
void Delay1ms(unsigned int y)
{
    unsigned int x;
    for(y;y>0;y--)
        for(x=110;x>0;x--);
}
/*******************************************************************************
* 函数名         : Ds18b20Init
* 函数功能       : 初始化
* 输入           : 无
* 输出           : 无
*******************************************************************************/
void Ds18b20Init()
{
    unsigned int i;
    ds=0;
    i=100;
    while(i>0)i--;
    ds=1;
    i++;
```

```
    i++;
    while(ds);
}
/*******************************************************************************
* 函数名         : Ds18b20WriteCom
* 函数功能       : 向 18B20 写入一个字节命令
* 输入           : com
* 输出           : 无
*******************************************************************************/
void Ds18b20WriteCom(unsigned char com)
{
    unsigned int i,j;
    for(j=0;j<8;j++)
    {
        ds=0;
        i++;
        i++;
        ds=com&0x01;
        i=6;
        while(i>0)i--;
        ds=1;
        i++;
        i++;
        com>>=1;
    }
}
/*******************************************************************************
* 函数名         : Ds18b20ReadByte
* 函数功能       : 读取一个字节
* 输入           : com
* 输出           : 无
*******************************************************************************/
unsigned char Ds18b20ReadByte()
{
    unsigned char byte,bi;
    unsigned int i,j;
    for(j=8;j>0;j--)
    {
        ds=0;
        i++;
        ds=1;
        i++;
        i++;
        bi=ds;
        byte=(byte>>1)|(bi<<7);  //注意，移动之后移掉那位补 0
        i=5;while(i)i--;
    }
    return byte;
}
/*******************************************************************************
* 函数名         : Ds18b20ChangTemp
* 函数功能       : 让 18b20 开始转换温度
* 输入           : com
* 输出           : 无
*******************************************************************************/
void  Ds18b20ChangTemp()
{
   Ds18b20Init();
```

```
    Delay1ms(1);
    Ds18b20WriteCom(0xcc);       //跳过 ROM 操作命令
    Ds18b20WriteCom(0x44);       //温度转换命令
    Delay1ms(950);
}
/*******************************************************************************
* 函数名         : Ds18b20ReadTempCom
* 函数功能       : 发送读取温度命令
* 输入           : com
* 输出           : 无
*******************************************************************************/
void  Ds18b20ReadTempCom()
{
    Ds18b20Init();
    Delay1ms(1);
    Ds18b20WriteCom(0xcc);       //跳过 ROM 操作命令
    Ds18b20WriteCom(0xbe);       //发送读取温度命令
}
/*******************************************************************************
* 函数名         : Ds18b20ReadTemp
* 函数功能       : 读取温度
* 输入           : com
* 输出           : 无
*******************************************************************************/
int Ds18b20ReadTemp()
{
    int temp=0;
    unsigned char tmh,tml;
    Ds18b20ChangTemp();                  //先写入转换命令
    Ds18b20ReadTempCom();                //等待转换完后，发送读取温度命令
    tml=Ds18b20ReadByte();               //读取温度值共 16 位，先读低字节
    tmh=Ds18b20ReadByte();               //再读高字节
    temp=tmh;
    temp<<=8;
    temp|=tml;
//  temp1=temp;
//  t=temp1*0.0625; //18B20 的分辨率是 0.0625，将读取到的值乘以 0.0625，就是实际
                    //温度值
//  temp1=t*100 ;//+(temp1>0?0.5:-0.5);//留两位有效值，并且四舍五入
    return temp;
}
```

14.3 红外遥控

红外线遥控（简称红外遥控）是目前使用最广泛的一种通信和遥控手段。红外遥控装置具有体积小、功耗低、功能强、成本低等特点，继彩电、录像机之后，在录音机、音响设备、空调机以及玩具等其他小型电器装置上也纷纷采用红外遥控。工业设备中，在高压、辐射、有毒气体、粉尘等环境下，采用红外遥控不仅完全可靠，而且能有效地隔离电气干扰。

1. 红外遥控系统

通用红外遥控系统由发射和接收两部分组成。应用编/解码专用集成电路芯片进行控制

操作，如图 14-9 所示。发射部分包括键盘矩阵、编码调制、LED 红外发送器；接收部分包括光、电转换放大器、解调、解码电路。

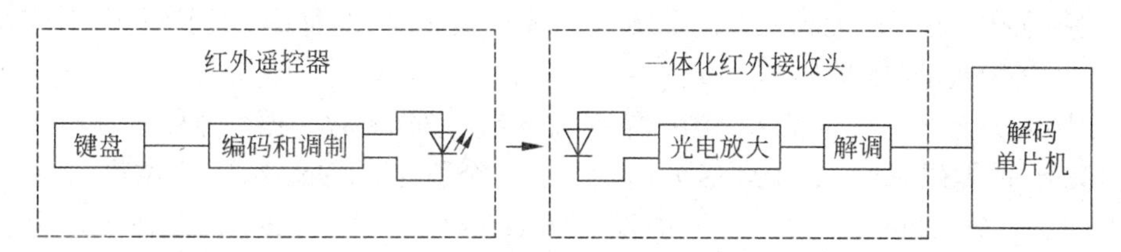

图 14-9　红外线遥控系统框图

2. 遥控发射器及其编码

遥控发射器专用芯片很多，根据编码格式可以分成两类。这里介绍运用比较广泛，解码比较容易的一类，现以日本 NEC 的 UPD6121G 组成发射电路为例说明编码原理（一般家庭用的 DVD、VCD、音响都使用这种编码方式）。当发射器按键按下后，即有遥控码发出，所按的键不同，遥控编码也不同。这种遥控码采用脉宽调制的串行码，以脉宽为 0.56ms、间隔 0.565ms、周期为 1.125ms 的组合表示二制的 0；以脉宽为 0.56ms、间隔 1.685ms、周期为 2.25ms 的组合表示二进制的 1，其波形如图 14-10 所示（注意，所有接收端的波形与发射端相反）。

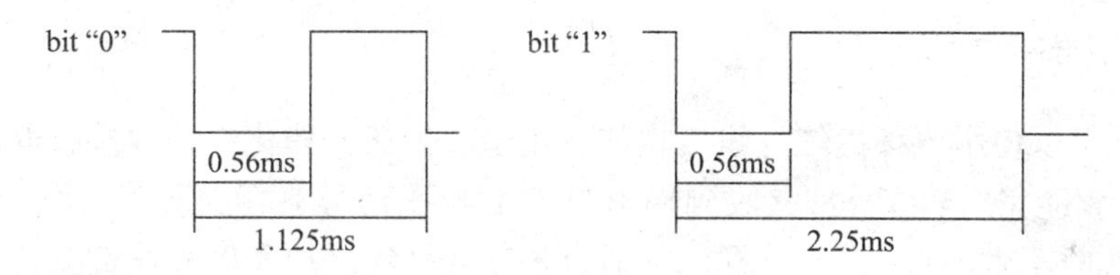

图 14-10　遥控码的 0 和 1

上述 0 和 1 组成的 32 位二进制码经 38kHz 的载频进行二次调制以提高发射效率，达到降低电源功耗的目的；然后通过红外发射二极管产生红外线向空间发射。

NEC 编码的一帧（通常按一下遥控器按钮所发送的数据）由引导码、用户码、数据码组成，如图 14-11 所示。数据反码是数据码反相后的编码(如 11110000 的反码为 00001111)，主要用于验证接收的信息的准确性。注意，第二段的用户码也可以在遥控应用电路中被设置成第一段用户码的反码。

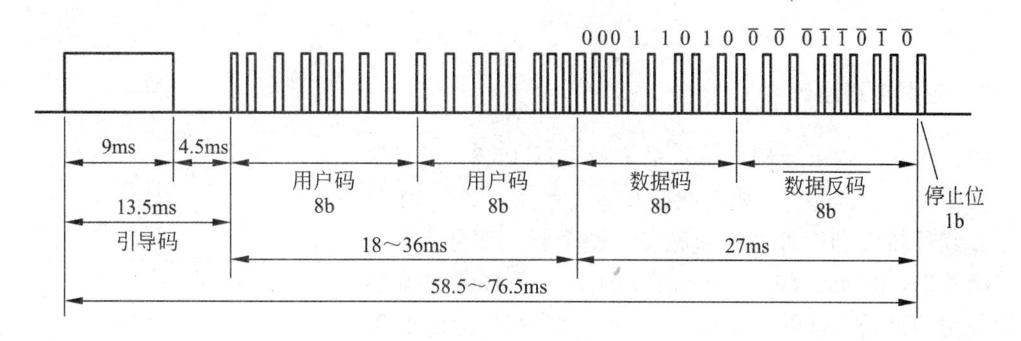

图 14-11　遥控发射信号编码波形图

UPD6121G 产生的遥控编码是连续的 32 位二进制码组，其波形图如图 14-11 所示。其中前 16 位为用户识别码，能区别不同的电器设备，防止不同机种遥控码互相干扰。该芯片的用户识别码固定为十六进制 01H；后 16 位为 8 位操作码（功能码）及其反码。UPD6121G 最多有 128 种不同组合的编码。

NEC 协议规定低位首先发送。当一个键按下超过 36ms 时，振荡器使芯片激活，将发射一组 108ms 的编码脉冲，这 108ms 发射代码由一个引导码（9ms）、一个结束码（4.5ms）、低 8 位地址码（9～18ms）、高 8 位地址码（9～18ms）、8 位数据码（9～18ms）和这 8 位数据的反码（9～18ms）组成。如果键按下超过 108ms 仍未松开，接下来发射的代码则是以 110ms 为周期的重复码，并且不带任何数据，如图 14-12 所示。

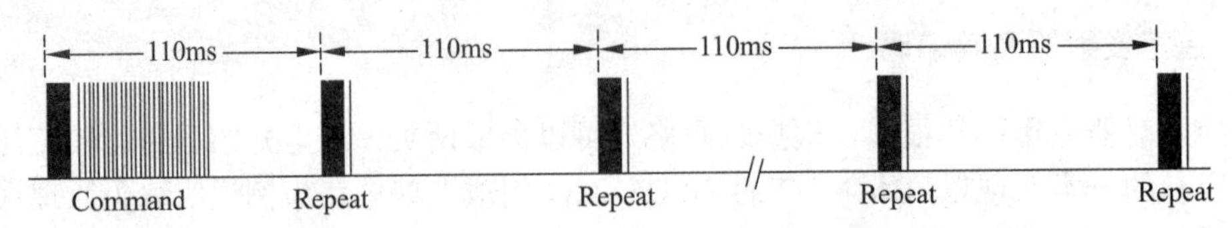

图 14-12　按键一直未松时发射信号编码波形图

即发了一次命令码之后，不会再发送命令码，而是每隔 110ms 时间发送一段重复码，直到按键被松开。重复码的格式是由 9ms 的 AGC 高电平和 2.25ms 的低电平以及一个 560μs 的高电平组成，重复码格式如图 14-13 所示。

3．遥控信号接收

接收电路可以使用一种集红外线接收和放大于一体的一体化红外线接收器，不需要任何外接元件，就能完成从红外线接收到输出与 TTL 电平信号兼容的所有工作。这种接收器的体积和普通的塑封三极管大小一样，它适合各种红外线遥控和红外线数据传输。接收器对外只有 3 个引脚（Out、GND、V_{CC}），与单片机接口非常方便，如图 14-14 所示。

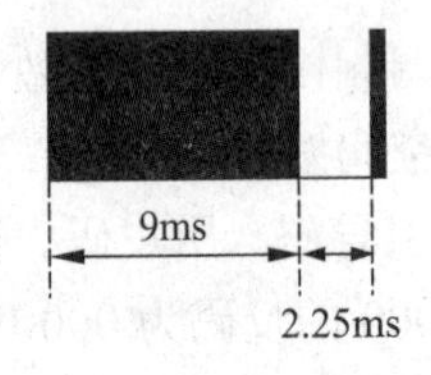

图 14-13　重复码格式

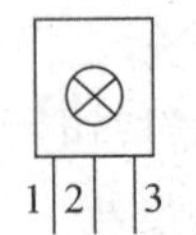

①脉冲信号输出，直接接单片机的I/O口
②GND接系统的地线（0V）
③V_{CC}接系统的电源正极（+5V）

图 14-14　红外线接收器的引脚

4．应用电路设计

IR1 的脉冲输出连接到单片机中断引脚 P3.2，通过触发外部中断，进而使单片机对接收头进行解码，如图 14-15 所示。红外接收利用外部中断触发，整个解码部分都在中断子函数里，故 main()中只显示部分代码，而 1602 的显示函数使用的都是一样的头文件，如果不清楚，可以返回 1602 查看详细代码。

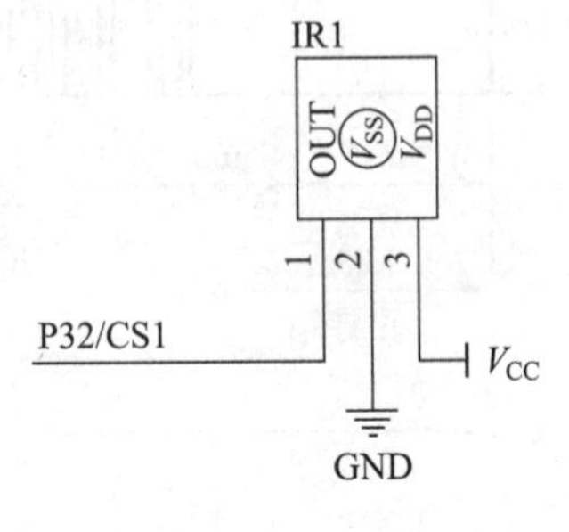

图 14-15　硬件连接图

分析：通过外部中断来读取红外发送的数据，接收到的信号脉冲与发送信号脉冲正好反向。

产生下降沿，进入外部中断 0 的中断函数，延时一下之后检测 I/O 口是否还是低电平。如果是，就等待 9ms 的低电平过去，再去等待 4.5ms 的高电平过去，接着开始接收传送的 4 组数据，如图 14-16 所示。

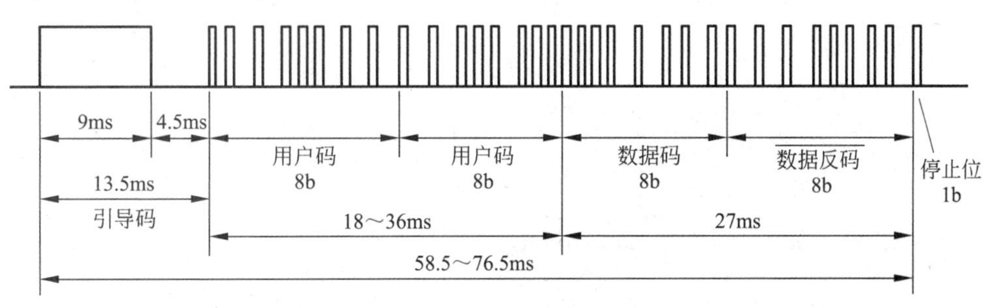

图 14-16　接收的脉冲

① 先等待 560μs 的低电平过去。

② 检测高电平的持续时间，如果超过 1.12ms 就是高电平（高电平的持续时间为 1.69ms，低电平的持续时间为 565μs）。

③ 检测接收到的数据和数据的反码进行比较，是否与等到的数据是一样的。

程序代码如下：

```
/*******************************************************************************
* 实验效果        : LCD1602 显示出读取到的红外线的值
*******************************************************************************/
 #include<reg51.h>
#include"lcd.h"
sbit IRIN=P3^2;
unsigned char code CDIS1[13]={" Red Control "};
unsigned char code CDIS2[13]={" IR-CODE:--H "};
unsigned char IrValue[6];
unsigned char Time;
void IrInit();
void DelayMs(unsigned int );
/*******************************************************************************
* 函数名          : main
* 函数功能        : 主函数
*******************************************************************************/
void main()
{
    unsigned char i;
    IrInit();
    LcdInit();
    LcdWriteCom(0x80);
    for(i=0;i<13;i++)
    {
        LcdWriteData(CDIS1[i]);
    }
    LcdWriteCom(0x80+0x40);
    for(i=0;i<13;i++)
    {
        LcdWriteData(CDIS2[i]);
    }
```

```
    while(1)
    {
        IrValue[5]=IrValue[2]>>4;            //高位
        IrValue[6]=IrValue[2]&0x0f;          //低位
        if(IrValue[5]>9)
        {
            LcdWriteCom(0xc0+0x09);           //设置显示位置
            LcdWriteData(0x37+IrValue[5]);   //将数值转换为该显示的ASCII码
        }
        else
        {
            LcdWriteCom(0xc0+0x09);
            LcdWriteData(IrValue[5]+0x30);   //将数值转换为该显示的ASCII码
        }
        if(IrValue[6]>9)
        {
            LcdWriteCom(0xc0+0x0a);
            LcdWriteData(IrValue[6]+0x37);   //将数值转换为该显示的ASCII码
        }
        else
        {
            LcdWriteCom(0xc0+0x0a);
            LcdWriteData(IrValue[6]+0x30);   //将数值转换为该显示的ASCII码
        }
    }
}
/*******************************************************************************
* 函数名         : DelayMs()
* 函数功能       : 延时
* 输入           : x
* 输出           : 无
*******************************************************************************/
void DelayMs(unsigned int x)                         //0.14ms误差 0μs
{
  unsigned char i;
  while(x--)
  {
   for (i = 0; i<13; i++)
   {}
  }
}
/*******************************************************************************
* 函数名         : IrInit()
* 函数功能       : 初始化红外线接收
*******************************************************************************/
void IrInit()
{
    IT0=1;  //下降沿触发
    EX0=1;  //打开中断0允许
    EA=1;   //打开总中断
    IRIN=1; //初始化端口
}
/*******************************************************************************
* 函数名         : ReadIr()
* 函数功能       : 读取红外数值的中断函数
*******************************************************************************/
void ReadIr() interrupt 0
{
    unsigned char j,k;
    unsigned int err;
    EX0=0;
    Time=0;
```

```
    DelayMs(70);
    if(IRIN==0)                  //确认是否真的接收到正确的信号
    {
        err=1000;                //1000*10μs=10μs，超过说明接收了错误的信号
        while((IRIN==0)&&(err>0))   //等待前面 9ms 的低电平过去
        {
//当两个条件都为真循环，如果有一个条件为假的时候，跳出循环
            DelayMs(1);
            err--;
        }
        if(IRIN==1)                    //如果正确，等到 9ms 低电平
        {
                err=500;
                while((IRIN==1)&&(err>0))   //等待 4.5ms 的起始高电平过去
                {
                    DelayMs(1);
                    err--;
                }
                 for(k=0;k<4;k++)           //共有 4 组数据
                 {
                for(j=0;j<8;j++)             //接收 1 数据
                {
                    err=60;
                    while((IRIN==0)&&(err>0)) //等待信号前面的 560μs 低电平过去
                    while (!IRIN)
                    {
                        DelayMs(1);
                        err--;
                    }
                    err=500;
                    while((IRIN==1)&&(err>0)) //计算高电平的时间长度
                    {
                        DelayMs(1);  //0.14ms
                        Time++;
                        err--;
                        if(Time>30)
                        {
                            EX0=1;
                            return;
                        }
                    }
                    IrValue[k]>>=1;  //k 表示第几组数据
                    if(Time>=8)       //如果高电平出现（大于 565μs），那么是 1
                    {                 //计算的时钟大于 1.12ms
                        IrValue[k]|=0x80;
                    }
                    Time=0;           //用完时间要重新赋值
                }
            }
        }
        if(IrValue[2]!=~IrValue[3])
        {
            EX0=1;
            return;
        }
    }
    EX0=1;
}
```

14.4 直流电动机控制

本节介绍直流电动机的工作原理和调速方法，重点介绍 PWM 调速原理及编程。

14.4.1 直流电动机工作原理及调速方法

直流电动机通过换向器将直流转换成电枢绕组中的交流，从而使电枢产生一个恒定方向的电磁转矩，电机内部结构图如图 14-17 所示

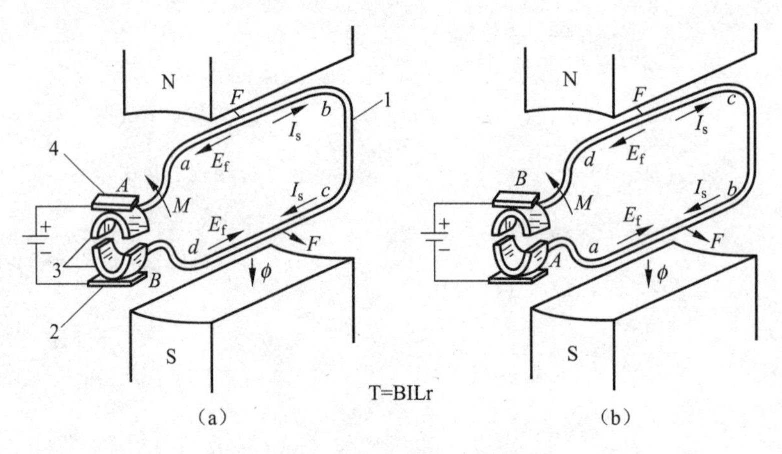

图 14-17　直流电机内部结构图

直流电机的转速公式：

$$n = \frac{U - IR}{K_e \Phi} \tag{14-1}$$

由上式可知，改变转速可有 3 种方法。

（1）改变电枢电压。

（2）改变励磁电流，即改变磁通。

（3）电枢回路串入调节电阻。

14.4.2 PWM 调速原理

PWM 控制是利用脉宽调制器对大功率晶体管开关放大器的开关时间进行控制，将直流电压转换成某一频率的矩形波电压，加到直流电机的电枢两端，通过对矩形波脉冲宽度的控制，改变电枢两端的平均电压以达到调节电机转速的目的。

1. PWM波形的产生

如图 14-18 所示，设 T=X×Ts，T1=Y×Ts，T2=Z×Ts。其中 X 为 T 周期参数，放在 20H 单元。Y 为 T1 延时参数，放在 21H 单元，Z=X–Y。Ts 为延时的时间基数，由定时器

T0 确定。定时初值放在 22H、23H 单元中。

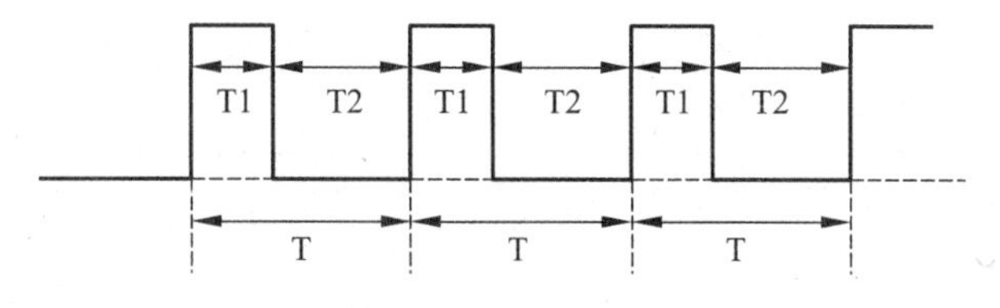

图 14-18　PWM 波形图

2．PWM波形的产生程序代码

```
        ORG 0000H
          LJMP MAIN
          ORG 000BH
          LJMP TT0              ;定时器 0 中断程序
          ORG 1000H
MAIN:   SETB P1.0               ;脉冲的高电平
          MOV R0,21H; R0=Y
        MOV TMOD, #01H
          MOV TL0,22H           ;时间基数 Ts 的定时参数
          MOV TH0,23H
          SETB TR0              ;定时中断设置
          SETB ET0
        SETB EA
L1:     CJNE R0,#00H,L2
          CPL P1.0
        MOV A,20H
        CLR C
          SUBB A,21H            ;Z=X-Y 或 Y=X-Z
          MOV 21H,A
        MOV R0,A
L2:       AJMP L1
TT0:    MOV TL0, 22H
          MOV TH0, 23H
          DEC R0
          RETI
```

3．直流电动机的驱动芯片

L293 是 SGS 公司的产品，内部包含 4 通道逻辑驱动电路。其额定工作电流为 1A，最大可达 1.5A，VSS 电压最小 4.5V，最大可达 36V；VS 电压最大值也是 36V，VS 电压应该比 VSS 电压高，否则有时会出现失控现象。

L298 芯片是一种 H 桥式驱动器，接受标准 TTL 逻辑电平信号，可用来驱动电感性负载。H 桥可承受 46V 电压，相电流高达 2.5A。L298（或 XQ298，SGS298）的逻辑电路使用 5V 电源，功放级使用 5～46V 电压，下桥发射极均单独引出，以便接入电流取样电阻。

14.4.3　应用电路设计

直流电机驱动采用 LM298 驱动芯片驱动，通过 PWM 算法控制直流电机状态，其电路图如 14-19 所示。

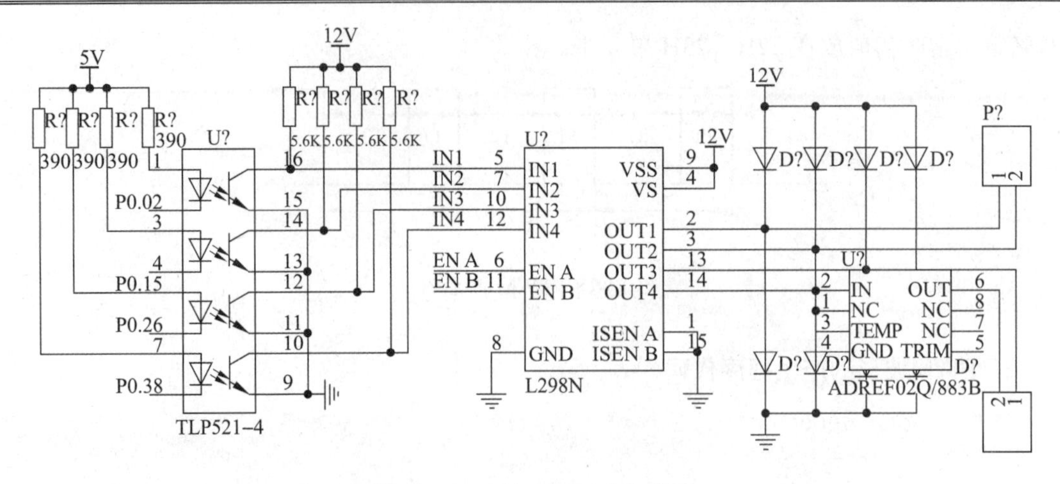

图 14-19　直流电机驱动电路图

14.4.4　软件程序设计

1. 第一种编程方法

程序代码如下：

```
/* 晶振采用 11.0592M */
#include<reg51.h>
#include<math.h>
#define uchar unsigned char
#define uint unsigned int
sbit en1=P2^0;        /* L298 的 Enable A */
sbit en2=P2^1;        /* L298 的 Enable B */
sbit s1=P0^0;         /* L298 的 Input 1 */
sbit s2=P0^1;         /* L298 的 Input 2 */
sbit s3=P0^2;         /* L298 的 Input 3 */
sbit s4=P0^3;         /* L298 的 Input 4 */
uchar t=0;            /* 中断计数器 */
uchar m1=0;           /* 电机 1 速度值 */
uchar m2=0;           /* 电机 2 速度值 */
uchar tmp1,tmp2;      /* 电机当前速度值 */

/* 电机控制函数 index-电机号(1,2); speed - 电机速度(-100—100) */
void motor(uchar index, char speed)
{
     if(speed>=-100 && speed<=100)
     {
          if(index==1)          /* 电机 1 的处理 */
          {
              m1=abs(speed);   /* 取速度的绝对值 */
              if(speed<0)      /* 速度值为负则反转 */
              {
                  s1=0;
                  s2=1;
              }
```

```
                else                    /* 不为负数则正转 */
                {
                    s1=1;
                    s2=0;
                }
}
            if(index==2)                /* 电机 2 的处理 */
            {
                m2=abs(speed);          /* 电机 2 的速度控制 */
                if(speed<0)             /* 电机 2 的方向控制 */
                {
                    s3=0;
                    s4=1;
                }
                else
                {
                    s3=1;
                    s4=0;
                }
            }
    }
}

void delay(uint j)                      /* 简易延时函数 */
{
    for(j;j>0;j--);
}

void main()
{
    uchar i;
    TMOD=0x02;                          /* 设定 T0 的工作模式为 2 */
    TH0=0x9B;                           /* 装入定时器的初值 */
    TL0=0x9B;
    EA=1;                               /* 开中断 */
    ET0=1;                              /* 定时器 0 允许中断 */
    TR0=1;                              /* 启动定时器 0 */
    while(1)                            /* 电机实际控制演示 */
    {
        for(i=0;i<=100;i++)             /* 正转加速 */
        {
            motor(1,i);
            motor(2,i);
            delay(5000);
        }
        for(i=100;i>0;i--)              /* 正转减速 */
        {
            motor(1,i);
            motor(2,i);
            delay(5000);
        }
        for(i=0;i<=100;i++)             /* 反转加速 */
        {
            motor(1,-i);
            motor(2,-i);
            delay(5000);
        }
        for(i=100;i>0;i--)              /* 反转减速 */
```

```
            {
                motor(1,-i);
                motor(2,-i);
                delay(5000);
            }
      }
}
void timer0() interrupt 1              /* T0 中断服务程序 */
{
      if(t==0)                         /* 1 个 PWM 周期完成后才会接受新数值 */
      {
          tmp1=m1;
          tmp2=m2;
      }
      if(t<tmp1) en1=1; else en1=0; /* 产生电机 1 的 PWM 信号 */
      if(t<tmp2) en2=1; else en2=0; /* 产生电机 2 的 PWM 信号 */
      t++;
      if(t>=100) t=0;                  /* 1 个 PWM 信号由 100 次中断产生 */
}
```

2. 第二种编程方法

程序代码如下：

```
/******单片机与外设端口定义***************/
sbit ql2 = P2^0;                     //定义前侧传感器
sbit ql3 = P2^1;
sbit qr3 = P2^2;
sbit qr2 = P2^3;

sbit hl1 = P2^4;                     //定义后侧传感器
sbit hl2 = P2^5;
sbit hr2 = P2^6;
sbit hr1 = P2^7;

sbit IN1 = P0^0;                     //定义左轮驱动
sbit IN2 = P0^1;
sbit IN3 = P0^2;                     //定义右轮驱动
sbit IN4 = P0^3;

sbit left = P3^6;                    //控制左轮 PWM
sbit right = P3^7;                   //控制右轮 PWM
uchar click,lmk,rmk,cs,time;         //定义 PWM 计数值、左轮脉宽、右轮脉宽、恒定转速、
                                     //定时秒时间
void Softinit(void)
{
      TMOD = 0x12;                   //定义 T1 为工作方式 1，构成 16 位定时器
                                     //定义 T0 为工作方式 2，构成 8 位自动装载初值定时器
      TH0=0xD7                       //在晶振等于 24MHz 时，定时 20μs
                                     //PWM 周期为 20μs*255=5.1ms，频率为 196Hz
       TL0 = 0xD7;
      TH1 = 0x3C;                    //定时器定时 50ms，（65535-50000）/256
      TL1 = 0xAF;
      IP = 0x02;                     //T0 中断优先级高，T1 次之
      ET0 = 1;                       //开定时器 T0
      ET1 = 1;                       //开定时器 T1
      EA = 1;                        //开总中断
```

```
      TR0 = 1;
      TR1 = 0;
      sec1 = 0;
      sec2 = 0;
      count = 0;
      count1 = 0;
      cs = 254;
      rmk = 160;                    //在给左右轮赋 PWM 值时，应留有余量以达到调节效果
      lmk = 160;
}
/********定义电机 PWM 调速函数*************/
void pdl(uint e1)                   //左转
{
    if( cs+e1 < 255 )
        rmk = cs+e1;
    else
        rmk=254;

    if( cs-e1 > 0 )
        lmk = cs-e1;
    else
           lmk=0;
}
void pdr(uint e1)                   //右转
{
    if( cs+e1 < 255 )
        lmk = cs+e1;
    else
        lmk=254;

    if( cs-e1 > 0 )
        rmk = cs-e1;
    else
           rmk=0;
}

/****************************************/
/**************定义前后侧传感器检测路面函数**************************/
/******************包括电机 PWM 调速函数************************/
void chuanganqi(bit m)              //定义传感器检测路面函数
{
    uchar e2;
    if(m == 0)
    {
        switch(P2 | 0xF0)           //前面传感器检测路面
        {
         case 0xF0:  e2 = 0;        //前进直行
                lmk = cs;
                rmk = cs;
                break;
         case 0xF4:   e2 = 170;     //小车向左偏调整，增大左轮脉宽值，同时减小右轮脉
                                    //宽值
                  pdr(e2);
                  break;
          case 0xF8:  e2 = 190;
                  pdr(e2);
                  break;
          case 0xF2:  e2 = 80;      //小车向右偏调整，增大右轮脉宽值，同时减小左轮脉
                                    //宽值
```

```
                pdl(e2);
                break;
          case 0xF1:  e2 = 100;
                pdl(e2);
                break;
        }
    }
    else                                    //后面传感器检测路面
    {
        switch(P2 | 0x0F)
        {
         case 0x0F:    e2 = 0;              //后退直行
               lmk = cs;
               rmk = cs;
               break;
         case 0x4F:    e2 = 160;            //小车向左偏，增大左轮脉宽值，同时减小右轮脉
                                            //宽值
               pdr(e2);
               break;
           case 0x8F:  e2 = 170;
               pdr(e2);
               break;
          case 0x2F:   e2 = 150;            //小车向右偏，增大右轮脉宽值，同时减小左轮脉
                                            //宽值
               pdl(e2);
               break;
          case 0x1F: e2 = 170;
               pdl(e2);
               break;
        }
    }
}

/*********************************************/
/************定义控制电机函数****************/
void dianji(bit n)                          //定义电机驱动函数，控制小车前进和后退，由 P0
                                            //低 4 位控制 L298 的 I1～I4
{
    if(n == 0)
    {
        IN1 = 0;                            //小车前进
        IN2 = 1;
        IN3 = 0;
        IN4 = 1;
    }
    else
    {
        IN1 = 1;                            //小车后退
        IN2 = 0;
        IN3 = 1;
        IN4 = 0;
    }
}
void tingche(void)                          //停车函数
{
    IN1 = 0;
    IN2 = 0;
    IN3 = 0;
    IN4 = 0;
```

```
}
/*****定时器 T0 中断函数*********/
/*****产生 PWM 信号控制左右轮电机调速****/
/*****定时器定时 20μs，PWM 周期 20μs*255=5.1ms，频率 196Hz*****/
void time0(void) interrupt 1 using 0    //在晶振等于 24MHz 时，定时 20μs
                                        //PWM 周期为 20μs*255=5.1ms，频率为
                                        //196Hz
{
    click++;

    if(click < lmk)                     //左轮脉宽调整
        left = 1;
    else
        left = 0;

    if(click < rmk)                     //右轮脉宽调整
        right = 1;
    else
        right = 0;
}
```

14.5　RS-232 与 VB 串行通信

本节介绍 VB 软件的通信控件 MSComm 的功能，并设计 RS-232 通信应用电路和相应的代码。

14.5.1　VB 串行通信简介

VB（Micorsoft Visual Basic）是微软公司 1991 年推出的新一代 Basic 语言，它保留了原有 Basic 语言的功能和简单易用性，同时增加了图像处理、声音处理、文字处理、创建数据库和电子表格、数据通信等功能。VB 编程系统引入了部分面向对象的机制，提供了一种所见即所得的可视界面设计方法，使用户界面开发变得十分容易。

由于上位机的软件用 VB 来编写的，因此在上位机通信软件的设计中涉及如何用 VB 来实现上下位机之间的通信。一般用 VB 开发串行通信程序有两种方法：一种是利用 Windows 的通信 API 函数；另一种是采用 VB 标准控件 MSComm 来实现。

由于 VB 的通信控件 MSComm 友好、功能强大，提供了功能完善的串口数据的发送和接收功能，同时编程速度快是众人皆知的。在数据通信量不是很大时，在单片机通信领域广泛地使用 VB 的 MSComm 通信控件来开发 PC 上层通信软件。VB 6.0 的 MSComm 通信控件提供了一系列标准通信命令的接口，它允许建立串口连接，可以连接到其他通信设备（如 Modem），还可以发送命令、进行数据交换以及监视和响应在通信过程中可能发生的各种错误和事件，所以可以用它创建全双工的、事件驱动的、高效实用的通信程序。为了实现实时监测功能，数据采集处理程序采用 MSComm 事件方式。

将下位机采集的数据上传 PC，采用 MSComm 控件来实现。MSComm 控件为应用程序提供了串口通信功能，该应用程序允许通过串口发送和接收数据，信息会在系统的硬件线路上流动，此控件提供了两种方式处理信息的流动。

第一种方式是事件驱动，它是一种功能很强的处理串口活动的方法。在大多数情况下，用户需要获知事件发生的时间，在这种情况下，使用 MSComm 控件的 OnComm 事件捕获和处理这些通信事件和错误。

第二种方式是程序通过检查 CommEvent 属性的值来轮询事件和错误。

在 VB 6.0 开发环境中，MSComm 通信控件可以从 VB 的工具栏菜单的部件对话框中选择该控件添加到工具箱内，这样就可用其进行通信程序的设计。

13.5.2 应用电路设计

RS-232C 是美国电子工业协会（EIA）正式公布的，在异步串行通信中应用最广的标准总线。适用于终端设备（DTE）和数据通信设备（DCE）之间的接口。最高数据传送速率可达 19.2kb/s，最长传送电缆可达到 15m。RS-232C 标准定义了 9 根引线，对于一般的双向通信，只需使用串行输入 RXD、串行输出 TXD 和地线 GND。RS-232C 标准的电平采用负逻辑，规定+3～+15V 之间的任意电平为逻辑 0 电平，–3～–15V 之间的任意电平为逻辑 1 电平，与 TTL 和 CMOS 电平是不同的。在接口电路和计算机接口芯片中大都是 TTL/CMOS 电平，所以在通信时必须进行电平转换，以便与 RS-232C 标准的电平匹配。MAX232C 芯片可以完成电平转换这一工作。

采用 MAX232 的 RS-232 串行通信电路如图 14-20 所示，现选用其中的一路发送/接收。R1OUT 接 AT89C51 的 RXD，T1IN 接 AT89C51 的 TXD，T1OUT 接 PC 的 RD，R1IN 接 PC 的 TD。因为 MAX232 具有驱动能力，所以不需要外加驱动电路。

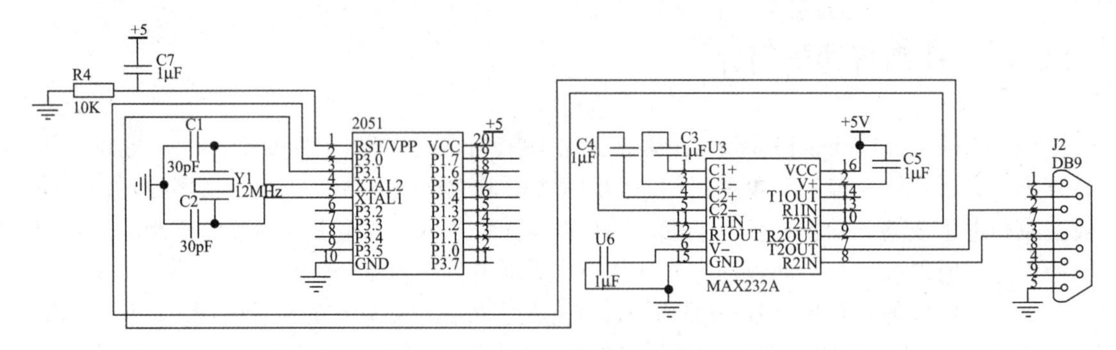

图 14-20 RS-232 串行通信电路

14.5.3 软件程序设计

1. 单片机串口收发数据程序

程序代码如下：

```
#pragma SMALL
#include <reg52.h>
#include <absacc.h>
#include <intrins.h>
#define uchar unsigned char
#define uint unsigned int
```

```
char b[]={0x0,0x01,0x02,0x03,0x04,0x05,0x06,0x07,0x08,0x09,0x08,0x07,06,
05,04,03};
//*发送数据数组
void init(void)
{
    TMOD=0x21;    //0010 0001  T1 方式 2（常数自动装入的 8 位定时器/记数器）
                  // T0 方式 1（16 位定时器/计数器）
    TH1=0xf3;     //定时器确定的波特率 4800
    TL1=0xf3;
    TR1=1;        //启动定时器 1
    PCON=0x80;    //SMOD=1
    SCON=0x50;    //0101 0000 方式 1（10 异步收发，由定时器决定）
}
//****************************************************//
void main(void)
{

    uint u,j;
    uint i;
    init();

    while(1)
    {
          while(RI==0);RI=0;
          i=SBUF;
          P1=SBUF;
          for(j=0;j<12500;j++);
          if (i==0x91)
          {
              for(u=0;u<16;u++)
              {

                  SBUF=b[u];
                  while(TI==0);TI=0;
                  for(j=0;j<12500;j++);
              }
          }
    }
}
```

2．VB程序收发数据程序

1）界面设计

接收数据界面如图 14-21 所示。

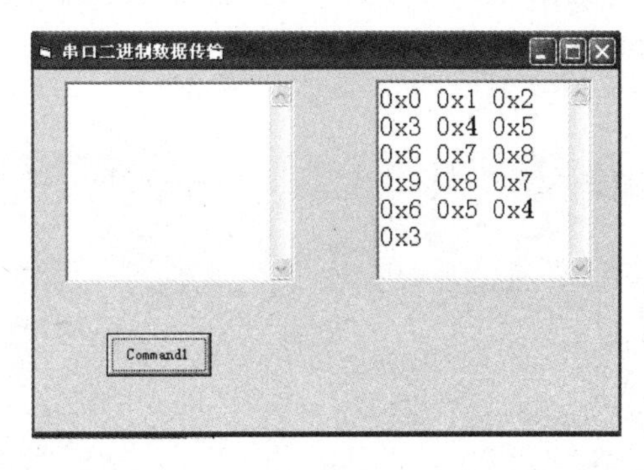

图 14-21　接收数据界面

2）MSComm1 属性设置

MSComm1 控件的属性如图 14-22 所示。

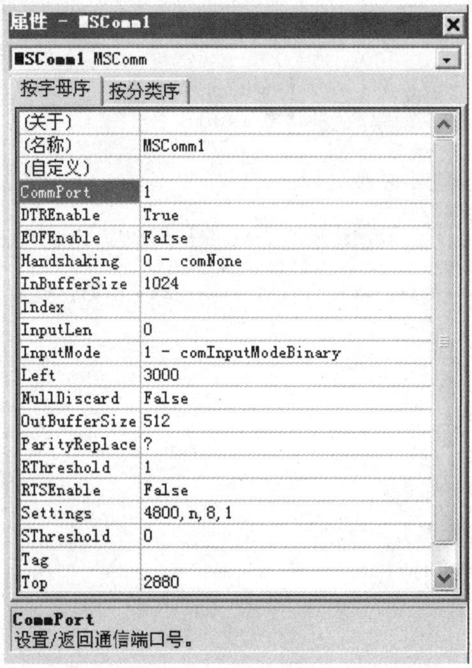

属性 - MSComm1

MSComm1 MSComm

按字母序 | 按分类序

(关于)	
(名称)	MSComm1
(自定义)	
CommPort	1
DTREnable	True
EOFEnable	False
Handshaking	0 - comNone
InBufferSize	1024
Index	
InputLen	0
InputMode	1 - comInputModeBinary
Left	3000
NullDiscard	False
OutBufferSize	512
ParityReplace	?
RThreshold	1
RTSEnable	False
Settings	4800, n, 8, 1
SThreshold	0
Tag	
Top	2880

CommPort
设置/返回通信端口号。

图 14-22　MSComm1 控件的属性

其中，串口号（Commport）设置为 1、2 等，表示 COM1、COM2。参数设置（Settings）格式为 B，P，D，S，其中 B 表示波特率，P 表示奇偶校验（N 为无校验，E 为偶校验，O 为奇校验），D 表示数据位数，S 表示停止位数。InputLen 设置或返回的是用 Input 从缓冲区每次读出的字节数组。

主要是设置端口号、波特率、数据位、停止位、奇偶校验位，以及以字节模式或二进制模式来发送或接收数据等属性。此外，在设置波特率时，上下位机收发双方要以相同的波特率工作。通过对 MSComm 的以上属性进行设置，可达成与下位机一致的通信协议。Settings 的属性设置根据下位机的波特率，奇偶校验位。数据位和停止位的值来确定。本设计与单片机通信格式设定波特率为 4800，无奇偶校验，8 位数据位，1 位停止位。数据传输采用二进制方式，以保证数据传输的可靠。设置好与单片机的通信格式，当缓存区接收到 9 个字符时，即引发 OnComm 事件。

3）程序代码

```
Private Sub Command1_Click()
MSComm1.Output = "1"
End Sub
Private Sub Form_Load()
MSComm1.PortOpen = True
End Sub

Private Sub MSComm1_OnComm()
   Dim InByte() As Byte
   Buf = ""
   Select Case MSComm1.CommEvent
```

```
      Case comEvReceive
        InByte = MSComm1.Input
        For i = LBound(InByte) To UBound(InByte)
          Buf = InByte(i)
          Text2.Text = Text2.Text & "0x" & Hex(Buf) & Chr(32)
        Next i
  End Select
End Sub
```

14.6　语音录放控制

美国 ISD 公司的 2500 芯片按录放时间 60s、75s、90s 和 120s 分成 ISD2560、ISD2575、ISD2590 和 ISD25120。ISD2500 系列和 1300 系列语音电路一样，具有抗断电、音质好，使用方便等优点。它的最大特点在于片内 E2PROM 容量为 480KB（1300 系列为 128KB），所以录放时间长；有 10 个地址输入端（1300 系列仅为 8 个），寻址能力可达 1024 位；最多能分 600 段；设有 OVF（溢出）端，便于多个器件级联。

ISD2560 是 ISD 系列单片语音录放集成电路的一种。这是一种永久记忆型语音录放电路，录音时间为 60s，可重复录放 10 万次。该芯片采用多电平直接模拟量存储专利技术，每个采样值可直接存储在片内单个 E^2PROM 单元中，能够非常真实自然地再现语音、音乐、音调和效果声，从而避免了一般固体录音电路因量化和压缩造成的量化噪声和“金属声”。该器件的采样频率为 8.0kHz，同一系列的产品采样频率越低，录放时间越长，但通频带和音质会有所降低。此外，ISD2560 省去了 A/D 和 D/A 转换器。其集成度较高，内部包括前置放大器、内部时钟、定时器、采样时钟、滤波器、自动增益控制、逻辑控制、模拟收发器、解码器和 480KB 的 E^2PROM。ISD2560 内部 E^2PROM 存储单元均匀分为 600 行，有 600 个地址单元，每个地址单元指向其中一行，每一个地址单元的地址分辨率为 100ms。ISD2560 还具备微控制器所需的控制接口。通过操纵地址和控制线可完成不同的任务，以实现复杂的信息处理功能，如信息的组合、连接、设定固定的信息段和信息管理等。ISD2560 可不分段，也可按最小段长为单位来任意组合分段。

14.6.1　ISD2560 引脚功能

ISD2560 的引脚如图 14-23 所示，下面介绍各引脚的主要功能。

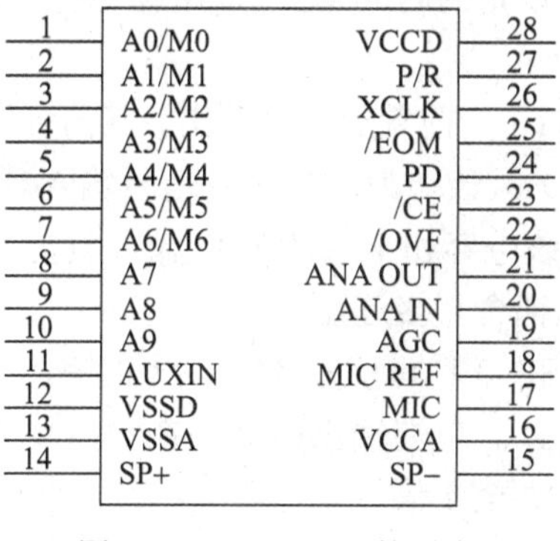

引脚	名称	名称	引脚
1	A0/M0	VCCD	28
2	A1/M1	P/R	27
3	A2/M2	XCLK	26
4	A3/M3	/EOM	25
5	A4/M4	PD	24
6	A5/M5	/CE	23
7	A6/M6	/OVF	22
8	A7	ANA OUT	21
9	A8	ANA IN	20
10	A9	AGC	19
11	AUXIN	MIC REF	18
12	VSSD	MIC	17
13	VSSA	VCCA	16
14	SP+	SP−	15

图 14-23　ISD2560 的引脚

（1）电源（VCCA、VCCD）：为了最大限度地减小噪声，芯片内部的模拟和数字电路使用不同的电源总线，并且分别引到外封装上。模拟和数字电源端最好分别走线，并应尽可能在靠近供电端处相连，而去耦电容则应尽量靠近芯片。

（2）地线（VSSA、VSSD）：由于芯片内部使用不同的模拟和数字地线，因此这两脚最好通过低阻抗通路连接到地。

（3）节电控制（PD）：该端拉高可使芯片停止工作，而进入节电状态。当芯片发生溢出，即OVF端输出低电平后，应将本端短暂变高以复位芯片；另外，PD端在模式6下还有特殊的用途。

（4）片选（CE）：该端变低且PD也为低电平时，允许进行录、放操作。芯片在该端的下降沿将锁存地址线和P/R端的状态；另外，它在模式6中也有特殊的意义。

（5）录放模式（P/R）：该端状态一般在CE的下降沿锁存。高电平选择放音，低电平选择录音。录音时，由地址端提供起始地址，直到录音持续到CE或PD变高，或内存溢出；如果是前一种情况，芯片将自动在录音结束处写入EOM标志。放音时，由地址端提供起始地址，放音持续到EOM标志。如果CE一直为低，或芯片工作在某些操作模式，放音则会忽略EOM而继续进行下去，直到发生溢出为止。

（6）信息结尾标志（EOM）：EOM标志在录音时由芯片自动插入到该信息段的结尾。当放音遇到EOM时，该端输出低电平脉冲。另外，ISD2560芯片内部会自动检测电源电压以维护信息的完整性。当电压低于3.5V时，该端变低，此时芯片只能放音。在模式状态下，可用来驱动LED，以指示芯片当前的工作状态。

（7）溢出标志（OVF）：芯片处于存储空间末尾时，该端输出低电平脉冲以表示溢出，之后该端状态跟随CE端的状态，直到PD端变高。此外，该端可用于级联多个语音芯片来延长放音时间。

（8）话筒输入（MIC）：该端连至片内前置放大器。片内自动增益控制电路（AGC）可将增益控制在-15～24dB。外接话筒应通过串联电容耦合到该端。耦合电容值和该端的10kΩ输入阻抗决定了芯片频带的低频截止点。

（9）话筒参考（MIC REF）：该端是前置放大器的反向输入。当以差分形式连接话筒时，可减小噪声，并提高共模抑制比。

（10）自动增益控制（AGC）：AGC可动态调整前置增益以补偿话筒输入电平的宽幅变化，这样在录制变化很大的音量（从耳语到喧嚣声）时就能保持最小失真。响应时间取决于该端内置的5kΩ电阻和从该端到VSSA端所接电容的时间常数。释放时间则取决于该端外接的并联对地电容和电阻设定的时间常数。选用标称值分别为470kΩ和4.7μF的电阻、电容可以得到满意的效果。

（11）模拟输出（ANA OUT）：前置放大器输出。其前置电压增益取决于AGC端电平。

（12）模拟输入（ANA IN）：该端为芯片录音信号输入。对话筒输入来说，ANA OUT端应通过外接电容连至该端，该电容和本端的3kΩ输入阻抗决定了芯片频带的附加低端截止频率。其他音源可通过交流耦合直接连至该端。

（13）扬声器输出（SP+、SP–）；可驱动16Ω以上的喇叭（内存放音时功率为12.2mW，AUX IN放音时功率为50mW）。单端输出时必须在输出端和喇叭间接耦合电容，而双端输出则不用电容就能将功率提高至4倍。

（14）辅助输入（AUX IN）：当CE和P/R为高，不进行放音或处于放音溢出状态时，该端的输入信号将通过内部功放驱动喇叭输出端。当多个 ISD2560 芯片级联时。后级的喇叭输出将通过该端连接到本级的输出放大器。为了防止噪声，建议在存放内存信息时。该端不要有驱动信号。

（15）外部时钟（XCLK）：该端内部有下拉元件，不用时应接地。

（16）地址/模式输入（AX/MX）：地址端的作用取决于最高两位（MSB，即 A8 和 A9）的状态。当最高两位中有一个为 0 时，所有输入均作为当前录音或放音的起始地址。地址端只作输入，不输出操作过程中的内部地址信息。地址在 CE 的下降沿锁存。当最高两位全为 1 时，A0～A6 可用于模式选择。

14.6.2　应用电路设计

语音控制电路如图 14-24 所示。单片机的 P0 口、P2.0 和 P2.1 引脚提供语音芯片 ISD2560 的地址/模式输入。P1.0 引脚控制语音芯片 ISD2560 的录/放模式选择，低电平位录音状态，高电平位放音状态。P1.2 引脚和语音芯片 ISD2560 的节电控制输入相连，单片机通过此引脚可以控制芯片的开关。P1.3 引脚和语音芯片 ISD2560 的片选，低电平时选中芯片。单片机的 INT0 脚、P1.4 和 ISD2560 的 EOM 标志输出相连，EOM 标志在录音时由芯片自动插入到录音信息的结尾处，放音遇到 EOM 时，会产生低电平脉冲，触发单片机中断，单片机必须在检测到此输出的上升沿后才播放新的录音，否则播放的语音就不连续，而且会产生杂声。

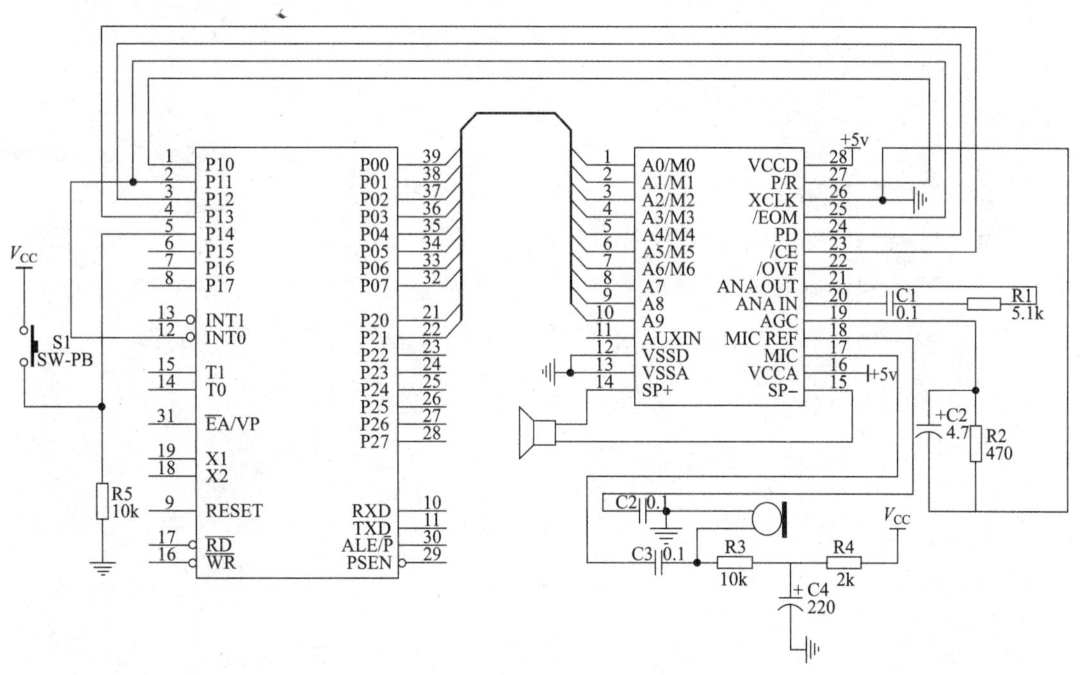

图 14-24　语音控制电路

14.6.3　软件程序设计

程序代码如下：

```
#pragma SMALL
#include <reg52.h>
#include <absacc.h>
#include <intrins.h>
#define uchar unsigned char
#define uint unsigned int
uchar count
uchar startflag
uchar idleflag
//*定义 ISD2560 的控制引脚
sbit start=P1^4;
sbit eom= P1^1;
sbit PR= P1^0;
sbit PD= P1^2;
sbit CE= P1^3;
//*延时毫秒
void delay (uint t)
{
    uint i;
    while(t--)
    {
        for(i=0;i<125;i++)
        {}
    }
}
//*外部中断 0 程序
void out_int0 () interrupt 0 using 1
{
    EX0=0;
    pd=1;
    if(count<2)
    {
        count++;
        delay(5000);
        P2= P2&0XFC;
        P0= P0&0X00;
        Playback();
        EX0=1;
    }
    else
    {
        idleflag=1;
        count=0;
    }
}
//*主程序
void main()
{
    EA=1;
    count=0;
    startflag=0;
    idleflag=1;

    while(idleflag= =1)
    {
        if (start)
        {
            delay(10);
            if(start)
            startflag=1;
```

```
        }
        if (startflag= =1)
        {
            do
            {
                P2= P2&0XFC;
                P0= P0&0X00;
                Record();
            }
            while( start);
            startflag=0;
            PR=1;
            PD=1;
            delay(500);
            EX0=1;
            P2= P2&0XFC;
            P0= P0&0X00;
            playback();
            idleflag=0;
        }
    }
}
//*录音子函数
void record(void)
{
    ce=0;
    pd=0;
    pr=0;
}
//*放音子函数
void playback(void)
{
    ce=0;
    pd=0;
    pr=0;
}
```

14.7　思考与练习

1. 利用DS18B20检测水温或风扇温度，并在LED显示器或液晶显示器上显示此温度值。
2. 利用红外遥控来实现小车的前进、后退、左转弯以及右转弯功能。
3. 采用无线传输方式检测温度，并显示此温度值以及实现语音播报功能。

附录A　ASCII码字符表

ASCII（美国标准信息交换码）表

低位3210 \ 高位654		0	1	2	3	4	5	6	7
		000	001	010	011	100	101	110	111
0	0000	NUL	DLE	SP	0	@	P	`	p
1	0001	SOH	DC1	!	1	A	Q	a	q
2	0010	STX	DC2	"	2	B	R	b	r
3	0011	ETX	DC3	#	3	C	S	c	s
4	0100	EOT	DC4	$	4	D	T	d	t
5	0101	ENQ	NAK	%	5	E	U	e	u
6	0110	ACK	SYN	&	6	F	V	f	v
7	0111	BEL	ETB	´	7	G	W	g	w
8	1000	BS	CAN	(	8	H	X	h	x
9	1001	HT	EM	)	9	I	Y	i	y
A	1010	LF	SUB	*	:	J	Z	g	z
B	1011	VT	ESC	+	;	K	[	k	{
C	1100	FF	FS	,	<	L	\	l	|
D	1101	CR	GS	–	=	M	]	m	}
E	1110	SO	RS	.	>	N	Ω	n	~
F	1111	SI	US	/	?	O	—	o	DEL

表中符号说明：

NUL　空
SOH　标题开始
STX　正文开始
ETX　正文结束
EOT　传输结果
ENQ　询问
ACK　应答
BEL　响铃
BS　退格
HT　横向列表
LF　换行
VT　垂直制表

FF　走纸控制
CR　回车
SO　移位输出
SI　移位输入
DLE　数据链换码
DC1　设备控制1
DC2　设备控制2
DC3　设备控制3
DC4　设备控制4
NAK　未应答
SYN　空转同步
ETB　信息组传送结束

CAN　作废
EM　纸尽
SUB　减
ESC　换码
FS　文字分隔符
GS　组分隔符
RS　记录分隔符
US　单元分隔符
SP　空格
DEL　删除

附录 B　MCS-51 系列单片机指令一览表

表 B-1　数据传送指令

指　令	十六进制代码	功　能	对标志位影响				字节数	机器周期数
			Cy	AC	OV	P		
MOV A,Rn	E8～EF	A←(Rn)				√	1	1
MOV A,direct	E5 direct	A←(direct)				√	2	1
MOV A,@Ri	E6 E7	A←((Ri))				√	1	1
MOV A,#data	74 data	A←data				√	2	1
MOV Rn,A	F8～FF	Rn←(A)					1	1
MOV Rn,direct	A8～AF direct	Rn←(direct)					2	2
MOV Rn,#data	78～7F data	Rn←data					2	1
MOV direct,A	F5 direct	direct←(A)					2	1
MOV direct,Rn	88～8F direct	direct←(Rn)					2	2
MOV direct1,direct2	85 direct2 direct1	direct1←(direct2)					3	2
MOV direct,@Ri	86～87 direct	direct←((Ri))					2	2
MOV direct,#data	75 direct data	direct←data					3	2
MOV @Ri,A	F6～F7	(Ri）←(A)					1	1
MOV @Ri,direct	A6～A7 direct	(Ri)←(direct)					2	2
MOV @Ri,#data	76～77 data	(Ri)←data					2	1
MOV DPTR, #data16	90 data15～8 data7～0	DPTR←data16					3	2
MOVX A,@DPTR	E0	A←((DPTR))				√	1	2
MOVX @DPTR,A	F0	(DPTR)←(A)					1	2
MOVX A,@Ri	E2～E3	A←((Ri))				√	1	2
MOVX @Ri,A	F2～F3	(Ri)←(A)					1	2
MOVC A,@A＋DPTR	93	A←((A)+(DPTR))				√	1	2
MOVC A,@A+PC	83	A←((A)+(PC))				√	1	2
XCH A,Rn	C8～CF	(A)←→(Rn)				√	1	1
XCH A,direct	C5 direct	(A)←→(direct)				√	2	1
XCH A,@Ri	C6～C7	(A)←→((Ri))				√	1	1
XCHD A,@Ri	D6～D7	$(A)_{3\sim0}$←→$((Ri))_{3\sim0}$				√	1	1
SWAP A	C4	$(A)_{7\sim4}$←→$(A)_{3\sim0}$					1	1
PUSH direct	C0 direct	SP←(SP)+1 (SP)←(direct)					2	2
POP direct	D0 direct	direct←((SP)) SP←(SP) – 1					2	2

表 B-2 算术运算指令

指　令	十六进制代码	功　能	对标志位影响				字节数	机器周期数
			Cy	AC	OV	P		
ADD A,Rn	28～2F	A←(A)+(Rn)	√	√	√	√	1	1
ADD A,direct	25 direct	A←(A)+(direct)	√	√	√	√	2	1
ADD A,@Ri	26～27	A←(A)+((Ri))	√	√	√	√	1	1
ADD A,#data	24 data	A←(A)+data	√	√	√	√	2	1
ADDC A,Rn	38～3F	A←(A)+(Rn)+(Cy)	√	√	√	√	1	1
ADDC A,direct	35 direct	A←(A)+(direct)+(Cy)	√	√	√	√	2	1
ADDC A,@Ri	36～37	A←(A)+((Ri))+(Cy)	√	√	√	√	1	1
ADDC A,#data	34 data	A←(A)+data+(Cy)	√	√	√	√	2	1
SUBB A,Rn	98～9F	A←(A) – (Rn) – (Cy)	√	√	√	√	1	1
SUBB A,direct	95 direct	A←(A) – (direct) – (Cy)	√	√	√	√	2	1
SUBB A,@Ri	96～97	A←(A) – ((Ri)) – (Cy)	√	√	√	√	1	1
SUBB A,#data	94 data	A←(A) – data – (Cy)	√	√	√	√	2	1
INC A	04	A←(A)+1				√	1	1
INC Rn	08～0F	Rn←(Rn)+1					1	1
INC direct	05 direct	direct←(direct)+1					2	1
INC @Ri	06～07	(Ri)←((Ri))+1					1	1
INC DPTR	A3	DPTR←(DPTR)+1					1	2
DEC A	14	A←(A) – 1				√	1	1
DEC Rn	18～1F	Rn←(Rn) – 1					1	1
DEC direct	15 direct	direct←(direct) – 1					2	1
DEC @Ri	16～17	(Ri)←((Ri)) – 1					1	1
MUL AB	A4	BA←(A)×(B)	0		√	√	1	4
DIV AB	84	A…B←(A)÷(B)	0		√	√	1	4
DA A	D4	对 A 进行十进制调整	√	√	√	√	1	1

表 B-3 逻辑运算指令

指　令	十六进制代码	功　能	对标志位影响				字节数	机器周期数
			Cy	AC	OV	P		
ANL A,Rn	58～5F	A←(A)∧(Rn)				√	1	1
ANL A,direct	55 direct	A←(A)∧(direct)				√	2	1
ANL A,@Ri	56～57	A←(A)∧((Ri))				√	1	1
ANL A,#data	54 data	A←(A)∧data				√	2	1
ANL direct,A	52 direct	direct←(direct)∧(A)					2	1
ANL direct,#data	53 direct data	direct←(direct)∧data					3	2
ORL A,Rn	48～4F	A←(A)∨(Rn)				√	1	1
ORL A,direct	45 direct	A←(A)∨(direct)				√	2	1

续表

指　　令	十六进制代码	功　　能	对标志位影响				字节数	机器周期数
			Cy	AC	OV	P		
ORL A,@Ri	46～47	A←(A)∨((Ri))				√	1	1
ORL A,#data	44 data	A←(A)∨data				√	2	1
ORL direct,A	42 direct	direct←(direct)∨(A)					2	1
ORL direct,#data	43 direct data	direct←(direct)∨data					3	2
XRL A,Rn	68～6F	A←(A)⊕(Rn)				√	1	1
XRL A,direct	65 direct	A←(A)⊕(direct)				√	2	1
XRL A,@Ri	66～67	A←(A)⊕((Ri))				√	1	1
XRL A,#data	64 data	A←(A)⊕data				√	2	1
XRL direct,A	62 direct	direct←(direct)⊕(A)					2	1
XRL direct,#data	63 direct data	direct←(direct)⊕data					3	2
CLR A	E4	A←0				√	1	1
CPL A	F4	A←(A)按位取反					1	1
RL A	23	A_7 ← A_0					1	1
RR A	03	A_7 → A_0					1	1
RLC A	33	C_y ← A_7 ← A_0	√			√	1	1
RRC A	13	C_y → A_7 → A_0	√			√	1	1

表 B-4　控制转移指令

指　　令	十六进制代码	功　　能	对标志位影响				字节数	机器周期数
			Cy	AC	OV	P		
LJMP addr16	02 addr15～8 addr7～0	PC←addr16					3	2
AJMP addr11	01 addr7～0	PC←(PC)+2, PC10～0←addr11					2	2
SJMP rel	80 rel	PC←(PC)+2, PC←(PC)+rel					2	2
JMP @A+DPTR	73	PC←(A)+(DPTR)					1	2
JZ rel	60 rel	若(A)≠0，则 PC←(PC)+2 若(A)=0，则 PC←(PC)+2+rel					2	2
JNZ rel	70 rel	若(A)=0，则 PC←(PC)+2 若(A)≠0，则 PC←(PC)+2+rel					2	2

续表

指　令	十六进制代码	功　能	对标志位影响				字节数	机器周期数
			Cy	AC	OV	P		
CJNE A,direct,rel	B5 direct rel	若(A)=(direct), 则 PC←(PC)+3,Cy←0 若(A)>(direct), 则 PC←(PC)+3+rel,Cy←0 若(A)<(direct), 则 PC←(PC)+3+rel,Cy←1					3	2
CJNE A,#data,rel	B4 data rel	若(A)=data, 则 PC←(PC)+3,Cy←0 若(A)>data, 则 PC←(PC)+3+rel,Cy←0 若(A)<data, 则 PC←(PC)+3+rel,Cy←1	√				3	2
CJNE Rn,#data,rel	B8～BF data rel	若(Rn)=data, 则 PC←(PC)+3,Cy←0 若(Rn)>data, 则 PC←(PC)+3+rel,Cy←0 若(Rn)<data, 则 PC←(PC)+3+rel,Cy←1	√				3	2
CJNE @Ri,#data,rel	B6～B7 data rel	若((Ri))=data, 则 PC←(PC)+3,Cy←0 若((Ri))>data, 则 PC←(PC)+3+rel,Cy←0 若((Ri))<data, 则 PC←(PC)+3+rel,Cy←1	√				3	2
DJNZ Rn,rel	D8～DF rel	Rn←(Rn)－1 若(Rn)=0,则 PC←(PC)+2 若(Rn)≠0,则 PC←(PC)+2+rel	√				2	2
DJNZ direct,rel	D5 direct rel	direct←(direct)－1 若(direct)=0,则 PC←(PC)+2 若(direct)≠0,则 PC←(PC)+2+rel					3	2
LCALL addr16	12 addr15～8 addr7～0	PC←(PC)+3 SP←(SP)+1,(SP)←$(PC)_{7\sim0}$ SP←(SP)+1,(SP)←$(PC)_{15\sim8}$ PC←addr16					3	2
ACALL addr11	字节2 addr7～0	PC←(PC)+2 SP←(SP)+1,(SP)←$(PC)_{7\sim0}$ SP←(SP)+1,(SP)←$(PC)_{15\sim8}$ $PC_{10\sim0}$←addr11					2	2
RET	22	$PC_{15\sim8}$←((SP)),SP←(SP)－1 $PC_{7\sim0}$←((SP)),SP←(SP)－1					1	2
RETI	32	$PC_{15\sim8}$←((SP)),SP←(SP)－1 $PC_{7\sim0}$←((SP)),SP←(SP)－1 清除中断优先级状态触发器					1	2
NOP	00	PC←(PC)+1					1	1

注：字节1由addr11高3位和操作码构成，表示成8位二进制数 addr10 addr9 addr8 0 0 0 0 1。
字节2由addr11高3位和操作码构成，表示成8位二进制数 addr10 addr9 addr8 1 0 0 0 1。

表B-5　位操作指令

指　　令	十六进制代码	功　　能	对标志位影响				字节数	机器周期数
			Cy	AC	OV	P		
MOV C,bit	A2 bit	Cy←(bit)	√				2	1
MOV bit,C	92 bit	bit←(Cy)					2	2
ANL C,bit	82 bit	Cy←(Cy)∧$\overline{\text{(bit)}}$	√				2	2
ANL C,/bit	B0 bit	Cy←(Cy)∧(bit)	√				2	2
ORL C,bit	72 bit	Cy←(Cy)∨(bit)	√				2	2
ORL C,/bit	A0 bit	Cy←(Cy)∨$\overline{\text{(bit)}}$	√				2	2
SETB C	D3	Cy←1	1				1	1
SETB bit	D2 bit	bit←1					2	1
CLR C	C3	Cy←0	0				1	1
CLR bit	C2 bit	bit←0					2	1
CPL C	B3	Cy←$\overline{\text{(Cy)}}$	√				1	1
CPL bit	B2 bit	bit←$\overline{\text{(bit)}}$					3	2

符号说明：√表示有影响；0表示清零；1表示置1；其余无影响。

附录 C　C51 库函数

一、字符函数ctype.h

1．extern bit isalpha (unsigned char);

检查参数字符是否为英文字符('A'～'Z'和'a'～'z')，是则返回 1，否则返回 0。

2．extern bit isalnum (unsigned char);

检查参数字符是否为字母('A'～'Z'和'a'～'z')或者数字字符('0'～'9')，是则返回 1，否则返回 0。

3．extern bit iscntrl (unsigned char);

检查参数值是否为普通控制字符(0x00～0x1F)或者是作废字符(0x7F)，是则返回 1，否则返回 0。

4．extern bit isdigit (unsigned char);

检查参数值是否为数字字符('0'～'9')，是则返回 1，否则返回 0。

5．extern bit isgraph (unsigned char);

检查参数是否为可打印字符（0x21～0x7E），是则返回 1，否则返回 0。

6．extern bit isprint (unsigned char);

检查参数是否为可打印字符，包括空格符(0x20～0x7E)，是则返回 1，否则返回 0。

7．extern bit ispunct (unsigned char);

检查参数是否为标点符号字符(!,.:"?'`#$%&@^_~()*+—=/|\<>[]{})，是则返回 1，否则返回 0。

8．extern bit islower (unsigned char);

检查参数是否为小写字母('a'～'z')，是则返回 1，否则返回 0。

9．extern bit isupper (unsigned char);

检查参数是否为大写字母('A'～'Z')，是则返回 1，否则返回 0。

10．extern bit isspace (unsigned char);

检查参数是否为空白字符(0x09～0x0D 或 0x20、水平制表符'\t'、回车'\r'、走纸换行'\f'、垂直制表符'\v'和换行符'\n'、空格' ')，是则返回 1，否则返回 0。

11．extern bit isxdigit (unsigned char);

检查参数是否为十六进制数字符('0'～'9'，'A'～'F'，'a'～'f')，是则返回 1，否则返回 0。

12．extern unsigned char tolower (unsigned char);

将大写字符转换成小写形式，如果字符不在'A'～'Z'之间，则直接返回该字符。

13．extern unsigned char toupper (unsigned char);

将小写字符转换成大写形式，如果字符不在'a'～'z'之间，则直接返回该字符。

14．extern unsigned char toint (unsigned char);

将 ASCII 字符'0'～'9'，'A'～'F'或'a'～'f'转换成十六进制值 0～15，返回转换后的十六进制数值。

15．char _tolower(char c); ((c)-'A'+'a')

_tolower 宏是在已知参数是一个大写字符的情况下可用的 lower 的一个版本。返回值为字符的小写。

16．_toupper(c);((c)-'a'+'A')

_toupper 宏是在已知参数是一个小写字符的情况下可用的 toupper 的一个版本。返回值为字符的大写。

17．toascii(c) ; ((c)&0x7F)

该宏将参数字符转换为一个 7 位 ASCII 字符，返回值为 7 位 ASCII 字符。

二、流输入/输出函数stdio.h

1．extern char _getkey (void);

等待从串口接收一个字符，返回接收到的字符。_getkey 和 putchar 函数的源代码可以修改，提供针对硬件的字符级的 I/O。

2．extern char getchar (void);

该函数使用_getkey()函数从串口读一个字符，并将读入的字符用 putchar()函数输出显示，返回所读的字符。

3．extern char ungetchar (char);

将输入的字符回送输入缓冲区，成功返回 char，否则返回 EOF。下次使用 gets 或 getchar 时可得到该字符，但不能用 ungetchar 处理多个字符。

4．extern char putchar (char);

通过 8051 的串口输出字符，返回值为输出的字符。

5．extern int printf (const char *fmststr[,arguments]...);

格式化一系列的字符串和数值，生成一个字符串用 putchar 写到输出流，返回值为实际输出的字符。

6．extern int sprintf (char *buffer, const char * fmststr[,arguments]...);

与 printf 类似，格式化一系列的字符串和数值，并通过一个指针保存结果字符串在可寻址的内存缓冲区，并以 ASCII 码的形式存储，返回值为实际写到输出流的字符数。

7．extern int vprintf (const char *fmtstr, char *argptr);

格式化一系列字符串和数值，并建立一个用 putchar 函数写到输出流的字符串，该函数类似于 printf，但使用参数列表的指针，而不是一个参数列表。返回值为实际写到输出流的字符数。

8．extern int vsprintf (char *, const char *, char *);

格式化一系列字符串和数值，并通过一个指针保存结果字符串在可寻址的内存缓冲区，该函数类似于 sprintf，但使用参数列表的指针，而不是一个参数列表。返回值为实际写到输出流的字符数。

9．extern char *gets (char *string, int n);

该函数通过 getchar 函数从控制台设备读入一个字符串送入由 string 指向的缓冲区。N 指定可读的最多字符数。返回值为 string。

10．extern int scanf (const char *, ...);

该函数通过 getchar 从控制台读入数据，输入的数据保存在由 argument 根据格式字符串 fmstrtr 指定的位置。返回值为成功转换的输入域的数目，有错误则返回 EOF。

11．extern int sscanf (char *, const char *, ...);

与 scanf 类似，该函数从缓冲区读入数据，输入的数据保存在由 argument 根据格式字符串 fmstrtr 指定的位置。返回值为成功转换的输入域的数目，有错误则返回 EOF。

12．extern int puts (const char *);

该函数用 putchar 函数将字符串和换行符\n 写到输出流。返回值为 0，有错误返回 EOF。

三、字符串函数string.h

1．extern char *strcat (char *s1, char *s2);

将串 s2 添加到串 s1 结尾，并用 NULL 字符表示串 s1 结束，返回 s1 指针。

2．extern char *strncat (char *s1, char *s2, int n);

将串 s2 中 n 个字符添加到串 s1 结尾，并用 NULL 字符表示串 s1 结束，返回 s1 指针。

3．extern char strcmp (char *s1, char *s2);

比较字符串 s1 和 s2。如果 s1<s2，则返回负数；如果相等，则返回 0；如果 s1>s2，则返回正数。

4．extern char strncmp (char *s1, char *s2, int n);

比较字符串 s1 和 s2 的前 n 个字符。如果 s1<s2，则返回负数；如果相等，则返回 0；如果 s1>s2，则返回正数。

5．extern char *strcpy (char *s1, char *s2);

将字符串 s2 复制到字符串 s1，用 NULL 字符结束，返回 s1 指针。

6．extern char *strncpy (char *s1, char *s2, int n);

将字符串 s2 的前 n 个字符复制到字符串 s1，如果 s2 长度小于 n，则补'0'到 n 个字符，返回 s1 指针。

7．extern int strlen (char *);

计算字符串的长度，不包括 NULL 结束符。返回值为字符串的字节数。

8．extern char *strchr (const char *s, char c);

搜索字符串 s 中第一个出现的'c'字符，遇到 NULL 字符终止搜索。如果成功，返回指向该字符的指针，否则返回 NULL 指针。

9．extern int strpos (const char *s, char c);

搜索字符串 s 中第一个出现的'c'字符，遇到 NULL 字符终止搜索。如果成功，返回该字符在串中的位置，否则返回–1。

10．extern char *strrchr (const char *s, char c);

搜索字符串 s 中最后一个出现的'c'字符。如果成功，返回指向该字符的指针，否则返回 NULL 指针。

11．extern int strrpos (const char *s, char c);

搜索字符串 s 中最后一个出现的'c'字符。如果成功，返回该字符在串中的位置，否则返回–1。

12．extern int strspn (char *s, char *set);

在字符串 s 中查找字符串 set 中的任何字符，返回值为在 s 中包含的与 set 中匹配字符的个数，如果 s 是空字符串，返回值为 0。

13．extern int strcspn (char *s, char *set);

在字符串 s 中查找字符串 set 中没有的字符，返回值为在 s 中第一个与 set 匹配的字符索引。如果 s 是空字符串，返回值为 0；如果 s 中无匹配字符，返回字符串 s 的长度。

14．extern char *strpbrk (char *s, char *set);

在字符串 s 中查找第一个包含在字符串 set 中的字符，返回值为该匹配字符的指针。如果无匹配字符，返回一个 NULL 指针。

15．extern char *strrpbrk (char *s, char *set);

在字符串 s 中查找最后一个包含在字符串 set 中的字符，返回值为该最后一个匹配字符的指针。如果无匹配字符，返回一个 NULL 指针。

16．extern char *strstr (char *s, char *sub);

在字符串 s 中搜索子字符串 sub，返回值为子字符串 sub 在字符串 s 中第一次出现的位置指针。如果 s 中不存在子字符串 sub，则返回一个 NULL 指针。

17．extern char memcmp (void *s1, void *s2, int n);

比较两个缓冲区 s1 和 s2 的前 n 个字节。相等时，以上 3 个函数返回值为 0；若 s1>s2，则返回正数，若 s1<s2，则返回负数。

18．extern void *memcpy (void *s1, void *s2, int n);

复制缓冲区 s2 中的前 n 个字节到缓冲区 s1，返回值为指向 s1 的指针。

19．extern void *memchr (void *s, char val, int n);

在缓冲区 s 的前 n 个字节中查找字符 val，第一次找到 val 时停止查找。成功时，返回值为指向字符 val 的指针；失败时，返回一个 NULL 指针。

20．extern void *memccpy (void *s1, void *s2, char val, int n);

复制内存缓冲区 s2 的前 n 个字节到内存缓冲区 s1 中，直到复制字符 val 后或者复制 n 个字符后结束，返回值为指向 s1 中 val 字符的下一个字节的指针。如果 s2 前 n 个字节中无 val 字符，返回值为一个 NULL 指针。

21．extern void *memmove (void *s1, void *s2, int n);

复制缓冲区 s2 中的前 n 个字节到缓冲区 s1，返回值为指向 s1 的指针。与 memcpy 工作方式相同，区别在于 memmove 函数保证 s2 中内容在被覆盖前复制到 s1。

22．extern void *memset (void *s, char val, int n);

用字符 val 初始化缓冲区 s 的 n 个字节，返回值为指向 s 的指针。

四、标准库函数stdlib.h

1．extern float atof (char *s1);

将浮点数格式的字符串 s 转换为浮点数，返回值为浮点值。

2．extern long atol (char *s1);

将字符串 s1 转换为一个长整型值，返回值为长整型值。

3．extern int atoi (char *s1);

将字符串 s1 转换为整型数，返回值为整型数。

4. extern int rand ();

产生 1 个 0～32767 之间的伪随机数，返回值为随机数。

5. extern void srand (int seed);

初始化伪随机数发生器的种子，相同的 seed 值产生相同的随机数，无返回值。

6. extern float strtod (char *, char **);

将浮点数格式的字符串转换为浮点数，字符串开头的空白字符忽略，返回值为浮点数。

7. extern long strtol (char *, char **, unsigned char);

将数字字符串转换为长整型值，字符串开头的空白字符忽略，返回值为长整型值。如果溢出，则返回 LONG_MIN 或 LONG_MAX。

8. extern unsigned long strtoul (char *, char **, unsigned char);

将字符串转换为无符号长整型值，返回值为长整型值。如果溢出，返回值为 ULONG_MAX。

9. extern void init_mempool (void xdata *p, unsigned int size);

初始化存储池的起始地址和大小，无返回值。

10. extern void xdata *malloc (unsigned int size);

从存储池分配 size 字节的存储块，返回值为指向分配存储块的指针，如果存储池没有足够的存储空间，则返回 NULL 指针。

11. extern void free (void xdata *p);

释放存储块到存储池。无返回值。

12. extern void xdata *realloc (void xdata *p, unsigned int size);

改变已分配的存储块的大小，返回指向新块的指针。如果存储池没有足够的存储空间，则返回 NULL 指针。

13. extern void xdata *calloc (unsigned int size, unsigned int len);

为 size 个元素，每个元素占用 len 个字节的数组分配存储区，返回值为指向分配存储区的指针。如果存储池没有足够的存储空间，则返回 NULL 指针。

五、数学函数math.h

1. extern char cabs (char val);

计算并返回 val 的绝对值，为 char 型。

2. extern int abs (int val);

计算并返回 val 的绝对值，为 int 型。

3. extern long labs (long val);

计算并返回 val 的绝对值，为 long 型。

4. extern float fabs (float val);

计算并返回 val 的绝对值，为 float 型。

5. extern float sqrt (float x);

计算并返回 x 的正平方根。

6. extern float exp (float x);

计算并返回 e 的 x 次幂。

7. extern float log (float x);

计算并返回 x 的自然对数，自然对数基数为 e。

8．extern float log10 (float x);
计算并返回以 10 为底的 x 的常用对数。

9．extern float sin (float x);
计算并返回 x 的正弦值。

10．extern float cos (float x);
计算并返回 x 的余弦值。

11．extern float tan (float x);
计算并返回 x 的正切值。

注：以上 3 个函数返回相应的三角函数值，所有的变量范围在–π/2～+π/2 之间，否则会返回错误。

12．extern float asin (float x);
计算并返回 x 的反正弦值。

13．extern float acos (float x);
计算并返回 x 的反余弦值。

14．extern float atan (float x);
计算并返回 x 的反正切值。

注：以上 3 个函数返回相应的反三角函数值，返回值为–π/2～+π/2 之间。

15．extern float sinh (float x);
计算并返回 x 的双曲正弦值。

16．extern float cosh (float x);
计算并返回 x 的双曲余弦值。

17．extern float tanh(float x);
计算并返回 x 的双曲正切值。

18．extern float atan2 (float y, float x);
计算并返回 y/x 的反正切值，返回值为–π～+π 之间。

19．extern float ceil (float x);
计算并返回一个不小于 x 的最小浮点型整数值。

20．extern float floor(float x);
计算并返回一个不大于 x 的最大浮点型整数值。

21．extern float modf (float x, float *n);
将浮点数 x 分为整数和小数两部分，两者的符号与 x 相同，带符号整数部分存入*n，带符号小数部分作为返回值。

22．extern float fmod (float x, float y);
计算并返回 x/y 的余数。

23．extern float pow (float x, float y);
计算并返回 x 的 y 次幂。

六、绝对地址访问函数absacc.h

以下 4 个宏定义进行绝对地址访问，可以作为字节寻址，CBYTE 寻址 code 区，DBYTE 寻址 data 区，PBYTE 寻址分页 pdata 区，XBYTE 寻址 xdata 区。

1．#define CBYTE ((unsigned char volatile code *) 0)
允许访问 8051 程序存储器中的字节。
2．#define DBYTE ((unsigned char volatile data *) 0)
允许访问 8051 片内数据存储器中的字节。
3．#define PBYTE ((unsigned char volatile pdata *) 0)
允许访问 8051 片外数据存储器的字节。
4．#define XBYTE ((unsigned char volatile xdata *) 0)
允许访问 8051 片外数据存储器中的字节。
以下 4 个宏定义与上面 4 个功能类似，只是数据类型是 unsigned int 型。
5．#define CWORD ((unsigned int volatile code *) 0)
允许访问 8051 程序存储器中的字节。
6．#define DWORD ((unsigned int volatile data *) 0)
允许访问 8051 片内数据存储器中的字节。
7．#define PWORD ((unsigned int volatile pdata *) 0)
允许访问 8051 片外数据存储器的字节。
8．#define XWORD ((unsigned int volatile xdata *) 0)
允许访问 8051 片外数据存储器中的字节。

七、内部函数intrins.h

1．extern void _nop_ (void);
空操作指令，在程序中插入 8051 NOP 指令。
2．extern bit _testbit_ (bit);
该函数对位进行测试，在程序中插入 8051 JBC 指令。如果该位为 1，则清零并返回 1，否则返回 0。
3．extern unsigned char _cror_ (unsigned char val, unsigned char n);
将字符 val 循环右移 n 位，返回循环移位后的字符值。
4．extern unsigned int _iror_ (unsigned int val, unsigned char n);
将整数 val 循环右移 n 位，返回循环移位后的整数值。
5．extern unsigned long _lror_ (unsigned long val, unsigned char n);
将长整数 val 循环右移 n 位，返回循环移位后的长整数值。
6．extern unsigned char _crol_ (unsigned char, unsigned char);
将字符 val 循环左移 n 位，返回循环移位后的字符值。
7．extern unsigned int _irol_ (unsigned int, unsigned char);
将整数 val 循环左移 n 位，返回循环移位后的整数值。
8．extern unsigned long _lrol_ (unsigned long, unsigned char);
将长整数 val 循环左移 n 位，返回循环移位后的长整数值。
9．extern unsigned char _chkfloat_(float);
检查浮点数的状态。如果是标准浮点数，返回值为 0；如果是浮点数 0，返回值为 1；如果浮点数正溢出，返回值为 2；如果浮点数负溢出，返回值为 3；如果不是数，返回值为 NaN 错误状态。

10．extern void _push_(unsigned char _sfr);
将特殊功能寄存器_sfr 中内容压入堆栈。

11．extern void _pop_ (unsigned char _sfr);
将堆栈内容弹出到特殊功能寄存器_sfr 中。

八、跳转函数setjmp.h

1．extern volatile int setjmp (jmp_buf env);
setjmp 函数将当前 CPU 的状态保存在 env，该状态可以调用 longjmp 函数来恢复。当 CPU 的当前状态复制到 env，当直接调用 setjmp 时返回值是 0，由 longjmp 函数来返回 setjmp 函数的调用时返回非零值，此时返回值是传递给 longjmp 函数的值。

2．extern volatile void longjmp (jmp_buf env, int val);
longjmp 函数恢复由 setjmp 函数保存在 env 中的状态，程序从调用 setjmp 语句的下一条语句执行，参数 val 为调用 setjmp 函数的返回值。

九、可变参数stdarg.h

1．void va_start(va_list argptr,Npara);
初始化可变长度参数列表的指针，Npara 必须是“…”前的那个参数。

2．type va_arg(va_list argptr,type);
从 argptr 指向的可变长度参数表中检索 type 类型的值，且必须根据参数列表中的参数顺序调用。type 指定提取参数的数据类型。返回值为指定参数的类型。

3．void va_end(va_list argptr);
关闭参数表，结束对可变参数表的访问。

十、计算结构体成员偏移量stddef.h

int offsetof(structure,member)
计算结构体成员 member 的偏移量。返回值为结构体成员对于结构体 structure 起始地址的偏移量字节数。